Heinrich Bücheler

Carl-Heinrich von Stülpnagel

Soldat – Philosoph – Verschwörer

Biographie

Ullstein

Satz: Dörlemann-Satz, Lemförde
Druck und Verarbeitung: May & Co. Nachf.,
Darmstadt
Printed in Germany 1989
ISBN 3 550 07300 3

CIP-Titelaufnahme der Deutschen Bibliothek

Bücheler, Heinrich:
Carl-Heinrich von Stülpnagel: Soldat – Philosoph – Verschwörer; Biographie / Heinrich Bücheler. – Berlin; Frankfurt/M.: Ullstein, 1989
ISBN 3-550-07300-3

Dem Andenken
meiner im Zweiten Weltkrieg
gefallenen Vettern
Friedrich Schmidt · Karl Schmidt · Willy Schmidt

Inhalt

Vorwort

In der zweiten Hälfte des Jahres 1942 erhielt ich einen ungewöhnlichen Brief des deutschen Militärbefehlshabers in Frankreich, Carl-Heinrich von Stülpnagel. Ungewöhnlich war schon die Tatsache, daß der General den Brief an einen ihm persönlich Unbekannten nicht mit »Heil Hitler« unterzeichnete, sondern mit einer traditionellen Höflichkeitsformel. Ungewöhnlich war der Inhalt. Ich kann nur aus dem Gedächtnis, also nicht wörtlich zitieren. Dem Sinne nach waren die zentralen Sätze: »Aus der Zeitung entnehme ich, daß Sie unlängst einen Vortrag über das Verhältnis der Quantenmechanik zur Philosophie Kants gehalten haben. Wären Sie bereit, diesen Vortrag im Rahmen der Offiziere meines Stabes zu wiederholen?« Mit was für Fragen beschäftigt sich der deutsche Militärbefehlshaber im besetzten Frankreich?

Ich hielt den Vortrag im Februar 1943. Am selben Tag saß der General noch eine oder zwei Abendstunden mit mir zu zweit beisammen. »Ihr Vortrag hat mich sehr interessiert. Als ich jung war, hätte ich gerne Naturwissenschaften studiert, vielleicht Physik. Aber ich sah, daß alle Naturwissenschaftler Materialisten und areligiös waren. Dieses Opfer wollte ich nicht bringen. Deshalb bin ich dann der Familientradition gefolgt und Soldat geworden. Die neue Entwicklung der Physik, die Sie geschildert haben, läßt die Vereinbarkeit von Physik und Religion wieder zu. Hätte ich noch einmal zu wählen, so könnte ich heute vielleicht meinen alten Herzenswunsch erfüllen und Physiker werden.« Anläßlich dieses oder meines zweiten Vortragsbesuchs bei ihm lud mich General von Stülpnagel in die von ihm protegierte große Aufführung des »Soulier de satin« von Paul Claudel ein, eines leidenschaftlich christlichen epischen Dramas.

Als ich meinem Vater erzählte, daß ich zu Stülpnagel nach Paris führe, sagte er mir: »Grüße Stülpnagel von mir und sage ihm, er solle noch ein wenig Geduld haben und die Hoffnung nicht aufgeben.« Als ich die Botschaft ausrichtete, sagte Stülpnagel: »Haben Sie Dank. Die Mitteilung ist mir wichtig.« Ihm war klar, daß sie sich auf die Pläne eines Staatsstreichs gegen Hitler bezog. Es gehörte zu den eingeübten Maßregeln der Vorsicht, daß wir über das Thema keine weiteren Worte wechselten.

Der Leser wird die drei Anekdoten in diesem Buch wiederfinden, die ersten beiden in der Jugendgeschichte, die dritte im Bericht über die Pariser Zeit. Ich bin glücklich, ein Vorwort zur Biographie eines Mannes zu schreiben, der mich in zwei oder drei Begegnungen so tief beeindruckt hat wie wenige andere Menschen.

Der heutige, zumal der junge Leser wird vermutlich perplex sein über einen solchen Lebenslauf – uns noch so nah, daß die Zeit seines Endes für einen Älteren wie mich schon in die Erinnerungen seines erwachsenen Alters gehören. Der heutige Leser sollte in der Tat perplex sein. Wie wollen wir in unserer zukünftigen Geschichte standhalten, wenn wir die vergangene nicht in Aufarbeitung ihrer tiefen Fremdheit verstehen lernen? Es handelt sich um zwei Stufen. Die spätere ist Hitlers Herrschaft und Untergang. Die frühere, noch wichtigere, ist die Tradition, zu deren nobelsten Vertretern Stülpnagel gehörte. Beide wirken auf die heutige Jugend fremd; sie müssen so wirken.

Über die Verbrechen Hitlers und derer, die ihm nicht widerstanden, wurde Stülpnagel durch die Tatsachen belehrt. Er hat sich über sie nicht getäuscht, er hat planvoll gehandelt, er hat im Versuch, diese Untaten zu beenden, sein Leben geopfert. Seine Biographie gibt wertvolles Material zur Durchdringung der Vorgänge jener fürchterlichen Zeit. Gerade weil über diese Vorgänge heute eine neue

Debatte aufgeflammt ist, brauche ich, so scheint mir, dazu in diesem Vorwort keine weiteren Bemerkungen zu machen. Die geschilderten Handlungen sprechen für sich selbst.

Weniger dramatisch und fast noch unverständlicher könnte auf heute Junge die Tradition wirken, der Stülpnagel entstammte und verbunden blieb. Das manifest Böse gibt es immer wieder, auch heute, und wir spüren, daß wir ihm widerstehen sollen. Was aber ist die richtige Gestalt des Guten? Es klingt verständlich, daß Stülpnagel Hitler widerstand, weil er religiös und humanistisch gebildet war. Aber was ist das für eine Religion, die, mit der zeitgenössischen Wissenschaft unvereinbar, ihren Träger die Tradition des Soldatenstandes wählen läßt?

In einem kurzen Vorwort möchte ich auch hierüber nicht dogmatische Meinungen aussprechen und kann ich keine sorgfältige Analyse vorlegen, die breit angelegt sein müßte, um wahrhaftig zu sein. Ich möchte den skeptischen Leser bitten, die Biographie dieses Soldaten gründlich, langsam und sorgsam zu lesen. Ihm könnte widerfahren, daß er einige der geschilderten Menschen lieben lernt, deren Meinungen ihm gleichwohl fremd bleiben. Und solche Liebe ist der Anfang eines Verständnisses der Geschichte, auch der eigenen.

Darum nur ein paar grundsätzliche Anmerkungen. Seit Jahrtausenden waren Religionen Träger ihrer Kulturen. Sie regelten das Verhalten, trösteten die Leidenden, deuteten die Rätsel des Daseins. In ihrer Mitte aber entstand auch, gerade weil die Religion ernst genommen wurde, radikale Ethik; so die des jüdischen Gesetzes, der stoischen Philosophie, der christlichen Bergpredigt. Das historische Christentum übernahm die Weltverantwortung von dem, in seinen großen Gestalten, stoisch geprägten römischen Kaisertum. Seitdem ist die Geschichte des Christentums die Geschichte einer nichtendenden, historisch - wie mir scheint - im Effekt fruchtbaren Spannung zwischen seinen kulturtragend-konservativen und seinen eschatologisch-radikalen

Motiven. Das Militär, eine in der konservativen Lebenserfahrung unvermeidliche Wirklichkeit, entwickelte eine wohl eher stoische als genuin-christliche Ethik der Selbstbeherrschung. In dieser Gesinnung wurden die Kinder einer humanistisch gebildeten Soldatenfamilie erzogen. Ihr konnte sich um 1900 ein Sohn zuwenden, der die Spannung der religiösen Forderungen in sich auszutragen bereit war.

Hitler ist ein Symptom der Zerstörung dieser geprägten Form. Ihre besten Vertreter widersetzten sich ihm, aber sie blieben ihm unterlegen. Stülpnagels Biographie ist eine epische Tragödie. Aus echten Tragödien lernt man nicht, wie man es besser hätte machen können, aber man lernt, die wirkenden Kräfte wahrzunehmen.

Starnberg, Oktober 1988 Carl Friedrich von Weizsäcker

Einführung

Preußen - so bemerkte Madame de Staël 1810 in ihrem berühmten Werk über Deutschland - zeigte ein Doppelgesicht wie der Januskopf: ein militärisches und ein philosophisches. Die große Kosmopolitin Frankreichs war im Herbst 1803, wenige Monate vor Kants Tod in Königsberg, vom Ersten Konsul Bonaparte aus Paris verbannt worden. Auf ihren Reisen durch Deutschland kam sie nach Berlin und forschte vor Ort nach dem Wesen (»mœurs«) der Preußen. Sie nahm August Wilhelm Schlegel mit nach Coppet am Genfer See, wo im Sommer 1807 dann Carl von Clausewitz mit seinem Zögling, dem Prinzen August, beide besuchte und an langen Gesprächen über das Lieblingsthema der Staël, die Unterschiede zwischen der deutschen und französischen Literatur, teilnahm.

Das Bild, welches Madame de Staël in ihrem Buch zeichnete, bestimmte längere Zeit die Vorstellung der Franzosen von den Deutschen allgemein und von den Preußen im besonderen. Es war das Bild des Staates von »Frédéric le Grand«, der als größter Soldat Preußens zugleich der Flötenspieler, der frankophile Philosoph von Sanssouci, der Beschützer und Wohltäter Rousseaus und Freund Voltaires gewesen war. Erst als nach dem Deutsch-Französischen Krieg 1870/71 die Reste des »fritzischen« Preußen im Kaiserreich aufgingen, die deutsche Kulturnation der Goethezeit zur wilhelminischen Staatsnation wurde, verblaßte in Frankreich auch das von Madame de Staël geschaffene Bild vom zugleich »militärischen« und »philosophischen« Preußen. Langsam verlor Preußen sein »philosophisches« Zweitgesicht, wurde zum Inbegriff des Militärischen, schließlich zum Schreckbild einer die Kultur und Völkerfreiheit bedrohenden Macht, zum »Träger des Militarismus und der Reaktion in Deutschland«, wie es dann in der Begründung des Kontrollratsbeschlusses zur Auflösung Preußens vom 25. Februar 1947 hieß.

Daß eine kleine preußisch-deutsche Elite dieser allgemeinen Wendung von der Idee zur Ideologie widerstanden, den Geist Friedrichs und der Goethezeit bis in den totalitären Machtstaat bewahrt hatte, zu dem sie zwangsläufig bald in eine innere, ethisch-humanistische Opposition geriet, blieb der breiten französischen Öffentlichkeit lange verborgen. Auch als diese Opposition am späten Abend des 20. Juli 1944 in den Straßen von Paris zum Schlag gegen den totalitären Machtstaat ausholte, bemerkten die Bewohner der besetzten Seine-Metropole nur die Uniformen deutschen Militärs. Die Passanten auf den Boulevards konnten an diesem heißen Juli-Abend schwerlich wissen, wer den deutschen Besatzungssoldaten ihren Einsatz befohlen hatte. Zwar kannten viele Franzosen den Namen des Militärbefehlshabers, er stand unter zahlreichen Bekanntmachungen und Verordnungen. Daß dieser aber schon vor einem Jahrzehnt auf innere Distanz zum Diktator gegangen war, seit sechs Jahren sogar im stillen auf seinen Sturz hinarbeitete, konnten sie nicht wissen. Einige Franzosen allerdings - ein kleiner Kreis französischer Intellektueller sowie Angestellte im engsten Lebenskreis des Militärbefehlshabers, die im Palais de Talleyrand oder im Hotel Raphaél Dienst taten - spürten, daß um diesen deutschen General etwas Besonderes war, eine Atmosphäre des Geistes und der überlegenen Ruhe, völlig verschieden von jener lauten Zweckpropaganda, mit welcher das »Reich« Hitlers sonst den Franzosen entgegentrat.

»Le trente janvier était la victoire des Boches sur les Allemands« - so hatte im Sommer 1934 der Botschafter Frankreichs in Berlin, André François-Poncet, die Entwicklung der deutschen Innenpolitik seit der Machtübernahme Hitlers gekennzeichnet. Inzwischen war Hitlers Machtbereich fast bis an die Grenzen Europas ausgedehnt, aber das »andere Deutschland« darin nie ganz besiegt und ausgelöscht worden. Wenn der Militärbefehlshaber, wie sein Ordonnanzoffizier und sein Kraftfahrer übereinstimmend berichteten[1], von französischen Passanten oft spontan gegrüßt wurde, so zeigt dies zweierlei: Einmal, daß die Franzosen auch in den Jahren der Okkupation zwischen »Boches« und »Allemands« unterschieden, zum andern, daß die Kraft der Persönlichkeit des Generals nicht nur im kleinen, geistig verwandten Kreis, sondern auch in einer fremden Öffentlichkeit ihre Wirkung ausübte. In einfachen Schichten herrschte eine gegenseitige Atmosphäre der Menschlichkeit, bei gebildeten Franzosen ein blitzhaftes Unterscheidungsvermögen zwischen »Deutschen« und »Nazis« und eine unauffällige, aber präzise Differenzierung in ihrer Behandlung.

»Die Generale sind meist energisch und dumm, das heißt von jener tätigen und disponierenden Intelligenz, die jedem besseren Telefonisten innewohnt und der die Masse eine so stupide Bewunderung zollt. Oder sie sind gebildet, und das geht meist auf Kosten der Brutalität, die zu ihrem Handwerk gehört. So mangelt es stets irgendwo, entweder am Willen oder an Übersicht. Höchst selten ist die Vereinigung von Tatkraft und Bildung, wie man sie bei Cäsar und Sulla sah oder in unseren Zeiten bei Scharnhorst und Prinz Eugen . . .«[2] Dies sind Sätze eines Chronisten unseres Jahrhunderts, der zugleich ein profunder Kenner des Soldatenhandwerks war. In dienstlicher und geistiger Nähe jenes Generals, dessen Lebensgeschichte hier erzählt werden soll, erlebte er den Kampf zwischen Heer und Partei um die Vorherrschaft in Frankreich, der in den Abendstunden des 20. Juli 1944 in Paris die »Allemands« wieder für einige Stunden über die »Boches« siegreich sah. Wer war dieser General, der im Kampf zwischen Kultur und Barbarei, den gute hundert Jahre zuvor der alte Goethe schon vorausgesehen hatte, solches bewirkte?

Diesem Versuch, das Leben des Generals der Infanterie Carl-Heinrich v. Stülpnagel rund vier Jahrzehnte nach seinem Tod aufzuzeichnen, ging die Biographie über Generaloberst Erich Hoepner voraus. Stülpnagel und Hoepner beendeten den Kampf ihrer letzten Lebensjahre im gleichen Monat und Jahr am gleichen Ort auf die gleiche Art: im August 1944, diesem Schicksalsmonat des deutschen Heeres, in der Hinrichtungsstätte Plötzensee. Sie waren beide 1886 geboren und hatten die Hauptwurzel ihres Herkommens in der Uckermark. Neben zahlreichen Übereinstimmungen sind aber auch Unterschiede, vor allem in ihrer Wesensart, erkennbar. War Hoepner ganz Preuße und Berliner, so vereinigte Stülpnagel in sich Spezifisches aus mehreren deutschen, ja europäischen Geisteslandschaften. Hoepners Stärke lag in der meisterhaften Truppenführung, Stülpnagel brillierte vor allem auf dem Felde der europäischen Militärpolitik. Im Ringen der Jahre 1938/39 um die Friedenserhaltung war er als Oberquartiermeister I der beste Ratgeber der Generalstabschefs Ludwig Beck und Franz Halder. Letzterem gelang es dann auch, seinen Freund Stülpnagel nach dem Pyrrhussieg über Frankreich im Juni 1940 als Vorsitzenden der Waffenstillstandskommission einzusetzen. Daß dieser Posten überhaupt nicht besser hätte besetzt werden können, machen die Erinnerungen eines militärischen Gehilfen jener Monate deutlich: »Oben war die Kommission ganz schlecht angeschrieben. Keitel erachtete es als notwendig, unseren Vorsitzenden, General v. Stülpnagel, darauf aufmerksam zu machen, daß er ›nicht französischen Interessen Vorschub zu leisten habe‹. Diese beleidigende Unverschämtheit wurde nur noch durch ein Telegramm Görings überboten. Er ging gleich einen Schritt weiter und sprach von einer ›schwachen und franzosenhörigen Kommission‹. Ich war zugegen, wie dieser Wisch Stülpnagel vorgelegt wurde. Der vornehme Mann, ein vorbildlicher Patriot, wurde weiß wie ein Laken und eilte ins Freie.«[3]

Als exzellenter Kenner der Völker Europas, ihrer Kultur, Geographie und Geschichte, hat Stülpnagel dann als Oberbefehlshaber einer Armee in den ersten Monaten des Rußlandfeldzuges 1941 über die Tiefe und Unermeßlichkeit des russischen Raumes und der russischen Seele gründlicher nachgedacht als andere. Entsprechend hat er in den Sommermonaten 1941 seine 17. Armee geführt. Als deutscher Militärbefehlshaber in Frankreich schließlich, diesem »kühnsten Land neuerer Geschichte« (Wilhelm Hausenstein), trat Stülpnagel dann als Mann im Geiste Moltkes an die Spitze einer Verschwörung gegen diejenigen, welche ihm Befehle gaben, die das Prinzip des soldatischen Gehorsams mißbrauchten und mit seiner Ethik unvereinbar waren. Hierüber berichtete später ein mit dem deutschen wie dem französischen Kulturkreis gleichermaßen vertrauter Militärverwaltungsrat im besetzten Lille, das zum Bereich des Militärbefehlshabers in Brüssel gehörte: »In der Zone, die dem Militärbefehlshaber in Paris unterstand, war es zu wesentlich massiveren Anschlägen auf die Wehrmacht gekommen als bei uns. Um so entschiedener waren die Anordnungen des Oberkommandos der Wehrmacht, mit massiven Maßnahmen zu antworten. Es wird ein Ruhmesblatt für die Rechtlichkeit und Menschlichkeit des Militärbefehlshabers in Frankreich bleiben, daß er und seine Offiziere sich auf das Nachdrücklichste einer solchen Praxis widersetzten.«[4]

Die Jahre von 1938 bis 1944, in welchen Stülpnagel als Oberquartiermeister I, Vorsitzender der Waffenstillstandskommission, Oberbefehlshaber der 17. Armee und Militärbefehlshaber von Frankreich im Epizentrum des politischen und militärischen Geschehens stand, das die Welt veränderte und auch ihn als Opfer forderte, müssen Schwerpunkt dieser Lebensbeschreibung sein, ohne daß die Jahrzehnte zuvor vernachlässigt werden dürfen. Dies schon deswegen nicht, weil, im Unterschied zu Hoepner, Stülpnagel in den frühen dreißiger Jahren von Hitler zunächst positiv beeindruckt war und im »Nebel der Gegenwart« sich von ihm eine Erneuerung Deutschlands erhoffte. Diese Illusion teilte er damals mit vielen geistig besonders hoch stehenden Deutschen, mit zahlreichen Dichtern, Künstlern, Philosophen, Theologen beider Konfessionen, aber auch mit seinen militärischen Schicksalsgefährten Ludwig Beck und Claus Schenk Graf Stauffenberg. Die mit den Ereignissen des 30. Juni 1934 dann rasch einsetzende Desillusionierung, Stülpnagels innere Entwicklung von diesem Datum bis zum ersten Staatsstreichplan von 1938 und zu einem der wohl frühesten Befürworter der physischen Beseitigung Hitlers durch ein Attentat verdienen gerade durch den geistig-ethischen Zuschnitt dieses Mannes besondere Beachtung.

In seinem Werk »Goethe und die Generale der Freiheitskriege - Geist, Bildung, Soldatentum« konstatierte Erich Weniger, daß in der Fragestellung der militärischen Biographien den nichtmilitärischen Beziehungen und der Bildungsgeschichte bisher keine große Beachtung geschenkt wurde. Weniger kam durch sein Buch in freundschaftliche Berührung mit dem verabschiedeten Generalstabschef Ludwig Beck und mit General Carl-Heinrich v. Stülpnagel. In Erinnerung an ihre Begegnungen und Gespräche schrieb er später: »Stülpnagel und Beck sahen in der Verbreitung des Buches die Möglichkeit, die echte, humane Überlieferung des preußisch-deutschen Offizierkorps zu erhalten. Dazu war es freilich zu spät. In beiden war diese Überlieferung noch einmal lebendig verkörpert; sie mußten diese ihre Treue mit dem Tode bezahlen.«[5] Das große Interesse Stülpnagels an der militärischen Geschichtsschreibung kam ebenso der großen Moltke-Biographie von Eberhard Kessel zugute. Sie erschien 1957 »Heinrich v. Stülpnagel zum Gedächtnis«. Auch für den Moltke-Biographen ist Stülpnagel ein Soldat in den besten Traditionen des preußischen Generalstabs, zu welchen »Sachlichkeit, Feinheit und Sauberkeit ... gehörten. In ihnen hat General Heinrich v. Stülpnagel gelebt und gewirkt, im Dienste ihrer Bewahrung ist er dahingegangen.«[6]

Die unerhörte Dramatik der »vier Runden« (H. C. Deutsch) des militärischen Widerstands gegen Hitler hat literarisch noch keine Darstellung gefunden, welche sich mit der geistig-künstlerischen Aufarbeitung des Ersten Weltkrieges in den zwanziger Jahren messen könnte. Stülpnagels Rolle im militärischen Aktionszentrum der beiden ersten Runden, bei den Staatsstreichplänen des Oberkommandos des Heeres und denen des Amtes Ausland/Abwehr im Oberkommando der Wehrmacht zwischen Juli 1938 und Mai 1940, ist jedoch gründlich untersucht worden, so vor allem in den Standardwerken von Eberhard Zeller, Harold C. Deutsch, Peter Hoffmann und anderen. Dies trifft auch für die vierte und letzte Runde - März bis 20. Juli 1944 - zu, in welcher Stülpnagel der verläßlichste Außenposten der Berliner Zentrale des Widerstandes war. Hierüber hat vor allem Ritter v. Schramm eine packende, wenn auch in einigen Details korrekturbedürftige Schilderung gegeben. An Carl-Heinrich v. Stülpnagel ist jedenfalls noch keine wissenschaftliche Untersuchung des Widerstands gegen Hitler vorbeigekommen.

Was bislang fehlte, war eine eigentliche Biographie, die, der Forderung Erich Wenigers entsprechend, jene »nichtmilitärischen Beziehungen« und die »Bildungsgeschichte« darstellt, welche den Geist und Charakter und die Entscheidungen Stülpnagels beeinflußt haben. Die Quellenlage hierfür war, im Vergleich zur Hoepner-Biographie, wenig günstig. Hoepners persönliches Ausdrucksmittel war lebenslang der Brief. Stülpnagel bevorzugte, jedenfalls in späteren Jahren, das Gespräch. Zum Glück sind aus seiner militärischen Jugend- und Reifezeit zahlreiche Briefe an den Freund Sigurd v. Ilsemann erhalten, die über seine äußere und innere Erlebniswelt vor, während und nach dem Ersten Weltkrieg einiges aussagen. Als Bataillonskommandeur in Neuruppin, Herbst 1929 bis Herbst 1931, hat er dann zur Weiterbildung seiner Offiziere und Pflege der Geselligkeit am Standort ortsbezogene militärgeschichtliche Vorträge gehalten, die zum Teil in den »Neuruppiner Heimatblättern« gedruckt wurden und so erhalten geblieben sind. Einige operative Studien hingegen, die er 1939/40 als Oberquartiermeister I und Vertreter des Chefs des Generalstabes Halder verfaßte, müssen wohl endgültig als verloren gelten; darunter sind so wichtige wie diejenige aus der zweiten Septemberhälfte 1939 über die weitere Führung des Krieges im Westen, in welcher er gegenüber Frankreich für die nächsten zweieinhalb Jahre dringend zur Defensive riet.

Wunderbarerweise gerettet wurden einige handschriftliche Aufzeichnungen - »Gedanken« über mathematische, philosophische und theologische Probleme, die auf eine tiefgehende Beschäftigung vor allem mit Blaise Pascal, diesem mächtigen Geist Frankreichs, hinweisen. Kurz vor der lange geplanten Abrechnung mit Hitler und den Nationalsozialisten niedergeschrieben, vermutlich in der Nacht zum 20. Juli 1944, wurden die »Gedanken« zwei Tage später von Stülpnagels jüngerem Sohn Walter entdeckt: in der Bibel seines Vaters auf dem Nachttisch des Schlafzimmers im Palais de Talleyrand, während der General selbst schon blindgeschossen im Lazarett von Verdun lag.

Aber auch Stülpnagels Gespräche erlangten bleibenden Wert, vor allem jene, die zwischen Februar 1942 und Juli 1944 geführt wurden. Im gesamten Machtbereich Hitlers gab es zu jener Zeit - wohl außer der »Mittwochgesellschaft« in Berlin - keinen anderen Ort, an dem denkendes und handelndes Leben, Philosophisches und Militärisches in so enger und gegenseitig befruchtender Beziehung standen wie im Stab des Militärbefehlshabers von Frankreich in Paris. Stülpnagels schützende und zugleich geistig anregende Wirkung auf den Kreis uniformierter Professoren und Schriftsteller, die er in seinem Stab versammelt hatte, wie auch auf die Juristen der Militärverwaltung wurde immer wieder gerühmt, am eindrucksvollsten vom Hauptmann der Reserve Ernst Jünger: »Was Heinrich v. Stülpnagel betrifft, der zur Unterscheidung von anderen Generalen dieses alten Soldatengeschlechtes auch als der ›blonde Stülpnagel‹ bezeichnet wird, so trägt er fürstliche Züge, wie sie der prokonsularischen Stellung zukommen. Dazu gehört die Schätzung der Ruhe, der Muse, der Einwirkung auf einen kleinen geistigen Kreis. Das alles unterscheidet sich von dem Getriebe, das man sonst in höheren Stäben trifft. Sein vernehmer Charakter neigt der geistigen Wertung des Menschen zu ... Er sucht den Umgang mit Mathematikern und Philosophen, und in der Geschichte fesselt ihn das alte Byzanz. Doch darf man sagen, daß er als Feldherr gut führte, als Staatsmann gut verhandelte und als Politiker nie den Blick für unsere Lage verloren hat ...«[7]

Schon als Divisionskommandeur in Lübeck hatte Stülpnagel alles getan, um sich selbst, seine Offiziere und Beamten mit den wesentlichen Fragen der Zeit vertraut zu machen. Im Kriegsjahr 1943 schließlich lud er den am Kaiser-Wilhelm-Institut in Berlin arbeitenden Physiker Carl Friedrich v. Weizsäcker zweimal nach Paris ein, um über »Das Weltbild der modernen Physik« vorzutragen, worüber der junge Wissenschaftler gerade ein vielbeachtetes Buch veröffentlicht hatte. Hier sei - ergänzend zur Schilderung des geistigen Klimas um Stülpnagel durch den Reservehauptmann, Pour-le-mérite-Träger und *homme de lettre* Ernst Jünger - kurz erwähnt, wie der Atomphysiker v. Weizsäcker aus Berlin diese Atmosphäre in seiner Erinnerung behalten hat: »Im Stabe Stülpnagels herrschte ein entspannter Ton. Stülpnagel konnte ernste Dinge heiter besprechen. Daß er ein Mensch mit starken religiösen Bindungen war, blieb stets spürbar.«[8] Ähnlich wie v. Weizsäcker wurde zu Vorträgen vor dem Stab des Militärbefehlshabers auch der französische Physiker Prince de Broglie eingeladen, der in den zwanziger Jahren grundlegende Forschungen über die Wellenmechanik und die Theorie der Materiewellen betrieben hatte.[9]

Carl-Heinrich v. Stülpnagel gehört einer in der neueren deutschen Geschichte fortdauernden Tradition an, die im Kampf für ein anderes Deutschland tragisch gescheitert ist. Trotz bewundernswerter Tathärte am Entscheidungstage war er, wie viele der besten Deutschen vor ihm, in seinem Denken und Wollen größer als im Vollbringen; schwerverwundet geriet er nach Anfangserfolgen des Aufstandes in die Hände seiner ärgsten Widersacher. Sogar diese beeindruckte Stülpnagel in den Wochen des Leidens durch Gelassenheit und innere Ruhe - Ergebnisse einer fast lebenslangen Beschäftigung mit der Philosophie und Theologie des Abendlandes. In seinen hinterlassenen »Gedanken« findet sich auch die Frage nach dem Sinn des Leidens – er hatte sie längst bejaht.

Die motivierenden Anstöße, dem Leben dieses ganz außergewöhnlichen deutschen Soldaten des 20. Jahrhunderts nachzugehen, kamen in zeitlichen Abständen. Den ersten brachte das schon vor Ernst Jüngers »Strahlungen« erschienene Buch des württembergisch-hugenottischen Generals Moritz von Faber du Faur. Im gleichen Jahr wie Stülpnagel geboren und familiengeschichtlich gleichermaßen prädestiniert für europäische Militärpolitik, hat Faber du Faur seinen Jahrgangskameraden Carl-Heinrich v. Stülpnagel wie folgt charakterisiert: »Er war kein Inflationsmensch und beherrschte sein Handwerk meisterhaft ... Vielleicht war er der letzte Ritter. Für alle, die mit ihm gearbeitet haben, ist er heute schon unsterblich, ein Symbol des potius esse quam videri ... eine der stärksten Naturen, denen ich im Leben begegnet bin.«[10]

Ernst Jünger und Moritz von Faber du Faur entdeckten, zu unterschiedlichen Zeiten, in der Persönlichkeit Stülpnagels jene ganz seltene Harmonie zwischen Denken und Handeln, Bildung und Tatkraft, Philosophischem und Militärischem, verspürten in ihm das herausragende Sein, den über allen Geburtsadel hinausgehenden Wesensadel der Besonderen.

Wieder zu einer anderen Zeit als Ernst Jünger und Faber du Faur stand auch General Adolf Heusinger, im Zweiten Weltkrieg Chef der Operationsabteilung des Heeres und beim Aufbau der Bundeswehr deren erster Generalinspekteur, unter dem Eindruck der Ausnahmepersönlichkeit Stülpnagels. Die Erinnerung an seinen einstigen Vorgesetzten faßte General Heusinger, unter leichter Abwandlung des bekannten Wortes von Napoleon über Goethe, wie folgt zusammen: »Stülpnagel: Das war ein Mann!«[11]

In zahlreichen Gesprächen mit General Heusinger während der siebziger Jahre reifte mein Entschluß, das Leben und Sterben, Denken und Handeln Carl- Heinrich von Stülpnagels für die Nachwelt festzuhalten.

Bei der Lebensbeschreibung Stülpnagels, wie schon bei derjenigen Hoepners, stellte die Darstellung der steten Wechselwirkung des Individuellen mit dem allgemeinen Zeitgeschehen sich als besondere Aufgabe. Der Biograph erhielt dabei die Hilfe von über neunzig Zeitzeugen, die aus ihrem persönlichen und dienstlichen Erleben Mitteilungen machen konnten. Folgenden Damen und Herren bin ich dafür zu großem Dank verpflichtet: Adam, Werner, Oberst i.G. a.D.; Bargatzky, Walter, Staatssekretär a.D.; Baumgart, Fritz, Prof. Dr. †; Beck, Rudolf, Oberst i.G. a.D.; Beelitz, Dietrich, GenMaj. a.D.; Behrend, Hermann-Heinrich, GenMaj. a.D.; Bennecke, Jürgen, Gen.Bw. a.D.; Bittenfeld, Hans Herwarth v., Staatssekretär a.D.; Bittrich, Wilhelm, Gen.d.Waffen-SS a.D. †; Blanke, Kurt, Dr. jur.; Blähser, Gerhard, Oberst a.D.; Böhme, Hellmuth; Busse, Theodor, Gen.d.Inf. a.D.; David, Heinz Otto, Oblt. a.D.; Edelsheim, Maximilian Frhr. v., Gen.d.PzTr. a.D.; Eberbach, Heinrich, Gen.d.PzTr. a.D.; Falkenhausen, Dr. jur. Gottfried Frhr. v. †; Fellgiebel, Walther-Peer, Major a.D.; Ferber, Ernst, Gen.Bw. a.d.; Finckh, Peter; Fritsch-Seerhausen, Thomas Frhr. v.; Gerhardt, Erwin, Dr. jur., MinRat a.D. †; Gerstenmaier, Eugen, Prof. Dr., Bundestagspräsident a.D. †; Geyr, Benedikt Frhr. v.; Goerdeler, Reinhardt, Dr. jur.; Hammerstein, Kunrat Frhr. v.; Hase, Friedrich-Wilhelm v., Dr. phil.; Herrmann, Paul, GenMaj.Bw. a.D. †; Hinz, Joachim, Dr. phil.; Hitzfeld, Otto Maximilian, Gen.d.Inf. a.D.; Hofacker, Alfred v.; Hoffmann, Peter, Prof. Dr.; Horst, Max, Dr. phil.; Hollidt, Karl, GenObst. a.D. †; Ilsemann, Carl-Gero v., GenLt.Bw. a.D.; Ilsemann, Wilhelm, Dr. jur.; Ilsemann, Marie-Luise v., geb. v. Stülpnagel; Jodl, Luise, geb. v. Benda; Jünger, Ernst, Schriftsteller; Jünger, Liselotte, Dr. phil.; Kessel, Eberhard, Prof. Dr. †; Kessel, Gisela, Dr. phil.; Kessel, Kurt Albrecht v.; Killy, Walther, Prof. Dr.; Kleikamp, Helmut, GenMaj. a.D.; Kleist, Ewald-Heinrich v., Verleger;

Knodt, Manfred, Pfarrer; Kohl, Werner, Dr. jur.; Kossmann, Herta; Krause, Albrecht, MinRat. a.D.; Lang, Hellmuth, Hptm. a.D.; Lindemann, Georg W.; Linstow, Hans-Ingo; Mann, Golo, Prof. Dr., Schriftsteller; Matthes, Eberhard, OTL.Bw. a.D.; Matzky, Gerhard, Gen. d. Inf. a.D.; Meyer-Detring, Wilhelm, GenLt. Bw. a.D.; Moser v. Filseck, Dr. jur.; Müller, Max, Prof. Dr.; Müller-Hillebrand, Burkhart, GenLt. Bw. a.D. †; Nehring, Walther K., Gen. d. PzTr. a.D. †; Nolte, Heinrich, Oberst i.G. a.D.; Pfeiffer, Reinhart, Major a.D.; Philippi, Alfred, GenMaj. a.D.; Pölnitz, Friederike Freifrau v., geb. Comtesse v. Podewils; Reinhardt, Hellmuth, GenMaj. Bw. a.D.; Reymann, Hellmuth, GenLt. a.D.; Ringshausen, G., Prof. Dr.; Rommel, Manfred, Dr. jur., Oberbürgermeister; Rosen, Anna-Luise Freifrau v., geb. v. Hofacker; Ruge, Friedrich, Prof., Vizeadmiral a.D. †; Schall-Riaucour, Heidemarie Gräfin v., Dr. phil.; Schaude, Ernst, Dr. jur.; Schauf, Peter; Scheven, Werner v., BrigGen. Bw.; Schiel, Otto E., GenMaj. a.D.; Schmidt, Gerhard; Schneider, Karl-Heinz; Schramm, Wilhelm Ritter v., Dr. phil. †; Schroeder, Walther, Oberst a.D.; Schulz, Siegfried, GenLt. Bw. a.D.; Stahl, Friedrich Christian, Dr. phil., Archiv.-Dir. i.R.; Tempelhoff, Hans-Georg v., GenMaj. Bw. a.D. †; Teuchert, Friedrich Frhr. v. †; Thomas, Jürgen, Dr. phil.; Umbreit, Hans, Dr. phil., MGFA; Volckamer, Friedrich Jobst von Kirchensittenbach, Gen.d.GebTr. a.D.; Voss, Rüdiger v., Dr. jur.; Wagner, Elisabeth †; Weizsäcker, Carl Friedrich Frhr. v., Prof. Dr.; Weizsäcker, Marianne Freifrau v. †; Westphal, Siegfried, Gen.d.Kav. a.D. †.

Die Mitteilungen der Zeitzeugen mußten ergänzt werden durch die Auswertung der Dokumente in den Archiven und der umfangreichen Sekundärliteratur. Dem Bundesarchiv-Militärarchiv Freiburg gilt mein besonderer Dank, insbesondere Frau Müller für zweieinhalbjährige geduldige Hilfeleistung. Ebenso danke ich dem Bundesarchiv Koblenz, dem Institut für Zeitgeschichte München und der Wehrbereichsbibliothek V Stuttgart für wertvollen Beistand. Den Verteidigungsbezirkskommandos 53 Freiburg und 61 München bin ich für Unterstützung in den Arbeitsjahren 1984/85 verpflichtet.

Das Werk hätte so nicht entstehen können ohne das vorausgegangene jahrzehntelange Erinnern, Aufzeichnen und Sammeln der Familien Joachim und Walter v. Stülpnagel.

Meinem verehrten einstigen Kommandeur an der Heeresoffizierschule I Hannover, Herrn Generalleutnant a. D. Heinz Gaedcke, verdanke ich fachliche und stilistische Verbesserungen.

Ganz besonderen Dank schulde ich Herrn Oberst a. D. Dr. Carl Hans Hermann nicht nur für sorgfältigste Durchsicht, Korrektur und Ergänzung des Manuskripts, sondern darüber hinaus für unschätzbaren Rat und stete Ermunterung in einer mehr als siebenjährigen Arbeitsdauer.

Inzigkofen, im Herbst 1988 — Der Verfasser

Anmerkungen

1 Oberleutnant d. R. Prof. Dr. Fritz Baumgart und Feldwebel d. R. Peter Schauf in Briefen an den Verfasser.
2 Ernst Jünger: »Strahlungen«, Tübingen (1955), S. 399.
3 Siegfried Westphal: »Erinnerungen«, Wiesbaden (1975), S. 110.
4 Carlo Schmid: »Erinnerungen«, Bern-München-Wien (1979), S. 193.
5 Erich Weniger: »Goethe und die Generale der Freiheitskriege. Geist, Bildung, Soldatentum«, Neudruck, Stuttgart (1959), Einleitung.
6 Eberhard Kessel: »Moltke«, Stuttgart (1957), Vorwort.
7 Ernst Jünger: »Strahlungen«, a.a.O., S. 399.
8 Carl Friedrich Frhr. v. Weizsäcker in einem Gespräch mit dem Verfasser am 15. April 1982 in Lindau-Reutin.
9 Louis-Victor Prince de Broglie, geboren 1892 in Dieppe, Physik-Nobelpreisträger des Jahres 1929.

10 Moritz von Faber du Faur: »Macht und Ohnmacht«, Stuttgart (1953), S. 124/125.

11 In einem Gespräch mit dem Verfasser am 21. Januar 1978 in Köln-Marienburg.

I. Das Werden der Persönlichkeit (1886–1918)

»Das Wesen der Deutschen liegt nicht im Sein, sondern im Werden.«
Friedrich Nietzsche

Die Familie

Carl-Heinrich v. Stülpnagel kam aus einem alten, dem Schwertadel Brandenburgs angehörenden, später mit Soldaten und Beamten der Krone Preußens treu dienenden, weitverzweigten Geschlecht. Das erste urkundliche Auftreten fällt in die Zeit des Kampfes um die Uckermark zwischen Herzog Heinrich von Mecklenburg und dem Pommernherzog Wratislaw. Unter den auf pommerscher Seite fechtenden Kriegsmannen erwähnt eine Urkunde aus dem Jahre 1321 »duo Stulpenagel«. Der Name wird in der Familienchronik so gedeutet, daß er einen Besitz an der Gerichtsstätte angibt. In der Altmark, dem Ursprung des Geschlechts, trugen die örtlichen Gerichte die Namen »Stapel« oder »Stolp«; sie wurden durch Holzpfähle gekennzeichnet, die man in bestimmten Gegenden »Nagel« nannte. Vermutlich haben die nach der Uckermark verpflanzten Altmärker auch dort ihre Versammlungsstätte als »Stapel« oder »Stolp« bezeichnet und sich Flurnamen wie »beim Stolpnagel« gebildet.

Das Familienwappen kann hierfür als Bestätigung dienen. Mit vier anderen märkischen Geschlechtern führen die Stülpnagels das Radwappen: mit den Jagows und Uchtenhagens zusammen ein rotes Rad von acht Speichen auf silbernem Grund, während die Familien Glöden und Wreech das weiße Rad auf blauem Grund tragen. Die gemeinsame Abstammung dieser fünf Familien aus der nördlichen Altmark darf für die Stauferzeit angenommen werden, zumal das Rad als Hausmarke an Gerät und Waffen dort häufig vorkommt. Es wurde vor allem von Persönlichkeiten geführt, die richterliche Befugnisse hatten. Die Tätigkeit der Stülpnagels bei den Dorfgerichten war damals sicher ehrenhalber. Auch den Landbau betrieben sie nur soweit für die Lebenshaltung erforderlich. »Von ihrem ersten Auftreten in der Altmark bis zum 15. Jahrhundert ... waren die männlichen Angehörigen fast ununterbrochen im Kriegsdienst ... Unsere ältesten Vorfahren waren Berufssoldaten, Landwirte nur nebenbei«, verzeichnete Carl-Heinrich in seinen Notizen zur Familiengeschichte. Offenbar wußten aber schon die frühen Stülpnagels die Feder so sicher wie das Schwert zu führen. Ein »Joachimus Stulpenagel Stetinensis«, welcher »anno 1568 die sancti Georgii« (23. April, d. Verf.) an der Universität Frankfurt/Oder immatrikuliert wurde[1], eröffnete die Reihe der Joachime und auch die der Akademiker in der Familie von Stülpnagel; er wurde Ratsherr und Stadtschreiber in Stettin.

Erster Chronist der Familie war der am 17. Juni 1593, in der 6. Generation, auf der Besitzung Taschenberg in der Uckermark geborene Wolff v. Stülpnagel. Als Kind des dokumentarisch-enzyklopädischen Jahrhunderts, in das er hineinwuchs, begann Wolff am 12. Dezember 1621 mit Aufzeichnungen, welche er »Zeitbuch« nannte und in denen er die frühesten authentischen Nachrichten über die ältesten Generationen der Stülpnagels festhielt. Sein Leben umschließt die erste große Katastrophe in der neueren Geschichte der Deutschen, den Dreißigjährigen Krieg. Im Unterschied zu den Vorfahren war Wolff nicht Soldat, sondern Landwirt in der Uckermark.

In der 9. Generation wandte sich Otto Gottlob v. Stülpnagel wieder dem Soldatenberuf zu. Ebenfalls auf Taschenberg geboren, trat er 1730, fünfzehnjährig, in das Dragonerregiment Ansbach-Bayreuth in Pasewalk ein, zeichnete sich schon im Ersten Schlesischen Krieg am 10. April 1741 bei Mollwitz besonders aus und avancierte zum Premierleutnant. Im Zweiten Schlesischen Kriege ritt er am 4. Juni 1745 die Attacke von Hohenfriedberg mit. Im Diplom vom 11. Juni 1745, worin Friedrich das Regiment Ansbach-Bayreuth besonders ehrte, ist unter Namen wie Ziethen, Schulenburg und Kleist auch der des Lieutenants Otto Gottlob v. Stülpnagel verzeichnet.

Um seine Güter zu bewirtschaften, reichte Otto Gottlob 1747 den Abschied ein, der ihm als Kapitän bewilligt wurde. Als aber 1756 der Krieg um Schlesien erneut ausbrach und der König sein Land von Feinden umstellt sah, litt es Otto Gottlob nicht mehr zu Hause. Er stellte ein Korps pommerscher Freihusaren auf, eine Art berittener Heimatschutztruppe, mit welcher er Hinterpommern und die Uckermark erfolgreich gegen die Russen und Schweden schützte. Als im Frühjahr 1760 eine schwedisch-russische Kavallerieabteilung plündernd und sengend in die Gegend von Schwedt gelangte, trat ihr Otto Gottlob bei Groß-Richow, nahe Pyritz, mit seinen Provinzialhusaren entgegen, schlug die Eindringlinge und nahm die meisten von ihnen gefangen. Unter den wenigen, die entkamen, war ein schwedischer Junker, der später auf den Schlachtfeldern Europas große Berühmtheit erlangte: Gebhardt Leberecht Blücher. Friedrich war von dem Sieg seiner pommerschen Freihusaren so beeindruckt, daß er sich den Namen notierte: »L'officier, qui les conduisait, nommé Stülpnagel, les surprit et en fit deux cents prisonniers; les prussiens, qui les avaient pris, n'étaient pas aussi forts.«[2]

In der napoleonischen Epoche besiegelten drei Angehörige der 11. Generation ihre Treue zu Preußen mit dem Soldatentode. Ein weiterer, Wolf Wilhelm Ferdinand, trat auf der europäischen Kriegsbühne so bemerkenswert in Erscheinung, daß die Heroen Preußens ihm ihre Hochachtung in eigenhändigen Briefen zum Ausdruck brachten: »Bester Stülpnagel!« begann Bülow, der spätere Sieger von

Dennewitz, einen Brief im November 1809, und kein Geringerer als Gneisenau den seinen im Juni 1817 mit »Mein lieber Stülpnagel«. Schließlich findet sich eine Charakteristik in den »Wanderungen und Wandlungen mit dem Reichsfreiherrn H. K. F. vom Stein«, die 1858 in Berlin erschienen. Ernst Moritz Arndt sagt darin über Wolf Wilhelm Ferdinand v. Stülpnagel: »... Ein Uckermärker, ein feiner, sehr tätiger und geschickter Offizier.«[3] Wolf Wilhelm Ferdinand wurde Generalleutnant, Direktor des Allgemeinen Kriegs-Departements im Kriegsministerium und Mitglied des Staatsrates. Als er Ende Dezember 1838 in Berlin starb, war bei der Beisetzung das preußische Königshaus durch Prinz Wilhelm, den späteren Kaiser Wilhelm I., vertreten.

Es spricht vieles dafür, daß Wolf Wilhelm Ferdinand als Soldat und Mensch Artverwandtes mit Carl-Heinrich v. Stülpnagel hatte. Unser genealogischer Exkurs muß sich indes auf Carl-Heinrichs Eltern konzentrieren. Der Vater, Carl Friedrich Hermann, wurde am 6. Januar 1839 in Potsdam geboren, besuchte die Hauptkadettenanstalt Berlin-Lichterfelde und trat dann, im Mai 1857, ins 1. Garde-Regiment zu Fuß ein. Als Adjutant des Generalkommandos des Gardekorps focht er im Feldzug von 1866 bei Soor, Königinhof und Königgrätz. Im Jahre 1869 erhielt Hermann v. Stülpnagel, inzwischen Hauptmann und Kompaniechef im 1. Garde-Regiment, ein besonderes Zeichen des Vertrauens in seine Fähigkeit als militärischer Ausbilder und Erzieher. Prinz Wilhelm von Württemberg kam zur Ableistung seiner preußischen Dienstzeit in Hermanns Kompanie.[4] Hermann v. Stülpnagel blieb auch weiterhin in Berührung mit Persönlichkeiten des württembergischen Königshauses. Als der Deutsch-Französische Krieg von 1870/71 ausbrach, wurde er 3. Generalstabsoffizier beim Generalkommando des Gardekorps, welches seit 1858 Prinz August von Württemberg befehligte. Nach Verwundung in der Schlacht von Gravelotte-St.-Privat und Wiedergenesung im Lazarett von Pont-à-Mousson nahm Hermann v. Stülpnagel an der Einschließung von Paris und den Ausfallgefechten bei Le Bourget teil. Ausgezeichnet mit dem Ritterkreuz mit Schwertern des Königlichen Hausordens von Hohenzollern, dem Eisernen Kreuz II. Klasse, aber auch mit einem russischen und einem sächsischen Orden kehrte er aus diesem Kriege zurück.

Die Begabung, sich als Preuße auch auf süddeutsche Eigenarten gut einstellen zu können, mag für weitere Verwendungen bestimmend gewesen sein. Bald nach der am 16. Januar 1871 erfolgten Ernennung zum Flügeladjutanten des Kaisers wurde Hermann v. Stülpnagel als Militärattaché zur Preußischen Gesandtschaft nach München versetzt und 1872 zum Major, 1877 zum Oberstleutnant befördert. Sein zehnjähriger Attaché-Dienst im »Isar-Athen« stand unter günstigen Sternen. »Durch sein liebenswürdiges Wesen und sein lebensbejahendes Temperament war es ihm in kurzer Zeit gelungen, in den militärischen und gesellschaftlichen Kreisen der bayerischen Hauptstadt festen Fuß zu fassen. Besonders eng gestaltete sich die Freundschaft mit dem damals ebenfalls an der Gesandtschaft tätigen Grafen Herbert v. Bismarck.«[5] Daß die Mutter des preußischen Attachés eine geborene v. Bismarck war, hat sicher zum freundschaftlichen Umgang mit dem Sohn des Reichsgründers beigetragen.

Die Münchener Jahre waren für Hermann v. Stülpnagel aber noch auf andere Weise glückbringend: Er lernte hier seine Lebensgefährtin kennen, Luise Freiin von der Tann-Rathsamhausen. Luise war die Tochter des bayerischen Generals Ludwig Samson Arthur Freiherr von und zu der Tann-Rathsamhausen, der, 1815 in Darmstadt geboren, im Krieg von 1866 die mit Österreich verbündeten Bayern gegen Preußen, dann im Deutsch-Französischen Krieg von 1870/71 das tapfere Bayerische I. Armeekorps siegreich in den Schlachten von Wörth, Beaumont, Sedan und Orléans geführt hatte.[6] Die Freiherren von und zu der Tann stammten aus der Rhön. Ihre drei Schlösser und das Städtchen Tann finden sich nordostwärts der Wasserkuppe, wo das bayerische Unterfranken ins Hessische oder Thüringische übergeht; nach 1866 war Tann vorübergehend an den preußischen Regierungsbezirk Kassel abgetreten worden.

Der zweite Familienname, Rathsamhausen, führt in das mittlere Elsaß. Ludwigs Vater, der bayerische Kammerherr Heinrich Frhr. von und zu der Tann, hatte zur Zeit Napoleons I. eine Freiin von Rathsamhausen aus einer im Mannesstamm schon erloschenen elsässischen Familie geheiratet.[7] Das Dorf Rathsamhausen liegt in der Oberrheinebene bei Schlettstadt. Der Name ist in der elsässischen wie in der europäischen Geistesgeschichte verzeichnet. Stammsitz der Freiherren v. Rathsamhausen war eines der beiden Schlösser, die, heute Ruinen, von den Hängen des Rotwein-Dorfes Ottrott, vierzig Kilometer südwestlich Straßburg, die *route de vin* weithin überblicken. Unweit Ottrott erhebt sich der »heilige Berg des Elsaß«, der Odilienberg. Das Kloster der heiligen Odilia war im Mittelalter der geistliche und geistige Mittelpunkt des Elsaß gewesen, bevor die Universität Straßburg dieses Erbe teilweise übernahm. Die Freiherren v. Rathsamhausen standen mit dem Odilienkloster wie auch mit der Universität Straßburg stets in enger Berührung. Ihre Frauen vor allem unterstützten die Bemühungen um Hebung der Bildung und Wohlfahrt der ärmeren Volksschichten. Besonders hatte sich darin die Freifrau Eleonore Sidonia v. Rathsamhausen (1712–1788) hervorgetan. Sie war nicht nur den Lehren und Visionen des Theosophen Swedenborg zugetan und mit der aus dem Baltenland stammenden pietistischen Schriftstellerin Freifrau v. Krüdener befreundet; zu ihrem Freundeskreis gehörte auch der junge Johann Friedrich Oberlin. Dieser Philanthrop und Pfarrer in einem Vogesental übte starken Einfluß auf die Studentenschaft der Straßburger Universität aus, welche zu der Zeit in ihrer Blüte stand und spätere Berühmtheiten wie den Frankfurter Patriziersohn Johann Wolfgang Goethe, den ostpreußischen Pfarrerssohn Johann Gottfried Herder und den Livländer Jakob Michael Lenz in ihren Hörsälen sah. Oberlin wurde auch Ratgeber des Präfekten von Straßburg, Lezay-Marnesia,

Lehrer!

der dort die erste »Ecole normale« ins Leben rief. Lezay-Marnesia war ein Onkel der Großherzogin Stephanie von Baden, geborene de Beauharnais, der mutmaßlichen Mutter des »Kindes von Europa«, Kaspar Hauser. Zwischen der Freifrau v. Rathsamhausen und dem Steintalpfarrer Oberlin muß eine Art geistiger und seelischer Wahlverwandtschaft bestanden haben, eine Übereinstimmung in den kontemplativen Bereichen des Lebens wie in den aktiven Wirkungskreisen.[8]

Über die Vorfahren, die sich geistig hervortaten, hat Erich Weniger noch folgendes ermittelt: »Durch ihn [General Freiherr v. der Tann-Rathsamhausen] war Carl-Heinrich v. Stülpnagel ein Ururenkel einerseits der bekannten Gräfin Voss, andererseits der Frau von Berg, geb. von Haeseler, die, in Weimar aufgewachsen, Freundin Herders und Goethes, des Freiherren vom Stein und Gneisenaus, der Marie von Clausewitz, vor allem die Vertraute der Königin Luise war. Sie versuchte, Schiller für Berlin zu gewinnen. Sie war die Fürsprecherin von Heinrich von Kleist bei der Königin.«[9]

Was kam mit einem der letzten weiblichen Zweige des elsässischen Adelsgeschlechtes von Rathsamhausen wohl in die bayerische Familie von der Tann und, über diese, in die preußische Familie v. Stülpnagel? Mündlicher Überlieferung zufolge war das rotblonde Haar, welches Carl-Heinrich v. Stülpnagel stark von den »schwarzen« Stülpnagels unterschied, ein Erbgut der Rathsamhausens. Luise Freiin von der Tann-Rathsamhausen war eine überaus stattliche Erscheinung in schönster Haartracht. Von den vielfältigen geistigen Interessen könnte Carl-Heinrich die Neigung zur Philosophie und Theologie, eventuell auch die zur Mathematik von seinen linksrheinischen Vorfahren geerbt haben. Vor allem aber wird man seine besondere Aufgeschlossenheit für den Geist und die Kultur Frankreichs auf sie zurückführen dürfen. Zweifellos waren die in Carl-Heinrich angelegten Erbgüter aus dem brandenburgisch-preußischen Geschlecht v. Stülpnagel, den fränkisch-bayerischen Freiherren von der Tann und den elsässisch- alemannischen

Freiherren von Rathsamhausen eine Blutsmischung, die außerordentliche Anlagen und Möglichkeiten in sich schloß.

Kindheit und Jugend

Im April 1881 endete die zehnjährige Verwendung als preußischer Militärattaché in München, wo dem Ehepaar v. Stülpnagel am 30. März 1878 der erste Sohn, Ludwig, geboren worden war. Hermann wurde jetzt, unter Belassung als Flügeladjutant, mit der Führung des Garde-Füsilier-Regiments in Berlin beauftragt. Nach Beförderung zum Oberst im September 1881 wurde er im März 1882 Kommandeur des Garde-Füsilier-Regiments. Es waren die letzten Regierungsjahre des Kaisers Wilhelm I. und - unter der Leitung des Fürsten Bismarck - Jahre der Konsolidierung des Kaiserreiches nach innen und außen. Der alte Kaiser und der Reichskanzler wurden die Fixsterne auch im gesellschaftlichen Leben des Ehepaares v. Stülpnagel, wie aus der Familiengeschichte ersichtlich ist: »In jenen Jahren war das Stülpnagelsche Ehepaar eine bekannte Erscheinung in der Berliner Gesellschaft, wozu nicht wenig die ungewöhnliche Schönheit und die mit seltener Klugheit gepaarte Anmut Luises beitrug. Eingeführt durch den Grafen Herbert v. Bismarck ... waren Hermann und Luise gerngesehene Gäste im Hause des Fürsten und der Fürstin v. Bismarck, welche letztere auch in späteren Jahren nie verfehlte, ihre alten Bekannten aufzusuchen. So wurden diese Berliner Jahre zu einem bleibenden Erlebnis, denn fast alle Männer, die die Geschichte Deutschlands damals beeinflußten, waren dem Stülpnagelschen Ehepaare persönlich bekannt geworden. Alles überschattete aber die Güte des alten Kaisers, der seinen Flügeladjutanten mit Aufmerksamkeit und kleinen Gaben bei jeder Gelegenheit in der rührendsten Weise beschenkte ...«[10]

Carl-Heinrich Rudolf Wilhelm v. Stülpnagel wurde als zweiter Sohn der Familie am 2. Januar 1886 in Berlin-

Tiergarten, Linkstraße 17, geboren und am 17. Februar in der Garnisonkirche der 2. Gardedivision durch den Königlichen Hofprediger und Garnisonspfarrer Hommel getauft. Die Rufnamen Carl-Heinrich brachten die Verbindung der beiden Familien zum Ausdruck: »Carl« war ein typisch Stülpnagelscher, »Heinrich« ein typisch von der Tannscher Vorname. In der Reichshauptstadt seine Kinderschuhe zu vertreten und »Berliner« zu werden, bekam Carl-Heinrich aber keine Gelegenheit. Am 26. Mai 1887 wurde sein Vater mit der Führung der 11. Infanterie-Brigade in Brandenburg an der Havel beauftragt und am 3. August, unter Beförderung zum Generalmajor, deren Kommandeur. Noch in Berlin kam am 7. Juli 1887 die erste Tochter, Laurette Louise, zur Welt; dann verließ Hermann v. Stülpnagel mit seiner Familie die Reichshauptstadt für immer. Die Verbindung mit den Verwandten und Bekannten blieb erhalten, auch in den späteren Jahren, als man von Berlin weiter entfernt war als im benachbarten Brandenburg; ebenso fühlte Carl-Heinrich sich seiner Geburtsstadt jederzeit verbunden. Zur geistigen Heimat indes wurde Berlin ihm nicht, sondern eine Stadt von ganz anderem Gepräge.

Nach zweijähriger Verwendung als Kommandeur der 11. Infanterie-Brigade in Brandenburg, wo noch eine zweite Schwester, Elisabeth Anna, zur Welt kam, wurde Hermann v. Stülpnagel am 17. Juni 1889 zum Stadtkommandanten von Frankfurt am Main ernannt und am 24. März 1890 zum Generalleutnant befördert. Das menschliche und soldatische Format, vereint mit diplomatischem Geschick, die Hermann v. Stülpnagel befähigt hatten, Preußens Armee in der Hauptstadt Bayerns zehn Jahre lang erfolgreich zu vertreten, dürften seine Auswahl für den Frankfurter Dienstposten beeinflußt haben.

Die Freie Reichsstadt Frankfurt am Main war nach dem Prager Frieden, der den preußisch-österreichischen Konflikt von 1866 beendet hatte, der preußischen Monarchie einverleibt worden – für die alte, reiche und selbstbewußte Stadt ein tiefer geschichtlicher Einschnitt. War doch Frankfurt schon im hohen Mittelalter als Wahlstadt der deutschen Könige und Kaiser die »heimliche Hauptstadt des Heiligen Römischen Reiches Deutscher Nation« gewesen - zu einer Zeit, als ihre jetzigen Herren, die Hohenzollern, noch als Burggrafen zu Nürnberg saßen. »Es gibt keine Stadt in Deutschland, die über so lange Zeit hinweg im Mittelpunkt der Reichsgeschichte stand wie Frankfurt«[11] - der Geschichtskundige muß dem zustimmen.

Wie aber vertrug sich der liberal-demokratische, reichsstädtisch-weltoffene, dem Internationalen fast stärker als dem Nationalen zugewandte Geist dieser Stadt mit der preußischen Pickelhaube, diesem Symbol der seit 1867 im Heerwesen im Gange befindlichen Anpassung des deutschen Südens und Südwestens an die Disziplin Preußens? Eine geistig enge, auf Amtsautorität angewiesene Militärperson hätte als Stadtkommandant sicher viel Unheil anrichten können. Nun war es dem Militärkabinett gelungen, mit Hermann v. Stülpnagel »den richtigen Mann auf den richtigen Platz zu bringen«.

Als Militärattaché in München und jetzt als Stadtkommandant von Frankfurt kam es Hermann v. Stülpnagel zustatten, daß sein entfernter großer Verwandter, der Reichsgründer und Reichskanzler, den 1866 besiegten süddeutschen Ländern gegenüber eine kluge, ihrer Integration in das neue Reich dienliche Politik eingeschlagen hatte. Was Bayern betrifft, so hat Golo Mann festgestellt: »Der bayerischen Tradition, dem Staatswillen des altbayerischen Stammes hat er [Bismarck] zeit seines Lebens einen betonten Respekt entgegengebracht.«[12] Man wird dies nur mit Einschränkung auch von Bismarcks Verhältnis zur Freien Reichsstadt Frankfurt sagen dürfen. Hier hing sicher viel vom »Mann am Ort« ab, davon, ob der Stadtkommandant in der Jugendheimat Goethes und der Altersheimat Schopenhauers neben dem »militärischen« auch das »philosophische« Gesicht Preußens zeigen konnte.

Über die Wirksamkeit Hermann v. Stülpnagels in Frankfurt sei eine um ein halbes Jahrhundert jüngere Quelle zitiert. Am 6. Januar des europäischen Schicksalsjahres 1939 veröffentlichte die angesehene »Frankfurter Zeitung« einen Gedenkaufsatz über den letzten Stadtkommandanten, in welchem es heißt: »Heute, am 6. Januar, jährt sich zum 100. Male der Geburtstag von Hermann v. Stülpnagel. Er war ... kein Sohn unserer Stadt, er wurde am 6. Januar 1839 in der alten brandenburgischen Residenz- und Garnisonsstadt Potsdam geboren. Aber sein langer Aufenthalt in Frankfurt (er hat fast ein Vierteljahrhundert gewährt), seine Einfühlungs- und Anpassungsfähigkeit und sein weitgehendes Interesse für die kulturellen Bestrebungen in unserer Stadt, namentlich auf den Gebieten der Künste, der Geschichte und der Literatur, bewirkten es, daß er bald mit dem Frankfurter Boden verwurzelt war ... Vielen unserer Mitbürger ist der schlichte, liebenswürdige General noch in guter Erinnerung, wie er um 12 Uhr mittags seine Wohnung, die Kommandantur, Hochstraße 18, verließ und sich über den Goetheplatz zur Hauptwache hin begab ... Als mit dem Ausscheiden von Generalleutnant v. Stülpnagel aus dem Amt des Stadtkommandanten dieses selbst erlosch, verlor auch die Hauptwache ihre Besatzung und damit den Charakter als militärische Einrichtung.«

Die Kommandantur der Stadt Frankfurt am Main, in welcher auch die Wohnung des Stadtkommandanten lag, wurde zum Elternhaus, in dem Carl-Heinrich v. Stülpnagel entscheidende Kindheits- und Jugendjahre verbrachte. Das militärische Herz der Stadt aber war die 1730 erbaute barokke Hauptwache; dort konnte er das vor seinem Vater sich abwickelnde militärische Zeremoniell miterleben. In der Nachbarschaft lagen auch zwei Hauptorte der Geschichte des ersten deutschen Kaiserreiches: der Römer mit seinem Kaisersaal und der bis in die karolingische Zeit zurückreichende, dem heiligen Bartholomäus geweihte Frankfurter Kaiserdom. Schnell erreicht war auch das Geburtshaus des deutschen Dichterfürsten am Großen Hirschgraben. Die tausendjährige, wechselvolle Geschichte des Heiligen Römischen Reiches Deutscher Nation und die klassische deutsche Dichtung, insbesondere ihr Olympier Goethe, wurden schon in den Frankfurter Jugendjahren zu festen Bestandteilen in Carl-Heinrichs Allgemeinbildung.

Der erste Unterricht wurde ihm durch eine Erzieherin erteilt. Fräulein v. Sonsfeldt vermittelte vorzügliche Grundlagen in der französischen Sprache, so daß er Französisch später fließend wie Deutsch sprach. Als dann die Schulfrage zu klären war, traf Hermann v. Stülpnagel eine Entscheidung, welche für die spätere Weltanschauung, das Denken und Handeln des Sohnes vielleicht von gleicher Bedeutung wurde wie die Familientradition: Carl-Heinrich bezog nicht die Kadettenanstalt, sondern das humanistische Lessing-Gymnasium der Stadt Frankfurt. Wenn wir wieder einen Blick über die Zeitmauer werfen, fünfzig Jahre weiter, stellen wir fest: Fast alle Schicksalsgefährten im Kampf gegen Hitler aus Carl-Heinrich v. Stülpnagels Soldatengeneration - den Feldmarschall Erwin v. Witzleben ausgenommen - drückten um die Jahrhundertwende die Bank eines deutschen humanistischen Gymnasiums und nicht diejenige einer Kadettenanstalt. Andererseits läßt sich nachweisen, daß unter denjenigen Feldmarschällen und Generalen, welche dem Mann aus Braunau bis in den Untergang Deutschlands gefolgt sind, sehr viele Kadetten waren. Ein Jahrgangskamerad Carl-Heinrichs, welcher den deutschen Untergang überlebte, bemerkte dazu: »Der Schlüssel für dieses ganze Verhalten liegt in der Kadettenmentalität des deutschen Offiziers[13] ... Die Kadetten haben Deutschland viel Blut gekostet. Wenn sie sich bis heute durchsetzen konnten, so ist es darauf zurückzuführen, daß es immer leichter ist, ehrenvoll zu sterben als ehrenvoll zu leben.«[14]

Generalleutnant Hermann v. Stülpnagel jedenfalls wollte für seinen zweiten Sohn Carl-Heinrich, der Standestradition zuwider, nicht die militärisch orientierte, sondern die humanistisch-altsprachliche Bildung und Ausbildung im Gymnasium in der Junghofstraße, ab 1902 an der Frankfurter Hansaallee. Sicher hat auch die Mutter, welche in der Erziehung der Kinder wohl die dominierende Rolle spielte, bei dieser Schulwahl mitgewirkt. Das Lessing-Gymnasium war eine angesehene, schon 1520 als »Frankfurter Lateinische Schule« gegründete Anstalt, deren erster Rektor, Wilhelm Nesen, mit Philipp Melanchthon und Erasmus von Rotterdam befreundet war und an welcher trotz des Namens »Lateinschule« von Anfang an auch Griechisch gelehrt wurde. Als bevorzugte Schule der Söhne des Frankfurter Bildungsbürgertums erlangte sie große Bedeutung für die Kultur- und Geistesgeschichte der Stadt.

Im Frühjahr 1895 wurde der neunjährige Carl-Heinrich Schüler des Lessing-Gymnasiums. Da er, der Familienüberlieferung zufolge, trotz starker Konkurrenz neun Jahre hindurch Primus war, muß er sich schon im ersten Schuljahr zum Klassenbesten entwickelt haben. Dies, obwohl sein eigentliches Interesse den naturwissenschaftlichen Fächern galt, der Physik und Mathematik, die in dem altsprachlichen Gymnasium nicht gerade den höchsten Stellenwert hatten. Mit welchem Erkenntnisdrang er an die Weltphänomene heranging, zeigt folgende Begebenheit: »Als in Physik die Gesetze des freien Falls durchgenommen wurden, wollte er das zu Hause nachvollziehen. Dazu wurde die jüngste Schwester Elisabeth mit ihren Puppen, die, wie damals üblich, Porzellanköpfe hatten, in das oberste Stockwerk der elterlichen Wohnung in Frankfurt beordert und ihr von ihm die Anweisung gegeben, auf sein Armzeichen die erste Puppe aus dem Fenster fallen zu lassen, damit er mit seiner Taschenuhr die Fallzeit stoppen könne. Offenbar mißglückte das Experiment. Jedenfalls rief er seiner Schwester zu: ›Wirf doch langsamer, du dumme Gans!‹ Diese gelobte für die nächste Puppe Besserung. Als Endergebnis lagen nachher beide Puppen mit zerbrochenen Köpfen auf dem Rasen.«[15] Physikalische und mathematische Probleme haben Carl-Heinrich v. Stülpnagel dann lebenslang beschäftigt.

Groß war stets auch sein Interesse an der Biologie, der Botanik wie der Zoologie. Er wanderte gern und viel und erlangte dabei ein ausgeprägtes Naturgefühl. Schon früh zeigte sich sein Zeichentalent; besonders lagen ihm Karikaturen und Soldatenbilder in der Art von Richard Knötel, von denen eine dicke Mappe in der Potsdamer Wohnung im Frühjahr 1945 verlorenging. Beim Zeichnen trat allerdings auch seine Farbenschwäche erstmals zutage, als er einen Frosch rot kolorierte und als Laubfrosch ausgab. Auf dem Gebiet der Leibesübungen wiederum war Carl-Heinrich ein hervorragender Turner und Schwimmer, was seine Autorität als Klassenprimus weiter festigte. Das einzige Fach, in welchem er unter dem Durchschnitt lag, war die Musik. Dabei war er nicht unmusikalisch, zeigte viel Freude an guten Konzerten und später am abendlichen Klavierspiel seiner Frau; aber singen oder ein Instrument spielen konnte er nicht.

Besonders begabt zeigte sich Carl-Heinrich früh für alte wie neue Sprachen, wodurch ihm der Zugang zur Geschichte, Kultur und Literatur der Völker Europas, aber auch zur Philosophie erleichtert wurde. Latein lernte er so gründlich, daß er, gemäß der Tradition des Lessing-Gymnasiums, die Abiturrede als *primus omnium* mühelos in Lateinisch halten konnte; ähnlich gut waren seine Kenntnisse in Griechisch. Die französische Sprache beherrschte er, dank der französischen Erzieherin im Elternhaus, schon in jungen Jahren fließend, ebenso, wenn auch etwas später, die englische. In beiden Sprachen legte er an der Kriegsakademie die Dolmetscherprüfung ab. Auch Italienisch eignete er sich an, sowie, mit einem ständig wachsenden Interesse an Rußland, dann noch etwas Russisch. Bei alledem wurde er frühzeitig ein eifriger Leser oder - wie die Franzosen sagen - ein »grand liseur«, ohne dabei Stubenhocker zu werden und über der Bücherwelt die wirkliche Welt zu vergessen.

Im Schulfach »Deutsch« vertiefte er sich in die Werke und »Denkungsart« der großen deutschen Dichter und Schriftsteller, von denen zwei ihm dann geistige Lebensbegleiter geworden sind. Der erste war Namenspatron der Schule: Gotthold Ephraim Lessing. In ihm hatte das deutsche Nationalbewußtsein nach der Mitte des 18. Jahrhunderts eine erste frühe Stufe erreicht, genährt aus zwei gegensätzlichen

Antrieben, einem nationalen und einem kulturkosmopolitischen. Nationales und Weltbürgerliches wird stets auch zur geistigen Wesensart Carl-Heinrichs v. Stülpnagel gehören. Nach dem bürgerlichen Trauerspiel »Miss Sarah Sampson« hatte Lessing seinen patriotischen Einakter »Philotas« geschrieben, der als Beleg für den »kriegerischen Lessing« aufgefaßt wurde. Man wird davon ausgehen können, daß »Philotas« im Frankfurter Lessing-Gymnasium der Jahrhundertwende im Lehrplan des Deutschunterrichts enthalten war. »Der selbst noch adoleszente Held des Dramas wurde vielen Schülergenerationen als willkommenes Identifikationsmuster angeboten; Philotas galt als heroisches Exempel für einen vom Enthusiasmus getragenen Patriotismus.«[16] Der jugendliche Mazedonier-Prinz Philotas spiegelt Friedrich II. von Preußen und dessen Feldlager; seine Todesbereitschaft atmet den Geist Immanuel Kants, der den Selbstmord dann billigt, wenn ein Fürst damit den Staat und seine Freunde retten kann. »... worauf kömmt es an? Aufs Sterben. Auf weiter nichts? O fürwahr: Der Mensch ist mächtiger, als er glaubt, der Mensch, der zu sterben weiß!«[17] Möglich, daß der einstige Lessing-Schüler an diese Worte des Philotas dachte, als er, über vier Jahrzehnte später, in den Maas-Kanal stieg, um die Pistole an die Schläfe zu setzen.

Der andere deutsche Dichter, der dem Frankfurter Gymnasiasten Carl-Heinrich v. Stülpnagel zum Wegbegleiter durchs Leben werden sollte, war Deutschlands größter, Goethe. Es war sehr vieles, was ihn an Goethes Leben und Werk fesselte und verwandte Saiten in ihm anrührte. Die große französische Interpretin deutschen Wesens und deutscher Dichtung, Germaine de Staël, hatte schon 1810 festgestellt, »daß Goethe in sich alle wesentlichen Züge des deutschen Geistes vereinigte«.[18] Goethes Erkenntnis, daß die Natur bei allem gesetzmäßig zu Werke geht, das Reich der Natur nie ein Chaos, sondern stets ein Reich der gestalteten Ordnung darstellt, entsprach völlig schon der Auffassung des jungen Stülpnagel. Die Sympathie Goethes mit der

Natur, seine »Erdfreundschaft«, die ihn Botanik, Mineralogie, Geologie, Zoologie und Meteorologie studieren ließ, fand in dem Schüler Stülpnagel und dessen Drang zur Naturerkenntnis eine innere Entsprechung. So ist es nicht verwunderlich, daß jene Goethe-Gestalt, in welcher das Streben nach dem großen Erkennen zum Weltbegriff geworden ist, eine starke Anziehungskraft auf den Schüler des Lessing-Gymnasiums ausübte. Schon Lessing hatte das Faust-Motiv vom suchenden Menschen und dessen unstillbarer Wißbegierde aufgegriffen und in Doktor Faust den Naturbeherrschungstrieb der Renaissance wieder lebendig werden lassen. Für Lessing war weniger die Wahrheit selbst, als vielmehr das Suchen nach der Wahrheit ein Wert an sich; darin entsprach der deutsche Aufklärer dem Denken des Franzosen Blaise Pascal, der dann später den Schlußstein in dem geistigen Dreieck Lessing–Goethe–Pascal bilden sollte, in welches der Jüngling und Mann Carl-Heinrich v. Stülpnagel hineinwuchs.

Im Jahre 1855 hatte Jakob Burckhardt, von Basel nordostwärts blickend, festgestellt: »Die deutschen Jünglinge tragen Faust in sich.« Es blieb dies für einen Teil der deutschen männlichen Jugend bis in den Ersten Weltkrieg hinein zutreffend - und es war nicht der schlechteste Teil. Auf eine für Gymnasiasten wohl einmalige Weise hatte der Primaner Carl-Heinrich v. Stülpnagel sich den Faust-Stoff angeeignet: Er konnte den ganzen ersten Teil der Goethischen Tragödie auswendig. Aber er konnte ihn nicht nur auswendig, er spielte ihn auch. Ein Foto im Familienalbum, vermutlich aus dem Jahre 1903, zeigt die beiden Hauptdarsteller bei einer Laienaufführung des »Faust I« im Hof des Gelben Schlosses zu Tann in der Rhön: Carl-Heinrich, ein gutaussehender, jugendlicher Faust im wehenden schwarzen Mantel; seine Schwester Elisabeth ein anmutiges, blondes Gretchen. Wieweit der siebzehnjährige Faust-Darsteller sich über die ganze Problematik der mythisch-nordischen Phantasiegestalt bewußt gewesen ist, wieweit er die Verschmelzung von Deutschem und Faustischem erkannt oder geahnt hat, daß dieser Doktor Faust spezifisch deutsches Blut und deutsche Gefahren in sich trug - wir wissen es nicht.

Etwa ein Jahr bevor er bei der Laienaufführung im Schloß Tann den Faust spielte, war Carl-Heinrich v. Stülpnagel konfirmiert worden: am 5. April 1902 in der Frankfurter Katharinenkirche an der Hauptwache, der Taufkirche Goethes. Sein Konfirmationsspruch kam aus dem 1. Korintherbrief 15,88: »Darum, meine lieben Brüder, seid fest, unbeweglich, und nehmet immer zu in dem Werk des Herrn, sintemal ihr wisset, daß eure Arbeit nicht vergeblich ist in dem Herrn.« Wie für Goethe und viele andere war ihm die Bibel dann lebenslang ein wichtiges Buch. Sein Sohn Joachim berichtet darüber: »Zur Konfirmation hatte Carl-Heinrich von seiner Mutter eine kleine Bibel bekommen. Sie hatte diese ›Heinrich‹ mit Segenswünschen zugeeignet und den Konfirmationsspruch auf die 1. Seite geschrieben. Beim Aufschlagen der Bibel am 6. Juni 1982 fiel mir bei Sirach 3 ein Lesezeichen auf, und ich fand hier, rot angestrichen, Vers 24: ›Und was deines Amtes nicht ist, da laß deinen Vorwitz.‹ Sofort fiel mir ein, daß Vater diese Redewendung sehr oft gebraucht hatte und der Vers wohl eine Maxime seines Lebens gewesen sein muß.«[19]

Das Abitur machte Carl-Heinrich v. Stülpnagel Ostern 1904 mit Auszeichnung, als Bester unter rund dreißig Söhnen des Frankfurter Bildungs- und Besitzbürgertums. Aus einer nach dem Zweiten Weltkrieg entstandenen Liste des Abiturienten-Jahrgangs 1904 ist ersichtlich, daß damals fünfundzwanzig Abiturienten des Lessing-Gymnasiums bürgerlicher und nur drei adeliger Herkunft waren. Von ihnen wurden später die meisten Juristen, ferner Lehrer, Ärzte und Diplomingenieure; aber auch ein Opernsänger, ein Liederkomponist und ein Bildhauer entwickelten sich aus Carl-Heinrichs Abiturientia. Er selbst war der einzige, der sich entschloß, Berufssoldat zu werden. Daß dieser Entschluß nicht von vornherein in ihm feststand, wurde lange später in jenem Gespräch deutlich, welches er als Militärbefehlshaber von Frankreich 1943 mit Carl Friedrich v. Weizsäcker führte: »Als ich jung war«, sagte er damals dem Gast vom Berliner Kaiser-Wilhelm-Institut, »hätte ich gerne Naturwissenschaften studiert, vielleicht Physik. Aber ich sah, daß alle Naturwissenschaftler Materialisten und a-religiös waren. Dieses Opfer wollte ich nicht bringen. Deshalb bin ich dann der Familientradition gefolgt und Soldat geworden.«[20] Die Begegnung mit dem jungen Physiker und Philosophen wird uns weiter beschäftigen. Für den achtzehnjährigen Abiturienten ist daraus ersichtlich, daß er - bei aller Passion für wissenschaftliche Erkenntnis - die Gefährdung des strebenden Menschen, den »Sündenfall des Geistes« offenbar schon erkannt und im Konflikt zwischen Glauben und Wissen eine feste Stellung bezogen hat.

Es waren demnach vor allem metaphysische Gründe, die den Abiturienten des Frankfurter Lessing-Gymnasiums Carl-Heinrich v. Stülpnagel bewogen haben, seinem Vaterlande nicht als Wissenschaftler zu dienen, sondern die Rolle des Faust mit derjenigen Valentins zu tauschen. Er sollte später den Feinden und Verführern des deutschen Volkes in der Uniform entgegentreten - »als Soldat und brav«.[21]

Im Darmstädter Leibgarde-Infanterie-Regiment Nr. 115

1. Okt. 1904

»Mein Mann war der Sohn einer sehr gebildeten Mutter ... die großen Einfluß auf ihn hatte und viel über gelehrte und wissenschaftliche Dinge mit ihm sprach« - so begann Carl-Heinrich v. Stülpnagels Witwe Helene, geborene Freiin v. Pentz, ihre nach dem Zweiten Weltkrieg gemachten »Notizen«.[22] Die Mutter dürfte es auch gewesen sein, die dafür sorgte, daß der Sohn nach seinem Abitur nicht sofort in die geistig anspruchslose Atmosphäre der Kaserne und später des Kasinos versetzt, sondern daß ein Zusätzliches für seine Bildung getan wurde. Zum Sommersemester 1904 bezog Carl-Heinrich die juristische Fakultät der Universität Genf. Diese Hochschule in der Welschschweiz - sie dürfte ebenfalls von der Mutter ausgewählt worden sein - konnte sich an ehrwürdigem Alter mit der nähergelegenen in Heidelberg oder Marburg nicht messen, jedoch war sie die alte Akademie Calvins, 1872 zur Universität erhoben. Was der achtzehnjährige Student aus dem Semester im »protestantischen Rom« mitgenommen hat ins Soldatenleben, läßt sich direkt nicht nachweisen. Aber die Berührung mit dem Geist und der Pflichtethik Calvins kann nicht ohne Einfluß auf die Bildung seiner Persönlichkeit geblieben sein.[23] Und da in dieser Lebensbeschreibung ohnehin schon zeitlich vorausgeeilt worden ist, sei noch dies aus den »Notizen« seiner späteren Ehefrau zitiert: »Seine Arbeiten und Probleme ließen ihn nicht los. Sein ganzes Leben war Arbeit. Auf Urlaub ging er fast nie, er gönnte sich kein Wochenende oder irgendwie Ausspannung. Zur Erholung trieb er dann Mathematik oder Philosophie ... Ein sehr bequemer Ehemann und Hausvater, mit allem zufrieden, ungemein bescheiden und anspruchslos im Essen und Wohnen.«

Am 1. Oktober 1904 trat Carl-Heinrich v. Stülpnagel als Fahnenjunker in das Leibgarde-Infanterie-Regiment (1. Großherzoglich Hessisches) Nr. 115 in Darmstadt ein.[24] Daß mehr Pflichtgefühl als Neigung den Achtzehnjährigen bei diesem Schritt bewegte, hat später der General in Paris mehreren renommierten Wissenschaftlern mitgeteilt. Nach Wenigers Darstellung »wäre er am liebsten Gelehrter geworden, Mathematiker oder auch Historiker. Doch das erlaubte die Tradition der Familie wohl nicht ...«[25] Die Wahl der Garnison und des Regiments dürfte durch die alten Beziehungen der v. d. Tanns wie auch der Rathsamhausens zum Darmstädter Hof bestimmt worden sein; beide Familien waren dort mehrfach mit Kammerherren vertreten gewesen.[26] Inhaber des Regiments, mit dem Dienstgrad eines Generals der Infanterie, war Großherzog Ernst Ludwig von Hessen. Daß Carl-Heinrich, als hervorragender Mathematiker, nicht ins 1. Großherzoglich Hess. Feldartillerieregiment Nr. 25 eintrat, dessen Inhaber ebenfalls der Großherzog war, mag verwundern. Er war jedoch sehr gut zu Fuß, noch vor dem Reiten gehörten Wandern und Turnen zu seinen liebsten körperlichen Betätigungen, die er bei der Infanterie wohl besser ausüben konnte als bei anderen Waffengattungen. Außerdem: Die Infanterie war eindeutig die »Königin der Waffen«. Da war der Entschluß nicht schwer.

Die Neigung seiner Jugend zu einem akademischen Beruf hat Carl-Heinrich v. Stülpnagel offenbar nur seiner Pariser Gesprächsrunde gegenüber erwähnt. Trotzdem war er vom ersten Augenblick an ein passionierter Soldat, wie auch aus den »Notizen« seiner Frau hervorgeht: ». . . er war es mit Leib und Seele, obgleich er niemals das war, was man heute als Militarist bezeichnet.« Diese Gefahr, »Militarist« zu werden, war bei der Weite seiner Interessen sowieso nie gegeben, schon gar nicht in der »Residenz der kritischen Geister«, im anregenden geistigen Klima von Darmstadt. Der besonders kunstsinnige Großherzog Ernst Ludwig hatte um die Jahrhundertwende bedeutende Künstler in seiner Residenzstadt versammelt und auf der Rosenhöhe die erste »Künstlerkolonie« geschaffen. Das Offizierskorps des Leibgarde-Infanterie-Regiments nahm am Leben des Hofes und an den weitgespannten Interessen seines Chefs, des Großherzogs, vielfältigen Anteil. Auch an den repräsentativen Pflichten, welche dem Haus Hessen durch seine verwandtschaftlichen Beziehungen zu vielen Fürstenhöfen in ganz Europa erwuchsen, wurde das Regiment beteiligt. Großherzog Ernst Ludwig war mit zwei mächtigen Dynastien der Welt verwandt: durch seine Mutter Alice, eine Tochter der Königin Victoria, mit dem englischen Königshaus, und durch seine Schwester Alexandra mit dem russischen Zarenhof.

Am 27. Januar 1906, Kaisers Geburtstag, wurde Carl-Heinrich v. Stülpnagel, nachdem er das Offiziersexamen mit allerhöchster Belobigung bestanden hatte, mit Patent vom 21. Juli 1904 Leutnant. Das Datum des Patents ist bemerkenswert: Vierzig Jahre später, auf den Tag genau, wird der Gardeleutnant, inzwischen General der Infanterie, im Maas-Kanal bei Verdun den Tod suchen.

Mit seinem Auftreten und seiner Lebensart, dienstlich wie außerdienstlich, entwickelte der junge Offizier großen natürlichen Charme, worüber nach dem Zweiten Weltkrieg folgendes verzeichnet wurde: »Während seiner Darmstädter Dienstzeit hat sich Carl-Heinrich v. Stülpnagel als ein wohlgelittener Kamerad, als ein feinfühliger, bildungshungriger junger Soldat des Wohlwollens seines militärischen und zivilen Umgangskreises erfreut. Seine Freunde und Kameraden nannten ihn ›Heiner‹. Diesen liebenswürdig darmstädtischen Vornamen behielt er persönlich bis zu seinem tragischen Tod bei.«[27]

Im Unterschied zu seiner steten geistigen Weiterentwicklung veränderte Carl-Heinrich v. Stülpnagel im äußeren Erscheinungsbild über Jahrzehnte hinweg sich nur wenig. Mit seiner Körpergröße von 1,80 Meter und einem Gewicht, das beim zwanzigjährigen Leutnant wie beim fünfundfünfzigjährigen General der Infanterie nie über siebzig Kilo lag, bot er ein Idealbild militärisch-schlanker Jugend. Mit dem von der Mutter ererbten rotblonden Haar korrespondierten graublaue, gewinnende Augen. Was die körperliche Leistungsfähigkeit betrifft, so war Carl-Heinrich ein besonders guter Turner; im militärischen Sport war damals das Turnen die wichtigste Disziplin. Daneben war er auch ein ausgezeichneter Schwimmer. Ab 1. Mai wurde jährlich in der »Großen Woog« die »Militärschwimmanstalt« aufgebaut, wohin jedes Bataillon der Darmstädter Garnison einen geeigneten Unterführer und zwei Mann als Schwimmlehrer abzustellen hatte. Carl-Heinrichs Betätigung im Schwimmsport waren allerdings Grenzen gesetzt, da er eine empfindliche Haut hatte und leicht Sonnenbrand bekam.

Das erste Leutnantsjahr, 1906, hätte eine unbeschwerte Zeit sein können. Bei seinen Besuchen im Elternhaus im nahegelegenen Frankfurt konnte Carl-Heinrich aber nicht verborgen bleiben, daß die Gesundheit der Mutter immer schwankender wurde. Am 3. Februar 1907 schließlich starb Luise v. Stülpnagel, geborene Freiin v.d. Tann-Rathsamhausen, noch nicht einundfünfzig Jahre alt – für die ganze

Familie ein unersetzlicher Verlust. Wir wissen nicht, wie Carl-Heinrich, gerade einundzwanzigjährig, den Tod der Mutter verarbeitet hat, dürfen aber annehmen, daß diese frühe Konfrontation mit dem Tod und der Vergänglichkeit nicht ohne Einfluß auf seine nachdenkliche, philosophischen wie theologischen Betrachtungen zugeneigte Natur gewesen ist. Das traurige Ereignis, welches mit Carl-Heinrichs Volljährigkeit zusammenfiel, zog die Auflösung des Frankfurter Elternhauses nach sich. Nachdem Hermann v. Stülpnagel noch das fünfzigjährige Militärjubiläum gefeiert hatte, wobei ihm die Krone zum Roten-Adler-Orden I. Klasse mit Eichenlaub und Schwertern verliehen wurde, und nachdem er volle siebzehn Jahre Stadtkommandant von Frankfurt gewesen war, erhielt er am 2. Juli 1907 den erbetenen Abschied und verzog nach Darmstadt, wo er in der Wilhelmstraße - heute Goethestraße - bei dem Oberfinanzrat Dr. Fuchs Wohnung nahm.

Das Jahr 1907 brachte auch dienstliche Veränderungen. »Im Frühjahr 1907 übernahm Oberst v. Hutier das Regiment. Der neue Kommandeur legte größten Wert auf die Ausbildung im Gelände. Als Neuerung wurde eingeführt, daß nach dem Kompanie-Exerzieren die Kompanie-Besichtigung nicht mehr ohne Gepäck auf dem kleinen Exerzierplatz, sondern, verbunden mit einer Übung im Gelände, mit Gepäck auf dem ›Griesheimer Sand‹ stattfand.«[28] Oskar v. Hutier wurde später zum bekannten Durchbruchsgeneral des Ersten Weltkriegs; er hat das Leibgarde-Infanterie-Regiment für die Erfordernisse des modernen Krieges ausgebildet, wovon Carl-Heinrich v. Stülpnagel für seine Soldatenlaufbahn sicher profitiert hat.

Das Jahr 1907 brachte weiter den Beginn der Freundschaft mit dem fast gleichaltrigen Regimentskameraden Leutnant Sigurd v. Ilsemann. Wir verdanken dieser Freundschaft mit dem späteren Begleiter Wilhelms II. nach Doorn und Chronisten des dortigen Exils einen fast zwanzigjährigen Briefwechsel, der für die Denkart wie für die innere und äußere Erlebniswelt Carl-Heinrichs aufschlußreich ist. Im

Februar/März 1907 waren die Freunde getrennt und auf brieflichen Austausch angewiesen. Nun war Carl-Heinrich v. Stülpnagel kein passionierter Briefschreiber und wollte die Freundschaft auch nicht von dieser Art Kommunikation abhängig machen, wie aus dem Brief vom 1. März 1907 an den »lieben Sigurd« ersichtlich ist:

> »Ich kann es sehr gut verstehen, daß Du nicht länger an mich schreibst; und ich denke, es wäre traurig, wenn unsere Freundschaft auf so schwachen Füßen stände, daß sie zur Kräftigung eines dauernden Briefwechsels bedürfte. Nun möchte ich Dir gern - aus eigenster Erfahrung - den guten Rat geben, die Zeit, die Du jetzt hast, in der Weise zu benutzen, daß Du Dir ein bestimmtes Ziel für Deine Lektüre, Gedanken auf Spaziergängen usw. setzest. Klarheit über irgendeine Frage oder Kenntnis ganz bestimmter Tatsachen muß man sich bei so langen Pausen im sonstigen Tätigkeitskreis setzen, sonst kommt nicht viel heraus. Man liest bald dies, bald das, wenn man sich nicht ein klares Ziel genommen hat, ist man bald im Kopf von dem vielen oft Entgegengesetzten benommen, und die schöne Zeit ist herum, ohne daß man die Überzeugung davon mitnimmt, sie nutzbringend verwandt zu haben. Verzeih diesen kleinen Abstecher ins Moralpredigen, er ist aufrichtig gemeint und aus der Absicht entstanden, Dir ähnliches wie mir oft begegnet fern zu halten.«

Kleinere Übungen führten das Regiment meist in den benachbarten Odenwald und endigten am Roßberg vor den Toren Darmstadts. Die großen Herbstübungen fanden oft in Oberhessen, aber auch in entfernter gelegenen Gegenden statt. Zur bisherigen Hauptwaffe der Infanterie, dem Gewehr, trat 1908 das Maschinengewehr; im März 1908 verfügte das Kriegsministerium die Aufstellung von zwei Maschinengewehr-Kompanien im XVIII. Armeekorps. In der 25. Division hatte das Leibgarde-Regiment eine MG-Kompanie aufzustellen. Das Personal wurde auf dem Truppenübungsplatz Munsterlager am Maschinengewehr 08 ausgebildet; im September kam diese Kompanie nach Darmstadt zurück. Ein Jahr später gab es eine weitere Verbesserung: »Im Jahre 1909 erhielten alle Träger von Handfeuerwaffen an Stelle des veralteten Revolvers Modell 83 die moderne Selbstladepistole 08. Offiziere, Portepeeträger, Krankenträger und MG-Schützen wurden mit dieser Waffe ausgebildet und für den Kriegsfall mit ihr bewaffnet.«[29]

Offenbar früh und gründlich hat Carl-Heinrich v. Stülpnagel sich auf die Generalstabslaufbahn vorbereitet. Hierbei war es wichtig, sich in den Weltsprachen zu vervollkommnen und Kenntnisse über Geschichte, Kultur und Nationalcharakter der großen Völker Europas zu gewinnen. In diesem Zusammenhang ist wohl eine Reise zu sehen, welche er im Frühjahr 1910 nach England unternahm. In drei ausführlichen Briefen vermittelte er Sigurd v. Ilsemann in Darmstadt seine Reiseimpressionen aus London und dem schottischen Hochland. Im ersten dieser Briefe, geschrieben am 3. Mai 1910 am Porchester Square im Londoner Westen, gab er dem Freund eine eingehende Schilderung seiner Erlebnisse in der britischen Hauptstadt:

> »As for my life in London, it is always highly interesting for me. I know London quite well now, though there is an enormous number of museums, and I am now occupied to get acquainted with the surroundings ... After a cheap drive of 20 or 30 min. with an omnibus or a railway-train you feel as if you were in another country. Nothing more of the smoke and the stifling air of London, no noise, no traffic more. As far as you can see, the most wonderful green covers the earth ... But the most beautiful trip of all was an excursion to Brighton. I took a steamer in the afternoon and spend several hours at sea. The first time, besides my crossing, I really saw the sea.
> Some times, too, I am invited as I have got very good recommendations, and have taken part of several luncheons and dinnerparties. Very often I am visiting the

theatres. Most of them are excellently provided with wonderful costumes, nice girls (oh what nice girls!) and though, perhaps, the artistic level is not very high, you will always hear nice music and enjoy yourself.

It is the best moment now, for a visit in London. The ›season‹ has begun, the Hyde-Park is crowded with carriages and riders, you see lovely dressed people in the streets and in the fashionable restaurants. I really have got a taste for sauntering in the streets or sitting down in a tea-room, only to look at the people.«

Land und Leute auf der britischen Insel - dies macht dieser Brief deutlich - fanden das rege Interesse des vierundzwanzigjährigen Offiziers. Seine »sehr häufigen Theaterbesuche« müssen neben der Oper und Operette auch dem Schauspiel gegolten haben. Dem Gewaltigsten in der englischen Literatur, von dem Goethe sagte, bei ihm glaube man »vor den Büchern des Schicksals zu stehen«, muß Carl-Heinrich an manchem Londoner Theaterabend begegnet sein und tiefe Eindrücke empfangen haben vom nationalen Charakter und der Zähigkeit der Briten. Denn während das größte geschichtliche Bühnenwerk der Deutschen, Schillers »Wallenstein«, die *Auflösung* des deutschen Reiches zeigt, macht Shakespeare in seinen Dramen die *Behauptung* des englischen Reiches transparent. Auf Shakespeares Bühne, welche die bunte Vielfalt der Welt widerspiegelt, agieren Narren und Weise, Helden und Feiglinge, gute Herrscher und machtbesessene, dämonische Bösewichte. Dem Bösen, das sich der Welt der Ordnung und des Friedens entgegenstellt, hat Shakespeare ins Auge gesehen wie kaum ein Sterblicher. Über drei Jahrzehnte später wird der Militärbefehlshaber von Frankreich in Paris bei schweren Entscheidungskonflikten sich an seine Londoner Shakespeare-Abende erinnern.

Im Anschluß an den mehrwöchigen Studienaufenthalt in London erweiterte Carl-Heinrich seine Kenntnis Großbritanniens noch durch eine Reise nach Schottland. Auch davon ist ein Brief an Sigurd v. Ilsemann erhalten, geschrieben am 8. Juni 1910 in der Grafschaft Perth. Dem Freund, der in Darmstadt den begehrten Tennis-Cup des Großherzogs gegen einen nachtragenden Gegner gewonnen hat, rät er: »Take care not to offend him too deeply, he can be too dangerous to you. It is a good thing to be frank and open, but sometimes it is necessary in this world not to say your mind too clearly.« Es ist schon der werdende Diplomat, der so zu seinem Freunde spricht.

Weiter gibt dieser Brief eine eindrückliche Schilderung der Beerdigung eines Mitglieds des englischen Hochadels in London und sodann knappe Reiseimpressionen aus Schottland:

> »I always think to have written to you all about the funeral. London looked like a great camp in these days, 30000 soldiers taking part of the procession or lining the streets. So I got quite a good idea of the English army and saw every kind of arms and uniforms. There seems to be the same difference between the foot-guards and the regiments of the line as in Germany ... It was, still, a most beautiful sight to see these lancers, dragoons, hussars, rifle-men, high landers etc. in their glittering and smart uniforms.
> I left London the night after the funeral for Scotland, where I found a nice home in the family of a clergyman. Though the life is very plain, I feel quite comfortable and enjoy the surroundings very much. Some days ago I was in Inverness and had a little excursion on the Caledonian Land, and on the way back, next week, I hope to see Edinburgh and some Scotch lakes ...«

Bald nach dieser England- und Schottlandreise, die ihn mit dem angelsächsischen Kulturkreis bekannt gemacht hatte, kam Carl-Heinrich im heimischen Hessen auch mit dem russischen in Berührung. Ende August 1910 besuchte Zar Nikolaus II. mit seiner Familie die hessischen Bäder und schlug für mehrere Wochen in der Burg Friedberg das »Russische Hoflager zu Friedberg 1910« auf. Die Gefährdung des Zaren wie auch des sechsjährigen Zarewitsch Alexej, der von seinem Leibmatrosen Derewenko auf dem Fahrrad umhergefahren wurde, machte umfangreiche Sicherheitsmaßnahmen erforderlich. Aus dem ganzen Großherzogtum wurden Gendarmeriekräfte aufgeboten zur Verstärkung der Leibwache, welche der Zar aus St. Petersburg mitgebracht hatte. Bei Ausflügen der Zarenfamilie auf die hessischen Burgen und Schlösser und bei Begegnungen mit der großherzoglichen Familie traten auch die Leibregimenter, die »Hundertfünfzehner« und das Leibdragoner-Regiment Nr. 24, dessen Chef Zar Nikolaus seit 1896 war, in Erscheinung.

Die sieben Darmstädter Jahre, welche Carl-Heinrich im Leibgarde-Infanterie-Regiment Nr. 115 verbrachte, gingen im Spätsommer 1911 zu Ende. Schon im Frühjahr muß er Bescheid über seine Zulassung zur Kriegsakademie gehabt haben, denn am 5. Juni 1911 bedauerte er in einem Brief an den Freund »die traurige Gewißheit, daß Du nicht einberufen bist«. Die enge Freundschaft mit Sigurd v. Ilsemann erhellt aus weiteren Sätzen dieses Briefes: »Du kannst mir glauben, daß es mir die Hälfte der Freude genommen hat, daß Du nicht mit nach Berlin kommen kannst. Du bist doch der einzige, mit dem ich alles besprochen habe, vor dem ich kein Geheimnis habe.«

Nach seinen Frankfurter Gymnasialjahren wurde die Leutnantszeit in der hessischen Residenz Darmstadt die zweite prägende Station für den jungen Menschen und Soldaten Carl-Heinrich v. Stülpnagel. »Er fühlte sich stets als Hesse. Doch war wohl ein wenig Selbstironie dabei, die das strenge und etwas melancholische Preußentum in sich verspottete und die Heiterkeit und Leichtigkeit, die süddeutschen Züge seines Wesens bewußt genoß.«[30] Die dritte Station führte zum preußischen Ursprung zurück.

An der Kriegsakademie

Die Kommandierung zum dreijährigen Lehrgang an der Kriegsakademie, der am 1. Oktober 1911 begann, brachte Carl-Heinrich v. Stülpnagel in erste dienstliche Berührung mit seiner Geburtsstadt Berlin. Vor fünfundzwanzig Jahren, als er geboren wurde, regierte noch der alte Kaiser; die Richtlinien der deutschen Politik bestimmte der Reichskanzler Fürst Bismarck, Chef des Generalstabs der Armee war der alte Moltke, und Berlin war seinem Wesen nach noch die Hauptstadt des alten Königreiches Preußen. Bismarcks Erkenntnis bestätigend, daß in zwanzig Jahren die Welt sich völlig verändert, hatten sich auch in Berlin zwischen 1886 und 1911 tiefgehende Veränderungen vollzogen. Auf die kraftvollen, genialen Reichsgründer war nun - dynastisch, militärisch und politisch - die dritte Generation gefolgt, mit allen Verfeinerungen, aber auch allem Substanzverlust, welcher gewöhnlich mit einer solchen Abfolge verbunden ist. Das politische und militärische Führungszentrum Deutschlands bewegte sich 1911 unsicher im Kreis der Großmächte. Die zweite Marokko-Krise, in welcher das Deutsche Reich durch demonstratives Vorgehen - den »Pantersprung nach Agadir« - eine endgültige Klärung erzwingen wollte, zeigte nur die Isolierung Deutschlands besonders deutlich, festigte die britisch-französische Entente und endete mit einer schweren Niederlage der von Reichskanzler Bethmann Hollweg und dem Staatssekretär v. Kiderlen-Waechter geleiteten deutschen Politik.

Im roten Generalstabsgebäude am Königsplatz, der berühmten »großen Bude«, versuchte seit 1906 der Neffe des Siegers von Königgrätz und Sedan, der »jüngere Moltke«, das »überkommene Gut in ernster Zeit zu bewahren«.[31] Zwischen dem Neffen und der Erfahrungs- und Gedankenwelt seines Oheims aber lagen jene Veränderungen, die im Kriegswesen, in den Wissenschaften, der inneren und äußeren Politik eingetreten waren und aus denen der Vorgänger im Amt, Alfred Graf v. Schlieffen, einseitige militär-strategische Konsequenzen gezogen hatte. Im Großen Generalstab hatte unter Graf Schlieffen »die Tendenz zum Fachdenken auf militärischem Gebiet«[32] gesiegt. In allerhöchstem Ansehen stand die operative Führungskunst, vor allem, wenn es ihr gelang, durch doppelseitige Umfassung Vernichtungsschlachten wie die von Cannae zu schlagen. Der Vorrang der »Operation« unter Schlieffen führte im deutschen Generalstab zur folgenschweren Unterschätzung der übrigen Führungsgebiete; insbesondere der »Train«, das Versorgungswesen - heute »Logistik« - erfuhr damals im deutschen Heer eine Deklassierung, die lange nachwirkte. Anders als der alte Moltke war Schlieffen mit seinem »Plan« ganz auf den Westen fixiert, aber »Strategie und Außenpolitik kollidierten bei solchen Überlegungen«.[33]

Der aus Darmstadt zur Kriegsakademie kommandierte Leutnant v. Stülpnagel konnte damals nicht ahnen, daß die Kollision zwischen Strategie und Außenpolitik auch ihm auf seiner Soldatenlaufbahn noch schwere innere und äußere Konflikte schaffen und er - als Soldat! - dann auf der Seite der Außenpolitiker stehen würde. Politisches Denkvermögen und »Weltblick« eigneten dem späteren Oberquartiermeister I und Stellvertreter des Chefs des Generalstabes weit mehr als Schlieffen und dem jüngeren Moltke. Zwar konnten der Nimbus Schlieffens und die »Schlieffen-Schule« nicht ohne Wirkung auf den jungen Generalstabsschüler geblieben sein; insgesamt standen die beiden Moltke seinem Wesen aber näher als der Schöpfer des »Großen Plans«.

In die dienstlichen und privaten Lebensumstände des jungen Absolventen der Kriegsakademie geben seine Briefe an Sigurd v. Ilsemann nach Darmstadt Einblick; »brieflich« hat die Freundschaft der beiden jungen Offiziere in den Jahren 1911–1914 ihren Höhepunkt erreicht. Am 18. Oktober 1911 teilt Carl-Heinrich mit, daß er sich in Berlin-Steglitz, Miquelstraße 19, eine Wohnung eingerichtet hat, in der »es wirklich nett und gemütlich aussieht. Ich bedaure nicht, daß ich so weit vom Zentrum abliege, bin im Gegenteil froh, wenn ich aus dem Lärm in meine ruhige Gegend komme, wo ich den Grunewald zu Fuß in 20 min. erreichen kann.«

Das Bedürfnis nach Ruhe, nach dem Alleinsein mit seinen Gedanken und seiner Lektüre, war schon früh vorhanden. Auf den beiden letzten Seiten dieses Briefes gibt er dem Freund Literaturhinweise und Ratschläge für die Auswahlprüfung des nächsten Jahres: »Quellen für Geschichte: Oncken, Zeitalter Friedrichs des Großen; Lindner, Weltgeschichte; Koser, Friedrich der Große; Gebhard, Handbuch der deutschen Geschichte; Ulbrich und Rosenhagen, Weltmacht und Nationalstaat. Diese nannte unser Geschichtsprofessor und vermutet, daß es ein Thema über Friedrich d. Gr. geben würde (er ist 1712 geboren, fällt mir eben ein; so kam 1900 die Zeit 1700, 1906 kam 1806 daran). Das andere entweder Nordamerika oder die allgemeinen Ursachen der Revolution - wohl keine Einzelheiten aus ihr.«

Die Briefe um die Jahreswende 1911/12 geben dann weniger über die militärische als über die menschliche Entwicklung des Briefschreibers Aufschluß. Carl-Heinrich ist vom Feuer der ersten Liebe ergriffen. Die Angebetete ist eine junge Darmstädterin, die davon nichts weiß und die Carl-Heinrich wegen der räumlichen Trennung vorerst auch nicht näher kennenlernen kann.

> »Immer wieder kommt ein Augenblick, wo sich ganz plötzlich mir die Kehle zuschnürt, ich weiß selbst nicht warum. Ich kann es nicht dazu kommen lassen, daß ich mit ihr auf Jahre hinaus nicht zusammenkomme, ich müßte ja ein Mensch nur aus Verstand zusammengesetzt sein, wenn ich das ertragen könnte. Es wäre ja anders, wenn es sich nur darum handelte, zu warten; aber hier handelt es sich zunächst doch erst um das Kennenlernen. Und wie soll das sich ergeben?«

Interessant sind in diesem Zusammenhang auch seine Reflexionen über die gesellschaftliche und wirtschaftliche Stellung als junger Offizier:

»Mir kommen so oft jetzt trübe Gedanken, wenn ich mir überlege, was ich eigentlich bieten kann. Es ist ganz gut, auf solche Weise mal gezwungen zu sein, über seine Stellung, auch die äußere, nachzudenken. Ich nehme es ihr nicht besonders übel, wenn sie dafür dankte, auch nur daran zu denken, einen Offizier, der noch nichts geleistet hat, zu nehmen. Denn das, was andere junge Damen locken könnte und manchmal lockt, Name und die sogenannte Stellung, darauf braucht sie zum Glück keinen Wert zu legen.«

Auch das macht dieser Brief deutlich: Von Standesdünkel war der Leutnant Carl-Heinrich v. Stülpnagel weit entfernt. Dagegen läßt einer der folgenden Briefe eine gewisse Neigung zu fatalistischer Weltanschauung erkennen:

»Mit meinen Sommerplänen sieht es bereits recht böse aus, ich werde wahrscheinlich nicht in Darmstadt üben können. So bin ich übers Jahr auf dem gleichen Punkt wie jetzt, und ich empfinde doch zu heftig, um das so einfach hinnehmen zu wollen. Schließlich ist alles Schicksalssache. Aber das habe ich wahrhaftig gelernt, daß man sich selbst drum mühen muß, wenn man etwas Wertvolles erreichen will.«

Bald brachte das Jahr 1912 noch andere Sorgen. Im Februar erkrankte der Vater sehr schwer. Nach einem kurzen Besuch zu Hause klagt Carl-Heinrich dem Freund, den er offenbar in Darmstadt nicht angetroffen hat:

»Jetzt, wo ich fahren muß, fühle ich erst, wie furchtbar nah mir Papas Leiden geht, und wie mich der Gedanke quält, ob ich ihn noch am Leben sehen werde ... Solange ich mit anderen zusammen bin, kann ich mich zusammennehmen, aber sobald ich allein bin, bin ich gänzlich niedergeschlagen. Womit habe ich all das Unglück verdient?«

Die Ahnung, daß er den Vater lebend nicht mehr wiedersehen werde, hatte nicht getrogen. Hermann v. Stülpnagel verstarb am 1. März 1912 im vierundsiebzigsten Lebensjahr nach kurzer Krankheit an den Folgen eines Schlaganfalles. Neben seiner Lebensgefährtin, die ihm fünf Jahre zuvor in die andere Welt vorausgegangen war, wurde er auf dem Hauptfriedhof der Stadt Frankfurt unter großer Anteilnahme der Bevölkerung beigesetzt. Der Kaiser bekundete in einem Beileidstelegramm an den ältesten Sohn Ludwig seine »aufrichtige Teilnahme beim Tode Ihres braven Vaters ... Der General Eichhorn soll mich bei der Trauerfeier vertreten.«[34]

Das Jahr 1912, Jubiläumsjahr der Geburt Friedrichs des Großen, wurde dann weltweit ein Jahr des Unglücks und der Ahnung kommender Menschheitskatastrophen. Im Oktober 1912 schließlich erhob sich die Kriegsfurie auf dem Balkan. Von Rußland unterstützt, das die Türkei aus Europa verdrängen und Österreich schwächen wollte, kämpften die im »Balkanbund« zusammengeschlossenen Serben, Bulgaren, Griechen und Montenegriner erfolgreich gegen die Osmanen, die Albanien und Mazedonien aufgeben mußten. Die mäßigende Einwirkung Englands auf Rußland und Deutschlands auf Österreich konnte die Ausweitung des Feuers noch einmal verhindern; aber den Klarsichtigen blieb nicht verborgen, daß der Himmel über Europa immer gewittriger wurde. Brisant waren auch die »unsichtbaren Fakten«, wie die Kulmination der Marinepolitik, in der es anläßlich des Besuchs des britischen Kriegsministers Haldane 1912 in Berlin zu keinem Ausgleich und keiner Vereinbarung Englands mit Deutschland über die Rolle der Kriegsflotten kam.

Der Chef des Generalstabes Moltke hatte 1911 begonnen, den »Großen Plan« seines gefeierten Vorgängers auf die militärischen und politischen Konsequenzen zu überprüfen. Um der Bedrohung der Reichslande und des Großherzogtums Baden durch eine französische Offensive zu begegnen, sah Moltke den Aufmarsch von je einer Armee in

Lothringen und im Elsaß vor. Am rechten Flügel verzichtete er auf jeden Durchmarsch durch die südholländische Provinz Limburg und respektierte somit die Neutralität der Niederlande, was sich später für seinen Obersten Kriegsherrn auszahlen sollte. Trotzdem: Das Kaiserreich der Hohenzollern erschien seinen Nachbarn schon lange vor dem Ausbruch des großen Weltbrandes als ein Gigant in schimmernder Wehr; Wilhelm II. selbst hatte durch martialische Reden und Schaueffekte viel zu diesem – einseitigen – Eindruck beigetragen. Im Innern jedoch war das Reich weniger uniform und gefestigt, als es nach außen wirkte. Die Reichstagswahlen des Jahres 1912, die letzten vor dem Krieg, hatten die Sozialdemokraten zur stärksten Fraktion gemacht, die unter August Bebels Führung zur wilhelminischen Staats- und Gesellschaftsordnung in grundsätzlicher Opposition standen. Innere Distanz bestand noch aus den Tagen des Kulturkampfes auch zwischen dem protestantischen Kaiserstaat und den deutschen Katholiken. Aber: Sollte das Deutsche Reich in einen Krieg auf Sein oder Nichtsein verwickelt werden, so konnte es sich auf die Treue und Wehrhaftigkeit seiner Katholiken ebenso wie der Sozialdemokraten verlassen.

Wie verhielt sich der Leutnant Carl-Heinrich v. Stülpnagel zu diesen später von Ludendorff und seinen Anhängern so schwer angefeindeten »überstaatlichen Mächten«? Sein Sohn Joachim erinnert sich, daß der Vater 1912 zwei entfernte Verwandte besucht hat, die als Benediktiner im Kloster Beuron im oberen Donautal lebten. Wir dürfen davon ausgehen, daß das »ora et labora« des Stammvaters des abendländischen Mönchtums, des heiligen Benedikt von Nursia, seiner eigenen Veranlagung entgegenkam, in welcher Aktives und Meditatives sich die Waage hielten, darüber hinaus aber auch dem »preußischen Imperativ der Pflicht« entsprach. Anlaß zum Besuch der stillen Klosterwelt im oberen Donautal dürfte der Tod des Vaters gewesen sein. Ein Brief an Sigurd v. Ilsemann gibt Einblick, wie nahe ihm der Vater innerlich gestanden hat:

»Was Du über meinen Vater schreibst, hat mich sehr, sehr interessiert und erfreut. Es war gar nicht so leicht, ihn wirklich kennen und schätzen zu lernen. Er war kein Mann von schönen Worten, aber wer ihn hat handeln gesehen, weiß, was er war. Er hatte nicht umsonst überall wirkliche gute Freunde. Du weißt, wie ich an ihm hing, trotz aller Gegensätze infolge des großen Altersunterschiedes ... Er stand mir näher als alle meine sonstigen Verwandten, nur meine Mutter stand mir noch näher.«

Carl-Heinrichs Sinn für Kameradschaft trug dazu bei, ihm über die durch den Trauerfall und Liebeskummer hervorgerufenen trüben Stimmungen hinwegzuhelfen. »Die Herren meines Hörsaals, die ich näher kenne, sind reizend zu mir und geben sich wirklich Mühe, mich auf andere Gedanken zu bringen«, heißt es in einem der folgenden Briefe. Für die Sommermonate vom 1. Juli bis zum 30. September wurden die Kriegsakademiker zur Truppe kommandiert, wobei sie Standort und Regiment auswählen konnten. In der Regel sollten diese Kommandierungen dazu dienen, andere Waffengattungen als die Stammwaffe in der Praxis kennenzulernen. Ende April teilte Carl-Heinrich seinem Freund Sigurd den Namen eines Hörsaalkameraden mit, der sich zu den »Hundertfünfzehnern« nach Darmstadt gemeldet hatte und der später im deutschen Heer noch bekannt werden sollte:

»Neues erlebt habe ich nicht, alles geht den gewohnten Gang, nur daß das schöne Wetter einen doppelt auf den 1. Juli und das Kommando hoffen macht. An solchen Sommertagen wie jetzt ist das Stubensitzen kein Vergnügen.
Zu uns hat sich Reichenau gemeldet; sei doch bitte so gut und frage unter der Hand beim Regiment an, ob es ihm möglich wäre, am 3. oder 18. August für 12 Tage auf Urlaub zu gehen; er könnte ein Billett für eine Nordlandreise geschenkt bekommen, weiß aber nicht, ob es vom Regiment erlaubt werden wird ...«

Ein Foto, im Hörsaal der Kriegsakademie aufgenommen, zeigt die Herren, welche Carl-Heinrich näher kennt: v. Reichenau, v. Linsingen und v. Bünau. Zu allen dreien hat sich eine lebenslange Freundschaft entwickelt: Linsingen wurde Patenonkel von Carl-Heinrichs ältestem Sohn Joachim, Reichenau von seinem zweiten Sohn Walter. Von diesen vier Kriegsakademikern erreichte Walter v. Reichenau den höchsten Dienstgrad, den das preußisch-deutsche Heer zu vergeben hatte, und wurde in der deutschen Militärgeschichte des 20. Jahrhunderts eine ihrer interessantesten und zugleich umstrittensten Gestalten. Im Fortgang dieser Lebensgeschichte wird uns Reichenau mehrfach begegnen.

Am 1. Oktober 1911, als Carl-Heinrich v. Stülpnagel die Königliche Kriegsakademie bezog, konnte diese auf eine über hundertjährige Entwicklung zurückblicken. Zwar hatte stets der Grundsatz gegolten: »Nicht die Zahl, sondern die Intensität der aus der Kriegsakademie hervorgehenden Offiziere entscheidet über den Wert der Akademie für das Heer.« Durch die Errichtung des Deutschen Kaiserreiches waren aber auch die quantitativen Ansprüche an die Anstalt größer geworden, zumal außer der preußischen nur noch die bayerische Armee über eine ähnliche Bildungseinrichtung verfügte. Im Januar 1883 war für den Lehrstab ein Neubau in der Dorotheenstraße bezogen worden. Die innere Neugestaltung der Kriegsakademie war noch durch die grundlegende Instruktion vom 22. März 1868 geregelt. »Ihr zufolge hatte die Kriegsakademie die Aufgabe zu lösen, eine Anzahl hervorragend befähigter, wissenschaftlich und dienstlich angemessen vorbereiteter Offiziere aller Truppengattungen in die höheren Zweige der Kriegswissenschaften einzuführen ... Diese Aufgabe sollte der Akademie das bestimmte Gepräge einer militärischen Fachschule geben, die eine in die Tiefe gehende gründliche Berufsbildung erzielen, aber auch mit ihr die Entwicklung einer höheren formalen Bildung verbinden, immer aber im Auge behalten solle, daß für alle organisatorischen Richtungen die Rücksicht auf den Kriegsdienst maßgebend sein müsse ...«[35]

Im Lehrplan unterschied man »kriegswissenschaftliche« und »formale« Disziplinen. Die »Kriegswissenschaften« umfaßten Taktik, Kriegsgeschichte, Waffenlehre, Feldbefestigungskunst, permanente Befestigung, Festungskrieg sowie militärische Aufnahme, Militärgeographie, Militärverwaltung und Generalstabsgeschäfte. Zu den »formalen« Disziplinen zählten Mathematik, Geschichte, allgemeine und physikalische Geographie, Geschichte der Philosophie, Literaturgeschichte, Experimentalphysik, Chemie sowie Geodäsie. Diese eigentlichen »Generalia« hatten einst in der Kriegsakademie der Goethezeit - 1810 bis 1830 - den Vorrang. Im deutschen Militär von 1910 waren sie »Formalia« geworden, die Kriegsakademie der Kaiserzeit hatte eine Entwicklung zur Fachschule genommen.[36] Der Unterricht in diesen Fächern allerdings wurde von angesehenen Professoren der Universität Berlin erteilt; in Geschichte beispielsweise unterrichteten so bekannte Historiker wie Droysen, Erdmannsdörffer und Oncken.

Unter den »Kriegswissenschaften« nahm die »Taktik« eine Sonderstellung ein. »Dieser Disziplin sollte nach der Instruktion von 1868 weitgehende Beachtung geschenkt werden ... Die Taktik sollte auf der Kriegsakademie von einem historischen und universalen Standpunkt und auf breitester Grundlage der Reglements und der Militärliteratur vorgetragen werden.«[37] Seit 1860 war der aktiven, selbständigen Mitarbeit der jungen Offiziere bei der Bearbeitung bestimmter »Lagen« immer größere Bedeutung beigemessen worden. »Diese Aufgaben erweckten die höchste Teilnahme der Kriegsakademiker; sie wurden beinahe zum Prüfstein für die Entschlußfähigkeit und die geistige Klarheit des Arbeitenden; sie regten durch die Verschiedenheit in der Beurteilung der Sachlage eine Fülle von Gedanken und Beweggründen an ...«[38]

Carl-Heinrichs weitere Briefe an Sigurd v. Ilsemann enthalten interessante Ratschläge für die Aufnahmeprüfung zur Akademie. Sie zeigen aber auch, daß er bei aller Begabung zum Kriegsakademiker doch sehr am Truppendienst hing. Am 27. Juni 1912 teilt er dem Freund mit, daß er für den Sommer zum Feldartillerieregiment 60 nach Schwerin in Mecklenburg kommandiert wurde. »Du weißt, wie sehr ich mich darauf freue, endlich den Frontdienst wieder kennenzulernen. Auch bietet sich so gute Gelegenheit zu kleineren Abstechern nach Hamburg und Kiel. Ein komisches Gefühl, daß jetzt schon das erste Jahr Berlin herum sein soll; voll Anregung war es, die Tätigkeit macht mir entschieden Freude, aber 3 Jahre Berlin sind mir genug, das Großstadtleben habe ich gehörig satt.« Bemerkenswert ist auch der letzte Satz dieses Briefes, den Akademiefreund v. Reichenau betreffend, der, von Hause aus Artillerist, zu den »Hundertfünfzehnern« nach Darmstadt kommandiert wird: »Im übrigen kann ich Dich nur bitten, recht nett zu diesem famosen, wenn auch bisweilen etwas sonderlichen Kerl zu sein.«

Ein Brief vom 8. August 1912 gibt einen ersten Bericht über die Kommandierung zur Feldartillerie.

»Von Berlin aus fuhr ich am 30. 6. nach Hamburg und brachte dort zwei sehr interessante Tage zu, vor allem im und am Hafen. Dann meldete ich mich in Lockstedt[39] und hatte ziemlich anstrengende Wochen bei großer Hitze. Doch empfand ich den Dienst nach Berlin als Wohltat und habe mich recht erholt. Die Aufnahme im Offizierkorps war sehr nett, es herrscht hier ein ganz famoser Ton, so daß ich das kameradschaftliche Leben sehr genieße. Vor 14 Tagen sind wir dann nach Schwerin zurückgekehrt, nachdem ich noch einen Sonntag in Kiel verbrachte. Hier war zunächst Ruhe, da die Mannschaften meist beurlaubt waren; jetzt aber regt es sich wieder, meine Abteilung hat gerade die neuen Feldhaubitzen empfangen und soll bis zum Manöver daran ausgebildet werden. In 14 Tagen geht es dann schon wieder los, zuerst Fußmarsch durch Mecklenburg nach Lübeck, in dortiger Gegend Regiment- und Brigadeübungen, dann Manöver, die sich von Plön nach Hamburg hinziehen. Jedenfalls lerne ich da eine Menge schöner Landschaftsbilder kennen, wie auch hier die Umgebung herrlich ist, voller kleiner Seen und Buchenwaldungen, dabei gar nicht so flach wie man bei uns denkt. In den schönen letzten Wochen bin ich viel geritten, geschwommen und mit Herren vom Regiment gesegelt. Ich lebte wirklich ordentlich auf; Gott sei Dank, daß unser Beruf einen wenigstens meist in die frische Luft bringt und die Kameraden da sind. Du kannst Dir denken, wie nötig ich sie hatte.«

Zusammenfassend schreibt Carl-Heinrich dann am 4. Oktober 1912 über seine Kommandierung zur Feldartillerie:

»So wohl ich mich bei den Pulverköpfen fühlte, bin ich doch als begeisterter Infanterist zurückgekehrt; trotz ihres Pferdes sind die jungen Artilleristen sehr wenig in der Lage, sich militärisch weiterzubilden, da ihre Waffe zu sehr technisch ausgerichtet ist.[40] Um so mehr genoß ich die Kameradschaft, die dieses musterhafte, ganz einheitliche Offizierkorps in hohem Maße hat, und freute mich der schönen Gegend ... Auch die Bevölkerung hat mir sehr gefallen.«

Den letzten der zahlreichen Briefe dieses Jahres schloß Carl-Heinrich am 15. Dezember 1912 mit dem Satz: »Ein böses Jahr für uns, besonders auch für mich, dies 1912.« Im folgenden Jahr erreichte der Briefwechsel zwischen den Freunden eine erheblich geringere Intensität; es wurde aber für beide ein glückliches Jahr. Für Sigurd v. Ilsemann ging es um die Einberufung zur Kriegsakademie; Carl-Heinrich unterstützte den Freund in der Vorbereitung auf die Prüfung durch viele Hinweise und Ratschläge. So wiederum im Brief vom 11. Februar 1913:

»Nun noch einiges für Dein Examen. In formaler Technik würde ich Dir raten, mal die Verwendung von Radfahrkompanien zu bearbeiten – laß Dir das Heft über das

Kaisermanöver geben. Du weißt, daß sie im Geheimen aufgestellt worden sind oder noch werden ...
In Befestigungslehre vielleicht Flußübergänge. In Geographie irgend etwas von Rußland. Verschaffe Dir ja das kleine Buch ›Rußland‹ in der Sammlung Göschen ... In Geschichte endlich vielleicht etwas über die Orientfragen, Krimkrieg, Krieg 77/78, Vordringen Rußlands in China, oder vielleicht, weil im letzten Jahr erneuert, die Geschichte der Gründung des Dreibundes und seiner Bedeutung. Alles sind aber nur Vermutungen von mir und hiesiger Herren.«

Offensichtlich waren diese Fingerzeige nützlich: Am 31. Mai 1913 kann Carl-Heinrich nicht nur seinen Freund Sigurd, sondern auch noch zwei andere Darmstädter Regimentskameraden zum Erfolg beim Examen und zur Einberufung an die Akademie zum 1. Oktober beglückwünschen. »Ganz besonders freut es mich auch in meinem Interesse, daß die öden Zeiten der Vereinsamung hier vorüber sein werden, und ich denke, daß der kommende Winter in jeder Weise für uns vier famos sein wird. Ein Antrittsfest wollen wir feiern, daß ich noch 3 Tage lang grün und häßlich herumschleichen werde!«

Die Lehre aus den gemeinsamen erfolgreichen Bemühungen der beiden vergangenen Jahre zieht Carl-Heinrich dann in dem bemerkenswerten Satz: »Man muß im Leben aufs Ganze gehen, die Hauptsachen im Auge behalten und sich mit den kleinen Nebenscherereien abfinden.« So prägt er – 1913! – seine Lebensmaxime, nach der er 1944 in seltener Konsequenz handeln und sterben wird.

So erfreulich die Aufnahme Sigurd v. Ilsemanns in die Kriegsakademie für diesen und seinen Freund Carl-Heinrich seinerzeit gewesen ist: Für den Biographen wirkte sie sich nachteilig aus. Im Frühsommer 1913 endet für ein Jahr der Briefwechsel zwischen den Freunden. Was die beiden bewegte, konnten sie nun mündlich besprechen. Für Carl-Heinrich wurde 1913 also, im Unterschied zu 1912, ein glückhaftes und ereignisreiches Jahr. Am 19. Juli wurde er Oberleutnant. Im Herbst dürften die Jahrhundertfeiern der »Völkerschlacht von Leipzig« die Kriegsakademie berührt haben. Im Winter 1913/14 schließlich lernte er seine Lebensgefährtin kennen - mündlicher Überlieferung zufolge bei einem Frühstück, welches die Familie seines sächsischen Hörsaalkameraden v. Bünau gab.

Die damals vierundzwanzigjährige Helene Freiin v. Pentz entstammte mecklenburgischem Uradel, ihr Großvater war Gutsherr auf Gremmelin bei Güstrow. Helenes Vater, Friedrich Gotthard Eduard v. Pentz, ebenfalls landwirtschaftlich und forstlich ausgebildet, hatte 1875 von einer kinderlosen Tante das Schloß und Rittergut Brandis bei Leipzig geerbt und war bald darauf durch den König von Sachsen in den erblichen Freiherrnstand erhoben worden. Als er im Juni 1902 starb, war Helene zwölf Jahre alt, die Vaterstelle übernahm fortan der älteste Bruder Gotthard.

Über die für Carl-Heinrich und Helene so schicksalhafte Begegnung ist folgendes überliefert: »Vater verliebte sich auf den ersten Blick und ergriff sofort die Initiative; denn wie wäre er, der in Berlin ab 1911 auf der Kriegsakademie war, sonst nach Brandis bei Leipzig gekommen, wo Helene als jüngstes von fünf Geschwistern mit ihrer verwitweten Mutter Marie auf dem väterlichen Schloß, das jetzt ihrem ältesten Bruder Gotthard gehörte, zusammenlebte. Er schrieb an seine spätere Schwiegermutter am 7. Januar 1914 einen Brief und bat sie, ihm Gelegenheit zu geben, ihre Tochter näher kennenlernen zu dürfen. Diese gab ihm gerne die erbetene Gelegenheit. Drei Sonntage war er dann in Brandis, und in der ersten Märzwoche erhielt Marie v. Pentz einen Brief mit Einlage für Helene, den sie am 11. März beantwortete. Carl-Heinrich hat diese Antwort am 12. März erhalten und sich dann sofort auf die Bahn nach Brandis begeben, denn noch am gleichen Tage wurde Verlobung gefeiert.«[41]

Oberleutnant Carl-Heinrich v. Stülpnagel war jetzt achtundzwanzig Jahre alt. Seine Entwicklung als Mensch und

Soldat war weitgehend abgeschlossen. Vor dem Eintritt ins eigentliche Berufsleben, mit Abschluß der Kriegsakademie, sollte Hochzeit sein. Als Hochzeitstag war schon bei der Verlobung der 26. September 1914 festgelegt worden. Jetzt aber zeigte sich, wie sehr Carl-Heinrichs persönliches Leben schon früh vom nationalen deutschen Schicksal bestimmt wurde. Während die erste Jahreshälfte 1914 sich für ihn so freundlich anließ, war die politische Atmosphäre über Europa unheilschwanger geworden. Vor allem auf dem Balkan hatte der russisch-österreichische Gegensatz sich verschärft. Am 28. Juni 1914 wurden in Sarajewo der österreichische Thronfolger Franz Ferdinand und seine Gemahlin von dem südslawischen Nationalisten Princip ermordet. Während Bismarck noch den »casus foederis« mit den Worten abgelehnt hatte: »Für uns können Balkanfragen in keinem Fall einen Kriegsgrund darstellen«, erteilte jetzt, am 6. Juli 1914, die deutsche Reichsregierung Österreich ihre Blankovollmacht zum Handeln.

Am 23. Juli forderte Österreich von Serbien in einem kurzfristigen Ultimatum die Beteiligung österreichischer Beamter an der Untersuchung des Mordes. Am 28. Juli erklärte Österreich an Serbien den Krieg, weil dieses das Ultimatum nicht vorbehaltlos angenommen hatte. Am 30. Juli gab der Zar, ebenfalls in Überreaktion, den Befehl zur Gesamtmobilmachung Rußlands. Jetzt fühlte sich auch Deutschland unmittelbar bedroht und forderte in einem zwölfstündigen Ultimatum die Einstellung aller russischen Kriegsvorbereitungen; gleichzeitig verlangte die Reichsregierung von Frankreich die Zusicherung, daß es sich in einem deutsch-russischen Krieg neutral verhalten werde. Am 1. August 1914, nach Ablauf der Frist, sprach Deutschland an Rußland die Kriegserklärung aus, der es am 3. August diejenige an Frankreich folgen ließ.

Die Kriegsschuldfrage wurde nach dem Ersten Weltkrieg eines der umstrittensten Themen der Geschichtsschreibung des 20. Jahrhunderts. »Alle hielten sich für die Angegriffenen, Könige, Diplomaten, Völker ... Tatsächlich glaubte

Rußland sich durch den österreichischen Akt gegen Serbien und tatsächlich glaubte Deutschland sich durch die russische Mobilmachung angegriffen, so daß der Brand etwas von Selbstentzündung an sich hatte, unter deren Eindruck jeder den anderen beschuldigte und alle sich als Opfer fühlten.«[42]

Es gibt von Carl-Heinrich v. Stülpnagel nichts Schriftliches darüber, wie er die dramatischen Wochen des Juli 1914 erlebt hat. Wir dürfen aber davon ausgehen, daß die vaterländische Begeisterung auch ihn ergriffen hat, von welcher ganz Deutschland, auch die hervorragendsten Vertreter seiner Literatur und Kunst - wie Thomas Mann, Gerhart Hauptmann, Max Liebermann, Max Slevogt und viele andere - damals erfaßt wurden. Zum üblichen Truppenkommando während der Sommermonate und den Abschlußfeiern am Ende des dreijährigen Lehrganges an der Kriegsakademie kam es unter dem Druck der Weltereignisse ebensowenig wie zu Carl-Heinrichs geplanter Hochzeit am 26. September 1914 auf Schloß Brandis. Schon am 21. Juli 1914 war er beim Regiment in Darmstadt - auf den Tag genau dreißig Jahre vor seinem Gang in den Maas-Kanal bei Verdun. Aus dem gewissenhaft geführten Melderegister des Großherzoglichen Polizeiamtes Darmstadt ist ersichtlich, daß er noch zwei Wochen bei einer Frau Stamm in der Neckarstraße wohnte. Am 6. August 1914 verzeichnete dann das Melderegister lakonisch: »In den Krieg.«[43]

Vier Jahre der Bewährung

Die Biographie - so bemerkte Heinrich v. Treitschke 1858 in seinem Essay über den Dichtersoldaten Preußens, den unglücklichen Heinrich v. Kleist - stehe darum dem reinen Kunstwerk so nahe, »weil in dem Dasein jedes bedeutenden Mannes die Geschichte seiner Zeit wie in einem Mikrokosmos erscheint«. In dem äußeren und inneren Erlebnis, das dem jungen Kompanieführer und Generalstabsoffizier Carl-

Heinrich v. Stülpnagel in den Materialschlachten der Westfront zuteil wurde, verbinden sich die Lebensgeschichte eines zum Denken wie zum Handeln befähigten bedeutenden Soldaten mit der Geschichte des großen Krieges von 1914/18. Die in dem blutigen Geschehen der vier Jahre gewonnenen Einblicke in das Wesen des modernen Krieges erlangten bestimmenden Einfluß auf die weitere Entwicklung seiner Gedankenwelt und soldatischen Berufsethik: Gute zwanzig Jahre später wird der Oberquartiermeister I General v. Stülpnagel als erster Ratgeber an der Seite des gegen einen neuen Weltkrieg ankämpfenden Chefs des deutschen Generalstabs stehen. Dem Ersten Weltkrieg, seinen militärpolitischen Gegebenheiten, aber auch seinen psychologischen und soziologischen Zuordnungen kommt in dieser Lebensbeschreibung daher große Bedeutung zu, ohne daß sie eine Geschichte dieses Krieges werden kann und will.

In den ersten Tagen des August 1914 endete jene Periode im Leben Stülpnagels, die man als die »hessische« bezeichnen könnte. Sie hatte 1889 mit der Ernennung des Vaters zum Stadtkommandanten von Frankfurt begonnen und ging nun mit dem Ausmarsch des Darmstädter Leibgarde-Infanterie-Regiments ins Feld zu Ende. In den fünfundzwanzig Jahren, die er in Hessen verbrachte - von Unterbrechungen abgesehen, während denen aber die Verbindung nach Darmstadt und Frankfurt nie abriß - war der geborene Preuße weitgehend ein Hesse geworden. Außer dem Frankfurter Dialekt, den er in vertrautem Kreis gern sprach, hatte er auch andere spezifische Eigenschaften der Südhessen, vor allem ihren beweglichen, kritischen Geist und ihre Weltoffenheit, angenommen.

In den frühen Morgenstunden des 2. August 1914 begann das Leibgarde-Regiment Nr. 115 in der Darmstädter Alexanderstraße mit der Durchführung des am Vortage, fünf Uhr nachmittags, von Kaiser Wilhelm II. unterzeichneten Mobilmachungsbefehls. »Reibungslos, ohne Rückfrage, mit überraschender Schnelle und Pünktlichkeit, vollzog sich in kurzer Zeit die Ausführung des vorher wohldurchdachten Mobilmachungsplanes. Die Kammern leerten sich, das alte Blau wich der stolzen grauen Felduniform ...«[44] Am Vormittag des 6. August trat das Regiment im Herrengarten an, um von Großherzog Ernst Ludwig verabschiedet zu werden - in einen Krieg, den auch die verwandtschaftlichen Bande zwischen den Höfen von Darmstadt und St. Petersburg nicht hatten verhindern können.[45] Die Nachricht von der russischen Mobilmachung hatte auch bei den deutschen Sozialdemokraten das Gefühl geweckt, daß das Vaterland angegriffen und in Gefahr sei. Dem »Aufbruch der Nation« schlossen sich als Kriegsfreiwillige in den ersten Augusttagen auch zwei junge Wahl-Darmstädter an, die dem humanistischen Ludwig-Georg-Gymnasium und dem geistigen Klima der Heimat Georg Büchners ihre literarische und politische Orientierung verdankten: Theo Haubach und Carlo Mierendorff.[46] Die »Stimmungen« im August 1914 hat Golo Mann in seinem oben zitierten Geschichtswerk gültig beschrieben. Jubel, Kriegswut und Kriegsfreude herrschten überall in Europa. Doch gab es auch nüchterne, pessimistische Stimmen wie die des englischen Außenministers. »In diesem Augenblick«, so äußerte Sir Edward Grey, »gehen in ganz Europa die Lichter aus; wir alle werden sie in unserem Leben nie wieder leuchten sehen.«

Der Eisenbahntransport des Regiments ging über Mainz-Kreuznach-Saarbrücken-Saarburg nach Conz a. d. Mosel, wo ausgeladen wurde. Dann begann jene Art der Bewegung, in welcher der Infanterist sich immer wieder bewähren muß: der Fußmarsch. »In glühender Sommerhitze waren die ersten Märsche ausgeführt; wolkenlos breitete sich der Himmel über die nur wenig wellige Gegend; soweit das Auge reichte, Kolonne an Kolonne in dichten Staubwolken, endlose Reihen ...«[47] Bei Wincheringen wurde die luxemburgische Landesgrenze überschritten; am 11. August zog das Regiment in die Hauptstadt des Großherzogtums ein. Die »115er« gehörten der von Generalmajor Kühne geführten 25. Infanteriedivision an, die wiederum dem XVIII. Armeekorps unter General v. Schenk unterstand; das Korps war Bestandteil der 4. Armee unter dem Oberbefehl des Herzogs Albrecht von Württemberg.

Am 12. August 1914 wurde Stülpnagel mit der Führung der 12. Kompanie beauftragt. Nach Überschreiten der belgischen Grenze ließ die Feuertaufe nicht mehr lange auf sich warten. Bei Anloy an der Sermois stieß die hessische Division auf starke feindliche Kräfte, die aus dem Raum um Bouillon im Vormarsch waren. Die am 22. August ihren Höhepunkt erreichende »Schlacht von Anloy« - später wurde sie auch »Schlacht an der Sermois« genannt - endete trotz schwierigen Geländes mit einem vollen Sieg der hessischen Leibgardisten. Unter den großen und kleinen Helden des blutigen Tages erwähnt die Regimentsgeschichte besonders den Kompaniefeldwebel der Kompanie Stülpnagel: »Es war mehr denn Pflichterfüllung, als Sergeant Wendel von der 12. Kompanie durch das mähende Strichfeuer der Mulden hindurch mit dem Patronenwagen seiner Kompanie die Höhe hinan galoppierte, angesichts des Feindes in der vordersten Linie seine Munition ausgab und, als gäbe es keine Kugeln für ihn und sein sicher beherrschtes Gefährt, wieder zur Gefechtskolonne zurückfuhr.«[48]

Der Sergeant und Kompaniefeldwebel Heinrich Wendel aus Wiesbaden hat nach dem Zweiten Weltkrieg seine persönlichen Erlebnisse mit dem einstigen Kompanieführer im August/September 1914 niedergeschrieben. Er berichtet unter anderem: »In der Marneschlacht vor Sermaize sprach Herr Oberleutnant v. Stülpnagel den aktiven Unteroffizieren der Kompanie - es waren leider schon viele gefallen und verwundet - sein besonderes Lob aus und bezeichnete diese als Rückgrat der Kompanie. Er bot den Unteroffizieren eine monatliche Zuwendung aus seiner eigenen Tasche an. Einstimmig haben sämtliche Unteroffiziere den Vorschlag dankend angenommen, jedoch gleichzeitig versichert, diesen Betrag nicht für sich verwenden zu wollen, sondern ihn den Frauen kinderreicher Familien zukommen zu lassen. Die Antwort lautete: ›Eine edle Tat von meinen guten Unteroffizieren.‹ Von nun an wurden der Kompanie durch den Zahlmeister monatlich 100 Mark überwiesen, die den Familien notleidender und kinderreicher Kameraden per Post zugesandt wurden.«[49]

Die kleine Welt der 12. Kompanie war, was ihr inneres Gefüge betraf, jedenfalls in Ordnung. Ein winziges Rädchen in der gewaltigen Maschinerie des deutschen Westheeres, erfuhr aber auch sie in den August- und Septembertagen 1914 etwas von den Grenzen der Belastbarkeit durch ihre oberste Führung und von der Problematik des »Großen Plans«.[50] Es sei hier eine Stellungnahme zum Schlieffenplan aus den Reihen des Generalstabs zitiert. Der Anreger dieses Buches, der einstige Chef der Operationsabteilung des Heeres im Zweiten Weltkrieg und spätere erste Generalinspekteur der Bundeswehr schreibt: »Schlieffen ist ein Kapitel für sich! Ich habe mit Ritter [gemeint ist der Historiker Gerhard Ritter] früher einmal über seine Rolle gesprochen. Man kann diese Rolle nur aus dem wilhelminischen Zeitalter verstehen und vom Versagen der Reichskanzler gegenüber den Militärs. Es dominierte eben die Uniform, und der Kaiser wollte es so. Der entscheidende Fehler Schlieffens war, daß er, ebenso wie sein Nachfolger, die *politischen* Stellen über seinen Plan im unklaren ließ, bis es zu spät war. Aber *Vorsicht* mit Verdammungsurteil!«[51]

Die Schlacht von Anloy hatte das Regiment fast siebenhundert Tote und Vermißte gekostet. Unter den Toten war der Regimentskommandeur, Oberstleutnant Ludolf v. Oven. Am 28. August 1914 erlebte das Regiment seinen zweiten großen Schlachttag bei Raucourt südwestlich Sedan. Die Kompanie Stülpnagel zeichnete sich besonders aus, ihr Einsatz wurde in der Regimentsgeschichte gewürdigt: »Links, weit vorgeprescht, kämpfte die 12. Kompanie, mit zwei Zügen unter Oberleutnant v. Stülpnagel auf der freien Kuppe halbwegs zum Bois de Cogneux.«[52] Die letzten Tage des August und die ersten des September 1914 sahen das Regiment bei der Verfolgung des geschlagenen Feindes von der Maas über die Aisne zur Marne.

Am Morgen des 6. September verließ es Possesse zu weiterem Vormarsch nach Süden; am 7. überwand es den Rhein-Marne-Kanal und nahm Sermaize. Der 8. September brachte besonders schwere Kämpfe, die sich auf den Führer der 12. Kompanie auswirken sollten. Die Regimentsgeschichte verzeichnet: »Im Bois du Roi fiel, durch die Schüsse vereinzelter Jäger aus nächster Entfernung getroffen, bei schneidigster Geländeerkundung der Regimentsadjutant Oberleutnant v. Küchler. An seine Stelle trat Oberleutnant v. Stülpnagel, der bisherige Führer der 12. Kompanie.«[53] Als Regimentsadjutant der »115er«, eine Stellung, die zweifellos eine Auszeichnung darstellte, hat Carl-Heinrich v. Stülpnagel dann die Endphase der Schlacht an der Marne miterlebt, welche als Entscheidungsschlacht schlechthin und als »Wende« des Ersten Weltkrieges betrachtet worden ist.

Die Einzelheiten, Züge und Gegenzüge der beiden Parteien, welche zum Abbruch der Schlacht und zum weltgeschichtlichen »Wunder an der Marne« führten, sind bekannt. Für unsere Lebensbeschreibung interessiert das »Wunder« in seiner Auswirkung auf das Leibgarde-Infanterie-Regiment Nr. 115. Am 11. September vormittags traf der Befehl für den Rückmarsch von der Marne beim Regiment ein. Nach anstrengenden, teilweise bei strömendem Regen durchgeführten Märschen wurde am späten Abend des 12. September das durch Goethes Kriegsbericht bekannte Valmy erreicht. Viel Zeit blieb dem Regimentsadjutanten und Goethe-Kenner jedoch nicht für historische Reminiszenzen, denn schon am 13. September wurde das XVIII. Armeekorps, dem die »115er« angehörten, aus der 4. Armee des Herzogs Albrecht von Württemberg herausgelöst und mußte in Gewaltmärschen den Raum um Reims erreichen, um die 2. Armee des Generalobersten v. Bülow zu verstärken. Vom 14. bis 21. September 1914 hatte das Regiment dann in der sogenannten Aisne-Schlacht nördlich Reims erneut schwere Kämpfe zu bestehen.

Am 14. September war Generaloberst v. Moltke eröffnet worden, nach Ansicht Seiner Majestät sei er gesundheitlich zu beeinträchtigt, um als Chef des Generalstabs weiter tätig sein zu können; der Kriegsminister, Generalleutnant v. Falkenhayn, werde ihn ersetzen. Für den sensiblen Moltke begannen Wochen des »Martyriums«. Die von seinem Amtsvorgänger Schlieffen geplante schnelle Umfassung und Vernichtung des französischen Heeres war unter seiner Führung mißlungen - ein Verhängnis, das stets mit seinem Namen in Verbindung gebracht werden würde. Rückblikkend muß jedoch gesagt werden: Die tieferen Ursachen des Scheiterns lagen sowohl in der deutschen Führungsschwäche als auch im »Plan« selbst, der, entgegen den Lehren des älteren Moltke, fast bis zum »Drehbuch« ausgearbeitet war und vom deutschen Heer schier spektakuläre Höchstleistungen, an seiner Spitze einen stahlharten Führer verlangte, gleichzeitig aber den französischen Gegner schwer unterschätzte.

General Erich v. Falkenhayn[54], schon seit einem Jahr Kriegsminister, war weniger philosophisch veranlagt als Moltke, aber jünger, dynamischer und robuster; auch besaß er ein in längeren Auslandsaufenthalten geschultes politisches Denkvermögen. Drei Monate früher im Amt des Generalstabschefs, hätte der gewandte Diplomat und Militärpolitiker Falkenhayn gegenüber der drohenden Kriegsgefahr sich wohl glücklicher verhalten als Moltke. Jetzt aber, nachdem das Deutsche Reich mit drei Weltmächten im Kriege und die schnelle Entscheidung im Westen ausgeblieben war, wurden dem Chef des Generalstabs vor allem Einfallsreichtum und Wendigkeit im Operativen und Taktischen abverlangt. Gerade in diesen Bereichen jedoch hatte Falkenhayn, bedingt durch seinen Werdegang, weniger Erfahrung. Er nahm Schlieffens alten Umfassungsplan wieder auf, versuchte im »Wettlauf zum Meer« die flandrische Küste zu gewinnen und das englische Expeditionskorps vom Kontinent zu verjagen. Dabei aber wurden - mit Führungsgrundsätzen des 19. gegen die Maschinenwaffen des 20. Jahrhunderts anrennend - beste Teile der deutschen Jugend sinnlos geopfert.

Über seine Erlebnisse von Mitte September bis in die erste Novemberhälfte schrieb Carl-Heinrich am 9. November 1914 aus Roye in der Picardie dem Freund einen langen, nachdenklichen Brief:

»Mein lieber Sigurd! Nachdem ich lange geglaubt habe, daß Du verwundet in irgendeinem Lazarett lägest, höre ich zu meiner Freude, daß Du bisher gut durchgekommen bist. Gott schütze Dich weiter, mein lieber, alter Kerl! Wie oft denke ich an Dich und wünsche mir, daß es uns vergönnt sein möge, uns nach dem Feldzuge wiederzusehen. Freilich wird es bei diesen schrecklichen Verlusten schwer, zu glauben, daß man selbst ganz ungerupft durchkommt.
Weißt Du einiges vom Regiment, seit wir von der 4. Armee abmarschierten? Ich will wenigstens in einigen Worten Dich unterrichten. Wir marschierten bis 15. 9. von der 4. Armee zur 2. nach Reims, hatten dort bitterböse Tage, wurden dann wieder herausgezogen und rückten nach Norden weiter zur 6. Armee; seit 25. 9. sind wir hier um Roye. Bis Mitte Oktober gab es täglich heftige Kämpfe; wir nahmen eine Menge Dörfer, schließlich aber kam der große Stopp und es gab insofern etwas Ruhe, als mit Ablösung gearbeitet wurde. Trotzdem war ständig etwas los. Jetzt sind wir hier für einige Tage Korpsreserve, zum ersten Mal seit dem Beginn haben wir richtige Quartiere und etwas Ruhe ... Mit Bonin plauderte ich gestern Abend lange, und alle die lieben alten Freunde kamen wieder in die Erinnerung zurück, und die Bilder der so schönen Tage in Darmstadt tauchten wieder auf. Wie wenig hat man sie doch damals gewürdigt! Freilich mischten sich zuviel trübe Gedanken in die Erinnerungen hinein, unser armes Regiment ist ja kaum mehr wiederzuerkennen, soviel Verluste haben wir gehabt. Gott sei Dank, daß es sich aber seines alten Namens würdig zeigte ... Von Helene, die sich schrecklich um mich sorgen muß, habe ich gute Nachrichten; von Ludwig habe ich seit

Wochen nichts gehört, damals rückte er gerade auf Ostende los . . .«

Von Carl-Heinrichs älterem Bruder, der im Zivilberuf Amtsrichter in Frankfurt am Main war, kam nur noch die Todesnachricht; er war als Reserveoffizier Anfang November bei einem Sturmangriff nahe Ostende an der Spitze seiner Kompanie gefallen.

Im Raum um Roye, beiderseits des ostwärts Amiens in die Somme mündenden Flüßchens Aure, erlebte das Leibgarde-Infanterie-Regiment den endgültigen Übergang des Bewegungskrieges in den Stellungskrieg. Am 25. November 1914 wurde der Geburtstag des Landesherrn erstmalig im Felde begangen; Großherzog Ernst Ludwig besuchte sein Regiment, weilte am Nachmittag bei den Kompanien und folgte am Abend einer Einladung des Regimentsstabes ins Stabsquartier Fresnoy. Die Weihnachtstage verliefen vom Feind ungestört, obwohl man ihm nur zwei- bis dreihundert Meter gegenüberlag. Welche physischen und psychischen Anforderungen der Grabenkrieg bei ungünstiger Witterung an die Truppe stellte, erhellt aus den ersten Sätzen der Regimentsgeschichte über das Kriegsjahr 1915: »Das zweite Kriegsjahr 1915 begann wieder mit wochenlang anhaltendem Regen, der die Arbeiten in der Stellung sehr beeinträchtigte, ja stellenweise dazu zwang, eingefallene und verschlammte Grabenteile aufzugeben und neue Gräben dicht dahinter aufzuwerfen. Erst gegen Ende des Monats Januar klärte sich die Witterung auf, und die Sonne hielt über frostigem Winterboden ihren Einzug. Ungeachtet des Wetters aber beschoß der Gegner tagaus tagein die Stellungen des Regiments mit seiner zahlreichen Artillerie und verursachte manche Verluste . . .«[55]

Abwechslung in den grauen Alltag brachte der Geburtstag des Kaisers am 27. Januar. Während die vordere Linie erhöhte Bereitschaft hatte, wurde für die in Ruhe liegenden Teile in Avricourt ein Feldgottesdienst mit anschließenden Paraden abgehalten. Dabei wurden elf Vizefeldwebel zu

Reserveoffizieren und der Regimentsadjutant, Oberleutnant v. Stülpnagel, zum Hauptmann befördert. Wenig später ging die Zeit als Leibgardist endgültig zu Ende. Carl-Heinrich hatte dem Regiment elf Jahre - vom Fahnenjunker bis zum Hauptmann - angehört. »Der bisherige, so bewährte Regimentsadjutant, Hauptmann v. Stülpnagel, wurde am 22. März als Generalstabsoffizier zum IV. Reservekorps kommandiert«, heißt es zuletzt über ihn in der Regimentsgeschichte.

Auch das IV. Reservekorps kämpfte in der von der Nordsee bis zur Schweizer Grenze reichenden geschlossenen Frontlinie im Westen. Hauptmann v. Stülpnagel bekam weiter Gelegenheit, mit dem Schützengrabenkrieg vertraut zu werden. Mit anderen Soldaten machte er sich Gedanken, wie dieser Krieg - vorerst nannte er ihn noch »Feldzug« - zu einem baldigen und für Deutschland siegreichen Ende gebracht werden könne. Er war der Ic-Abteilung zugeteilt, die sich mit der Feindlage befaßte - einem Gebiet, auf dem er dann noch manches Jahr tätig sein wird. Mit vielen deutschen Soldaten der unbeweglich gewordenen Westfront blickte er damals mit Bewunderung, in die sich wohl auch etwas Neid mischte, auf die Kameraden im Osten. Dort wurde unter Hindenburg und Ludendorff der Bewegungskrieg 1915 erfolgreich fortgesetzt, nachdem zuvor bei Tannenberg die »Cannae-Aufgabe« blendend gelöst und einer der größten Vernichtungssiege der Kriegsgeschichte errungen worden war. Die beiden durch Tannenberg berühmt gewordenen Feldherrn wollten nun das, was ihnen auf begrenztem Raum gelungen war, im großen Maßstab wiederholen: das gesamte russische Heer von Norden und Süden umfassen und vernichten. Aber Falkenhayn, überzeugt, daß für die Weite des russischen Raumes die deutschen Kräfte nicht ausreichten, verhielt sich ablehnend.

Wie sehr der Krieg in den ersten zehn Monaten ihm schon zum »inneren Erlebnis« geworden war, erhellt aus einem Brief Carl-Heinrichs an Sigurd v. Ilsemann vom 29. Mai 1915 aus Pont St. Mard. Nachdem er den Freund zur

Tätigkeit als Gehilfe des Ia beglückwünscht hat, von wo es gute Aussicht gibt, in die Stellung eines Generalstabsoffiziers kommandiert zu werden, äußert er zu sehr persönlichen Dingen seine Meinung:

»Daß Deine Herzenserlebnisse wieder wach wurden, ist nur zu erklärlich. Laß aber erst den Feldzug wirklich zum Abschluß gekommen sein, bevor Du über Dein späteres Leben ernstlich nachdenkst. Wir stecken, bei aller scheinbaren Ruhe, doch mitten im Feldzug, erleben vielleicht noch mehr und verändern auch uns selbst noch. Sei froh, daß Du nicht verlobt bist. Ein junger Offizier soll frei sein und ganz sich hingeben können, ohne andere mit unglücklich zu machen. Andererseits ist selbstredend der Gedanke, daß in der Heimat jemand an uns denkt, sehr schön. Doch soll man nicht zu weich darin sein. Mir wäre es lieber, ich würde Helene erst nach dem Krieg kennengelernt haben, wenn ich überhaupt durchkomme. Aber das ist nun einmal Schicksal.«

Im Frühjahr und Sommer 1915 waren beide kriegführenden Parteien bemüht, das Gleichgewicht der Kräfte durch Gewinnung neuer Bundesgenossen zu ihren Gunsten zu verändern. Erfolgreich war zunächst die Entente, der es gelang, Italien am 23. Mai 1915 zur Kriegserklärung an Österreich zu bewegen. Falkenhayn sah sich jetzt noch mehr »in der Rolle des Kommandanten einer belagerten Riesenfestung. Die Verteidigung verlangte Sparsamkeit, haushälterische Vorsorge im Einsatz der eigenen Kräfte und zähes Festhalten der einmal gewonnenen Verteidigungslinien, da die Dauer der Belagerung nicht abzusehen war.«[56]

Über das an der Westfront entstehende tiefgestaffelte Verteidigungssystem und über die neue Tätigkeit als Ic eines Korps gibt ein weiterer Brief Carl-Heinrichs an Sigurd vom 23. Juli 1915 aus Pont St. Mard Einblick:

»Die neuen Grundsätze über den Ausbau der Stellungen geben uns viel Arbeit. Ein ganzes Gewirr von Gräben ist allmählich im Entstehen; Zwischenstellungen, eine ganz ausgebaute rückwärtige Stellung, Anlage von Förderbahnen usw. machen viel Arbeit. Auch die Entwürfe über die Neuaufstellung bei Angriff, Wegnahme einzelner Teile unserer eigenen Stellung, für mich die Ausarbeitung der Fernsprechanlagen usw. geben reichlich Stoff zur Beschäftigung. Besonders interessant ist für mich das Nachrichtenwesen und das Zusammenarbeiten mit einer vorzüglichen Fliegerabteilung und neuerdings auch Luftschiffabteilung, das Gefangenen-Vernehmen und der Austausch der Nachrichten mit anderen Korps. Für einen jungen Gen.St.-Offizier ist zweifelsohne die Ic-Stellung beim GenKdo. bedeutend schöner als die Ib-Tätigkeit oder die Zugehörigkeit zu einem A.O.K.
Ich bin übrigens auch neulich regelrecht in den Generalstab versetzt worden und trage die roten Hosen, wer hätte das gedacht, als wir uns Ende Juli zuletzt im vorigen Jahr sprachen ... Gebe es das Schicksal, daß wir uns einmal frisch wiedersehen. Wie herrlich wird es einmal sein, wenn wir die Fülle unserer gemeinsamen Erinnerungen auskramen können. Vom Regiment höre ich gelegentlich. Neulich besuchte mich Wense hier, der mir erzählte, daß Wernher nach kurzer Tätigkeit an der Front in eine Irrenanstalt gewandert ist. Entsetzlich! – Ich stimme Dir ganz bei, daß die Entscheidung wohl sicher einst im Westen fallen wird. Na, dann kommen wir auch mal wieder an die Reihe ...«

Mit ihrer Ansicht, daß die Entscheidung des Krieges »sicher einst im Westen fallen wird«, waren die beiden jungen Generalstabsoffiziere, vielleicht ohne daß sie es wußten, in voller Übereinstimmung mit dem Chef des Generalstabs, Erich v. Falkenhayn. Im Herbst 1915 aber weitete der Krieg sich zunächst nach Südosten aus. Um mit der verbündeten Türkei eine Landverbindung herzustellen, schritten die Mittelmächte zur Eroberung Serbiens. Auf den Spuren Prinz Eugens schlugen die deutsche 11. Armee unter Mackensen und die 3. österreich-ungarische Armee das serbische Heer bei Belgrad und auf dem historischen Amselfeld vernichtend; nur geringe Teile entkamen über die schneebedeckten Berge Albaniens zur Adria. Die Siege Hindenburgs über Rußland und Mackensens über Serbien führten, vereint mit der geschickten Werbung Falkenhayns, im Oktober 1915 nun die Bulgaren an die Seite der Mittelmächte, wo sie die 1913 an Serbien und Griechenland verlorenen Gebiete wiederzugewinnen hofften. Im Gegenzug bildete die Entente mit ihren aus dem Gallipoli-Unternehmen geretteten Kräften sowie den auf Korfu reorganisierten Teilen des serbischen Heeres unter dem französischen General Sarrail eine neue Balkanarmee um Saloniki. Gegen diese stießen im Dezember 1915 bei eisiger Kälte deutsche Kräfte unter General v. Gallwitz vor, waren aber zu schwach, um die griechische Grenze zu gewinnen. Der östlichste Teil Griechenlands, westlich der Türkei, war jedoch besetzt. Falkenhayn, dessen Blick jetzt auf einen bestimmten Punkt an der Westfront fixiert war, stellte trotz Drängens der Österreicher und Bulgaren keine weiteren deutschen Kräfte zum Stoß auf Saloniki zur Verfügung. Wieder zeigten sich die Probleme des Mehrfrontenkrieges in ihrer ganzen Schwere.

Mit dem IV. Reservekorps, das Generalleutnant v. Winckler führte, nahm Stülpnagel am Herbst- und Winterfeldzug 1915/16 in Serbien und Mazedonien teil; als Ic bekam er jetzt Gelegenheit, auch die Zusammenarbeit mit Bundesgenossen kennenzulernen. Mitten im zweiten Kriegsjahr, Januar 1916, verlangten dann aber auch die »Herzensangelegenheiten« ihr Recht. Die schon zum 26. September 1914 geplante Hochzeit mit Helene Freiin v. Pentz fand nun am 21. Januar 1916 in Brandis bei Leipzig statt. Über ihren Verlauf ist in der Familie folgendes überliefert: »Erst am 21. Januar 1916 war es dann so weit. Kriegsbedingt fand die Hochzeit nur im kleinen Rahmen statt. Die kirchliche Trauung war in der schönen Brandiser Kirche ... Beim anschließenden Hochzeitsessen im Brandiser Schloß hielt Helenes Bruder Gotthard die Tischrede und übergab die Braut aus der Obhut der Mutter an den Bräutigam ... An die Hochzeit schloß sich eine ganz kleine Hochzeitsreise nach Dresden an, wo das junge Paar im Hotel Bellevue wohnte. Dann mußte Carl-Heinrich in den Krieg zurück.«[57]

Nach Rückkehr aus Brandis und dem »Elb-Florenz« an die mazedonische Front berichtete der Jungvermählte dem Freunde Sigurd über die Tage in der Heimat. Ein Brief vom 6. Februar 1916 aus Stip (Istib), wo der Stab des IV. Reservekorps untergebracht war, gibt noch einmal Einblick in seine Gedanken über die weitere Entwicklung des Krieges.

»Nimm meinen allerherzlichsten Dank für Deinen warmen Glückwunsch zu meiner Hochzeit, den ich erst nach Rückkehr ins Feld vorfand ... Unsere Hochzeitsreise war nicht weit, wir verlebten die 10 Tage im schönen Dresden, wo ich natürlich an vergangene Besuche dort erinnert wurde ... und dann kam die bittere Trennungsstunde. Gott sei Dank ist Helene stark genug gewesen, um bis zuletzt die Gedanken an den Abschied nicht aufkommen zu lassen, und so verliefen die Tage in ungetrübtestem Glück. Ich hatte die Freude zu sehen, daß Helene ordentlich aufblühte, also der Entschluß zur Hochzeit der rechte gewesen war, und wir haben die herrlichen Tage dankbar genossen, ohne uns über die Zukunft Sorgen zu machen. Hart ist freilich besonders die endlose Entfernung und die schlechte Postverbindung. Deswegen wäre ich zur Zeit gerne lieber im Westen, wo man doch richtig sich schreiben kann. Hier kommt ein rechter Briefwechsel nicht auf ... Auch sonst ist es allmählich recht langweilig bei uns geworden, an größere Unternehmungen glaube ich nicht mehr so recht. Sehnsüchtig lesen wir zur Zeit den Zeitungsdienst, den die Funkenstationen uns besorgen, und hoffen immer, daß im Westen etwas vor sich geht. Wenn überhaupt eine wirkliche Entscheidung fällt, muß sie dort eintreten ... Möge das neue Jahr uns doch einen anständigen Frieden und ein frohes Wiedersehen in Darmstadt oder Berlin bringen.«

Es ist dies Carl-Heinrichs letzter erhalten gebliebener Brief an Sigurd v. Ilsemann aus dem Weltkrieg 1914/18. Der Ic des IV. Reservekorps hat darin die Lage an der mazedonischen Front richtig beurteilt: Zu entscheidenden Operationen kam es dort nicht mehr. Nördlich Saloniki begann 1916 ebenfalls der Stellungskrieg, der die schwachen Kräfte Bulgariens rasch verzehrte. »Neben mancherlei Erwägungen sind es die geradezu verzweifelt schlechten Nachschubverhältnisse gewesen, welche die deutsche Oberste Heeresleitung trotz des Drängens der Bundesgenossen zwangen, von einem weiteren Vormarsch abzusehen. Bedurfte es doch schon der aufopfernden Tätigkeit deutscher Pioniere und deutscher Eisenbahntruppen, um die stillstehenden Armeen in dem armen Gebirgslande Mazedonien vor dem Verhungern zu bewahren.«[58]

Auch im Wunsch nach einem »anständigen Frieden« stand der Hauptmann i.G. v. Stülpnagel in geistiger Übereinstimmung mit dem Chef des Generalstabes des deutschen Feldheeres. General v. Falkenhayn hatte schon im August 1915 den Wandel im Kriegsbild erkannt und dem Reichskanzler v. Bethmann Hollweg brieflich mitgeteilt, daß die Gegner »ihr Heil in einem planmäßig durchgeführten Erschöpfungskrieg« suchen. Falkenhayn distanzierte sich von den vielen »Alldeutschen«, die von einem baldigen Siegfrieden und anschließenden Annexionen im Osten und Westen träumten. In einer Denkschrift vom Dezember 1915 sah er den Hauptgegner in England, das »den Kriegswillen aller Verbündeten« aufrecht hielt. Dem für die Mittelmächte auf Dauer verderblichen »Ermattungskrieg« der Engländer suchte er dadurch zu begegnen, daß er ihr wichtigstes Werkzeug auf dem europäischen Kontinent außer Gefecht setzte. Dieses aber erblickte Falkenhayn, im Unterschied zu Hindenburg/Ludendorff und Conrad v. Hötzendorf, nicht im russischen, sondern im französischen Heer.

Von der mazedonischen Front beobachtete Hauptmann v. Stülpnagel, soweit die schlechten Nachrichtenverbindungen es zuließen, wie in der »Hölle von Verdun« zahlreiche deutsche Divisionen zu Schlacken ausbrannten. Seine innere Beteiligung war um so größer, als auch die »115er« aus Darmstadt, noch immer im Rahmen des XVIII. Korps, dort zu den Angriffsspitzen gehörten, im Caures-, Fosses- und Chauffourwald sich besonders auszeichneten, dabei aber auch das Leben manches alten Darmstädter Leibgardisten ausgelöscht wurde. Mit der großen Materialschlacht im Maas-Bogen muß Carl-Heinrich v. Stülpnagel in späteren Jahrzehnten sich viel beschäftigt haben: Bei den dort gefallenen und vermißten Kameraden wird er dereinst seinen eigenen Tod suchen.

Die Schwächung der deutschen Abwehrkraft durch Verdun, die Gefährdung der Westfront durch Joffres Angriff an der Somme, der nur mühselig abgewehrt werden konnte, während gleichzeitig die russische Brussilow-Offensive die Ostfront erschütterte, schließlich die bevorstehende Kriegserklärung Rumäniens führten am 29. August 1916 zur Ersetzung Falkenhayns durch Hindenburg und Ludendorff. Diese »dritte OHL« ging sofort mit großer Energie an die Meisterung der Krise. Zur Stützung der österreichischen Front vor einem etwaigen Einbruch der Rumänen wurde ein »Karpatenkorps« aufgestellt, in das man vor allem im Gebirgskrieg bewährte und erfahrene Soldaten abkommandierte. Offenbar hatte Hauptmann v. Stülpnagel an der gebirgigen Mazedonienfront sich einen diesbezüglichen Ruf erworben, denn im Herbst 1916 wurde er Generalstabsoffizier im Karpatenkorps, welches Generalleutnant v. Conta führte. Im Herbst und Winter 1916 zeichnete sich dann das Karpatenkorps unter dem Oberbefehl des an diese Front versetzten Generals v. Falkenhayn besonders aus.

Nach fast anderthalbjährigem Einsatz im Osten und einem kurzen Heimaturlaub kam Stülpnagel im Frühjahr 1917 wieder an die Westfront. Er wurde 1. Generalstabsoffizier der 18. Infanteriedivision, die im Rahmen der 2. Armee an den Stellungskämpfen in Flandern teilnahm. Der Krieg war damals auf einem toten Punkt angelangt. Nach der für die Entente enttäuschenden Sommeschlacht war der französische Oberbefehlshaber Joffre durch General Nivelle ersetzt worden. Aber auch dessen Offensivstöße an der Aisne scheiterten im Frühjahr 1917 an der »beweglichen Verteidigung« der 3. OHL unter schwersten Verlusten für die Angreifer. Frankreich geriet an den Rand des Zusammenbruchs; auch der »Blutsäufer« Nivelle mußte gehen. Wieder, wie bei Verdun, wurde Pétain zum Retter in höchster Not.

Schon im März 1917 war mit der Frühjahrsrevolution in Rußland, dem Sturz des Zaren Nikolaus II. und der Errichtung einer Republik unter dem gemäßigten Sozialisten Kerenski eine Entwicklung eingetreten, die unaufhaltsam zum Jahrhundertereignis der Oktoberrevolution führte und die deutschen Kräfte im Osten spürbar entlastete. Während die Entente damals kaum noch hoffen konnte, die Mittelmächte im Landkrieg niederzuringen, begann die englische Seeblockade sich auf die Ernährungslage in Deutschland bedrohlich auszuwirken. Im Gegenzug begann Deutschland den U-Bootkrieg gegen England zu intensivieren, was bald zu Verwicklungen mit den USA und im April 1917 zu deren Kriegseintritt führte. Die russische Revolution und der Eintritt der USA in den Ersten Weltkrieg wurden die wohl folgenschwersten Ereignisse des 20. Jahrhunderts - erkannt wurde es im Nebel der Gegenwart damals freilich noch nicht.

Der englische Oberkommandierende Haig wollte den Würgegriff der deutschen U-Bootwaffe lockern und begann im Hochsommer 1917 einen Angriff auf ihre Basen in Flandern. Das fast sechs Monate dauernde Ringen wurde nach Verdun und der Somme zur dritten großen Materialschlacht der Westfront; wegen ihrer langen Dauer und den geographischen Besonderheiten kann der englische Flandernangriff als gewaltigste und furchtbarste Materialschlacht des ganzen Krieges gelten.

Am 21. August 1917 wechselte die 18. Infanteriedivision

von der 2. zur 4. Armee, die, unter Oberbefehl des Generals Sixt v. Armin, im Brennpunkt der bereits drei Monate dauernden Kämpfe stand. Der Soldat Carl-Heinrich v. Stülpnagel erlebte jetzt als Kämpfer in der Materialschlacht jene Erscheinungsform des modernen Krieges, die später sein militärisches Denken bestimmen und ihn in verantwortlichen Stellungen an die Seite der um die Kriegsverhütung bemühten Kräfte bringen wird. Man war jetzt im vierten Kriegsjahr. In blutigen Etappen wühlte sich der Angriff Haigs nach Einnahme des Wijtschatebogens im Juni meterweise in nordostwärtiger Richtung durch den Morast, gewann im November den Raum um Passchendale und nördlich der blutgetränkten Erde Langemarcks den Südrand des Houthoulster Waldes, wo die 18. Infanteriedivision eingesetzt war. Der Ia Carl-Heinrich v. Stülpnagel wird seit diesem Einsatz als besonderer Experte im Waldkampf gelten.

Dann aber wurde Stülpnagel noch einmal zum Wanderer zwischen West und Ost. Offenbar infolge Überschätzung der Widerstandskraft der Kerenski-Truppen durch die 3. OHL wurde die 18. Infanteriedivision als eine Art »Feuerwehr« zwischen dem 10. und 20. Oktober 1917 an die Ostfront verlegt, um das III. Reservekorps der 10. Armee des Generalobersten v. Eichhorn im Stellungsabschnitt Njemen-Beresina–Narothsee zu verstärken. Der Sieg Lenins über Kerenski in der Oktoberrevolution brachte dann aber bald eine Entspannung der Lage. Die 18. Infanteriedivision wurde ab 21. November 1917, nach nur einmonatigem Einsatz an der russischen Front, wieder nach dem Westen verlegt. Sie kam kurz ins Oberelsaß zur Heeresgruppe Herzog Albrecht, um dann als Stellungsdivision der 2. Armee in der Siegfriedstellung bei St. Quentin eingesetzt zu werden. Im Dezember 1917 erreichte dort Hauptmann v. Stülpnagel eine freudige Nachricht: Er war Vater eines ersten Sohnes geworden.

In diesen Wochen schien das Kräftegleichgewicht durch das Ausscheiden Rußlands bis zum Eintreffen der amerikanischen Divisionen sich zugunsten der Mittelmächte verschoben zu haben. Hindenburg und Ludendorff wollten vor dem Wirksamwerden der USA-Hilfe mit allen verfügbaren Kräften an der Westfront die Entscheidung des Krieges erzwingen. Nach dem »Philosophen« Moltke und dem »Diplomaten« Falkenhayn trat jetzt mit Ludendorff der »Ingenieur des modernen Krieges« (W. Görlitz) in die Führungsverantwortung. »An ihm [Ludendorff] sind alle Vorzüge und Schwächen des preußischen Generalstabs zu studieren, der nach dem Abschied des alten Moltke sich immer einseitiger der reinen Energetik zuwandte.«[59] Im Anfang des Krieges hätten Ludendorffs Energie, in Verbindung mit der Nervenkraft und Zuversicht Hindenburgs, vielleicht noch mehr als den Sieg von Tannenberg erringen können. Jetzt, im Kriegsjahr 1918, war außer operativem Können, über das die beiden verfügten, zur Erlangung eines günstigen Friedens auch politisches Denkvermögen vonnöten. Gerade dieses aber besaß die 3. OHL nun weit weniger als ihr Vorgänger Falkenhayn. Es war überhaupt die Tragik von Moltke, Falkenhayn und Hindenburg/Ludendorff, daß sie das damals beste Heer der Welt jeweils zur falschen Zeit führten. Im Winter 1917/18 wäre, bei guter Zusammenarbeit der militärischen mit der politischen Führung, vielleicht ein »anständiger Frieden« zu erreichen gewesen, wie ihn Carl-Heinrich v. Stülpnagel schon im Februar 1916 wünschte. Die 3. OHL aber setzte auf Sieg.

Am 21. März 1918 eröffnete sie die »Große Schlacht in Frankreich« mit einem ersten von vier Stößen über das Trichtergelände der Sommeschlacht, um die französischen und englischen Streitkräfte zu trennen. Im Endergebnis waren die deutschen Kräfte wieder nicht ausreichend, um die gesteckten Angriffsziele zu nehmen. Zahlreiche Divisionen waren im Osten verblieben, denn trotz des Friedens von Brest-Litowsk war das Verhältnis zu Rußland nicht bereinigt. So wurden die Frühjahrs- und Sommeroffensiven 1918 zur dritten großen Fehlentscheidung der obersten militärischen Führung Deutschlands, nach der Marneschlacht und dem Ringen um Verdun.

Das Angriffsunternehmen »Michael II« im Rahmen der »Großen Schlacht« war die letzte Kampfhandlung, an welcher Stülpnagel aktiv teilnahm. Nach Verwundung am Steinbruch von Hargicourt und anschließendem Lazarett-Aufenthalt wurde er am 10. Oktober 1918 zur Dienstleistung beim Auswärtigen Amt kommandiert – in einer dramatischen Phase der deutschen Geschichte, in welcher »Staatskunst und Kriegshandwerk«[60] aufeinander angewiesen waren wie nie zuvor. Das Kriegshandwerk hatte aber die Staatskunst bereits so in Zeitdruck gebracht, daß kein »anständiger Frieden« mehr zu erreichen war. Auch ist sicher richtig, daß damals »keiner der führenden Offiziere im Generalstab politischen Flair besaß«.[61]

Von Hauptmann i.G. Carl-Heinrich v. Stülpnagel ist nichts Schriftliches überliefert, aus dem ersichtlich wäre, was er in den Tagen der Agonie des Hohenzollernreiches als Soldat im Auswärtigen Amt erlebt und gedacht hat. Daß er aber befähigt war, aus den Vorgängen im Oktober und November 1918, wie aus den vier vorausgegangenen Kriegsjahren, die richtigen Erkenntnisse zu gewinnen und Folgerungen zu ziehen, wird sich zwei Jahrzehnte später zeigen.

Anmerkungen

1 »Geschichte des Geschlechts von Stülpnagel«, im Auftrage des v. Stülpnagelschen Familienverbandes auf Grund von Urkunden und Familiennachrichten bearbeitet von Werner v. Kiekebusch-Potsdam, Berlin (1938), S. 33.
2 Ibid., S. 67.
3 Ibid., S. 97/98.
4 Prinz Wilhelm wurde später der in Württemberg sehr beliebte »Volkskönig« Wilhelm II.
5 »Geschichte des Geschlechts v. Stülpnagel«, a.a.O., S. 156.
6 General von der Tann erhielt später im Kaiserreich

dadurch eine besondere Ehrung, daß ein Schlachtkreuzer der jungen Flotte auf seinen Namen getauft wurde. Der Schlachtkreuzer »Von der Tann« war eines der fünf Großkampfschiffe der Aufklärungsabteilung, die sich in der Skagerrakschlacht unter Hipper besonders bewährten.

7 Über das Adelsgeschlecht v. Rathsamhausen siehe: Robert Guidat: »Les Rathsamhausen«, in: Annuaires 1979, Les Amis de la Bibliothèque de Sélestat, S. 43–46.

8 Der theologischen und sozialen Wirksamkeit Oberlins wurde später ein literarisches Denkmal gesetzt durch den jungen Darmstädter Sozialrevolutionär Georg Büchner.

9 Erich Weniger: »Heinrich v. Stülpnagel«, Sonderdruck aus der Zeitschrift *Die Sammlung,* 4. Jahrg., 8./9. Heft, Göttingen (1949), S. 477.

10 »Geschichte des Geschlechts von Stülpnagel«, a.a.O., S. 156.

11 Vgl. August Gräser: »Der Kaisersaal im Römer zu Frankfurt«, Frankfurt/M. (1970).

12 Golo Mann: »Deutsche Geschichte des 19. und 20. Jahrhunderts«, Frankfurt (1958), S. 366.

13 Moritz v. Faber du Faur: »Macht und Ohnmacht«, a.a.O., S. 148.

14 Ibid., S. 168.

15 Joachim v. Stülpnagel: »Zur Person von Carl-Heinrich v. Stülpnagel. Notizen über Vaters Kindheit«, unveröffentlichtes Manuskript (1982).

16 Gotthold Ephraim Lessing: »Philotas«, Stuttgart (1979), S. 109.

17 Gotthold Ephraim Lessing: »Philotas«, Vierter Auftritt.

18 Germaine de Staël: »De l'Allemagne«, II. Teil, VII. Kap., Paris (1968), S. 191.

19 Joachim v. Stülpnagel: »Notizen«, a.a.O.

20 Mitteilung Carl Friedrich v. Weizsäckers in einem Brief an Joachim v. Stülpnagel vom 3. Februar 1982. Siehe auch Vorwort dieses Buches.

21 Abiturienten des Lessing-Gymnasiums waren später auch der Oberstleutnant Cäsar v. Hofacker, Stülpnagels wichtigster Gehilfe bei der Vorbereitung des 20. Juli 1944 in Paris, sowie der junge Hauptmann Friedrich-Karl Klausing; auch sie endeten am Galgen von Plötzensee.

22 Das Original der »Notizen« befindet sich im Besitz der Familie Joachim v. Stülpnagel.

23 Auf das im Calvinismus theologisch entwickelte Widerstandsrecht wird verwiesen.

24 Am 11. März 1621 von Landgraf Ludwig V. von Hessen errichtet, gehörte es jetzt zur Großherzogl. Hessischen 25. Division des preußischen XVIII. Armeekorps, dessen Generalkommando in Frankfurt/M. lag.

25 Vgl. Erich Weniger: »Zur Vorgeschichte des 20. Juli 1944. Heinrich v. Stülpnagel«, Sonderdruck aus der Zeitschrift *Die Sammlung,* 4. Jahrg., 8./9. Heft (1949), S. 478.

26 Die Familie v. Rathsamhausen stellte im 17. Jahrhundert der Landgrafschaft Hessen-Darmstadt auch einen leitenden Minister. S. Robert Guidat, a.a.O., S. 45.

27 Hans J. Reinowski: »Carl-Heinrich v. Stülpnagel«, in: *Darmstädter Schriften 35,* »Darmstadt und der 20. Juli 1944. Zehn Beiträge«, Darmstadt (1974), S. 90–100.

28 Vgl. »Dreihundert Jahre Leibgarde-Regiment. Blätter der Erinnerung an die ruhmvolle Vergangenheit des Leibgarde-Infanterie-Regiments (1. Großherzoglich Hessisches) Nr. 115«, zusammengestellt von Rolf v. Wenz zu Niederlahnstein, Darmstadt (1929), S. 81.

29 Ibid., S. 93.

30 Erich Weniger: »Heinrich v. Stülpnagel«, a.a.O., S. 478.

31 Vgl. Walter Görlitz: »Kleine Geschichte des deutschen Generalstabs«, Berlin (1967), S. 146.

32 Ibid., S. 122.

33 Ibid., S. 133. Zu dieser Thematik siehe auch Carl-Hans Hermann: »Deutsche Militärgeschichte«, München [3](1979), S. 249–298.

34 Vgl. »Geschichte des Geschlechts von Stülpnagel«, a.a.O., S. 157.

35 Vgl. »Die Königlich Preußische Kriegsakademie«, dargestellt von Louis von Scharfenort, Berlin (1910), S. 197.

36 Hierüber ebenfalls Carl-Hans Hermann: »Deutsche Militärgeschichte«, a.a.O., S. 323 ff.

37 »Die Königlich Preußische Kriegsakademie«, a.a.O., S. 227.

38 Ibid., S. 200.

39 Das Feldartillerieregiment 60 befand sich gerade auf dem Truppenübungsplatz Lockstedt bei Itzehoe.

40 Hierin hat die spätere Entwicklung den Briefschreiber widerlegt. Während im Ersten Weltkrieg und in der Reichswehr die führenden Soldaten fast alle aus der Infanterie kamen, wurde die Wehrmacht dann weitgehend von Artilleristen geprägt.

41 Joachim v. Stülpnagel: »Notizen«, a.a.O.

42 Golo Mann: »Deutsche Geschichte des 19. und 20. Jahrhunderts«, Frankfurt/M. (1958), S. 572/573.

43 Hans J. Reinowski: »Carl-Heinrich v. Stülpnagel«, a.a.O., S. 98.

44 »Dreihundert Jahre Leibgarde-Regiment ...«, a.a.O., S. 143.

45 Im »Porzellanhäuschen« am Rande des Herrengartens wird die Erinnerung an jene drei hessischen Prinzessinnen gepflegt, die an den Zarenhof heirateten. Eigenartig berührt ein Telegramm der Zarin Alexandra Feodorowna an Großherzog Ernst Ludwig aus den letzten Julitagen 1914, worin sie ihrem Bruder mitteilte, »Nikky« sei tätig als »Mittler« zwischen den Interessen Rußlands und Österreichs.

46 Hans J. Reinowski: »Carl-Heinrich v. Stülpnagel«, a.a.O., S. 39 ff.

47 »Das Leibgarde-Infanterie-Regiment (1. Großherzoglich Hessisches) Nr. 115 im Weltkrieg 1914–1918«, von Alex-Victor v. Franckenberg und Ludwigsdorff, Stuttgart (1921), S. 4.

48 Ibid., S. 9.

49 »Schilderungen und persönliche Erlebnisse«, zusammengestellt von Heinrich Wendel, ehem. Kompaniefeldwebel 12. Leibgarde. Durchschrift im Besitz der Familie Joachim v. Stülpnagel.

50 Vgl. Gerhard Ritter: »Der Schlieffenplan. Kritik eines Mythos«, München (1956). Siehe auch: Wilhelm Groener: »Das Testament des Grafen Schlieffen ...« (1927).

51 General Bw a.D. Adolf Heusinger in einem Brief an den Verfasser vom 12. Juli 1978.

52 »Das Leibgarde-Infanterie-Regiment ...«, a.a.O., S. 15.

53 Ibid., S. 19.

54 Vgl. v. Wienkowski: »Falkenhayn«, Berlin (1937).

55 »Das Leibgarde-Infanterie-Regiment ...«, a.a.O., S. 43.

56 Walter Görlitz: »Kleine Geschichte des deutschen Generalstabs«, a.a.O., S. 178.

57 »Notizen« des Sohnes Joachim v. Stülpnagel.

58 Vgl. »Schlachten des Weltkrieges«, Bd. 5, »Herbstschlacht in Mazedonien. Cernabogen 1916«, Berlin (1926), S. 13.

59 Ernst Jünger: »Strahlungen«, Tübingen (1955), S. 259.

60 Vgl. Gerhard Ritter: »Staatskunst und Kriegshandwerk«, München (1954–1968).

61 Walter Görlitz: »Kleine Geschichte des deutschen Generalstabs«, a.a.O., S. 196.

II. Zwischen Monarchie, Republik und Diktatur (1918–1933)

»Den Deutschen:
Schreitet nicht so schnell fort,
nur etwas gemach!
Ihr kommt euch sonst selber nicht nach!«
Franz Grillparzer

Der Erste Weltkrieg hat Europa verändert. Weite Gebiete in Belgien, Nordfrankreich, Norditalien, auf dem Balkan und in Osteuropa liegen in Trümmern. Rund zehn Millionen Menschen haben ihr Leben verloren, Millionen der Überlebenden führen ein Dasein in Hunger und Elend. Die besiegten wie die siegreichen Staaten sind hoffnungslos verschuldet, ihre Währungen ruiniert, der Welthandel liegt darnieder. Die nationalen Leidenschaften sind durch das vierjährige blutige Ringen so hochgepeitscht, daß ein Vernunftfrieden, der zur baldigen Versöhnung der Völker führen könnte, schwierig ist wie die Quadratur des Zirkels. Der Haß, dieser schlechteste aller Ratgeber, ist in den Völkern und ihren Regierungen mächtig.

Zu den Veränderungen, die der Krieg bewirkt hat, gehört das Ende der drei mächtigsten Dynastien des Kontinents: der Romanows in Rußland, der Habsburger in Österreich und der Hohenzollern in Deutschland. Wilhelm II. hat unter dem Druck der Verhältnisse nicht nur als deutscher Kaiser, sondern auch als König von Preußen abgedankt, ein geschichtlicher Vorgang, der vor allem das preußische Offizierkorps zutiefst berührt. Die Abdankung als Eingeständnis der militärischen Niederlage sowie die Tatsache, daß auch die militärische Führung in der Heimat durch die Streiks ihrer Soldaten nicht in der Lage ist, die alte monarchische Ordnung zu retten, sind ein schwerer Schock für das gesamte deutsche Offizierkorps. Der bayerische Artillerieoffizier Eduard Wagner, zwanzig Jahre später als Generalquartiermeister ein Vertrauter Stülpnagels im Kampf gegen Hitler, hat damals in Briefen an seine Braut die Stimmungslage wie folgt umschrieben: »Ich habe viel gelitten, viele Saiten waren zersprungen, das ganze Instrument war verstimmt, die Revolution hat mir den Rest gegeben und hatte mir das Letzte geraubt ... Unglückliche Menschen die Offiziere, die jetzt vom Schicksal so hart und ungerecht mißhandelt werden.«[1]

Der große Krieg scheint den Weltsieg der Demokratie und den ewigen Weltfrieden herbeigeführt zu haben. Gern gibt die Menschheit sich einige Zeit dem Glauben hin, daß 1914/18 der letzte aller Kriege gewesen sei. Bald aber zeigt sich, daß jene Kräfte weiterwirken, die den Weltkrieg verursacht haben. Der Niedergang der nationalen Idee des 18. Jahrhunderts zur Ideologie ist jetzt, 1918/19, schon weit fortgeschritten.

Außer der bewaffneten Macht waren während des Krieges, vor allem in den zwei Jahren der »Militärdiktatur Ludendorffs«, auch die breiten Volksmassen an Disziplin, Lenkung von oben und Opfermut gewöhnt. Nun ist der verheißene Sieg trotz der gewaltigen Anstrengungen und Entbehrungen ausgeblieben, die Not dauert fort, und in den Pariser Vororten tritt ein Gericht der Sieger zusammen, von dem die deutsche Nation nichts Gutes zu erwarten hat. So schlägt jetzt, nach Jahren der Unterordnung und des Gehorsams, das Pendel nach der anderen Richtung aus. Der Bürgerkrieg in Rußland zwischen Weiß und Rot greift auf Deutschland über, das in Anarchie und Chaos zu versinken droht. Diese Entwicklung wollen, von einigen entschiedenen Revolutionären abgesehen, die wenigsten Deutschen, auch die sozialdemokratischen Führer nicht, die sich gegenüber den Kommunisten abgrenzen. Zur Erhaltung der staatlichen Ordnung wird schon am Abend des 10. November 1918 fernmündlich die »ungewöhnliche Allianz« (W. Görlitz) zwischen der provisorischen Regierung der Volksbeauftragten in Berlin und der Obersten Heeresleitung in Spa geschlossen; nach den Inspiratoren auf beiden Seiten wird dieses folgenschwere Ereignis dann später das »Bündnis Ebert-Groener« genannt.[2]

Um die allgemeine Lage zu besprechen, kamen am 20. November 1918 die in Berlin befindlichen Generalstabsoffiziere im geschichtsträchtigen roten Gebäude am Königsplatz zusammen. Major i.G. Kurt v. Schleicher schlug die Aufstellung von Freiwilligenverbänden vor, weil der provisorischen Reichsregierung jegliches Machtinstrument fehle. Generalmajor Hans v. Seeckt, der letzte deutsche Chef des osmanischen Generalstabs, billigte diesen Plan und nannte als wichtigstes Ziel den Wiederaufstieg des deutschen Reiches.[3] Im Hauptquartier der Obersten Heeresleitung, Schloß Wilhelmshöhe bei Kassel, ordnete Hindenburg schon am 24. November 1918 die Aufstellung von Grenzschutzverbänden für den Osten aus Freiwilligen an. Ob Stülpnagel an der Berliner Generalstabsbesprechung teilgenommen hat, ist nicht mehr ersichtlich. Seine Familie wohnte damals nicht in Berlin, sondern im Inspektorhaus des Rittergutes Brandis bei Leipzig. Überliefert ist aber, daß er nach Bildung der ersten Freiwilligenverbände im Winter 1918/19 im Grenzschutz in Schlesien und dann, 1920, mit dem Freikorps Faupel im Ruhrgebiet eingesetzt war.

Dazwischen lag der sogenannte »Kapp-Lüttwitz-Putsch«. Als die Regierung im März 1920 unter dem Druck des Versailler Vertrags einen Teil der Freiwilligen-Formationen auflösen mußte, versuchte der ehemalige Führer der Vaterlandspartei, Wolfgang Kapp, die Unzufriedenheit des Militärs zu einem Staatsstreich zu nutzen. Angetrieben und unterstützt von Ludendorff und dem Oberbefehlshaber des Reichswehr-Gruppenkommandos I, General Frhr. v. Lüttwitz, marschierte das bei Berlin stationierte Freikorps des Kapitäns Ehrhardt in der Reichshauptstadt ein. Ehrhardt galt als »Nur-Soldat, der in der Skagerrakschlacht ein tüchtiger Torpedobootsführer gewesen war«.[4] Nach der Maxime Seeckts »Reichswehr schießt nicht auf Reichswehr« erhob sich kein einziges Gewehr zum Schutz der Regierung, die Berlin verlassen und in Stuttgart Zuflucht suchen mußte. Vier Tage konnte Kapp in Berlin den Diktator spielen, dann brach sein oberflächlich vorbereiteter Putsch unter der Wirkung des Generalstreiks der organisierten Arbeiterschaft zusammen.

Stülpnagel war an dem in den Iden des März 1920 durchgeführten Putsch beteiligt. Wie er darüber dachte, wird aus einem Brief an seine Schwester Elisabeth vom 23. März deutlich:

> »In aller Eile ein paar kurze Worte. Die letzten 10 Tage waren furchtbar: Unruhen, Schießereien wie in allen großen Städten. Wie ich über das blödsinnige Unternehmen dachte, schrieb ich am 12. an Helene ... So mußten wir hier aber sehr gegen unsere bessere Einsicht mitmachen, da wir schließlich als Soldaten gehorchen mußten. Weiß Gott, was nun wird. Ich selbst fahre morgen mit einer starken Truppenabtlg., deren Generalstabsoffz. ich bin, nach dem Ruhrgebiet. Auch kein Spaß. Ich sorge mich entsetzlich um Helene, von der ich heute zum ersten Mal Nachricht erhielt. In Brandis sind fürchterliche Zustände. Nun bitte ich Euch dringend, Helene mit den Kindern[5] aufzunehmen; sie will fort, da sie sich nicht mehr sicher fühlt ... Bei Euch kann sich Helene wenigstens etwas erholen. Für mich ist das Schicksal nun auch entschieden; wenngleich ich natürlich ›straffrei‹ ausgehe, da ich nur gehorcht habe – dies hat die Regierung zugesichert – so kann ich nicht mehr Offizier bleiben ... Ob ich mir nicht ein Bauernhaus in Hessen oder in der Rhön kaufen soll? ...«

Carl-Heinrich hat also den Rechtsputsch, schon Tage bevor dieser gestartet wurde, als »blödsinniges Unternehmen« erkannt, dieses Mal aber die Gehorsamspflicht des Soldaten über seine eigene »bessere Einsicht« gestellt; in späteren Jahren wird ihm so etwas immer schwerer fallen.

Aus dem Kapp-Lüttwitz-Putsch war die junge Weimarer Demokratie als Sieger hervorgegangen. »Sie konnte auch die linksradikalen Aufruhrbewegungen bändigen, die sich aus dem Generalstreik anläßlich des Umsturzversuches entwikkelt und vor allem im Ruhrgebiet ausgebreitet hatten. Da sich die Reichsregierung hierbei auf die bewaffnete Macht angewiesen sah, verbot es sich gewissermaßen von selbst, die Reichswehr wegen ihres Verhaltens während der Märzereignisse in staatspolitisch relevantem Maße zur Verantwortung zu ziehen.«[6] Zu einem Bauernhaus in Hessen oder der bayerischen Rhön ist Stülpnagel zeitlebens nicht gekommen. Entgegen seiner Erwartung bot ihm die Republik doch die Möglichkeit, Offizier zu bleiben, so daß die Berufsfrage im Frühjahr 1920 sich von selbst löste. Vor allem durch die Familientradition war er wesensmäßig eng mit der Monarchie verbunden. Sein ausgeprägter Sinn für alles Geschichtliche sagte ihm aber auch, daß der permanente Wandel zum Wesen der Geschichte gehört und daher auch der Wandel von der Monarchie zur Republik in einer göttlichen Planung liegen könne. Was er von *jedem* Staat erwartete, war das Streben nach Ordnung und Sittlichkeit, vor allem aber, wie es später seine Freunde Ludwig Beck und Carl-Friedrich Goerdeler formulierten, die Wahrung der »Majestät des Rechts«.

Einen anderen Weg war inzwischen Carl-Heinrichs Freund Sigurd v. Ilsemann gegangen. Nachdem er sich an der Front mehrfach ausgezeichnet hatte, war er als Generalstabsoffizier in den Stab der Heeresgruppe Deutscher Kronprinz und dann in die Operationsabteilung der Obersten Heeresleitung versetzt worden; von da wurde Ilsemann 1917 abkommandiert als Vertreter der Obersten Heeresleitung im kaiserlichen Hauptquartier. Harald v. Königswald berichtet:

»Dort hatte er dem Kaiser täglich Vortrag über die Frontlage zu halten. Dem Kaiser muß die frische, unkomplizierte Art des jungen Hauptmannes gefallen haben. Am 1. August 1918 ernannte er ihn zu seinem Flügeladjutanten, eine hohe Auszeichnung, ein Vertrauensbeweis, aber auch eine große Verantwortung für Ilsemann ... Dabei konnte Ilsemann noch nicht einmal wissen, daß mit diesem Augenblick über sein ganzes weiteres Leben entschieden worden war.«[7] Von November 1918 bis zum Tode Wilhelms II. im Juni 1941 in »Haus Doorn« wird Sigurd v. Ilsemann dem gestürzten Kaiser weiter als Flügeladjutant dienen und zugleich als nüchterner Chronist »für eine spätere Geschichtsschreibung von dieser traurigen Zeit eine wahrheitsgetreue Unterlage« schaffen.[8]

Nach dem Versailler Vertrag war das Heer der Reichswehr nur zur Erhaltung der inneren Ordnung und zur Grenzpolizei bestimmt. Alles, was man für Angriffswaffen hielt, vor allem Panzer und schwere Artillerie, war verboten. Dem Verbot unterlagen auch der General- und Admiralstab. Das auf hunderttausend Mann beschränkte Berufsheer gliederte sich in sieben Infanterie- und drei Kavalleriedivisionen und war mehr eine verstärkte Ordnungspolizei als eine Armee. Von über vierzigtausend meist frontbewährten Offizieren der Streitkräfte der Monarchie konnten nur viertausend in das Offizierkorps der Reichswehr übernommen werden. »Ihre Übernahme war nur bei Erfüllung hoher militärischer Voraussetzungen und bei uneingeschränkter Eignung für den Friedensdienst möglich. Zwangsläufig kam ein sichtbarer Prozentsatz ausgeprägter Persönlichkeiten, politisch aktiver, auch geistig freier, nicht zuletzt kämpferischer Naturen, die den Existenzkampf im zivilen Bereich aufzunehmen willens waren, nicht zum Zuge, weshalb aus begreiflichen Gründen und politischen Rücksichtnahmen der beherrschte und anpassungsfähige Typ vorgezogen wurde.«[9] Mehrfach ist festgestellt worden, daß die Auswahl der Reichswehr-Offiziere aus dem großen Reservoir des Weltkrieges nicht ganz ohne Nepotismus erfolgte und der Anteil des Adels unter den Heeresoffizieren unverhältnismäßig hoch war.[10] Auf die vielen frontbewährten Offiziere, die in die Reichswehr nicht übernommen wurden und sich vielleicht schon im Kriege zurückgesetzt fühlen mußten, wirkte sich diese Benachteiligung enttäuschend aus.

Hauptmann i. G. Carl-Heinrich v. Stülpnagel hatte sich als Frontoffizier wie als Generalstabsoffizier im Krieg bewährt. Hinzu kam, daß er einer Waffengattung angehörte, welche sich als die anspruchsloseste und zugleich in allen Kriegen unentbehrlichste erwiesen hatte: der Infanterie. Durch ihre jüngsten Leistungen im Weltkrieg hatte sich die deutsche Infanterie hohen Ruhm erworben, sie blieb auch in der Reichswehr *die* Hauptwaffengattung. So nimmt es nicht wunder, in der Stellenbesetzung für das Reichsheer vom 1. Oktober 1920 Stülpnagel an bevorzugter Stelle eingesetzt zu sehen: Aus dem Generalstab des Befehlshabers der Reichswehrbrigade 7 wird er als Generalstabsoffizier in den Stab der 3. Division und als Hauptmann übernommen. Kommandeur der Division ist Generalleutnant Rumschöttel, Chef des Stabes Major Fedor v. Bock, der spätere Generalfeldmarschall; Standort ist Berlin.

Die grundsätzlichen Gedanken und Richtlinien für Aufbau und Entwicklung der Reichswehr kamen vom Chef der Heeresleitung, Hans v. Seeckt. Wie die militärischen Führer Deutschlands im Krieg - Falkenhayn, Hindenburg und Ludendorff - war auch der »Schöpfer« der Reichswehr aus der Infanterie hervorgegangen. Dieser »Krone aller Waffen« vermittelte Seeckt, ebenso wie der Artillerie und Kavallerie, starke geistige Impulse zur Weiterentwicklung, die nach den Lehren von 1914/18 auf höchste Beweglichkeit von Führung und Truppe sowie die Überwindung des Stellungskriegsdenkens hinzielten - ganz im Gegensatz zu Frankreich.

Schon früh wurden Carl-Heinrichs pädagogische Fähigkeiten zur Ausbildung des Führer-Nachwuchses genutzt. Die Schulung für den verbotenen Generalstab lief unter dem Tarnbegriff »Führergehilfenausbildung«. Ein Bewunderer Stülpnagels und Teilnehmer dieser Ausbildung erinnert sich: »Meine erste Begegnung mit Carl-Heinrich v. Stülpnagel war 1921/22 während der Führergehilfenausbildung in Berlin, zu der ich im Januar 1921 kommandiert wurde. Stülpnagel gab Taktikunterricht und stützte sich dabei vor allem auf die Erfahrungen des Ersten Weltkrieges. In seinem ganzen Verhalten war er besonders vertrauenswürdig, geistig modern eingestellt und sehr wendig. Einmal war er infolge einer Dienstplanänderung unvorbereitet, aber gerade in dieser Stunde imponierte er ganz besonders.«[11]

In den ersten vier Jahren als Reichswehroffizier wurde Stülpnagel so häufig versetzt, daß es für seine Familie zunächst das Gegebene war, nicht hinter ihm herzuziehen, sondern in Brandis, dem elterlichen Gut Helene v. Stülpnagels, wohnhaft zu bleiben. Die Familie hatte sich 1923 um die Tochter Marie Luise vergrößert. Stülpnagel war im Krisenjahr 1923 Generalstabsoffizier in Hannover, als der Einmarsch der Franzosen in das Ruhrgebiet und separatistische Bestrebungen die Republik erschütterten, schließlich in München am 9. November 1923 der »unbekannte Gefreite des Weltkrieges« Adolf Hitler die »Nationale Revolution« ausrief, sich zum Reichskanzler und Ludendorff zum »Deutschen Nationalfeldherrn« ernannte. Während die meisten Lehrgangsteilnehmer an der damaligen Infanterieschule München die Partei Hitlers ergriffen und die älteren Offiziere sich abwartend verhielten, rettete die bayerische Landespolizei die Lage, indem sie vor der Feldherrnhalle auf die Putschisten das Feuer eröffnete, die braune Kolonne zersprengte und ihre Anführer zur Flucht zwang. »Das Schicksal der Republik lag jetzt in Seeckts Hand ... Auf Seeckts Befehl wurden die beiden Revolutionsparteien, die Kommunisten und die Nationalsozialisten, verboten. Kommandeur und Chef des Stabes im Wehrkreis VII wurden zwei traditionsbewußte bayerische Offiziere, Generalmajor Frhr. Kress v. Kressenstein und Oberst Ritter v. Leeb. Die Infanterieschule wurde strafweise von München auf den Truppenübungsplatz Ohrdruf in Thüringen verlegt, unzuverlässige Offiziere wie Lossow und Röhm verabschiedet ...«[12]

Wie Hauptmann v. Stülpnagel im ruhigeren Hannover über diese Nachrichten aus der bayerischen Landeshauptstadt gedacht hat, ist nicht überliefert. Er konnte nicht ahnen, welche Auswirkungen dieser 9. November 1923 haben würde: Globale, weil man den Urheber des Münchener Putschversuches nun jahrelang auf verhängnisvolle Weise unterschätzte, und für ihn ganz persönliche, weil durch die Verlegung der Infanterieschule sein Berufsweg ihn später nie nach München, sondern nach Sachsen führen wird.

Zunächst aber ging es in eine Gegend des Deutschen Reiches, die er wenig kannte: nach West- und Ostpreußen. Zum Jahresbeginn 1924 wurde Stülpnagel Chef der 5. Kompanie des Infanterieregiments 3 in Deutsch-Eylau, wohin auch die Familie im April 1924 umzog. Deutsch-Eylau, 1305 gegründet, hatte zu Westpreußen gehört, aber nach dessen Einverleibung durch Polen 1919 war es mit den ostwärts der Weichsel liegenden Teilen dieser Provinz mit Ostpreußen vereinigt worden. Schon die Eisenbahnfahrt durch den polnischen »Korridor« - Schneidemühl war die letzte reichsdeutsche Station - machte das Künstliche dieser in Versailles geschaffenen Provinz deutlich. Die Garnisonstadt mit etwas landwirtschaftlicher Industrie, am Südende des Geserichsees gelegen, hatte landschaftliche Reize. Sie kamen dem Familienleben und der Geselligkeit zugute, wie aus den Erinnerungen des Sohnes Joachim ersichtlich ist: »Der Geserichsee war zu allen Jahreszeiten schön. Im Sommer machten wir manchmal mit den Eltern Motorbootfahrten, die sich bei der Größe des Sees stundenlang ausdehnen konnten ... Im Herbst hörten wir über den See herüber bei offenen Schlafzimmerfenstern das Röhren der Hirsche aus dem nahen Wald. Herrlich war es, wenn im Winter der See zugefroren war. Vater und Mutter liefen dann zusammen mit den anderen Offiziersehepaaren Schlittschuh. Sobald das Eis die nötige Tragfähigkeit hatte, durfte ich zu Fuß über den See marschieren. Mutter war da gar nicht ängstlich ...«[13]

Stülpnagel hatte schon vor zehn Jahren, in der Marneschlacht, erfolgreich eine Infanteriekompanie geführt. Nun stellte der Friedensdienst unter völlig veränderten militärpolitischen Verhältnissen neue Anforderungen; vor allem galt es, die Lehren des Weltkrieges für Ausbildung und Erziehung in einem Berufsheer mit zwölfjähriger Dienstzeit nutzbar zu machen. Daß er ihm bekannte und erfahrene Vorgesetzte hatte, wird dienstlich manches erleichtert haben. Kommandeur des Infanterieregiments Nr. 3 war damals Oberst v. Oytmann, ein früherer Darmstädter »115er«; sein Bataillonskommandeur war Oberstleutnant Knochenhauer, der später in Norddeutschland bekannte Kommandierende General in Hamburg.

Über den Kompaniechef der Reichswehr Stülpnagel schrieb später einer seiner damaligen Untergebenen: »Er war ein hervorragender Offizier, ein Herr und für seine Soldaten ein fürsorglicher Vorgesetzter und Kamerad. Seine Führung der 5./I.R. 3 war vorbildlich. Seine Soldaten wußten, daß sie sich immer und mit allem an ihn wenden konnten und er, wenn es sein mußte, ihnen zu ihrem Recht verhalf... Als alter Generalstabsoffizier des Ersten Weltkrieges verstand er es, Planübungen und taktische Übungen spannend und lehrreich zu gestalten...«[14]

Aus der Kompaniechef-Zeit in Ostpreußen blieb ein Brief an Sigurd v. Ilsemann erhalten, geschrieben von Carl-Heinrich an seinem 39. Geburtstag, dem 2. Januar 1925, in der Deutsch-Eylauer Wohnung:

> »Lieber Sigurd! Habe herzlichen Dank für Deinen Gruß, den ich zum Jahreswechsel auf das Beste erwidere. Ich beneide Dich um die Tage in Darmstadt, wie gerne träfe ich jemanden aus unseren Jahrgängen wieder. Man hängt doch sehr an allen jenen prächtigen Kerls, mit denen man so viele vergnügte und stolze Erinnerungen hat ... Aber ›unser Kreis‹ ist zerstört, vielleicht daß es mal später gelingt, ihn zu regelmäßigen Wiedersehen wenigstens einmal im Jahr irgendwo zusammenzubringen. Gerade jetzt, wo durch das Erscheinen der ersten Bände des

Generalstabswerkes die Erinnerungen an die stolze Zeit besonders lebhaft werden, empfindet man die Trennung von den Altersgefährten doppelt ... Sonst aber kann ich nur sagen, daß Helene und ich uns hier sehr wohl fühlen. Unsere Wohnung ist entzückend, dicht am See und am Walde gelegen, so daß Schwimmen im Sommer, Eislaufen im Winter von unserer Haustür aus sozusagen beginnen kann.«

Den nächsten Brief an Sigurd v. Ilsemann schrieb Carl-Heinrich erst dreizehn Monate später. Wir wissen daher nicht authentisch, wie er über die großen Veränderungen gedacht hat, welche das für die Republik wie die Reichswehr gleichermaßen schicksalsschwere Jahr 1925 noch brachte. Am 28. Februar starb nach kurzer Krankheit Reichspräsident Friedrich Ebert. Mit ihm ging die bedeutendste politische Führerpersönlichkeit der jungen Republik viel zu früh ins Grab. Allen Beschimpfungen der Radikalen von rechts und links zum Trotz war der Sattlermeister aus Heidelberg durch staatsmännisches Format und die Kraft seiner Persönlichkeit zur Integrationsfigur für alle staatstragenden Schichten, einschließlich der Soldaten, geworden. Zwischen ihm und Seeckt, dem »Bildner der Reichswehr« (Golo Mann), bestand ein Verhältnis gegenseitiger schweigender Anerkennung. Seeckts Name wurde auch kurz im Zusammenhang mit der Ebert-Nachfolge genannt, ebenso derjenige des Reichswehrministers Geßler. Es zeigte sich aber bald, daß nach Eberts Tod an Popularität bei den breiten Massen sich niemand mit Hindenburg messen konnte. Beim zweiten Wahlgang im April 1925 siegte der sechsundsiebzigjährige Feldmarschall, nahm die Wahl zum Reichspräsidenten jedoch erst an, nachdem ihm Wilhelm II. aus Doorn seine Zustimmung erklärt hatte.

Ob der Feldmarschall-Reichspräsident, der seinem ganzen Wesen und Werden nach kein Republikaner war und auch nicht sein konnte, dann der Republik mehr Nutzen oder Nachteil gebracht hat, bleibt umstritten. Was ihre Streitkräfte betrifft, hat Jahrzehnte später ein württembergischer Offizier französischer Herkunft und zugleich Jahrgangskamerad Stülpnagels festgestellt: »... die Reichswehr ist nie demokratischer gewesen als unter seiner [Hindenburgs] Präsidentschaft«.[15] Und ein Historiker des Jahrhunderts vermerkte: »Der alte Herr ging nicht mehr zu Offizierstreffen, bei denen ein Hoch auf den Kaiser ausgebracht wurde, so bitter ihn das ankam. Er unterhielt korrekte Beziehung zur Linksregierung in Preußen.«[16]

In den letzten Wochen des Jahres 1925 gelang es dem deutschen Reichsaußenminister Gustav Stresemann und dem französischen Staatsmann Aristide Briand in den Locarno-Verträgen, die Rückkehr Deutschlands in die Völkergemeinschaft und den Gedanken der europäischen Verständigung ein gutes Stück voranzubringen. Der mit Locarno eingeleiteten Westorientierung der deutschen auswärtigen Politik war schon drei Jahre zuvor, im April 1922, durch den damaligen Außenminister Walther Rathenau im Vertrag von Rapallo eine Normalisierung der deutsch-russischen Beziehungen vorausgegangen. Rapallo hatte auch zu heimlichen militärischen Kontakten zwischen dem Deutschen Reich und Sowjetrußland geführt. Vor allem jene beiden Waffen, die das moderne Kriegsbild erneut revolutionierten, aber durch den Versailler Vertrag der Republik verboten waren, konnten auf russischem Gebiet durch deutsche Offiziere weiterentwickelt werden: die Panzer- und die Luftwaffe.

Carl-Heinrich hatte schon im Januar 1925 seinem Freund Sigurd mitgeteilt, daß er im Laufe des Jahres mit einer Versetzung rechnen müsse. Im Herbst 1925 wurde er dann erneut ins Reichswehrministerium nach Berlin berufen. Dort war sein älterer Vetter, Joachim v. Stülpnagel, schon seit Mai 1920 tätig. Obwohl Anhänger Ludendorffs und mit einer ablehnenden Haltung gegenüber Seeckt, war Major i.G. v. Stülpnagel seinerzeit durch Seeckt als Leiter von P4 - Personalien Generalstab und Ministerium - von Hannover nach Berlin geholt worden. Im April 1922 war Joachim v. Stülpnagel, unter bevorzugter Beförderung zum Oberstleutnant, dann an die Spitze der Abteilung T1 des Truppenamts getreten, der Nachfolgerin der früheren Operationsabteilung, in welcher er sich im Kriege ausgezeichnet hatte.

Als Carl-Heinrich den Dienst in der Heeres-Organisationsabteilung (T2) des Reichswehrministeriums antrat, bereitete Vetter Joachim sich schon auf seine neue Verwendung als Oberst beim Stabe des Infanterie-Regiments Nr. 17 in Braunschweig vor, die er am 1. Februar 1926 antrat. Seine militärpolitischen Gedankengänge zwischen Rapallo und Locarno werden aus den Aufzeichnungen in seinem Erinnerungsbuch deutlich. Joachim v. Stülpnagel war im September 1925 zu einem Abendessen in die russische Botschaft eingeladen: »Wieder einmal waren russische Offiziere zu einer Besichtigung militärischer Einrichtungen in Deutschland. An der Spitze der russischen Abordnung stand der etwa dreißigjährige Führer der russischen Westfront, Tuchatschewski ... Die russischen Offiziere sprachen meist fließend deutsch und wußten erstaunlich in der Kriegsgeschichte Bescheid. Ein jeder hatte die Werke von Clausewitz studiert. Mit Tuchatschewski verstand ich mich ausgezeichnet. In vorgerückter Stunde schlug er mir vor, uns in Warschau einmal zu treffen ... Der Vertrag [von Locarno] wurde offiziell als ein Wendepunkt der europäischen Geschichte erklärt. Am 8. 10. schrieb ich an einen Freund mein Urteil über die gegebene Lage: ›So wie die Verhältnisse nun einmal für uns liegen, können wir nur auf dem Wege von Locarno weiterkommen ...‹«[17]

Der Beginn von Stülpnagels dritter regulärer Dienstzeit in Berlin fiel zeitlich mit dem Beginn der eigentlichen »Stresemann-Jahre« (Golo Mann) zusammen. Es waren die besten Jahre der Republik, die unter Friedrich Ebert die innere Stabilität und unter Gustav Stresemann die außenpolitische Achtung und Handlungsfreiheit zurückgewonnen hatte. Während die wirtschaftliche Lage noch schlecht und die Not groß war, wurde Berlin für kurze Zeit die

Welthauptstadt der schönen Künste. Der letzte von Carl-Heinrichs erhalten gebliebenen Briefen an Sigurd v. Ilsemann macht noch einmal deutlich, daß er sich mit seiner Geburtsstadt trotzdem nicht identifizieren konnte, sondern Süddeutschland und das Landleben vorzog. Am 21. Februar 1926 schrieb er:

> »Meine neue Tätigkeit ist ja gewiß recht interessant, indessen bin ich kein Freund von Berlin und fühlte mich in Deutsch-Eylau eigentlich recht wohl, wo wir wie auf dem Lande lebten. Immerhin hat Berlin den Vorteil, daß man viele Bekannte wiedersieht, und auch die Ferneren gelegentlich immer mal auf der Durchreise sich zeigen ... Wir sind eine ganze Darmstädter Kolonie jetzt hier: Fritsch und Helmert, Recke und ich. Joachim verläßt uns ja leider dieser Tage ...«

Der Herbst 1926 brachte der Reichswehr die große Zäsur durch den Abgang von Seeckt. In einer Hinsicht ist seine Leistung unbestritten: in der »Umgestaltung eines Torso zum belastbaren Kader für ein ›Volksheer‹ und in der Bewältigung ausbildungs- und waffentechnischer Probleme«.[18] Andererseits hat Seeckt nichts getan, um in den Streitkräften der Republik republikanische Traditionen zu gründen. »Weder hat die Reichswehr - vor allem unter Seeckt - jene 1808 von den Reformern ersehnte und einem Volksheer wesenseigene innige Vereinigung von Heer und Staat erstrebt oder gefördert, noch war sie in ihrer staatspolitischen Zielsetzung fortschrittlich.«[19] In seiner inneren Ablehnung der Republik und »im ewig schlummernden Konflikt mit Geßler« (Walter Görlitz) ging Seeckt schließlich zu weit, als er dem ältesten Sohn des Kronprinzen, Prinz Wilhelm, die Genehmigung erteilte, in Uniform an den Manövern des Infanterie-Regiments 9 in Münsingen teilzunehmen. Jetzt riß dem von Seeckt mehrfach auch persönlich gekränkten Reichswehrminister Geßler der Geduldsfaden: Seeckt wurde am 8. Oktober 1926 als Chef der Heeresleitung durch den

Befehlshaber im Wehrkreis I, Generalleutnant Heye, ersetzt.

Stülpnagels Tätigkeit im Führungszentrum der Reichswehr und damit im Spannungsfeld zwischen Geßler und Seeckt wirft die Frage nach der inneren Einstellung zu seinem Dienstherrn, der Weimarer Republik auf. Nachfolger Geßlers als Reichswehrminister wurde Generalleutnant Groener, so daß die württembergische »Linie« in der Führung dieses Amtes über einen größeren Zeitraum gewahrt blieb. Über Groener wie über seine Landsleute Geßler und Reinhardt, den ersten Chef der Heeresleitung, ist festgestellt worden: »Groener war weder Anhänger demokratischer Ideen noch Freund des Parteienstaates und des Parlamentarismus, sondern wie Reinhardt und Geßler Vernunftrepublikaner. Allerdings waren sie alle drei Württemberger, also Kinder eines Landes, in dem eine besondere Aufgeschlossenheit für politische Fragen die Menschen prägt.«[20] Anzunehmen, Carl-Heinrich v. Stülpnagel hätte wegen seiner Herkunft aus dem märkischen Adel nur monarchistisch denken und empfinden können, wäre sicher falsch.[21] Dies hätte zudem - wie schon ausgeführt - seinem tiefen Geschichtsverständnis nicht entsprochen. Man wird auch ihn als »Vernunftrepublikaner« bezeichnen können. Ja, vielleicht war er noch mehr als die drei Schwaben bereit, der Republik nicht nur mit den Kräften des Verstandes, sondern auch »ideell« zu dienen.

Aus der damaligen Tätigkeit im Reichswehrministerium[22] blieb dem Sohn Joachim in Erinnerung, daß der Vater, wenn er nicht auf Dienstreise war, abends lange vor Karten saß und blaue und rote Zeichen in diese eintrug. Währenddessen lauschte er durch die offene Tür des Herrenzimmers dem Klavierspiel der Mutter, die »besonders gerne Chopin spielte, dabei vor allem seine Walzer und einige seiner Préludes«.[23]

Die weiteren fünfzehn Monate im Reichswehrministerium sollten Hauptmann i. G. v. Stülpnagel auf seine nächste Verwendung vorbereiten. Im Januar 1927 wurde er Major i.G.

und 1. Generalstabsoffizier des Wehrkreiskommandos VI und der 6. Infanteriedivision in Münster/Westfalen, wo die Familie im Herbst in dem neuen, für die Reichswehr erbauten Gebäude in der Melchersstraße 62 Wohnung nahm. Von seinen Bewohnern wurde dieser Neubau »das trojanische Pferd« genannt. In dem großen Block wohnten viele Offiziere, die in der späteren Wehrmacht eine Rolle spielen sollten, so der spätere Generalfeldmarschall Albert Kesselring, der General der Panzertruppen und Militärschriftsteller Walther Nehring und der General der Nachrichtentruppe Erich Fellgiebel. Der humanistisch ebenso gebildete wie naturwissenschaftlich und technisch versierte Fellgiebel und sein Wohnungsnachbar Stülpnagel - beide waren im Jahre 1886 geboren - müssen damals ihre weitgehende Übereinstimmung auch im Geistigen und Weltanschaulichen festgestellt haben; ein gutes Jahrzehnt später waren sie im Kampf gegen Hitler und in der Sorge um Deutschland schon alte Bekannte.

Ebenfalls in Münster machte er die Bekanntschaft des Jahrgangskameraden Moritz v. Faber du Faur, dessen Ahnen in den Armagnakenkriegen im 15. Jahrhundert aus ihrer Stammburg Pibrac bei Toulouse vertrieben worden waren. Ihrer Wahlheimat Württemberg schenkten die Faber du Faur durch Jahrhunderte tüchtige Soldaten; Moritz v. Faber du Faur wird später als Militärschriftsteller seinen Freund Stülpnagel in knappen, beeindruckenden Sätzen charakterisieren und darin nur noch von Ernst Jünger übertroffen werden.

Unmittelbarer Vorgesetzter war der Chef des Stabes des Wehrkreiskommandos VI, der damalige Oberst Walther v. Brauchitsch. In das gesellschaftliche Leben des Offizierkorps der Reichswehr geben die Erinnerungen des Sohnes Joachim einen interessanten Einblick: »Die vielen Offiziersfamilien bildeten damals in Münster eine isolierte Gesellschaftsgruppe. Der Kontakt zur übrigen Bevölkerung war gering. Das mochten die Eltern nicht, vor allem empfanden sie es als peinlich, wenn die Sonderstellung dadurch noch unterstrichen wurde, daß beim Geburtstag einer Offiziersdame jedesmal das Musikkorps eines der in Münster stationierten Truppenteile vor die Wohnung gerückt kam und ein Ständchen brachte.«[24]

Die territoriale Zuständigkeit des Wehrkreiskommandos VI in Münster erstreckte sich über Westfalen, Hannover und Oldenburg. Der Wehrkreisbefehlshaber, General v. Ledebur, war zugleich Divisionskommandeur der 6. Division. Er residierte in dem vom berühmten Baumeister Schlaun 1767–73 erbauten fürstbischöflichen Schloß und war, in der Erinnerung von Carl-Heinrichs Vetter Joachim »ein vornehmer Mann, der sich aber als alter Frontoffizier sehr um Details kümmerte und den Kommandeuren recht unbequem werden konnte«. Der umfangreiche Tätigkeitsbereich des 1. Generalstabsoffiziers erhellt aus den Aufgaben seines Befehlshabers und Divisionskommandeurs: »Die Aufgaben der Divisionskommandeure und Wehrkreisbefehlshaber waren: Leitung der Ausbildung ihrer Division und Führung derselben bei kriegerischen Verwicklungen. Bei inneren Unruhen und Notstand hatten sie volle Verfügung über alle in ihrem Wehrkreis untergebrachten Truppen ... Ferner waren sie für den Zustand und die Verwaltung der Heeresausstattung verantwortlich, und ihnen unterstanden die in ihrem Bereich liegenden Festungen. Daneben zeichneten sie verantwortlich für die Werbung, die Fürsorge und alle Verwaltungsaufgaben, die nicht in die Zuständigkeit der Wehrkreisverwaltungsämter fielen, die selbständige Verwaltungsbehörden waren.«[25]

Zu Beginn des Jahres 1929 wurde Carl-Heinrich v. Stülpnagel, inzwischen Oberstleutnant, Kommandeur des II. Bataillons des (Preuß.) Infanterieregiments 5 in Neuruppin, als Nachfolger des damaligen Oberstleutnants Ferdinand v. Bredow. Wenn dieser neue Dienstort auch nicht im erwünschten Süddeutschland lag, so kam er doch der Vorliebe für das Landleben entgegen. Und Neuruppin war, geographisch und geschichtlich, ein ganz besonderer Ort in Preußen. In keiner anderen Lebenszeit und an keinem anderen Dienstort hat

Stülpnagel sich so intensiv mit der Geschichte Preußens und seines großen Königs beschäftigt wie als Bataillonskommandeur in Neuruppin. Über die dortigen dienstlichen und gesellschaftlichen Verhältnisse berichtet der Sohn Joachim: »In Ruppin war der Bataillonskommandeur in seiner Selbständigkeit ein kleiner König. Der Regimentskommandeur war weit weg in Stettin und ließ sich nur selten in Neuruppin sehen. So war Vater für die Bevölkerung in Stadt und Land der Repräsentant der Reichswehr und hatte dadurch viele Verpflichtungen, die auch zu zahlreichem Landverkehr mit den umliegenden Gütern führten. Gnewikow, Langen, Radensleben, Vichel, Karwe hörten wir oft aus dem Munde der Eltern. Ihr gesellschaftlicher Verkehr hielt sich jedoch in Grenzen. Andere hätten sicher viel mehr daraus gemacht. Aber da es Mutter oft nicht gut ging und ihr schnell etwas zuviel wurde, bestand Vater aus Rücksicht auf sie niemals auf der Annahme irgendwelcher Einladungen. Vielleicht lag auch Vater selbst nicht allzuviel daran. Dem dürfte aber entgegenstehen, daß Vater bei Einladungen immer sehr aufgekratzt war und fröhlich erzählte, wobei er gelegentlich auch mal etwas flunkerte, wie Mutter sich ausdrückte.«[26]

Stülpnagel konnte durchaus Freude an Geselligkeit haben, ohne daß er deswegen das gesellige Leben suchte und es ihn ganz ausfüllte. In der Tiefe seines Wesens blieb er ein einzelgängerischer und wohl auch immer etwas einsamer Mensch. Der Genius loci Neuruppins, dieser Geburtsstadt des hugenottischen Preußen und literarischen Wanderers durch die Mark Brandenburg Theodor Fontane, motivierte zu militärgeschichtlichen Arbeiten. Die Zeugnisse der Verschönerung Neuruppins durch Kronprinz Friedrich während seines vierjährigen Aufenthaltes dort von 1732 bis 1736, sicher auch Fontanes Essay hierüber in seinen »Wanderungen«[27], fanden ihren Niederschlag in einer Schrift des Bataillonskommandeurs der Reichswehr über »Friedrich den Großen als Kronprinz in Neuruppin«. Sie erschien in den »Veröffentlichungen des Historischen Vereins der Grafschaft Ruppin«. Auch hielt er einen Vortrag über die Entwicklung der Marschmusik und ließ dazu vom Musikkorps seines Bataillons die dazugehörigen Märsche spielen, worüber der Sohn Joachim später berichtete: »Das soll ein großer Erfolg gewesen sein. Und alle hielten Vater für überaus musikalisch. Das war er nun überhaupt nicht, und Gesang war auch sein einziges Fach mit ›mangelhaft‹ in seinem sonst hervorragenden Abiturzeugnis.«[28] Am 18. Mai 1931 hielt er im Offizierkasino zu Neuruppin vor geladenen Gästen einen Vortrag über »Stadt und Grafschaft Ruppin in Berührung mit dem brandenburgisch-preußischen Heer bis zur Zeit Friedrichs des Großen«, der ebenfalls vom historischen Verein veröffentlicht wurde. In der Vorbemerkung hieß es: »Er [der Verein] glaubt, mit der Veröffentlichung den Bestrebungen des Herrn v. Stülpnagel entgegenzukommen, der stets für herzliches Einvernehmen zwischen Garnison und Stadt eingetreten ist.«

Im Sommer 1931 wurde Stülpnagel für eine Auslandskommandierung ausersehen, während der er seine Kenntnisse als Infanterist und Militärpolitiker vertiefen konnte. Das finnische Kriegsarchiv in Helsinki teilte hierüber mit: »Der Chef der Abteilung Fremde Heere im Reichswehrministerium, Oberstleutnant Fischer, erkundigte sich beim finnischen Militärattaché in Berlin im Mai 1931, ob es möglich wäre, daß zwei deutsche Offiziere etwa zwei bis drei Wochen lang sich mit den Truppenübungen im Sommer 1931 und mit der Ausbildung in der finnischen Wehrmacht vertraut machen. Ende Mai meldete der Generalstab an den finnischen Militärattaché, daß der Befehlshaber der finnischen Streitkräfte einverstanden sei, wenn zwei deutsche Offiziere im Lager von Parola die Ausbildung des Regiments von Pori verfolgen können ... In einem am 6. Juli 1931 datierten Schreiben teilte der finnische Militärattaché in Berlin, Oberstleutnant Lilius, mit, daß die in Frage kommenden Offiziere laut Mitteilung des Reichswehrministeriums wären: Oberstleutnant v. Stülpnagel, Bataillonskommandeur, und Major Mummenthey von der Heeresabteilung

(T1) im Reichswehrministerium. Dem Reiseprogramm gemäß fuhren Stülpnagel und Mummenthey am 18. Juli mit dem Dampfer ›Rügen‹ in Stettin ab und kamen am 20. Juli in Helsinki an.«[29]

Briefe oder sonstige Aufzeichnungen über diese Kommandierung zur Armee Finnlands sind nicht überliefert. Aus anderen Quellen ist jedoch ersichtlich, daß Stülpnagel als Infanterist aus den vier Wochen bei den Finnen großen Nutzen gezogen hat. Im finnischen Kriegsarchiv blieb das Dankschreiben des Chefs der Heeresleitung an den damaligen Chef des Generalstabes der finnischen Armee, Generalmajor Oesch, erhalten, welches folgenden Wortlaut hat: »Sehr verehrter Herr General! Die beiden Herren, die im August zu Ihrer Armee kommandiert waren, haben mir berichtet, daß sie von allen Dienststellen auf das liebenswürdigste aufgenommen worden sind. Auch wurde ihnen während ihres Kommandos jede Gelegenheit geboten, die Ausbildung und Organisation Ihrer ausgezeichneten Armee kennenzulernen. Für die den Offizieren erwiesene gastliche und entgegenkommende Aufnahme sage ich meinen verbindlichsten Dank. Ich bin sicher, daß auch dieses Kommando dazu beigetragen hat, die aus alter Waffenbrüderschaft geborenen ausgezeichneten kameradschaftlichen Beziehungen der beiden Armeen weiter zu fördern ... Ihr sehr ergebener Frhr. von Hammerstein.«[30]

In den ersten Herbst seiner Neuruppiner Zeit fielen Ereignisse von schicksalsschwerer Bedeutung für die Weimarer Republik, deren Phase der Konsolidierung und politischen Stabilität mit dem Tod des Außenministers Stresemann und dem Beginn der Weltwirtschaftskrise im Oktober 1929 zu Ende ging. Es war ein Teil des Unglücks der Republik, daß sie ihre fähigsten Staatsmänner viel zu früh verlor: Rathenau durch Mord, Ebert und Stresemann durch einen jähen Tod. Nun deckte die Weltwirtschaftskrise unerbittlich alle Schwächen auf, die der modernen Staatenwelt des 20. Jahrhunderts anhafteten, insbesondere den Industrienationen USA, England und Deutschland. Die Lähmung des Finanz- und Wirtschaftslebens führte zu einer riesigen Arbeitslosigkeit: Ende des Jahres 1929 gab es dreißig Millionen Arbeitslose in der Welt, davon allein in Deutschland über fünf Millionen. Das Elend breiter Volksmassen verhalf einem Massenredner und Hypnotiseur außerordentlichen Formats zu immer größeren Wahlerfolgen. Obwohl er »niemals einen einzigen konkreten Vorschlag machte, was etwa gegen Wirtschaftskrise und Arbeitslosigkeit ... getan werden sollte«[31], beeindruckte und gewann Hitler auch große Teile der damaligen deutschen Intelligenz. Es wird immer rätselhaft bleiben, wie der Mann aus Braunau mit seinen oft bellenden, haßerfüllten Reden und dem primitiven Schreibstil deutsche Kirchenfürsten beider Konfessionen, Wissenschaftler, Schriftsteller, Philosophen, Komponisten, Dirigenten und Bildhauer von Weltruf unter seine Fahnen und nicht selten in seine braunen Uniformen bringen konnte. »Das Kapitel deutscher Geistesgeschichte, das ›George-Hitler-Stauffenberg‹ heißt, wartet noch darauf, geschrieben zu werden.«[32] Würde es geschrieben, könnte darüber die Einsicht Goethes stehen: »Es irrt der Mensch, solang' er strebt.« Den Soldaten, die Anhänger Hitlers wurden, imponierte sein Feldzug gegen das »Diktat von Versailles« und dessen militärische Bestimmungen. Deutschland wieder mächtig und wehrhaft zu sehen, die Folgen der Niederlage von 1918 aufzuheben, wie hätte das nicht ihre tiefe Sehnsucht sein sollen? »Wollte nicht jeder Franzose, auch der Sozialist, sein Frankreich stark und ebenbürtig sehen und jeder Brite sein England?«[33]

Mit vielen anderen geistig hochstehenden Deutschen erlag damals auch Stülpnagel kurze Zeit der suggestiven Kraft Hitlers und glaubte, Deutschlands Wiederaufstieg würde sich am ehesten mit der gewaltigen Energie dieses Mannes und der von ihm entfachten »Bewegung« verwirklichen lassen. Ein Offizier des II./I.R. 5 in Neuruppin erinnert sich: »Heinrich v. Stülpnagel war eine ruhige, sehr abwägende Persönlichkeit - ein rechter Unterschied zu dem Vorgänger. In den Jahren 1930/31 hat er in Offiziersbesprechungen geäußert, daß die Ideen des Nationalsozialismus seine Überzeugung seien. Ausgerechnet der Mann, der dann sehr bald die Schwächen und Gefahren des Systems erkannte und als Chef der T3 die ersten Vorbereitungen für einen Staatsstreich betrieb ...«[34]

Carl-Heinrichs Vorgänger in Neuruppin war einer jener wenigen Reichswehroffiziere, die Hitler von Anfang an mißtrauten und von der Macht fernzuhalten suchten. Über ihn ist folgendes überliefert: »Vorgänger als Bataillonskommandeur II./5 war bis 31. Mai 1929 Bredow, der als früherer Gehilfe Schleichers versuchte, mit allen Parteien Fühlung zu gewinnen. Ich entsinne mich, daß Bredow zu einer Festveranstaltung des Reichsbanners ging und uns gegenüber betonte, daß er keinen Offizier hierzu zwingen wolle, doch einige Unteroffiziere zur Begleitung mitnahm ... Bredow hatte - wenn auch umstritten - eine gute Verbindung mit der Stadt geschaffen. Nach seinem Weggang wurde eine Straße nach ihm benannt ...«[35] Wenige Jahre später, am 30. Juni 1934, wurde Ferdinand v. Bredow ein frühes Opfer Hitlers und sein Tod unter den Schüssen eines NS-Mordkommandos zum ersten Alarmzeichen für seinen Nachfolger.

Im Herbst 1931 ging die Zeit in Neuruppin nach fast drei Jahren zu Ende. Jetzt führte der Weg nach Sachsen, als Lehroffizier der Infanterieschule im Elb-Florenz Dresden. Die Familie folgte gerne, schon wegen der Nähe Dresdens zur Heimat der Mutter, dem Rittergut Brandis. Beschreibungen der fünfwöchigen Schulferien in Brandis, des Schlosses und dortigen Gutsbetriebs füllen Seiten in den Erinnerungen des Sohnes Joachim, der es zugleich bedauerte, daß der Vater nie dabeisein konnte. »Vater begleitete uns leider nie auf solchen Ferienfahrten nach Brandis. So viele Wochen ohne Arbeit wären auch nichts für ihn gewesen. Seine ständigen Redewendungen über Urlaub waren immer nur: ›Jetzt habe ich dafür keine Zeit. Wenn ich einmal pensioniert bin, wird das alles nachgeholt.‹«[36]

Die Dresdener Zeit in den frühen dreißiger Jahren wurde

für Stülpnagels weiteres Leben besonders wichtig durch die intensive Zusammenarbeit mit einem Geistesverwandten, dem geborenen Rheinhessen Ludwig Beck. Zwar hatte Beck die Arbeit an der neuen Dienstvorschrift »Truppenführung« (TF) schon als Kommandeur des Artillerieregiments 5 in Fulda begonnen, wo er zum Generalmajor befördert worden war, und schrieb weiter daran 1931/32 als Kommandeur der 1. Kavalleriedivision in Frankfurt/Oder. Die Schlußphase der Bearbeitung des für die Führungsgrundsätze der späteren Wehrmacht bedeutenden Werkes begann dann aber mit der Versetzung Becks als Artillerieführer IV nach Dresden am 1. Februar 1932.[37] Jetzt wurde Stülpnagel sein engster Mitarbeiter an der »TF«, vor allem auf dem infanteristischen Gebiet; die Infanterie war ja unter den Hauptwaffengattungen noch immer dominierend. Die Verfasser der auch durch ihre hohe sprachliche Qualität beeindrukkenden Führungsvorschrift folgten der Erkenntnis: »Wer klare Begriffe hat, kann führen.«

Wie intensiv sich Beck stets um präzise Definitionen bemüht hat, machen Erlebnisse eines jungen Mitarbeiters mit dem späteren Generalstabschef deutlich: »Als ich ihm [Beck] in meiner Eigenschaft als Sachbearbeiter für die dem Heere zu unterstellenden Verbände der Luftwaffe (Aufkl.-Staffeln und Flak-Bataillone) in Gegenwart des damaligen OTL Heusinger vorzutragen hatte, ging es u.a. um die Aufklärungsaufträge für die genannten Staffeln H und F. Und dabei machte er darauf aufmerksam, daß es bei Aufträgen für die Erdaufklärung heißen müsse: ›... klärt im Gebiet ... auf‹, während es bei der Luftaufklärung ›im Raum ...‹ heißen müsse. Er unterschied auch zwischen den Worten ›schnell‹ und ›rasch‹. Entschlüsse z.B. würden rasch gefaßt, Taten aber schnell ausgeführt.«[38]

Auch die Schlußredaktion einer jeden Seite der »Truppenführung« hat sicher bei Beck gelegen. Becks Persönlichkeit und geschliffener Stil – »le style c'est l'homme« – werden am besten in seinen Begriffsdefinitionen transparent, so wenn er von der Kriegführung als einer »Kunst«

spricht, »als einer auf wissenschaftlicher Grundlage beruhenden, freien, schöpferischen Tätigkeit«. Zur geschichtlichen Wirkung dieser Vorschrift wurde Jahrzehnte später festgestellt: »Mit dem durch diese Vorschriften geschaffenen taktischen Rüstzeug ging die Wehrmacht in den Krieg ... Die Leistungen des deutschen Heeres im Felde haben Zeugnis abgelegt über den Wert seiner taktischen Führungsvorschriften ...«[39]

Umfang und Vielfalt der an der »Truppenführung« zu bewältigenden Arbeit machten geeignete Mitarbeiter verschiedener Waffengattungen erforderlich.[40] Becks wichtigster Gehilfe bei der Erarbeitung der Vorschrift, welche dann am 17. Oktober 1933 als »H.D.V.300/1« in Kraft gesetzt wurde, ist zweifellos Stülpnagel gewesen. Von Beck ist das auch anerkannt worden, denn wie der Sohn Joachim sich erinnert, befand sich »unter Vaters Büchern ... ein in Leder gebundenes Exemplar dieser Vorschrift mit Goldschnitt, welches er wohl als Anerkennung für seine Arbeit bekommen hat«. Als dann Joachim konfirmiert wurde, schickte Beck als Buchpräsent Werner Beumelburgs »Sperrfeuer um Deutschland« mit dessen als Zeitdokument bewegender Widmung an Hindenburg.

Über ihrer Arbeit an der »Truppenführung« stellten Beck und Stülpnagel fest, wie sehr sie in ihrer vom christlichen Elternhaus und humanistischen Gymnasium geprägten Denkart übereinstimmten. Zwischen dem Sohn des rheinhessischen Bildungsbürgertums Beck, der sich während seiner Soldatenlaufbahn zum Preußen wandelte, und Stülpnagel, der dem preußischen Militäradel entstammte, auf seinem geistigen Werdegang aber weitgehend ein Hesse wurde, entstand in Dresden jenes Männerbündnis, das seine letzte, ergreifende Bewährungsprobe am Abend des 20. Juli 1944 hatte. Da in diesen frühen dreißiger Jahren auch Hans Oster und Friedrich Olbricht militärische Dienststellungen in Dresden hatten, könnte man fast von einer »Dresdener Keimzelle« der späteren Militäropposition gegen Hitler sprechen. Hinweise, daß Stülpnagel damals schon mit Oster und

Olbricht näher bekannt geworden ist, fanden sich indes nicht.

Einen prominenten Angehörigen des Lehrpersonals der Schule muß Stülpnagel damals allerdings kennengelernt haben: den Schwaben Erwin Rommel. Als Taktiklehrer an der Infanterieschule hielt Rommel vielbeachtete Vorträge über die Kämpfe im Ersten Weltkrieg an der Alpenfront, für die er mit dem Pour le mérite ausgezeichnet worden war; später wurden diese Vorträge zu dem Buch »Infanterie greift an« zusammengefaßt. Man darf davon ausgehen, daß Stülpnagel und Rommel sich damals über der Auswertung infanteristischer Erfahrungen des Weltkrieges und deren Weitergabe an die jüngere Soldatengeneration näher kennengelernt haben.

Nach Abschluß seiner Mitarbeit an der »TF« konnte Stülpnagel sich ganz seinen Aufgaben als Inspektionschef an der Infanterieschule und Leiter eines der drei Fähnrichslehrgänge widmen. Junge Offiziere an der Schule erinnerten sich an den Inspektionschef v. Stülpnagel später wie folgt: »Er war ein ruhiger, sehr liebenswürdiger Mann, ein erfahrener, guter älterer Kamerad.«[41] Ein anderer: »Er wurde überall geschätzt und war ein besonders begabter Offizier.«[42]

Obwohl die politischen Leidenschaften auch in der Residenzstadt Dresden hoch gingen, ahnte wohl keiner der später zu höchsten Rängen aufsteigenden Offiziere der Infanterieschule, daß sie gerade 1932 ein deutsches Schicksalsjahr durchlebten. Die ihrem Höhepunkt zutreibende Wirtschafts- und Finanzkrise machte jetzt über sechs Millionen Deutsche arbeitslos. Reichskanzler Heinrich Brüning von der Zentrumspartei war eine der gewissenhaftesten und integersten politischen Persönlichkeiten dieser aufgewühlten Zeit. Der Not breiter Volksmassen konnte er jedoch nur mit dem Notverordnungsrecht des Reichspräsidenten gemäß § 48 der Verfassung begegnen. Die zwangsläufig unpopulären »Hungernotverordnungen« eröffneten langfristig wohl die Aussicht auf eine Bewältigung der Finanzkrise, waren jedoch dem agitatorischen Trommelfeuer der Feinde des Weimarer Staates, insbesondere der NSDAP, stark ausgesetzt.

Zu allem Unglück war im Winter 1931/32 auch eine Störung des Verhältnisses zwischen dem Reichswehrminister Groener und seinem Chef des Ministeramts, Generalleutnant Kurt v. Schleicher, eingetreten. »Seit der Ernennung von Heinrich Brüning zum Reichskanzler und der Bildung des Präsidialkabinetts 1930 hatte die Steuerung der Geschikke des Reiches mit ungewöhnlicher Ausschließlichkeit in der Hand einer Führungsgruppe von vier Persönlichkeiten, nämlich Hindenburg, Brüning, Groener und Schleicher, gelegen ... Erst im Winter 1931/32 traten Trübungen auf, zunächst zwischen dem Reichspräsidenten und dem Kanzler, dann in Gestalt der Zweifel von Schleicher an Brüning und schließlich als Störungen im Verhältnis von Hindenburg und Schleicher zu Groener. Die Ereignisse in den Monaten April und Mai 1932 signalisierten das Ende der Vierer-Aktionsgemeinschaft.«[43]

Mitte Mai 1932 mußte Generalleutnant a.D. Groener als Reichswehr- und Innenminister zurücktreten; sein Verbot der SA, der Sturmabteilungen der NSDAP, war auch von Teilen der Reichswehr stark kritisiert worden. Am 30. Mai 1932 wurde Reichskanzler Brüning gestürzt, nachdem seine Weigerung, die verschuldeten ostelbischen Grundbesitzer finanziell zu unterstützen, ihn dem Reichspräsidenten v. Hindenburg vollends entfremdet hatte. Jetzt wurde Hindenburgs engster Berater, der zum Reichswehrminister ernannte Kurt v. Schleicher, endgültig »Weimars letzte Chance gegen Hitler« (v. Plehwe). Schleicher besaß als Soldat außergewöhnliches politisches Denkvermögen und diplomatisches Geschick. Dem »Talleyrand des Generalstabs« (W. Görlitz) haftete aber die Schwäche an, daß er in der Reichswehr als truppenfremder Bürogeneral galt und man ihn darüber hinaus des Intrigantentums bezichtigte. Auch war ihm selbst bewußt, daß er im Kampf gegen den größten Demagogen der Neuzeit nur ein bescheidenes Rednertalent und geringe Ausstrahlung auf die Massen einzusetzen hatte. Auf der Suche nach einem Nachfolger für Brüning fand Schleicher den Kameraden aus seiner früheren Militärzeit, den Zentrumsabgeordneten Franz v. Papen. Die am 2. Juni 1932 mit der Arbeit beginnende Regierung Papen gelangte auf dem Felde der Außenpolitik zu einigen Erfolgen. Innenpolitisch jedoch versagte das »Kabinett der Barone« vollkommen gegenüber der sozialen Not und den aufgewühlten Leidenschaften. Am 2. Dezember 1932 trennte Hindenburg sich von seinem Liebling Papen und ernannte den Reichswehrminister Kurt v. Schleicher zum zwölften Reichskanzler der Weimarer Republik. Obwohl er zugleich der erste General auf diesem Posten war, nahm das Offizierkorps der Reichswehr »die Ernennung von Schleicher zum Reichskanzler ohne bemerkenswerte Kommentare auf. Vielleicht kann man sagen, daß die leichte Skepsis, mit der er dort immer schon wegen seiner engen Verstrickung in die Politik betrachtet wurde, sich nun noch um einige wenige Grade steigerte.«[44]

Der Beginn der Kanzlerschaft Schleichers fiel für Carl-Heinrich v. Stülpnagel zeitlich mit dem Abschied von Dresden zusammen; er wurde am 1. Dezember 1932 zum Oberst befördert und als Abteilungsleiter der Abteilung »Fremde Heere West« (T 3) des Truppenamtes nach Berlin versetzt. Wir dürfen davon ausgehen, daß damals auch er jener Mehrheit des Offizierkorps der Reichswehr angehörte, die nach dem Urteil seines Vetters Joachim in Schleicher »nicht den erwünschten Führer sah«.[45] Das weitere Schicksal des Reichskanzlers und Generals der Infanterie Kurt v. Schleicher, besonders aber dasjenige seines Mitarbeiters v. Bredow, wird für Stülpnagel aber schon bald von großer Bedeutung sein.

1 Vgl.: »Der Generalquartiermeister. Briefe und Tagebuchaufzeichnungen des Generalquartiermeisters des Heeres, General der Artillerie Eduard Wagner«, hg. von Elisabeth Wagner, München und Wien (1963), S. 22.
2 Hierüber insgesamt: Karl Dietrich Bracher: »Die deutsche Armee zwischen Republik und Diktatur. 1918–1945«, in: »Schicksalsfragen der Gegenwart«, Bd. III., S. 95–120, hrsg. vom Bundesminister der Verteidigung, Tübingen (1958).
3 Über diese Lagebesprechung siehe: Walter Görlitz: »Kleine Geschichte des deutschen Generalstabes«, a.a.O., S. 226–227.
4 Vizeadmiral a.D. Friedrich Ruge im Gespräch mit dem Verfasser am 2. Juni 1983 in Tübingen.
5 Inzwischen war 1919 ein zweiter Sohn, Walter, geboren worden.
6 Vgl. Rainer Wohlfeil: »Reichswehr und Republik 1918–1933«, in: »Deutsche Militärgeschichte 1648–1939«, Bd. 3, VI., S. 23. Hg. vom Militärgeschichtlichen Forschungsamt München (1983).
7 Vgl. Sigurd v. Ilsemann: »Der Kaiser in Holland. Aufzeichnungen aus den Jahren 1918–1941«, hg. von Harald v. Königswald, München (1971), S. 6.
8 Ibid.
9 Vgl. Carl Hans Hermann: »Deutsche Militärgeschichte. Eine Einführung«, a.a.O., S. 368.
10 Siehe auch Rainer Wohlfeil: »Reichswehr und Republik«, a.a.O., S. 96 sowie 178/179.
11 General der Infanterie a.D. Gerhard Matzky in einem Gespräch mit dem Verfasser am 7. Mai 1983 in Bonn-Mehlem.
12 Walter Görlitz: »Kleine Geschichte des deutschen Generalstabes«, a.a.O., S. 257/258.
13 Joachim v. Stülpnagel: »Ich denke gern zurück an El-

ternhaus, Kindheit und Jugendzeit«, unveröffentlichtes Maschinenmanuskript, ohne Ort und Jahr.

14 Generalmajor a. D. Helmut Kleikamp in einem Brief an den Verfasser vom 7. Oktober 1980.

15 Moritz von Faber du Faur: »Macht und Ohnmacht«, a.a.O., S. 137.

16 Golo Mann: »Deutsche Geschichte des 19. und 20. Jahrhunderts«, a.a.O., S. 729.

17 Joachim v. Stülpnagel: »75 Jahre meines Lebens«, unveröffentlichtes Manuskript, S. 227–228.

18 Carl-Hans Hermann: »Deutsche Militärgeschichte«, a.a.O., S. 371.

19 Ibid., S. 370.

20 Vgl. Rainer Wohlfeil: »Reichswehr und Republik«, a.a.O., S. 118.

21 Der 1. Ordonnanzoffizier Stülpnagels im Juli 1944 in Paris, Albrecht Krause, bestätigte, daß der General als Soldat durchaus demokratischen Vorstellungen gegenüber offen war (Gespräch in Bonn am 24. März 1984).

22 Der Heeresorganisationsabteilung (T2) gehörten damals auch die späteren Generalfeldmarschälle Wilhelm Keitel und Hugo Sperrle an.

23 Joachim v. Stülpnagel: »Ich denke gern zurück . . .«, a.a.O., S. 11.

24 Ibid., S. 23.

25 Rainer Wohlfeil: »Reichswehr und Republik«, a.a.O., S. 317/318.

26 Joachim v. Stülpnagel: »Ich denke gern zurück . . .«, a.a.O.

27 Siehe Kurt Schober: »Theodor Fontane. In Freiheit dienen«, Herford (1980).

28 Joachim v. Stülpnagel: »Ich denke gern zurück . . .«, a.a.O., S. 28.

29 Schriftliche Mitteilung des finnischen Kriegsarchivs in Helsinki an Herrn Joachim v. Stülpnagel vom 19. Juli 1982.

30 Ibid.

31 Sebastian Haffner: »Anmerkungen zu Hitler«, München (1978).

32 Ibid., S. 26.

33 Golo Mann: »Deutsche Geschichte des 19. und 20. Jahrhunderts«, a.a.O., S. 733.

34 Oberst a.D. Walther Schroeder, Lübeck, in einem Brief an den Verfasser vom 22. November 1980.

35 Ibid.

36 Joachim v. Stülpnagel: »Ich denke gern zurück ...«, a.a.O., S. 44/45.

37 Vgl. Wolfgang Förster: »Ein General kämpft gegen den Krieg. Aus den nachgelassenen Papieren des Generalstabschefs Ludwig Beck«, München (1949), S. 16.

38 Generalleutnant Bw a.D. Heinz Gaedcke in einem Brief an den Verfasser vom 20. Januar 1983.

39 Werner v. Scheven: »Die Truppenführung. Zur Geschichte ihrer Vorschrift und zur Entwicklung ihrer Struktur von 1933 bis 1962«, Führungsakademie der Bundeswehr, Hamburg (1969), S. 7.

40 General der Infanterie a.D. Theodor Busse war Bearbeiter des Teils »Truppenversorgung«. - Schriftliche Mitteilung an den Verfasser vom 24. Juni 1981.

41 Generalmajor a.D. Hellmuth Reinhardt in einem Gespräch mit dem Verfasser am 21. April 1980 in Bad Boll.

42 General der Infanterie a.D. Otto-Maximilian Hitzfeld in einem Brief an den Verfasser am 17. März 1981.

43 Friedrich-Karl v. Plehwe: »Reichskanzler Kurt v. Schleicher. Weimars letzte Chance gegen Hitler«, Esslingen (1983), S. 176.

44 Ibid., S. 249.

45 Joachim v. Stülpnagel: »75 Jahre meines Lebens«, a.a.O., S. 306.

III. Im »Neuen Staat« (1933-1939)

»Die größten Veränderungen der Welt sind von Halbwahnsinnigen bewirkt worden.«
Johann Gottfried Herder

Abteilungsleiter »Fremde Heere«

Das Heerespersonalamt der Reichswehr hatte bei der Neubesetzung der Abteilung T3 »Fremde Heere« im Truppenamt zum Jahreswechsel 1932/33 eine glückliche Hand. Das Studium der »fremden Heere« wird ja nur ertragreich, wenn es mit der Fähigkeit betrieben werden kann, die betreffenden Völker in ihrer Ganzheit, in ihren nationalen Eigenarten, den geistigen und seelischen Ressourcen zu erfassen. Zweifellos war Oberst Carl-Heinrich v. Stülpnagel wegen seiner weiten Interessen, guten Sprachkenntnisse und Anlagen zu philosophischer Geschichtsbetrachtung, verbunden mit der Gabe, in die Gedankenwelt anderer Völker tief einzudringen, für diese Aufgabe der geeignete Mann. Mit der Sprache und Kultur Frankreichs war er von Jugend auf vertraut; England und Schottland hatte er als junger Offizier mit wachen Augen bereist; die Kommandierung zur Armee Finnlands hatte er genutzt, den europäischen Osten insgesamt ins Auge zu fassen, insbesondere jenes gewaltige Land, welches ihn seit langem besonders interessierte: Sowjetrußland.

Der Dezember 1932 und der Januar 1933 waren ausgefüllt mit der Einarbeitung in die neuen Aufgaben und Wohnungssuche. Bei letzterer hatte er das Glück, im Villenvorort Schlachtensee, Adalbertstraße 27, eine schöne Wohnung in einem Zweifamilienhaus zu finden; die Familie verblieb den Winter über in Dresden und zog erst Ostern 1933 nach Berlin-Schlachtensee um. In der Nähe wohnten Kapitän Patzig, als Chef der Abwehrabteilung Vorgänger von Canaris, Oberstleutnant Guderian, der spätere Schöpfer der deutschen Panzerwaffe, und Hjalmar Schacht, bald Finanzexperte des »Dritten Reiches«.

Daß Oberst v. Stülpnagel damals sich in Hitlers »Weltanschauung« vertieft und sie sich zu eigen gemacht hat, ist unwahrscheinlich. Der Wesensunterschied zwischen seiner geistigen Welt und der des Diktators war viel zu groß. Hitler war ein *terrible simplificateur* und lebte von wenigen, ziemlich trivialen Ideen. Golo Mann hat Hitlers naturalistische Auffassung von der Menschheits- und Völkergeschichte treffend beschrieben: »Leben ist Krieg. Krieg ist immer; nur seine Formen wechseln. So wie ein Raubtier auf Kosten anderer Tiere, so lebt ein Volk auf Kosten anderer Völker. Was es genießen will, muß es anderen wegnehmen. Um in Sicherheit zu genießen, muß es seine Nachbarn entweder ausrotten oder, wenigstens, zu dauernder Ohnmacht zwingen. Mitleid, Nächstenliebe, Wahrheitsliebe, Vertragstreue, alle die christlichen Tugenden sind Erfindungen der Feigen und Schwachen. Die Natur kennt sie nicht.«[1] Im Unterschied hierzu sah Stülpnagel die Existenz der Menschen und Völker nicht von den Gesetzen der Wildbahn, sondern durch ein göttliches Ordnungsprinzip gelenkt. So bleiben kaum größere Gegensätze denkbar als die zwischen dem Weltbild des dämonisch Besessenen, der sich zum »Führer« eines alten, großen Volkes aufschwang, und der durch Antike, Christentum und Humanismus geprägten Denkart dieses philosophisch veranlagten Soldaten. Und es konnte nur eine Frage der Zeit sein, bis dieser Soldat die wahre Natur seines »Führers« erkannte und daraus Konsequenzen zog.

Zunächst zeigte Hitler ein bürgerliches Gesicht und bei seinen Auftritten noch Gehrock und Zylinder. Der militärischen Gewalt, personifiziert im Offizierkorps der Reichswehr, begegnete er höflich und mit dem Respekt des Gefreiten gegenüber seinen einstigen Vorgesetzten. Sein bei verschiedenen Anlässen mündlich vorgetragenes Wehrprogramm konnte 1933 allen deutschen Soldaten gefallen. Bei Hitlers Ansprachen klangen die irrationalen Töne nur unterschwellig an, das Buch »Mein Kampf« aber hatte kaum einer der deutschen Offiziere eingehender oder überhaupt gelesen - auch Stülpnagel nicht, der ein Liebhaber guter deutscher Prosa war und dem Hitlers schlechter Schreibstil nach wenigen Seiten unerträglich werden mußte. Wie bei anderen brennenden Zeitfragen, vor allem der Behebung der Arbeitslosigkeit und der Wiederbelebung der Wirtschaft, konnte Hitler auch bezüglich des deutschen Anspruchs auf Rüstungsgleichheit und Wehrbereitschaft auf der von der Republik geleisteten Arbeit aufbauen. Neu war die unerhörte Energie, mit welcher er die Probleme anpackte, und neu war auch das Raffinement, mit welchem der »neue Staat« das Sehnen breiter Volksschichten nach nationaler Größe und Selbstdarstellung befriedigte.

Wie der Abteilungsleiter »Fremde Heere« im Reichswehrministerium nach dem 30. Januar 1933 die Stationen der Umwandlung des Weimarer Staates zum Einparteienstaat erlebt hat und wie er darüber dachte, ist im einzelnen nicht mehr ersichtlich. Am 27. Februar brannte das Reichstagsgebäude, was den Kommunisten in die Schuhe geschoben und zu deren Ausschaltung aus dem politischen Leben genutzt wurde.[2] Am 5. März kam die Koalition aus Nationalsozialisten und Deutschnationalen bei den letzten freien Reichstagswahlen auf 52 Prozent der Stimmen. Am 21. März beging das Regime den »Tag von Potsdam«; über der Gruft Friedrichs des Großen in der Garnisonkirche wurde das Erbe Preußens dem neuen Machthaber übergeben, symbolträchtig dargestellt durch den Handschlag Hindenburgs mit Hitler. Drei Tage später, am 24. März, fand eine bürgerliche Zweidrittelmehrheit sich bereit, dem entscheidenden Ermächtigungsgesetz zuzustimmen, das dem neuen Reichskanzler auf vier Jahre eine Blankovollmacht zum Regieren ohne alle Kontrolle durch Verfassung und Parlament ausstellte.[3] Nun ging Hitler daran, sein in »Mein Kampf« festgelegtes Rassendogma fanatisch durchzusetzen. Die arische Rasse, deren Kern er im deutschen Volk sah, war für ihn die »Herrenrasse« schlechthin, wobei ihm die Grenzen zwischen Rasse und Nation völlig im Willkürlichen verflossen. Von allen Grundideen Hitlers war die Rassenlehre die primitivste und zugleich verhängnisvollste. Im Endergebnis hat sie dazu geführt, daß der NS-Staat sich in einer politischen Wahnwelt bewegte.

Im Unterschied zu seinem Kameraden v. Reichenau, der als Chef des Ministeramtes unter dem anpassungseifrigen Reichswehrminister v. Blomberg sich mit dem sogenannten »Arierparagraphen« zu befassen hatte, wurde Stülpnagel als Abteilungsleiter »Fremde Heere« dienstlich davon nicht berührt. Es ist aber überliefert, daß er mit Hitlers Rassenlehre und ihrer letzten Steigerung, dem Antisemitismus, keineswegs einverstanden war – dafür kannte er die gewaltigen Leistungen, welche von deutschen Juden, vor allem in den Naturwissenschaften, erbracht worden waren, viel zu gut. Der Sohn Joachim berichtet aus seinen Jugenderinnerungen 1933/34 in Berlin-Schlachtensee: »Eines Tages wurde unser ›Lindenplatz‹ in ›Theodor-Fritsch-Platz‹ umbenannt, und mit größter Mißbilligung betrachtete Vater das hier neu errichtete Denkmal für Theodor Fritsch[4] ... Besonders empört war er darüber, daß in den Sockel ein Lindwurm mit Judengesicht eingemeißelt war.«[5]

Auf Stülpnagels dienstlichen Bereich, die Abteilung »Fremde Heere«, haben Hitlers Darlegungen zur Außenpolitik zunächst nicht beunruhigend gewirkt. Die gefährliche Leitidee von der Notwendigkeit der Gewinnung des »Lebensraumes im Osten« hätte allerdings aus »Mein Kampf« bekannt sein können. In einer Besprechung mit Generalen und Admiralen am 3. Februar 1933 in der Wohnung des Chefs der Heeresleitung, General v. Hammerstein-Equord, hatte Hitler seine Lebensraum-Politik erörtert, aber wichtiger war allen Teilnehmern die Zusicherung, daß er nicht daran denke, SA und Reichswehr zu fusionieren. Wie sehr auch die außenpolitischen Fragen – Revision von Versailles, Abrüstungsverhandlungen usw. – das Offizierkorps der Reichswehr beschäftigten: noch mehr taten es die innenpolitischen Probleme, vor allem das Gespenst einer riesigen Volksmiliz unter dem einstigen Hauptmann Ernst Röhm und der von ihm propagierten »permanenten Revolution«. Damit einher ging eine tief verwurzelte Furcht vor dem Bürgerkrieg, die unterschwellig bis zu jenem Ereignis des Frühsommer 1934 anhielt, das die Gefahr eines Bürgerkrieges zwar bannte, gleichzeitig aber das deutsche Heer vollends in die Gewalt Hitlers brachte: die sogenannte »Röhm-Affäre«. Sie war das Schlüsselerlebnis, das Stülpnagels innere Einstellung zum »neuen Staat« entscheidend veränderte.

Außerhalb der Reichswehr war die Machtkonzentration in der Hand Hitlers mit rüder Gewalt durchgeführt worden und hatte die geordnete Arbeit der staatlichen Behörden gefährdet. Die Reichswehr allein hatte sich bisher dieser Entwicklung entzogen. Das Bestreben des SA-Stabschefs Röhm ging nun dahin, auch den »grauen Fels«, die Reichswehr, gefügig zu machen, in die SA einzugliedern und die soziale Revolution fortzuführen. Im Frühsommer 1934 hatte die Spannung zwischen SA und Reichswehr einen gefährlichen Grad erreicht. Golo Mann schreibt: »Die Reichswehr konnte noch immer ungemütlich werden, wenn man ihre eigensten Interessen und Traditionen gefährdete. Sie konnte das um so mehr, als das Staatsoberhaupt ihr noch immer befreundet war: Präsident von Hindenburg, ein dem Grabe entgegenwankender, geistesgetrübter, vereinsamter Mann, ein stark verminderter Mythos, aber doch der Inhaber der höchsten Autorität und für Millionen von Deutschen ein geheiligter Name.«[6] Hitler erkannte intuitiv die drohende Gefahr, bei einer Auseinandersetzung zwischen der von Röhm angestrebten »zweiten Revolution« und den »reaktionären Kräften«, deren Schild die Reichswehr war, seine Machtstellung einzubüßen. Er reagierte mit einer Blitzaktion, die an Schnelligkeit und Skrupellosigkeit mit seinen späteren großen Überrumpelungsaktionen vergleichbar ist. Von einer Besichtigung des Reichsarbeitsdienstes in Westfalen kommend, landete er am 30. Juni 1934 um vier Uhr morgens in München. Dem Adjutanten des Generals Wilhelm Adam gab er den Auftrag: »Melden Sie Ihrem Befehlshaber, daß ich jetzt nach Wiessee fahre und Röhm mit eigener Hand erschieße.« Die Ermordung des SA-Stabschefs führte er dann allerdings nicht selbst aus, sondern übertrug sie seinem Schergen Theodor Eicke.

Der Befehlshaber im Wehrkreis VII, der knorrige Bayer Wilhelm Adam, war zu keiner Zeit der suggestiven Kraft Hitlers erlegen. Als in den nächsten vierundzwanzig Stunden die Mordwelle über Bayern rollte, hätte Adam nur eines Signals aus Berlin bedurft. Aber: »Berlin hüllte sich den ganzen Tag in Schweigen, wir erhielten keinerlei Direktiven.«[7] Trotzdem dachte der Reichswehr-Befehlshaber in der »Hauptstadt der Bewegung« am 1. Juli an Gegenmaßnahmen, die Hitler hätten gefährlich werden können. Adam berichtet: »Was konnten wir gegen die anscheinend irrsinnig gewordene Mordbande, die für uns nirgends faßbar war, tun? Ich beschloß, die SS-Kaserne in Dachau zu besetzen und alle dort befindlichen SS-Leute festzunehmen. Da kam, kurz bevor die Befehle ausgegeben wurden, aus Berlin und gleich danach von München die Nachricht, daß es sich bei all dem, was in München geschähe, um eine Aktion des Staates gegen Staatsfeinde handelte. Was wäre wohl geschehen, wenn diese Nachricht uns eine Stunde später erreicht hätte und die Aktion gegen die SS in Dachau, von unseren Truppen begeistert aufgenommen, inzwischen in Gang gekommen wäre?«[8]

Neben München war Berlin der Hauptort der Mordaktion. Hier verfuhren Göring und Himmler nach einer »Reichsliste«, die mit Hitler abgestimmt war und von der vermutlich auch Blomberg Kenntnis hatte. Hier fielen am 30. Juni und 1. Juli 1934 auch der Reichskanzler und General a.D. Kurt v. Schleicher mit Ehefrau sowie sein früherer Mitarbeiter, Generalmajor Ferdinand v. Bredow, unter den Kugeln der Mordkommandos. Die von Hitler dann am 1. Juli vor dem Reichstag versuchte Rechtfertigung, wonach Schleicher mit Röhm konspiriert und Bredow in Paris für das neue Regiment Röhm/Schleicher den außenpolitischen Boden habe bereiten wollen, war haltlos und hätte als Lüge erkannt werden können. Daß die militärische wie die politische Führung der Reichswehr sich damit zufriedengab, Blomberg sogar vor den Befehlshabern am 5. Juli sich zum Anwalt der Notwendigkeit des Meuchelmordes machte, war die Kapitulation der bewaffneten Macht vor dem Diktator. Dazu noch einmal die »Erinnerungen« des Generals Adam: »Ich habe es stets als die größte Schande empfunden, daß die Wehrmacht die Ermordung ihres ehemaligen Ministers ohne weiteres hinnahm. Man erzählte sich, und ich glaube es, Blomberg und Fritsch seien in der fraglichen Zeit zwei Tage nicht zu sehen gewesen. Die Herrschaften, ähnlich wie Blomberg beim Reichstagsbrand, hatten sich unsichtbar gemacht, das beste Rezept, wenn es gilt, einen mutigen Entschluß zu fassen und eine Verantwortung zu übernehmen ... Ich habe den Röhmputsch so ausführlich geschildert, weil er tatsächlich einen Markstein in der unheilvollen Entwicklung unseres Schicksals darstellt ... Man hatte einem Satan bestätigt, daß er sich alles, aber auch alles erlauben dürfe. Und wir Offiziere mußten sehen, wie der höchste Offizier der Wehrmacht, Blomberg, diesem Satan jeden Vorschub leistete und sich vor Ergebenheit und Servilität überschlug.«[9]

Die Morde des 30. Juni und 1. Juli 1934 markieren einen Wendepunkt in Stülpnagels innerer Biographie. Insbesondere die Ermordung seines Vorgängers als Bataillonskommandeur in Neuruppin, Ferdinand v. Bredow, berührte ihn tief. Der einstige Chef der Abwehrabteilung und spätere Chef des Ministeramtes unter Schleicher entstammte wie Stülpnagel dem märkischen Adel. Der als frankophil geltende Generalmajor a.D. war auf einer privaten Reise nach Paris an der Grenze aus dem Zug geholt und am 1. Juli erschossen worden.

Stülpnagels Sohn Joachim erinnert sich an die Vorgänge jener Tage so: »Als ich am Nachmittag des 30. Juni 1934 von unserer Schlachtenseer Wohnung mit dem Fahrrad zum Reiten fuhr, bemerkte ich vor einer Villa eine große Blutlache. Ich erzählte das alsbald meinen Kameraden und erfuhr, daß in dem Hause ein Systemgegner gewohnt habe, der am Vormittag von der SS erschossen worden sei. Man habe dann seine Leiche auf die Straße geschleppt und mit einem LKW weggebracht. Beim Abendbrot berichtete ich meinen Eltern von diesem Erlebnis und sehe noch jetzt ihre entsetzten Gesichter. Ähnlich betroffene Gesichter machten die Eltern auch am nächsten Tag, wiederum beim Abendbrot, als ich davon erzählte, daß unser Französischlehrer Dr. Müller-Albrecht uns im Unterricht erzählt habe, wie er aus dem Fenster seiner in Lichterfelde neben der Kaserne der ›SS-Leibstandarte Adolf Hitler‹ gelegenen Wohnung gesehen habe, wie in den ganz frühen Morgenstunden des 30. Juni mehrere LKWs mit lautem Motorenlärm in die Kaserne einfuhren. Dann flammten Scheinwerfer auf, und es fielen Schußsalven. Der Abendzeitung habe er dann entnommen, daß in der SS-Kaserne Beteiligte am Röhmputsch erschossen worden seien.«[10]

Diese außerhalb jeder Rechtsordnung vorgenommenen Morde führten dazu, daß Stülpnagel ein immer kritischerer Beobachter Hitlers, seiner Auftritte und Handlungen wurde. Frau Helene v. Stülpnagel schreibt in ihren Notizen: »Die allerersten Anfänge des Nationalsozialismus hat mein Mann begrüßt, weil die straffe, militärische Disziplin und manche gute Einrichtung ihn sympathisch berührten. Aber schon nach ein bis zwei Jahren merkte er, wohin der Kurs ging. Von da an wurde er der ganzen Bewegung abhold und immer mehr Hitlers Feind.«

Wenige Wochen später starb auf seinem Gut Neudeck in Ostpreußen der siebenundachtzigjährige Reichspräsident v. Hindenburg. Schon am 2. und 3. August 1934 wurde die Reichswehr auf Hitler vereidigt. Die Vereidigung der Garnison München nahm am 3. August der Befehlshaber des

Wehrkreises VII auf dem Königsplatz vor. Über die allgemeine und seine persönliche Stimmung an diesem Tag berichtet General Adam: »Etwas Neues stieg herauf. Von der Menge auf dem Königsplatz hoffte wohl der größte Teil gläubig auf die Zukunft und auf den Mann, der, schon anderthalb Jahre die Macht ausübend, nunmehr auch äußerlich an die Spitze des Reiches getreten war. Ich selbst gehörte, auch in dieser feierlichen Stunde, nicht zu jenen Gläubigen. Zu tief hatte ich in eine dunkle Seele geblickt, zu sehr waren mir die Inkongruenzen seines Regimes bewußt geworden.«[11] Wie Adam hatte auch der Abteilungsleiter »Fremde Heere« in Berlin nun einen Blick in die »dunkle Seele« des neuen Staatsoberhauptes geworfen.

TA Berlin
+Beck

Zusammen mit drei anderen Abteilungen unterstand die T3 »Fremde Heere« dem Chef des Truppenamtes. Nachfolger Adams auf diesem Dienstposten war am 1. Oktober 1933 Generalleutnant Ludwig Beck geworden. Nach der gemeinsamen Erarbeitung der »Truppenführung« in Dresden begann nun die zweite Phase der Zusammenarbeit Stülpnagels mit Beck, dem er sich geistig und wesensmäßig verwandt fühlte. Friedrich Hoßbach, von 1934 bis 1938 Adjutant der Wehrmacht bei Hitler und Beck stets treu ergeben, beschrieb ihn so: »Vornehm und gütig in der Sinnesart, bescheiden im äußeren Auftreten und in seiner Haltung, von vollendeten weltmännischen Formen im Verkehr mit jedermann, wohl der klügste und bestgeschulte Kopf des Heeres, von ungeheurer Arbeitskraft, genau im Einzelnen, großzügig im Großen, sorgsam im Wägen. Unvoreingenommen gegenüber Menschen und Dingen schätzte er aufrechte Berater, erkannte er abweichende und gegenteilige Auffassungen an und besaß die Klugheit des Zuhörens in der Vollendung. Große Selbstbeherrschung und ständige Selbstzucht bewahrten ihn vor übereilten Urteilen und Entschlüssen. Einen Krieg unter Hitler hätte er nicht zu führen vermocht; seine Auffassung über Notwendigkeit und Wesen des Krieges war der des Diktators diametral entgegengesetzt.«[12]

Zu den »aufrechten Beratern«, die Beck schätzte, gehörte Stülpnagel damals schon in besonderer Weise. Sein Fachgebiet »Fremde Heere« war Teil der Militär- wie der Außenpolitik; es waren Gebiete, denen Beck als Chef des Truppenamtes, noch mehr aber ab 1. Juli 1935 als Chef des Generalstabes große Aufmerksamkeit widmete. Vielleicht mehr als Beck hat Stülpnagel in den Jahren 1934 bis 1936 den außenpolitischen Dilettantismus Hitlers erkannt und ihm nach Möglichkeit entgegengewirkt. Der erste Satz eines außenpolitischen Lageberichtes als Chef T3 vom 7. November 1934 ist vielsagend: »Die Haltung Ungarns erscheint ziemlich unverständlich. Es macht den gleichen Fehler wie früher Deutschland, d.h. es stellt allen Nachbarn gegenüber Forderungen, ohne sich erreichbare Ziele zu stecken.«[13] Über Hitlers Außenpolitik urteilte später Hoßbach: »Hitler wollte das Ausland nur mit seinen durch die Parteibrille getrübten Augen sehen und beurteilt wissen. Urheber hiervon abweichender Ansichten verfolgte er mit der Einseitigkeit seiner Leidenschaften ... Hitler dachte eben im Grunde nicht außen-, sondern innenpolitisch.«[14]

Wirklichkeitsferne Vorstellungen hatte Hitler schon damals auch in bezug auf Jugoslawien. Trotz der Berichte des inzwischen mit Hilfe Stülpnagels zum Belgrader Militärattaché avancierten Faber du Faur »träumte unsere Regierung etwas von den besten Soldaten des Balkans«.[15] Durch nüchterne Berichterstattung war der deutsche Militärattaché offenbar bestimmten jugoslawischen Kreisen unbequem geworden, so daß sie ihn loswerden wollten. Hierüber Faber du Faur: »Man bediente sich dazu, nicht gerade sehr fein, anonymer Briefe an Blomberg. Stülpnagel unterschlug sie, denn Blomberg hätte mich bestimmt fallen lassen.«[16] Auch für einen anderen Jahrgangskameraden, den Militärattaché in London, Geyr v. Schweppenburg, war Stülpnagel damals der geistesverwandte »Freund« und Repräsentant der Friedensfront im deutschen Generalstab.[17] In Stülpnagels »Notizen zur augenblicklichen militärpolitischen Lage« vom 11. April 1935, die von Beck mit handschriftlichen Bemerkungen versehen wurden, wird dies noch einmal besonders deutlich. Stülpnagel schreibt darin unter anderem: »Ein bewaffneter Konflikt in absehbarer Zeit findet Deutschland in einer Lage, die um vieles ungünstiger ist als 1914 ... Die militärischen Folgerungen ergeben sich von selbst: a) wenn irgendmöglich jeden Konflikt vermeiden, keine Provokationen, vor allem nicht in Österreich und in der entmilitarisierten Zone b) das Verhältnis zu Italien zu bessern suchen, überhaupt jeder Einkreisung vorbeugen, selbst unter Opfern.«[18]

Hitler schlug alle Warnungen in den Wind. Obwohl das deutsche Heer einem Krieg noch keineswegs gewachsen war, kündigte er am 7. März 1936 überraschend die Locarno-Verträge und wagte mit schwachen Truppenteilen die schlagartige Wiederbesetzung des entmilitarisierten Rheinlandes. Ein Brief Stülpnagels an Geyr, vermutlich noch am gleichen Tage geschrieben, gibt Einblick in den Führungsstil Hitlers gegenüber seinen militärischen Fachleuten und in die Sorgen des Chefs der Dritten Abteilung:

> »Ich ahnte natürlich nichts von dem, was geschehen ist, bis ich in allerletzter Minute unterrichtet wurde; aber ich fühlte seit Wochen, daß etwas in der Luft läge, was wir Soldaten nicht erfahren sollten. Ich sehe die Lage als sehr ernst an. Meine Hoffnung geht nun dahin, daß es gelingt, Verhandlungen in die Wege zu leiten, die sich in die Länge ziehen lassen, bis die Gemüter sich beruhigen. Ist es nicht möglich, so hoffe ich, daß es nur zu entsprechenden Sanktionen kommt.«[19]
>
> Und am 21. März 1936 teilte er Geyr mit: »Hier war natürlich viel Unerfreuliches zu spüren. Alles scheiterte immer an Blomberg, der hilflos treibt.«[20]

Wie einige Jahre später im größeren Bereich, stand Carl-Heinrich v. Stülpnagel bereits als Chef T3 »Fremde Heere« in den Jahren 1934–36 im Kampf mit dem Irrationalismus Hitlers. Aber wie schwer dieser Kampf noch werden würde, war noch nicht vorstellbar, als er im Herbst 1936 Berlin wieder verließ, um Divisionskommandeur in Lübeck zu werden.

Kommandeur der 30. Infanteriedivision in Lübeck

Die Aufstellung der schleswig-holsteinischen 30. Infanteriedivision ab Herbst 1936 im Zuge der Heeresvermehrung war für Stülpnagel nach mehrjähriger Stabstätigkeit wieder eine lohnende Aufgabe in der Truppe. Der Divisionsstab lag in der Kaserne der Nachrichtenabteilung 30 im Stadtteil Marly. Garnisonen der Division waren Eutin, Flensburg, Schleswig, Neumünster, Rendsburg, Heide und Ratzeburg. Wie bei jeder Neuaufstellung stand zunächst die Organisation und dann die Formung des Offizier- und Unteroffizierkorps im Vordergrund. In der Divisionsgeschichte wurde Stülpnagels Wirken wie folgt gewürdigt: »Als erster Kommandeur der Division wurde er, der feinsinnig-philosophische, menschlich fast zarte, stets überlegen und lehrhaft, doch niemals schulmeisterlich wirkende Kommandeur zum Bildner und Former des Offizierkorps der Division. Er schuf den Grundstein nach dem Motto des großen Königs: ›Wie die Offiziere, so die Armee.‹«[21]

Die Division wurde dann eine im ganzen Krieg hochbewährte Truppe, die sich im Polenfeldzug vor allem an der Bzura, im Westfeldzug bei der Erzwingung der Übergänge über die Schelde, Lys und Yser und dann wieder im Osten in den Abwehrkämpfen der 16. Armee im Nordabschnitt auszeichnete und mehrfach im Wehrmachtsbericht erwähnt wurde. Unter ihren Kriegskommandeuren war auch General v. Tippelskirch, mit Stülpnagel aus der Abteilung »Fremde Heere« vertraut und später Verfasser eines Standardwerkes über den Zweiten Weltkrieg. Im November 1936 zog die Familie v. Stülpnagel nach Lübeck. Sohn Joachim hierüber: »Die Lübecker Wohnung war das erste Einfamilienhaus, das die Eltern bewohnten. Bisher haben wir immer in Etagen gewohnt. Wahrscheinlich hätten andere Divisionskommandeure sich nicht mit einem so relativ bescheidenen Hause, wie es die Herderstraße 16 darstellte, begnügt, und hätten weit größere Ansprüche an Komfort und Repräsentation gestellt. Aber wir fünf fanden das neue Haus sehr schön und geräumig.«[22]

Aus der Stadt Heinrichs des Löwen schrieb der neuernannte Divisionskommandeur Generalmajor v. Stülpnagel am 30. Dezember 1936 einen handschriftlichen, vierseitigen Brief an den Chef des Generalstabs in Berlin. Seine Verbundenheit und wesensmäßige Übereinstimmung mit Ludwig Beck kommen darin ebenso zum Ausdruck wie die Unzufriedenheit über die hektische Aufrüstung und die wachsende Sorge über die auswärtige Politik der neuen Staatsführung:

»Hochzuverehrender Herr General!
Am Abschluß des Jahres, in dem ich meine Tätigkeit im Generalstab beendet habe, möchte ich Euer Hochwohlgeboren noch einmal meinen alleraufrichtigsten Dank aussprechen für das Wohlwollen, welches Herr General mir so viele Jahre hindurch erwiesen haben ... Was mich betrifft, so kann ich nur sagen, daß die neue Tätigkeit mir die größte Befriedigung gibt. Überall herrscht ein so guter Wille und ein solcher Fleiß, daß die großen Lücken im Können in einigen Jahren sicher ausgeglichen sind. Der Ersatz ist bestimmt nicht wesentlich schlechter als in der Vorkriegszeit, an Willigkeit besser. Wo die Sorgen des Aufbaues liegen, ist mehr auf dem kriegswirtschaftlichen Gebiet ... Viele andere Unzuträglichkeiten haben wir uns unnötig geschaffen. So ausgezeichnet z.B. die neuen Ausbildungsvorschriften der Waffen sind, wäre es nach meiner Überzeugung besser gewesen, in den Jahren des organisatorischen Aufbaus ruhig noch mit den alten Vorschriften weiter zu arbeiten, dann erst einheitlich sie neu herauszugeben. So ist das Durcheinander ziemlich groß - aber tragisch braucht man es nicht zu nehmen. Ich erwähne es

nur, weil es mir ein Ausfluß von Nervosität erscheint, unter der wir ganz allgemein kranken. Nichts kann rasch genug erfolgen. Dabei ist ein ruhiges Tempo heute das Entscheidende, wenn wir für die Dauer etwas schaffen wollen.

Dieses Übel scheint mir auch in unserer auswärtigen Politik vorhanden. So viele große Erfolge werden wieder eingeschränkt durch das Maß von Mißtrauen, Angst und Haß, das wir erwecken. Ich kann ehrlich sagen, daß ich froh bin, kein Referat darüber mehr erstatten zu brauchen und dauernd als unnötiger Warner und Schwarzseher Ärgernis zu erregen. Neugierig bin ich nur, ob mein Nachfolger nicht auch schon sich Gedanken macht über das Durcheinander, das er vorzutragen hat. *Nun können wir wohl noch eine ganze Weile die Welt in Unruhe erhalten, aber ein Mal hat diese genug und ruft uns zur Ordnung. Diese Ansicht habe ich mir nun einmal gebildet.* Sehr interessant ist mir in diesem Zusammenhang, daß auch bei führenden Leuten der Partei, wenn man vorsichtig verfährt, die Erkenntnis zu dämmern beginnt, daß nicht alles zum Besten steht, und sie dieses neuerdings auch äußern. Sie schielen immer mehr zu uns.

Ich gäbe etwas darum, wenn ich heute schon wüßte, welche Gedanken mich am Abschluß des kommenden Jahres erfüllen werden. So hübsch unsere Häuslichkeit hier geworden ist, und so erfreut ich bin, daß es meiner Frau hier gut gefällt und sie sich auch – für ihre Verhältnisse – körperlich wohl fühlt, so werde ich persönlich manche Sorge nicht los ...«[23]

Noch vor jener Besprechung Hitlers am 5. November 1937 mit Reichskriegsminister v. Blomberg, Reichsaußenminister v. Neurath und den Oberbefehlshabern der drei Wehrmachtteile Göring, Raeder und Frhr. v. Fritsch in der Reichskanzlei schrieb der Divisionskommandeur in Lübeck einen weiteren Brief an den Chef des Generalstabs am Tirpitzufer in Berlin. Vordergründig war die nunmehr einjährige dienstliche Abwesenheit aus der Reichshauptstadt der Anlaß dieses zweiten Briefes an Beck vom 24. Oktober 1937. Dahinter stand aber spürbar das Bedürfnis, mit seinem alten Chef in Gedankenaustausch zu bleiben und ihm seine Erkenntnisse des Jahres 1937, insbesondere über die Entwicklungstendenzen des Generalstabsdienstes, mitzuteilen. Stülpnagel schreibt unter anderem:

»Hochzuverehrender Herr General!
In diesen Tagen mußte ich mir klarmachen, daß ein volles Jahr seit meiner Versetzung vergangen ist; es ist im Eiltempo dahingegangen und hat viele neue Eindrücke gebracht, aber die Erinnerung an die langjährige Tätigkeit in der 3. Abtlg. haftet doch noch sehr frisch. Ich habe sie seinerzeit ohne besondere Begeisterung angetreten; je mehr ich mich in sie vertiefte, um so mehr erkenne ich, daß es im Grunde gleich ist, ob man die großen militärischen Fragen vom Gesichtspunkt des eigenen Heeres oder von fremden Heeren ausgehend betrachtet. So zehre ich noch heute und für lange Zeit von den damaligen Erfahrungen.
Das hinter mir liegende Jahr hat mir eigentlich weniger Überraschungen und neue Beobachtungen gebracht, als ich erwartet hatte. Das neue Heer entspricht doch in den meisten Dingen dem alten, mit seinen Vorzügen und Eigentümlichkeiten. Es entspricht vor allem dem alten Heer in der Güte des Soldaten - nur muß er heute geschickter angefaßt werden als früher; es entspricht auch in der Pflichttreue der Offiziere wieder den alten Ansprüchen. Das Können ist naturgemäß geringer, wird sich aber schon einstellen. Nicht ganz werden wir die Haltung des Offiziers erreichen; das ist eine traurige, aber unabweisbare Tatsache.
Bei den höheren Stellen fehlt oft eine gewisse, natürlich richtig gehandhabte Großzügigkeit, so daß mir allgemein gesprochen die Selbsttätigkeit in der Führung nicht auf der nötigen Höhe erscheint. Vielfach ohne Grund Ängst-

lichkeit. Hier sehe ich eine Schwäche, die zu denken gibt. Bestärkt hat sich meine Überzeugung, daß die Entwicklung des Generalstabs in der nächsten Zeit mehr in der Linie liegt, gute Gehilfen auszubilden, als Persönlichkeiten, die taktvoll aber energisch die Rolle des Führers spielen wollen. Das war früher richtig, als die Wahl leitender Persönlichkeiten nach anderen Gesichtspunkten erfolgte als nur nach der Befähigung; heute zwingt schon die Verwinkelung in der Führung durch die technischen Belange, daß die Generalstabsoffiziere vor allem diese handwerkliche Seite meistern müssen ...
Im Ganzen verrate ich Herrn General kein Geheimnis, wenn ich mich zu der Ansicht bekenne, daß das Heer noch viele Jahre ruhiger Arbeit braucht, und daß der Aufbau besser etwas langsamer vor sich gegangen wäre. Aber ich weiß ja auch, wo der Druck lag. Leider ...«[24]

Nur zwei Wochen nach diesem brieflichen Kontakt Stülpnagels mit Beck fand in der Reichskanzlei jene Besprechung Hitlers mit den Spitzen der Wehrmacht - aber ohne den Chef des Generalstabs - statt, die große militärpolitische Tragweite erlangte und zu einem »Markstein« (C. H. Hermann) in der deutschen Militärgeschichte des 20. Jahrhunderts wurde. Der Wehrmachtsadjutant Friedrich Hoßbach, ein aufrechter Soldat und fester Charakter, hat wenige Tage danach eine Niederschrift gefertigt, die als »Hoßbach-Protokoll« bekannt geworden ist.[25] Hitler verkündigte bei der Besprechung nichts Geringeres, als daß er sich entschlossen habe, zur Politik der Gewalt überzugehen und die Frage des deutschen Lebensraumes durch Krieg zu lösen. Der Reichsaußenminister v. Neurath und die anwesenden Soldaten außer Göring äußerten Bedenken; Hitler aber bezeichnete es als seinen »unabänderlichen Entschluß«, spätestens 1943-45 das Problem des Lebensraumes endgültig zu lösen. Mit Österreich und der Tschechoslowakei solle der Anfang gemacht und damit die Flankenbedrohung beseitigt werden.

In dem Maße, in dem der Diktator allmählich seine wahren Ziele deutlich machte, wurden die wachen und weitsichtigen Geister in der Führungsschicht des deutschen Volkes zunehmend alarmiert. In der Armee hatte es von Anfang an eine kleine Offiziersgruppe mit Adam, Hammerstein-Equord, Witzleben, Hoepner und anderen gegeben, die Hitler schon immer mißtraut hatten; auch Stülpnagel kann ab Sommer 1934 ihr zugerechnet werden. Jetzt, 1937, gingen auch zivile Persönlichkeiten von Rang und Namen auf Distanz zum Regime. Der kommissarische Reichswirtschaftsminister Schacht wie der Leipziger Oberbürgermeister Goerdeler traten von ihren Ämtern zurück – Carl-Friedrich Goerdeler wird in wenigen Jahren das politische Haupt der Opposition sein. Im Herbst und Winter 1937/38 allerdings konnte man von einer »Opposition« im eigentlichen Sinne noch nicht sprechen; ». . . es war mehr ein halbes Drinnen- und halbes Draußenstehen, ein Spekulieren über das, was unter gewissen Umständen vielleicht zu tun sei, mit wenigen Freunden« (Golo Mann).

Sein Zeitalter besichtigend, bezeichnete Heinrich Mann das Jahr 1937 als das »eigentlich kritische Europas«. Oft wird es auch als letztes der »drei guten Hitler-Jahre« gesehen, in welchem der Diktator, nach spektakulären innenpolitischen Erfolgen, endgültig zu einem Hasardeur der Außenpolitik wurde und sich nicht länger zähmen ließ. Die Tage des Reichsaußenministers v. Neurath, in dem viele Deutsche den Gewährsmann einer auf Vernunft basierenden Außenpolitik gesehen hatten, aber auch diejenigen von zwei führenden Soldaten der Wehrmacht waren am Jahresende 1937 jedenfalls gezählt.

Oberquartiermeister II und I

Nach kaum eineinhalbjähriger Tätigkeit als Divisionskommandeur wurde Carl-Heinrich v. Stülpnagel am 1. Februar 1938 von Lübeck nach Berlin versetzt, um im neugegliederten Generalstab den Dienstposten des Oberquartiermeisters II zu übernehmen. Die kurze Verwendungsdauer als Divisionskommandeur und der ungewöhnliche Zeitpunkt der Versetzung mögen mit dem Revirement zusammenhängen, welches in den ersten Februartagen 1938 in der Wehrmachtführung vorgenommen wurde. Anlaß war vordergründig die Wiederverheiratung des Reichskriegsministers v. Blomberg mit einer Dame von nicht einwandfreiem Lebenswandel, was von der Polizei erst nach der Trauung, an welcher Hitler und Göring teilgenommen hatten, aufgedeckt wurde. Angeblich soll Hitler zunächst beabsichtigt haben, den Generaloberst Frhr. v. Fritsch anstelle Blombergs zum Reichskriegsminister zu ernennen. Da aber wurde ihm, vermutlich auf Veranlassung Himmlers, eine »Akte Fritsch« überreicht, mit welcher der Nachweis erbracht werden sollte, daß der Oberbefehlshaber des Heeres, der Junggeselle war, gegen den Paragraphen 175 des Strafgesetzbuches verstoßen habe. Damit ging der »Blomberg-Skandal« über in eine »Fritsch-Krise«, die damit endete, daß v. Fritsch, obwohl seine völlige Unschuld bald nachgewiesen werden konnte, nicht mehr an die Spitze des Heeres zurückkehrte[26] und durch General der Artillerie Walther v. Brauchitsch ersetzt wurde. Die Stelle des Reichskriegsministers wurde nach Blombergs Abgang nicht mehr besetzt. Am 4. Februar 1938 übernahm Hitler selbst den Oberbefehl über die Wehrmacht und ernannte den bisherigen Chef des Wehrmachtsamtes, General der Artillerie Keitel, zum Chef des Oberkommandos der Wehrmacht. Rückblickend muß zum nun erreichten Stand der Wehrmacht-Spitzengliederung festgestellt werden: »Die mit dem 4. 2. 1938 getroffene Änderung hatte zweifellos die persönliche Machtstellung Hitlers erheblich gestärkt.«[27]

Gleichzeitig aber waren im Generalstab des Heeres in diesen Februartagen 1938 personelle Umbesetzungen erfolgt, die der Macht Hitlers über das Heer entgegenwirkten und wesentliche Voraussetzungen dafür schufen, daß es schon wenige Monate später eine »Militäropposition« gegen das Staatsoberhaupt gab. Der Oberquartiermeister I und Stellvertreter Becks, der spätere Generalfeldmarschall v. Manstein, wurde Divisionskommandeur der 18. Infanteriedivision in Liegnitz. Mansteins Nachfolger als Oberquartiermeister I wurde der bisherige Oberquartiermeister II, der aus dem bayerischen Generalstab hervorgegangene Generalleutnant Franz Halder. Die Organisationsabteilung übernahm anstelle Halders nunmehr Carl-Heinrich v. Stülpnagel. Damit begann für ihn die dritte und letzte Phase der dienstlichen Zusammenarbeit mit Ludwig Beck, dieses Mal auf dem Gebiet der Organisation. Jedoch hatte Beck bald ganz andere Sorgen - und in Stülpnagel auch darin einen verläßlichen Untergebenen und guten Ratgeber.

Im März 1938 begann zugleich das enge Zusammenwirken Stülpnagels mit dem nunmehrigen Stellvertreter Becks, dem Oberquartiermeister I Franz Halder. Es ist nicht mehr ersichtlich, wann und wo die beiden sich zuerst begegnet sind. Jedenfalls wurden sie 1938 miteinander so vertraut, daß sie sich auch im dienstlichen Bereich duzten, was bei ihren Mitarbeitern Verwunderung hervorrief. »Ich habe mich damals immer gewundert, daß der Bayer und der Preuße bald so liiert miteinander waren und sich duzten«, erinnerte sich der damalige Chef der Operationsabteilung mehr als vierzig Jahre später.[28] Nun war aber Stülpnagel ja keineswegs ein »Nur-Preuße«, sondern verband mit seinem Preußentum süddeutsche Wesenszüge. Auch auf Halder traf das Etikett »Bayer« nur begrenzt zu. Seine jahrelange Tätigkeit in höchsten Stellungen des preußisch-deutschen Generalstabs hat später viel Bewunderung, aber auch Kritik erfahren. Einer seiner bayerisch-fränkischen Landsleute, der Halder schon als Divisionskommandeur kannte, rühmte an ihm die »unerbittliche Präzision des Denkens. Halder war Realist und frei von Wunschdenken. Das alles unterschied ihn von Hitler.«[29]

Mit dem Oberbefehl über die Wehrmacht hatte Hitler am 4. Februar 1938 auch die Leitung der deutschen auswärtigen Politik vollends an sich gerissen. Der bisherige Reichsaußenminister, der Schwabe Konstantin Frhr. v. Neurath, erhielt, nachdem er als konservativer Gewährsmann für das besorgte Bürgertum seine Schuldigkeit getan hatte, das ad hoc geschaffene, völlig einflußlose Amt eines »Präsidenten des geheimen Kabinetts«. Neuer Reichsaußenminister wurde der diplomatische Berater Hitlers, Joachim v. Ribbentrop, ein überzeugter Nationalsozialist.

Nach Neuraths Entlassung wollte sein Schwiegersohn, Hans Georg v. Mackensen, Sohn des legendären Weltkrieg-Feldmarschalls, nicht länger Staatssekretär des Auswärtigen Amtes bleiben und ging als Botschafter nach Rom. Auf den Staatssekretärsposten rückte der bisherige Leiter der politischen Abteilung, der mit Neurath landsmannschaftlich verbundene Ernst Frhr. v. Weizsäcker. Die prägenden Elemente von Herkunft und Erziehung waren bei ihm die gleichen wie bei Stülpnagel: die christliche Familientradition und das humanistische Gymnasium. Nach dem Abitur im Jahre 1900 zog es den jungen Weizsäcker zur Marine. Marianne Freifrau v. Weizsäcker berichtet: »Aus der Zeit bei der Kaiserlichen Marine datiert das bis zuletzt auf gegenseitigem Vertrauen beruhende Verhältnis zu Admiral Canaris; auch die Verbundenheit meines Mannes mit Niemöller und Raeder geht darauf zurück.«[30]

Als der mit »Volldampf voraus« gesteuerte außenpolitische Kurs Hitlers und Ribbentrops im Frühjahr 1938 den erfahrenen Navigationsoffizier und Diplomaten in der Wilhelmstraße immer stärker beunruhigte, fand Weizsäcker in seiner Überzeugung, daß »der Kampf um den Frieden, und zwar um den Weltfrieden, oberste Pflicht«[31] sei, Geistesverwandte und Verbündete beim Oberkommando des Heeres am Tirpitzufer. Dort hatte der Chef des Generalstabs dem Oberbefehlshaber des Heeres am 5. Mai eine Denkschrift »Betrachtungen zur gegenwärtigen militärpolitischen Lage Deutschlands« überreicht, in welcher er darlegte, daß ein Krieg gegen die Tschechoslowakei die Gefahr des Eingreifens der Westmächte heraufbeschwöre und Deutschland auf einen solchen Krieg nicht vorbereitet sei. Es müsse daher Deutschland einer für England tragbaren Lösung zustimmen und die englische Freundschaft besonders pflegen. Obwohl Hitler nur der militärische Teil der Denkschrift vorgelegt wurde, mißbilligte er sofort die Argumentation Becks und behauptete, die Daten der Denkschrift wären falsch. In den folgenden Wochen wuchs die beiderseitige Aversion ständig; Hitler wurde durch die weiteren »Denkschriften von Herrn Beck« so gereizt, daß der völlige Bruch des Diktators mit seinem ersten Generalstabschef nur noch eine Frage der Zeit sein konnte.[32]

In den ersten Maitagen, als Beck abschließend an seiner Denkschrift feilte, befand sich Stülpnagel in dem großen Gefolge, das Adolf Hitler auf seiner Italienreise begleitete, was einige Fragen aufwirft. Als Oberquartiermeister II stand Stülpnagel in der Hierarchie des Generalstabes hinter dem dienstälteren Franz Halder, der als Oberquartiermeister I zugleich Stellvertreter des Chefs des Generalstabes war. Bei den Manövern 1937 hatte Hitler den Bayern Halder wegen seiner »modernen Ansichten« schätzen gelernt und ihn als potentiellen Nachfolger Becks vorgemerkt. Es wäre naheliegender gewesen, daß Hitler den Stellvertreter Becks oder aber den Oberquartiermeister IV, dem die Abteilung »Fremde Heere« unterstand, auf die militärpolitisch bedeutsame Reise zum Achsen-Verbündeten mitgenommen hätte. Offenbar galt aber Stülpnagel seit seiner Tätigkeit als Chef der Abteilung »Fremde Heere« als so hervorragender militärpolitischer Fachmann, daß niemand anders in Frage kam, nachdem Beck selbst an der Reise nicht teilnehmen konnte oder wollte. Auch in der derzeitigen Verwendung als Oberquartiermeister II, in welcher er für die »Organisation« zuständig war, galt Stülpnagels Aufmerksamkeit der Außenpolitik im weitesten Sinne. Um sich umfassend über die Weltlage zu informieren und dabei nicht auf die NS-Presse angewiesen zu sein, ging er abends in Potsdam »einmal in jeder Woche allein in eine Konditorei, um dort bei einem Kännchen Kaffee die ausländischen Zeitungen zu studieren«.[33]

Hitlers Staatsbesuch in Italien in der ersten Maihälfte 1938 wurde von beiden Seiten mit großem Aufwand vorbereitet. Ein Teilnehmer berichtet: »Es sollte ein Fest ganz nach dem Herzen der damaligen Machthaber werden. Die Protokollabteilung in Rom hatte wahre Wunderwerke vollbracht. Die Pracht des Staatsempfanges Mussolinis in Deutschland sollte übertroffen werden. Die Liste, die Hitlers Gefolge umfaßte, wuchs sprungartig, als der Termin näherrückte ... Die endgültige Liste umfaßte einschließlich der mitreisenden Journalisten schließlich etwa fünfhundert Personen. Selbst verglichen mit mittelalterlichen Kaiserzügen nach Italien eine ganz stattliche Zahl.«[34] Man darf davon ausgehen, daß dieser »Triumphzug nach Rom« den sparsamen Stülpnagel wenig angesprochen und er auch die dreitausend Reichsmark, die ihm wie jedem Teilnehmer zuvor zur Verbesserung der Garderobe überwiesen wurden, als ungerechtfertigten Aufwand angesehen hat. Vorteilhaft wirkte sich aus, daß Stülpnagel auf dieser Reise Persönlichkeiten kennenlernte, die ähnlich dachten und empfanden wie er selbst. Unter dem Himmel Italiens kam es damals zur näheren Bekanntschaft mit dem Ehepaar v. Weizsäcker, vor allem während eines Flottenmanövers im Golf von Neapel an Bord der »Cavour«. Während er vom Manöver der italienischen Flotte »einen fachmännisch guten Eindruck« gewann, beurteilte Weizsäcker die Reise insgesamt negativ und stellte fest, sie hätte »unter keinem guten Stern gestanden. Die persönliche Animosität Hitlers gegen den König Viktor Emanuel stammt aus dieser Zeit.«[35] Schließlich sind in unserem Zusammenhang die letzten Sätze der Erinnerungen des Staatssekretärs besonders bemerkenswert: »Auf der Heimreise sprach mir General v. Stülpnagel von geplanten Abenteuern. Ich schwankte noch, was Hitler wohl im Schilde führe. Sicher war nur, daß das Sudetenland in den Mittelpunkt seiner Pläne rückte.«[36]

Auf der ganzen Reise muß Stülpnagel die beiden bestimmenden »Außenpolitiker« Deutschlands aufmerksam beobachtet haben. Über den Reichsaußenminister urteilte er: »Unbeschreiblich eitel und so von sich selbst überzeugt, daß er keine Mitarbeiter gelten läßt. Was er Politik nennt, spielt sich etwa so ab: Hitler gibt ihm eine Trommel und befiehlt ihm zu trommeln, dann trommelt er laut und stark. Nach einer Weile nimmt ihm Hitler die Trommel weg und gibt ihm eine Trompete, dann trompetet er, bis ihm befohlen wird aufzuhören und Flöte zu spielen. Warum er getrommelt, trompetet und geflötet hat, weiß er nicht und hat er nicht verstanden.«[37] Über Hitler aber äußerte sich Stülpnagel nach Rückkehr von der Reise gegenüber seiner Frau wie folgt: »Der Kerl frißt wie ein Schwein.«[38]

Seit den Morden an Bredow, Schleicher und anderen im Sommer 1934 lebte Stülpnagel in ständiger innerer Auseinandersetzung mit dem Phänomen Hitler. Jetzt, da neben der skrupellosen Innenpolitik des Diktators auch die Verderblichkeit seines außenpolitischen Kurses immer deutlicher wurde, erreichte diese Auseinandersetzung eine neue Ebene, verlagerte sich gewissermaßen von innen nach außen und trieb zur Aktion. Bald nach Rückkehr von der Italienreise besprach er sich mit Persönlichkeiten, die ihm menschlich und dienstlich nahestanden. Sein Vetter Joachim berichtet: »Am 23. Mai aßen die beiden Generalstabschefs des Heeres und der Luftwaffe, Beck und Stumpff, mit meinem Vetter Heinrich bei mir. Wir betrachteten die Entwicklung der Lage ernst. Auf ein geduldiges Abwarten Hitlers war kaum zu rechnen.«[39] Und der Stellvertreter Becks, der damalige Oberquartiermeister I Franz Halder, erinnerte sich dreißig Jahre später in einem Gespräch mit seiner Enkelin an Carl-Heinrich v. Stülpnagel wie folgt: »Er war ein geistig veranlagter Mann mit hohem politischen Interesse und Feingefühl, und wir haben uns ausgezeichnet verstanden. Er war einer derjenigen, die mit der wirklich ehrlichen Überzeugung, daß Hitler ein Feind unseres Vaterlandes sei, innerlich dauernd im Kampf gegen ihn standen und sich und andere zur Tat trieben.«[40]

Im Früh- und Hochsommer 1938 ging die sudetendeutsche Krise dem dramatischen Höhepunkt entgegen. Mit Denkschriften protestierte der Chef des Generalstabs des Heeres weiter gegen die Politik der Hasardeure in der Staatsführung: Man dürfe nicht davon ausgehen, daß weitere Aktionen zur Machterweiterung ähnlich erfolgreich wie die bisherigen verlaufen würden; diese hätten in steigendem Maße die Gegenkräfte geweckt und enger gegen Deutschland zusammengeführt. Entgegen der Auffassung des Führers sei aber Deutschland weder politisch noch militärisch so stark wie 1914; einen Krieg gegen die Westmächte könne es nicht gewinnen. Die Denkschrift vom 3. Juni 1938 schloß Beck mit einem Seitenhieb auf das OKW, welches, ohne ihn zu informieren, eine Weisung für den »Fall Grün« zur Zerschlagung der Tschechoslowakei herausgegeben hatte. Der Generalstab des Heeres müsse die Mitverantwortung für die »einseitigen und unzureichenden Grundlagen« der Weisung für die Kriegführung der Wehrmacht ausdrücklich ablehnen. In den letzten Sätzen dieser Juni-Denkschrift sieht der Beck-Biograph Reynolds eine »kaum verhüllte Rücktrittsdrohung«.

Für die Beurteilung der außen- und militärpolitischen Lage verlangte Beck im Laufe des Jahres 1938 Stellungnahmen von seinen engsten Mitarbeitern, den Oberquartiermeistern I und II, Halder und Stülpnagel, sowie den beiden damals wichtigsten Militärattachés in London und Paris, die dem Oberquartiermeister IV, Generalmajor v. Tippelskirch, unterstanden. In London war Stülpnagels Freund und Jahrgangskamerad Frhr. Geyr v. Schweppenburg im Oktober 1937 versetzt worden und ihm Anton v. Bechtolsheim nachgefolgt. In einem seiner letzten Berichte, geschrieben am 23. April 1937 in Kairo, hatte Geyr noch einmal seine ganze Erfahrung in den Worten zusammengefaßt, daß er »nicht scharf genug vor dem historischen Fehler der militärischen Unterschätzung der Engländer warnen«[41] könne. Sein Nachfolger v. Bechtolsheim setzte diese Linie fort und berichtete am 6. Juli 1938 aus London an v. Tippelskirch: »Noch ist die amtliche britische Politik Chamberlains und Halifax bereit und gewillt, einen Ausgleich mit Deutschland herbeizuführen ... Man hat aber das Gefühl, daß diese Bereitschaft nicht mehr lange andauern wird ... Zu glauben, daß England aufgrund seiner gegenwärtig noch unfertigen und lükkenhaften Rüstung in einen in naher Zukunft um die Tschechoslowakei entbrennenden Krieg nicht eingreifen würde, hieße den Ernst der britischen Entschlossenheit verkennen, die sich bewußt auf einen langen Krieg einstellt und vorbereitet, in dem alle Reserven des Weltreiches - und der Vereinigten Staaten - eingesetzt würden. Auch anfängliche Schlappen würden daran nichts ändern ... Auf das Ziel hinzuwirken, daß es zu einem Ausgleich mit friedlichen Methoden komme, solange es noch Zeit ist, ist wohl der Anstrengung der Edlen wert. Manche englische Stimmen warnen ›that the sands are running out‹.«[42]

Und Generalmajor Kühlental antwortete aus Paris am 27. Mai 1938 auf die Anfrage Tippelskirchs wie folgt: »Man ist sich über den Ernst der Lage klar, trifft aber zur Zeit keine anderen Maßnahmen als Bemühungen, eine Entspannung herbeizuführen. Bei solcher Lage kommt es entscheidend darauf an, wie sich die Dinge in der Tschechei weiter entwikkeln. Treiben die Ereignisse zu einer militärischen Intervention Deutschlands, obwohl seitens der tschechischen Regierung alles getan ist, was nach Ansicht der französischen und englischen Regierung getan werden muß, dann ist das Eingreifen Frankreichs nicht aufzuhalten.«[43]

Daß Beck in seinem verzweifelten Kampf gegen die durch Größenwahn und Leichtsinn heraufbeschworene Kriegsgefahr laufend den gedanklichen Austausch mit Stülpnagel suchte, obwohl dieser dienstlich jetzt auf einem anderen Gebiet tätig war, zeigt die Wertschätzung, die er als Militärpolitiker beim Chef des Generalstabs genoß. Seine Charakterisierung durch einen anderen im Generalstab am Tirpitzufer diensttuenden Soldaten macht dies deutlich: »Stülpnagel war ein durchgeistigter Mann, darin hatte er große Ähnlichkeit mit Beck. Er erwog sorgfältig das Für und Wider der Probleme und war ein vorzüglicher Berater seines Chefs.«[44] Bekanntlich arbeitete Stülpnagel aber auch mit dem Stellvertreter und baldigen Nachfolger Becks gut zusammen, so daß sich die Frage stellt, ob er Beck oder Halder wesensmäßig näherstand. Diese Frage, mehreren militärischen Persönlichkeiten gestellt, die alle drei gut kannten, wurde übereinstimmend so beantwortet: »Stülpnagel hatte insgesamt mehr von der Art Becks als von derjenigen Halders.«[45]

Bei aller Übereinstimmung Stülpnagels mit Beck in der Wahrung der Tradition des preußisch-deutschen Generalstabs und in der Veranlagung zu rationaler, stiller Geistesarbeit wäre es aber doch falsch, im Oberquartiermeister v. Stülpnagel nur einen Gehilfen und Zuarbeiter des Generalstabschefs zu sehen. Stülpnagel war eine eigenständige, aus eigenen geistigen Quellen und Lebenserfahrungen schöpfende und zu eigenen Urteilen gelangende Persönlichkeit. In seinem Wesen und Denken gab es große Bereiche, in denen er sich von Beck stark unterschied. Hierzu gehörte, unter anderem, das Frankreichbild. Dem Beck-Biographen Reynolds ist aufgefallen: »Es ist interessant festzuhalten, daß Beck zwar häufig sich wohlwollend über die britische Politik äußerte, doch für Frankreich kein freundliches Wort fand.«[46] Stülpnagel hingegen stand, trotz seiner Wertschätzung für England und dessen geschichtliche Leistungen, innerlich doch Frankreich näher und erstrebte als »Patentlösung eine deutsch-französische Verständigung«.

Schließlich ist nicht zu übersehen, daß Stülpnagel die wahre Natur Hitlers und seines Regimes früher durchschaute als Beck, nämlich schon anläßlich der Morde 1934 im Gefolge der Liquidierung Röhms. Als 1938 im Zuge der »Fritsch-Krise« Umbesetzungen im Generalstab vorgenommen wurden, ohne Beck vorher zu befragen, obwohl Hitler ihm dies zugesichert hatte, beklagte Beck sich darüber gegenüber seinem Freunde Wilhelm Adam. »Sie sind immer noch der reine Narr«, erwiderte ihm der General. »Wie lange werden Sie noch auf diesen Schwindel hereinfallen?«[47] Wie sehr das geduldige Bemühen Becks, Hitler durch Denkschriften zu beeinflussen, denen sorgfältigste Analysen aller Gegebenheiten zugrunde lagen, eigentlich »verlorene Liebesmüh« war, erhellt auch aus den Erinnerungen des damaligen Wehrmachtadjutanten: »Nach meiner Kenntnis aus den Jahren 1934/38 war Hitler ein völliger Ignorant in der Strategie und Taktik, und ich hatte den Eindruck, daß er diesen Gebieten ohne tieferes Interesse gegenüberstand ... Staatsmänner und Feldherren säen nicht nur, sie müssen auch mit Geduld und Ruhe das Reifen der Aussaat abwarten können. Aber das Warten lag dem Ungeduldigen nicht.«[48]

In den Frühjahrs- und Sommermonaten 1938 wurde Stülpnagel neben seiner Routinearbeit als Oberquartiermeister II immer stärker mit den Nachwirkungen der Fritsch- und der sich rasch verschärfenden Sudetenkrise konfrontiert. Am 13. Juni 1938 nahm er, wohl im Auftrag von Beck, in Begleitung von Halder an einer Besprechung Hitlers mit Kommandierenden Generalen auf dem Fliegerhorst Barth in Pommern teil, in welcher Hitler Fritschs Schicksal bedauerte und heuchlerisch von einem »tragischen Geschehen« sprach. Stülpnagels Niederschrift über diese Besprechung, für Beck am 15. Juni 1938 gefertigt, fand sich später in dessen Nachlaß. Bald aber trat die Krise um Fritsch auch für Beck und seine engsten Mitarbeiter zurück angesichts der Bedrohung durch die Hasardpolitik gegenüber der Tschechei und den Westmächten. Um die Gefährlichkeit der Außenpolitik Hitlers der Generalität noch deutlicher zu machen, ließ Beck ein Generalstabs-Kriegsspiel durchführen, das den konzentrischen Angriff auf die Tschechoslowakei zur Aufgabe stellte. Dabei wurde davon ausgegangen, daß Frankreich seiner Bündnispflicht nachkommen, die schwachen deutschen Deckungskräfte im Westen durchbrechen und die Niederlage unabwendbar machen würde. Um einer solchen Katastrophe zu entgehen, müsse die politische Führung des Reiches ihre Entschlüsse nach der militärischen und wirtschaftlichen Leistungsfähigkeit richten. Die Abschlußbesprechung in Berlin machte dann deutlich, wie schwach die Stellung des Moltke-Nachfolgers im »neuen Staat« schon geworden war. Ein Teilnehmer berichtet: »Da stand nun der Chef des deutschen Generalstabs, in den Augen der Welt der Prototyp des Militarismus, vor dem Kreise seiner Mitarbeiter mit einem Appell gegen einen drohenden Krieg ... Stärker als alle Argumente wirkte auf mich der beschwörende Ton der Worte, aus dem echte Gewissensnot sprach. Beklemmend erhob sich die Frage: Wann hätte es Moltke je nötig gehabt, sich vor das Forum seiner Untergebenen zu flüchten, also nach unten, weil er oben kein Gehör fand? Und da der Schlußappell auch nicht als Ausdruck der Auflehnung gemeint war, wirkte er als Geste der Hilflosigkeit.«[49]

Bei Hitler nunmehr Persona ingrata und mit dem Oberbefehlshaber des Heeres in einem immer schlechter werdenden Verhältnis stehend, vereinsamte Beck rasch und wurde von den meisten seiner bisherigen Bewunderer, wie dem neuen Wehrmachtadjutanten Major Schmundt, jetzt heftig kritisiert und zunehmend gemieden. Zu den wenigen, die von dem des »Defätismus« bezichtigten Chef des Generalstabs nicht abrückten, gehörten sein alter Freund, General Wilhelm Adam, jetzt Oberbefehlshaber der Heeresgruppe 2, der mit Beck an den altpreußischen Werten zäh festhaltende Friedrich Hoßbach, jetzt Kommendeur des Infanterieregiments 82, sowie die beiden Oberquartiermeister I und II, Halder und Stülpnagel. Ab August 1938 übernahm es praktisch Halder, den Generalstab bei Brauchitsch zu vertreten, Beck und Brauchitsch sprachen kaum noch miteinander.

Die Frage, ob Beck in den letzten Wochen seiner Amtszeit die »loyale« oder »evolutionäre« Opposition und den Glauben an den »vernünftigen« Führer, den der Generalstab nur wieder auf den richtigen Weg bringen müsse, doch noch aufgegeben und den »Schritt vom bloßen Protest ... zum konkreten Staatsstreichplan« (Peter Hoffmann) getan hat, sei hier nicht weiter untersucht. Halder und Stülpnagel haben Beck jedenfalls bis zuletzt dazu gedrängt. Als Beck den Oberquartiermeister I über sein am 18. August eingereichtes Rücktrittsgesuch informierte, machte Halder seinem Unmut über die wirkungslose Opposition des Generalstabschefs in scharfen Worten Luft: »Nun sehen Sie selbst, wo man hinkommt mit geistreichen Denkschriften und eleganten Rücktritten. Damit kommt man Hitler nicht bei. Wir müssen zu Mitteln greifen, die in unserer früheren Einstellung unmöglich waren.« Und Beck hatte bitter, resigniert und im übrigen zutreffend geantwortet: »Ich möchte jetzt auch glauben, daß Sie recht haben. Aber nun liegt es ja an Ihnen.«[50] Das Rücktrittsgesuch Becks wurde von Hitler am 21. August angenommen; gleichzeitig wurde von Beck verlangt, den Rücktritt wegen der nationalen Sicherheit nicht in der Öffentlichkeit bekanntzugeben. Beck blieb gehorsam, so daß sein Rücktritt keinerlei Wirkung zeigte. Am 1. und 2. September 1938 übernahm Franz Halder de facto die Geschäfte des Chefs des Generalstabs. Oberquartiermeister I wurde Carl-Heinrich v. Stülpnagel; beides geschah zweifellos mit Billigung Becks.

Stülpnagel rückte damit zu einem Zeitpunkt auf den zweitwichtigsten Dienstposten im Generalstab des Heeres, in welchem Entscheidungen und Vorhaben von unerhörter Tragweite, wie nie zuvor in der deutschen Geschichte, erwogen werden mußten. Diese sind als »Staatsstreichversuch 1938« oder auch als »Aktionsplan Halder-Witzleben-Oster« in die Widerstandsliteratur eingegangen. Als Oberquartiermeister I unterstanden ihm die Gebiete Landesverteidigung, Aufmarsch und Operation; außerdem war er jetzt ständiger Vertreter des Generalstabschefs. Als solcher nahm er am 22./23. September 1938 beobachtend am »Godesberger Treffen« Hitlers mit dem britischen Premierminister Chamberlain teil. Ebenso war er an der Ausarbeitung von Halders »Umsturzplan« bis in die Einzelheiten beteiligt. Mit General v. Witzleben, der als Kommandierender General des III. Armeekorps und Befehlshaber im Wehrkreis III (Berlin) die Durchführung des Staatsstreiches in der Reichshauptstadt übernommen hatte, war Stülpnagel seit Jahrzehnten bekannt. Den Jahrgangskameraden Generalleutnant Erich Hoepner, welcher mit der 1. Leichten Division in Thüringen bereitstand, um stärkeren Widerstand der Nationalsozialisten in Berlin mit seinen Panzern niederzukämpfen, kannte er aus den zwanziger Jahren in Ostpreußen. Die beiden Generalmajore Graf v. Brockdorff-Ahlefeld und v. Hase, die mit ihren Verbänden in Potsdam und Landsberg/Warthe auf ein Stichwort von Halder oder Witzleben hin in Berlin einmarschieren sollten, waren mit Stülpnagel durch ihre gemeinsame Waffengattung, die Infanterie verbunden.

Wesentlich kam es darauf an, daß die Planer des Staatsstreichs den Einmarschtermin in die Tschechei so rechtzeitig erfuhren, daß sie noch Zeit zum Eingreifen hatten. Stülpnagel übernahm es, vom Chef des Wehrmachtführungsamtes, Oberst Jodl, am 8. September die Zusicherung einzuholen, daß das OKH fünf Tage vor einer »Aktion« informiert würde. Der Staatsstreich sollte von Halder ausgelöst werden, sobald Hitler den Befehl zum Einmarsch in die Tschechoslowakei gab. Die Einzelheiten des »Umsturzplans« würden den Rahmen dieser Biographie sprengen. Es steht aber fest, daß Stülpnagel als erster Berater und Gehilfe Halders an ihrer Erarbeitung maßgeblich beteiligt war.[51]

Man kann davon ausgehen, daß nach Umfang und Intensität der Planung die Militäropposition gegen Hitler im Staatsstreichversuch 1938 bereits einen ersten Höhepunkt, vielleicht sogar ihre »höchste Dichtigkeit« (Golo Mann) erreicht hat. Auch gab es außer den Tagen der Röhmaffäre für die Beseitigung Hitlers und seines Regimes nie günstigere Voraussetzungen als jetzt. Das Reich war noch nicht im Kriege, den niemand wollte; der Staatsstreich wäre eine innere Angelegenheit der Deutschen gewesen. Hinzu kam, daß die beiden militärischen Persönlichkeiten, welche ihn verantwortlich zu führen hatten, der Oberbefehlshaber des Heeres und der Chef des Generalstabes, gerade in dieser Zeit wieder gut zusammenarbeiteten. Einer ihrer engsten Mitarbeiter erinnert sich: »Halder und Brauchitsch führten anfangs eine gute Ehe. Was Brauchitsch an Halder nicht leiden konnte, war lediglich der Zwicker.«[52]

Am 28. September, als eine Kopie von Hitlers ablehnender Antwort auf den letzten englischen Vermittlungsvorschlag von Weizsäcker über Witzleben und Halder zu

Brauchitsch gelangte, schien auch dieser für die »Aktion« gewonnen. Der Oberbefehlshaber wollte aber zuvor selbst noch in der Reichskanzlei herausfinden, ob der Krieg wirklich beschlossene Sache sei. Inzwischen waren schon die Stoßtrupps zum Handstreich auf die Reichskanzlei und zur Festnahme Hitlers gebildet. Mitten in diese Phase der höchsten Bereitschaft zum Putsch platzte dann die Nachricht, daß es Mussolini gelungen sei, zur Lösung der Krise eine Konferenz nach München einzuberufen, zu welcher Chamberlain und Daladier persönlich erscheinen würden. Damit waren alle Warner vor der Risikopolitik Hitlers widerlegt. Und die drei führenden Köpfe im Generalstab des Heeres, Beck, Halder und Stülpnagel, einschließlich ihrer Attachés in London und Paris, schienen sich in der Entschlossenheit der Westmächte wieder getäuscht zu haben. Der aus den fünfziger Jahren rückblickende Historiker sah in der Konferenz von München »für die Opposition nicht nur eine verlorene Schlacht, sondern einen verlorenen Feldzug«.[53] Bereits am 6. Oktober 1938 aber hatte der mit Staatssekretär v. Weizsäcker gut bekannte britische Botschafter in Berlin, Henderson, nach London geschrieben: ». . . by keeping the peace, we have saved Hitler and his regime.«

Solche Einsicht in die Natur Hitlers und seines Regimes hatten im Oktober 1938 wenige Menschen. »Verstand ist stets bei wen'gen nur gewesen« - selten fand dieser Satz aus Schillers »Demetrius« schlimmere Bestätigung als 1938/39. In Deutschland, England und Frankreich jubelten die Massen erleichtert über die »Rettung des Friedens« durch die Nachgiebigkeit der Westmächte. Daß England und Frankreich gerade durch ihre Kompromißbereitschaft gegenüber einem Machtmenschen, der letztlich keine Kompromisse kannte, den Weltfrieden verspielten, trat erst später in das allgemeine Bewußtsein. Zu der in München geplanten freundschaftlichen Zusammenarbeit Deutschlands mit den Westmächten ist es nicht mehr gekommen. Das Mißtrauen war durch die Sudetenkrise so gewachsen, daß zunächst England, bald auch Frankreich nun energisch darangingen, ihre Rüstung zu verstärken. Der nicht nur von Deutschland, sondern auch von Polen und Ungarn ausgeübte Druck auf die Tschechoslowakei ließ Europa nicht mehr zur Ruhe kommen.

Wie besorgt Stülpnagel damals die Entwicklung der Dinge beurteilt hat, wird aus einer Mitteilung seines jüngeren Sohnes Walter deutlich: »Nach der Besetzung der Tschechoslowakei im Frühjahr 1939 machte ich meinem Vater gegenüber eine Bemerkung etwa derart: ›Toll, was Hitler jetzt wieder zustande gebracht hat!‹ Das war für meinen Vater Anlaß, mich eindrücklich darauf hinzuweisen, daß Deutschland leider von einem Verrückten regiert würde, eine Tatsache, deren Konsequenzen gar nicht abzusehen seien.«

Die Wilhelmstraße, unter Bismarck einst Zentrum der behutsamen europäischen Friedenssicherung, beurteilten Kenner jetzt so: »Die Haudegen saßen anscheinend im Auswärtigen Amt und die Diplomaten im Reichskriegsministerium ... hier wurde um die Erhaltung des Friedens gekämpft.«[54] Am schwersten hatte es im Auswärtigen Amt der Ex-Navigationsoffizier Ernst Frhr. v. Weizsäcker. Man könnte ihn mit dem Dritten Offizier der »Titanic« in der Stunde vor der Kollision mit dem Eisberg vergleichen, dem es nicht gelang, trotz eindeutiger Warnzeichen die Schiffsführung vom verderblichen Kurs abzubringen. Der älteste Sohn des Staatssekretärs erinnerte sich später an diese Zeit seines Vaters wie folgt: »Es gab für ihn nur noch eins: Den Kampf um die Bewahrung des Friedens. Er kämpfte und unterlag. Nie habe ich ihn so verzweifelt gesehen wie im Sommer 1939, als er das Unheil kommen sah und ihm keine genügende Waffe mehr blieb, es zu bekämpfen.«[55]

Bis zuletzt ließen der Staatssekretär im Auswärtigen Amt und eine Reihe ihn unterstützender Diplomaten – die Gebrüder Kordt, Albrecht v. Kessel, Hasso v. Etzdorf, Eduard Brücklmeier u. a. – nichts unversucht, die Katastrophe doch noch zu verhindern. Aber auch der italienische Außenminister Graf Ciano, am 13. August 1939 auf dem Obersalzberg der suggestiven Kraft Hitlers voll ausgesetzt, »klappte unerklärlicherweise zusammen wie ein Taschenmesser« und berichtete an seinen Schwiegervater Mussolini, der Konflikt mit Polen würde sich wohl lokalisieren lassen, da der Führer in seiner Beurteilung der Lage ja bisher immer recht behalten habe. Über dieses Ergebnis der Besprechung Hitlers mit Ciano ließ Weizsäcker am 14. August den Generalstabschef durch Stülpnagel in Kenntnis setzen. Auch beim Zusammentreffen Weizsäckers mit Halder am Vormittag des 15. August, bei welchem der Generalstabschef den Staatssekretär über die Ausführungen Hitlers vor den Oberbefehlshabern der Wehrmachtteile informierte, dürfte Stülpnagel zugegen gewesen sein.

Jedoch bildete im Sommer 1939 die Zentrale der militärischen Opposition nicht mehr, wie im Vorjahr, das Oberkommando des Heeres, sondern nunmehr die Abteilung »Abwehr« im Oberkommando der Wehrmacht unter Admiral Canaris. »Das Gefühl der Ohnmacht und der Ausweglosigkeit jeglicher Bemühungen, gleichzeitig aber auch der Zwang der alle Kräfte beanspruchenden gewaltigen militärtechnischen Aufgabe ließ die Männer im Oberkommando des Heeres trotz aller besseren Einsicht, trotz Skepsis und Kritik zum Objekt der Entwicklung werden . . .«[56] Die geringere Widerstandsaktivität des Generalstabschefs und seines ersten Gehilfen in den entscheidenden Wochen vor Kriegsbeginn ist viel kritisiert worden. Man sollte aber bedenken, daß das Münchener Abkommen gerade Halder und Stülpnagel in ihrem militärpolitischen Prestige getroffen hatte, daß Anhänger wie die Generale Adam, Ulex und Liebmann inzwischen entlassen, andere verunsichert und von ihnen abgerückt waren. Beide rechneten zwar nach wie vor damit, daß die Grenze der Nachgiebigkeit der Westmächte erreicht sei, aber dessen sicher konnten sie nach München nicht mehr sein; auch ihr Gewährsmann für England, Geyr v. Schweppenburg, war es nicht mehr.

Am frühen Nachmittag des 25. August 1939 erging der Befehl für den Angriff auf Polen, der am 26. August, um

4 Uhr 30, beginnen sollte. Am Abend wurden das OKH und Teile des OKW in das vorgesehene Kriegshauptquartier Zossen verlegt. Über die Atmosphäre im »Lager Zossen« schrieb der Abwehroffizier, Major i. G. Groscurth, in sein Tagebuch: »Dort Chaos ... Um 22 Uhr wird Rückzugsbefehl bekannt. Alles rast, völliges Reißen der Nerven, selbst von Blutordensträgern.«[57] Das plötzliche Zurückzucken Hitlers, das die militärische Führung und ihre Nachrichtenmittel einer starken Belastungsprobe aussetzte, hatte in der Bekanntgabe des britisch-polnischen Bündnisvertrages sowie der Mitteilung Mussolinis, daß Italien nicht kriegsbereit sei, seine Ursache. Angesichts der Schwierigkeit, das deutsche Feldheer wieder anzuhalten, äußerte Stülpnagel an diesem 26. August: »Jetzt ist der Kerl [Hitler] völlig verrückt geworden! Man kann eine Armee nicht wie ein Bataillon zurückpfeifen.«[58]

Dies müssen für Halder und Stülpnagel Tage ungeheuerer Nervenanspannung gewesen sein. Sie wurden noch verstärkt durch Nachrichten von Canaris, durch Groscurth übermittelt, daß Himmler und Heydrich ein Vorgehen gegen »laurige Generale« planten. Der Überbringer Groscurth berichtete: »Unheimliche Gesellschaft. Man hört in den Bunkern jedes Wort. Stülpnagel ging mit mir ins Freie.«[59] Auch in der Schlußphase der deutsch-polnischen Krise bleiben die privaten Aufzeichnungen dieses Abwehroffiziers aufschlußreich. Als Major i. G. Groscurth am 30. August dem Oberquartiermeister I die neuesten Erkenntnisse seines Chefs Canaris vortrug und wohl auch erwähnte, wie der um Ausgleich bemühte englische Botschafter behandelt worden war, sagte Stülpnagel lakonisch: »Verstehen Sie das alles noch?«[60]

Obwohl dienstliche Dinge zu Hause tabu waren, blieb in diesen Wochen Stülpnagels tiefe Besorgnis über die Zukunft Deutschlands auch der Familie nicht verborgen. Der älteste Sohn, damals bereits junger Soldat im Infanterieregiment 67 in Spandau, erinnert sich: »Vater schien die außenpolitische Lage trotz des Münchener Abkommens mit großer

Sorge zu betrachten. Ich hatte jedenfalls dieses Gefühl, wenn ich am Wochenende zu Hause war.«[61] Und den jüngeren Sohn Walter hatte er Mitte August 1939 im Hinblick auf den drohenden Krieg mit den Worten verabschiedet: »Ein Weltbrand ist schnell entfacht, aber nur schwer wieder auszutreten!« Als dann am 31. August der Angriffsbefehl erneut erging und in den frühen Morgenstunden des 1. September 1939 der polnische Feldzug begann, wird Stülpnagel ähnlich gedacht haben wie der Chef der Abwehr, Admiral Canaris: »Das ist das Ende Deutschlands!«

Anmerkungen

1 Golo Mann: »Deutsche Geschichte des 19. und 20. Jahrhunderts«, a.a.O., S. 820.

2 Hierüber: Hans Mommsen: »Der Reichstagsbrand und seine politischen Folgen«, in: »Von Weimar zu Hitler 1930-1933«, hg. von Gotthard Jasper, Neue Wissenschaftliche Bibliothek 25, Köln-Berlin (1968), S. 443-482.

3 Ibid., Hans Schneider: »Das Ermächtigungsgesetz vom 24. März 1933«, S. 405-442.

4 Gustav Theodor Fritsch (1838-1927), Naturforscher, Anatom und Anthropologe, war wesentlich am Ausbau der Berliner Gesellschaft für Anthropologie beteiligt. Seine rassevergleichenden Studien wurden nach seinem Tod von den NS-Rasseforschern für ihre Zwecke ausgebeutet.

5 Joachim v. Stülpnagel: »Ich denke gern zurück...«, a.a.O., S. 61.

6 Golo Mann: »Deutsche Geschichte des 19. und 20. Jahrhunderts«, a.a.O., S. 810/811.

7 Wilhelm Adam: »Erinnerungen«, Bd. 2, IV. Kap.: »In der Hauptstadt der Bewegung«, S. 249. Handschriftlich überliefert, Institut für Zeitgeschichte, München.

8 Ibid., S. 251.

9 Ibid., S. 252; S. 266/267.

10 Joachim v. Stülpnagel in einem Brief an den Verfasser vom 31. Oktober 1984.
11 Wilhelm Adam: »Erinnerungen«, a.a.O., S. 228.
12 Friedrich Hoßbach: »Zwischen Wehrmacht und Hitler 1934–1938«, Göttingen [2](1965), S. 132/133.
13 BA-MA, N 28/1, S. 32.
14 Friedrich Hoßbach: »Zwischen Wehrmacht und Hitler...«, a.a.O., S. 35.
15 Moritz v. Faber du Faur: »Macht und Ohnmacht...«, a.a.O., S. 227.
16 Ibid., S. 226.
17 Leo Frhr. Geyr v. Schweppenburg: »Erinnerungen eines Militärattachés 1933–1937«, Stuttgart (1949), S. 69 und 89.
18 BA-MA, N 28/1, S. 24–26 (Nachlaß Beck).
19 ED 91/4 (Nachlaß Geyr). Institut für Zeitgeschichte, München.
20 Ibid.
21 Vgl. Hans Breithaupt: »Die Geschichte der 30. Infanteriedivision 1939–1945«, Bad Nauheim (1955), S. 8.
22 Joachim v. Stülpnagel: »Ich denke gern zurück...«, a.a.O., S. 94.
23 BA-MA, N 28 (Nachlaß Beck), Hervorhebung d. Verf.
24 Ibid.
25 Siehe: Walter Bußmann: »Zur Entstehung und Überlieferung der Hoßbach-Niederschrift«, in: Vierteljahrshefte für Zeitgeschichte 16 (1968), S. 373–384.
26 Vgl. Johann Adolf Graf v. Kielmansegg: »Der Fritschprozeß 1938. Ablauf und Hintergründe«, Hamburg (1949).
27 Vgl. Burkhart Müller-Hillebrand: »Das Heer 1933–1945«, Bd. I, S. 113.
28 General Bw a.D. Adolf Heusinger in einem Brief an den Verfasser vom 31. März 1982.
29 General der Gebirgstruppe a.D. Volckamer v. Kirchensittenbach im Gespräch mit dem Verfasser am 26. November 1984 in München.

30 In einem Gespräch mit dem Verfasser am 15. April 1982 in Lindau-Reutin.

31 Ernst v. Weizsäcker: »Erinnerungen«, München, Leipzig, Freiburg/Brsg. (1950), S. 145.

32 Zur Spannung zwischen Hitler und Beck während der Sudetenkrise siehe Nicholas Reynolds: »Beck. Gehorsam und Widerstand. Das Leben des deutschen Generalstabschefs 1935-1938«, Wiesbaden und München (1977), S. 133-156.

33 Schriftliche Mitteilung Joachim v. Stülpnagels an den Verfasser vom 9. Januar 1985.

34 Erich Kordt: »Nicht aus den Akten«, Stuttgart o.J., S. 209.

35 Ernst v. Weizsäcker: »Erinnerungen«, a.a.O., S. 157.

36 Ibid., S. 161.

37 David Irving: »Hitlers Weg zum Krieg«, a.a.O., S. 154.

38 Joachim v. Stülpnagel an den Verfasser am 9. Januar 1985.

39 Joachim v. Stülpnagel: »75 Jahre meines Lebens«, a.a.O., S. 360.

40 Heidemarie Gräfin Schall-Riaucour: »Aufstand und Gehorsam. Offiziertum und Generalstab im Umbruch. Leben und Wirken von Generaloberst Franz Halder, Generalstabschef 1938-1942«, Wiesbaden (1972), S. 230.

41 BA-MA RH 2/v 2930: Schriftwechsel OQU IV - Mil.Att. London, 1. 10. 1936-2. 12. 1938.

42 Ibid.

43 BA-MA, RH 2/v 2933: Schriftwechsel OQU IV - Mil. Att. Paris, 12. 4. 1935-18. 8. 1939.

44 General Bw a.D. Adolf Heusinger im Gespräch mit dem Verfasser am 24. Oktober 1979 in Köln-Marienburg.

45 General der Infanterie a.D. Gerhard Matzky im Gespräch mit dem Verfasser am 7. Mai 1983 in Bonn-Mehlem.

46 Nicholas Reynolds: »Beck. . .«, a.a.O., Anm. 9 zu Kap. VI, S. 268.

47 Wilhelm Adam: »Erinnerungen«, a.a.O., S. 393.

48 Friedrich Hoßbach: »Zwischen Wehrmacht und Hitler 1934–1938«, a.a.O., S. 20.

49 Edgar Röhricht: »Pflicht und Gewissen. Erinnerungen eines deutschen Generals 1932–1944«, Stuttgart (1965), S. 120.

50 Nicholas Reynolds: »Beck...«, a.a.O., S. 155.

51 Ausführliche Darstellung bei Peter Hoffmann: »Widerstand, Staatsstreich, Attentat«, Kap. IV: »Sudetenkrise und Staatsstreichversuch 1938«, a.a.O., S. 69–129.

52 General Bw a.D. Adolf Heusinger im Gespräch mit dem Verfasser am 21. Januar 1978 in Köln-Marienburg.

53 Helmut Krausnick: »Vorgeschichte und Beginn des militärischen Widerstandes gegen Hitler«, in: »Die Vollmacht des Gewissens«, hg. von »Europ. Publikation e.V.«, Frankfurt (1960), S. 365.

54 Moritz v. Faber du Faur: »Macht und Ohnmacht«, a.a.O., S. 246.

55 Carl Friedrich Frhr. v. Weizsäcker in der Rede am Grabe des Vaters am 8. August 1951; BA-MA, Nachlaß Vizeadmiral Leopold Bürkner, NA 565–15.

56 Klaus-Jürgen Müller: »Das Heer und Hitler. Armee und nationalsozialistisches Regime 1933–1940«, Stuttgart (1969), S. 415/16.

57 Helmuth Groscurth: »Tagebücher eines Abwehroffiziers 1938–1940«, (1970), S. 185.

58 General Bw a.D. Adolf Heusinger im Gespräch mit dem Verfasser am 24. Oktober 1979 in Köln-Marienburg.

59 Helmuth Groscurth: »Tagebücher...«, a.a.O., S. 185.

60 Ibid., S. 193.

61 Joachim v. Stülpnagel: »Ich denke gern zurück...«, a.a.O., S. 127.

IV. Der Kampf mit dem Dämon (1939–1941)

»Am furchtbarsten aber erscheint dieses Dämonische, wenn es in irgendeinem Menschen überwiegend hervortritt ... eine ungeheuere Kraft geht von ihnen aus, und sie üben eine unglaubliche Gewalt über alle Geschöpfe ... Alle vereinten sittlichen Kräfte vermögen nichts gegen sie.«
Goethe, Dichtung und Wahrheit

Der erste Außenminister im »neuen Staat«, Konstantin v. Neurath, hatte gesagt, seine Sache sei, »als Steinblock im Fluß die Strömung aufzuhalten«. Nun mußten Weizsäcker, Canaris, Oster, Halder, Witzleben, Stülpnagel und viele andere sich eingestehen, daß sie so wenig wie Neurath es vermocht hatten, die verderbliche politische Strömung aufzuhalten. Es konnte auch kein Trost sein, daß nicht alles Wasser in dieser Strömung aus dem deutschen Boden kam, sondern viel aus jenem weltpolitischen Spannungsfeld floß, welches zwanzig Jahre zuvor in Versailles künstlich geschaffen worden war. Die »erste Runde« (H. C. Deutsch) – der Kampf gegen den Krieg – war nunmehr verloren, und den Soldaten der Militäropposition kann man vorwerfen, daß sie in den entscheidenden Tagen des Schicksalsmonats August 1939 nicht aktiv geworden sind. »Die historische Kritik kann es nicht unterlassen, immer wieder festzustellen, daß im August 1939 nicht in gleicher Weise ernsthafte Vorbereitungen zur Aktion getroffen worden waren wie im September 1938. Diese Feststellung bleibt unberührt von der Frage, ob man deswegen gegen einzelne einen Vorwurf erheben will oder kann.«[1] Wer diesen Vorwurf erhebt, sollte zweierlei bedenken. Noch nie in der tausendjährigen Geschichte der Deutschen wurden deutsche Soldaten vor solche Entscheidungen und Gewissenskonflikte gestellt wie Beck, Halder, Witzleben, Hoepner, Stülpnagel, Canaris und ihre Gefährten, zumal sich die volle Amoralität Hitlers erst später zeigte. Und keine spätere Soldatengeneration vermag zu sagen, wie sie bei solchen Belastungen und Konflikten sich verhalten hätte - oder verhalten würde.

Beim polnischen Feldzug und im ›Drôle de guerre‹

Zu den Aufgaben der Generalstäbe aller Länder gehört es, schon im Frieden den Kriegsfall vorzubereiten und entsprechende Pläne zu entwickeln. Im Frühjahr 1939 hatte die letzte Generalstabsreise vor dem Krieg, unter Führung Halders und Assistenz Stülpnagels, nach Schlesien geführt. Lage und Aufträge an die Übungsteilnehmer konnten hinterher wie eine Vorübung des polnischen Feldzuges erscheinen - geplant war dies nicht. Einige Monate später hatte das Oberkommando des Heeres in richtiger Einschätzung der polnischen Absicht, im Kriegsfall unter Vernachlässigung der Flügel mit Masse in dem nach Westen vorspringenden, durch Versailles neugewonnenen Grenzland aufzumarschieren und in Richtung des nahen Berlin offensiv zu werden, seine Gegenmaßnahmen getroffen. Der Schwerpunkt wurde in Schlesien gebildet, der schwache polnische Südflügel in wenigen Tagen zerschlagen. Unter kühner Ausnutzung der operativen Beweglichkeit der Panzerdivisionen wurde sodann deutscherseits die frontal nur schwach überwachte polnische starke Mitte von den im Süden aus Schlesien und im Norden aus Ostpreußen vorstoßenden deutschen Kräften umfaßt und eingeschlossen. Der polnische Feldzug war nach neunzehn Tagen so gut wie abgeschlossen, ein neuer Begriff der Kriegführung, der »Blitzkrieg«, geboren. Die überzeugende Planung und Leitung des Feldzuges war Verdienst des OKH. Hitler hatte nur zweimal und ziemlich unnötig eingegriffen: durch Erarbeitung kleinster Details zur Wegnahme der Brücke von Dirschau und den Befehl zur Bombardierung Warschaus. Von Anbetern des Diktators wurde der schnelle Sieg über Polen, der auch die Westmächte völlig überraschte, trotzdem dem »Feldherrn« Hitler zugeschrieben. Staatssekretär v. Weizsäcker erinnert sich: »Herr v. Ribbentrop sagte mir im Oktober 1939, die Heeresleitung habe gänzlich unzulängliche Pläne vorgelegt. Hitler sei der einzige, dem das Verdienst gebührt.«[2]

Trotz des zügigen Verlaufs der Operationen, die so planmäßig abrollten, daß das Heeresoberkommando »in den ersten fünf Tagen keinen Befehl zu erteilen brauchte«[3], gab der Oberquartiermeister I im Hauptquartier Zossen sich keiner Siegesstimmung hin. Einer seiner engsten Mitarbeiter, der Erste Generalstabsoffizier der Operationsabteilung, bemerkte gerade in diesen Tagen, daß sein Vorgesetzter »geladen von Pessimismus« war. »Wenn der ›Defätistenklub‹ tagte - Stülpnagel, Fellgiebel und Wagner - lief ich immer und schloß Fenster und Türen, damit nicht mitgehört werden konnte.«[4] Die Wiedergabe eines Gesprächs zwischen dem Oberquartiermeister I und dem General der Nachrichtentruppe am 3. September 1939 im Erinnerungsbuch des späteren Chefs der Operationsabteilung kann hohe Authentizität beanspruchen:

»*General v. Stülpnagel*: Da haben wir den zweiten Weltkrieg! Das ist die Quittung auf das unverantwortliche Spiel der letzten Jahre. Dieses Mal hat der Spieler falsch gesetzt!
General Fellgiebel: Die Nachricht von dem englisch-französischen Eingreifen soll bei Hitler und Ribbentrop wie eine Bombe eingeschlagen haben. Da machten sie sich immer über Bethmann Hollweg lustig und können es selbst keinen Deut besser. So wird mit dem Schicksal eines Volkes gespielt. Das ist unverantwortlich!
General v. Stülpnagel: Hitler hat die englische Mentalität viel zu wenig berücksichtigt. Der Engländer weiß genau,

wie weit er gehen kann und will. Wenn er Polen feierlich garantiert, so steht er auch zu seinem Wort. Er muß es um seines eigenen Ansehens willen. Das hätte man spätestens am 25. August wissen müssen. Man hat auch den letzten Schritt der Engländer nicht ernst genommen und die Grenzen überschritten. Unser Militärattaché in London hat oft genug auf den Ernst der englischen Drohung hingewiesen, aber Hitler und Ribbentrop wollten wieder klüger sein.

General Fellgiebel: Und jetzt wiegen sie sich in der Hoffnung, mit Polen so schnell fertig zu werden, daß England und Frankreich gar nicht erst zur Besinnung kommen und sich mit den Tatsachen abfinden.

General v. Stülpnagel: Wenn sie sich nur auch darin nicht täuschen ...

General Fellgiebel: Sie waren doch neulich noch einmal bei Beck? Was meinte er zu der Entwicklung?

General v. Stülpnagel: Er ist von bewundernswerter Klarheit und Logik und rechnete mir nüchtern und sachlich vor, daß wir den Krieg verlieren müßten, wenn England und Frankreich eingriffen. Er bewies es mit Zahlen und Tatsachen. Vor allem sagte er, daß es dann unausbleiblich zu einem langen Krieg kommen werde, weil wir gar nicht die Mittel besäßen, beide Gegner rasch zu überrennen. Ein langer Krieg aber müsse für uns tödlich werden. Ich konnte ihm nur beipflichten, aber ich habe ihm zur Vorsicht geraten. Auch wir werden uns vorsehen müssen. Man nennt uns bereits den ›Defätistenklub‹.

General Fellgiebel: Das wundert mich nicht. Wir gehören zu einer Generation, die nach den heutigen Begriffen veraltet ist. Wenn die Macht die Stunde beherrscht, verhallt die Stimme der Vernunft.«[5]

Zu den bösen Erinnerungen an den Ersten Weltkrieg, in welchem gegen dieselben Gegner die meisten Schlachten gleichfalls gewonnen wurden, aber der Krieg verlorenging, kam nun noch ein Neues, Schlimmeres. »Der Schuld am

Krieg folgt die Schuld im Krieg« (E. v. Weizsäcker). Am 9. September, einen Tag nachdem die Panzerspitze des XVI. Armeekorps (mot.) in Warschau eindrang, wurde Stülpnagel von Major i. G. Groscurth im Auftrag von Canaris und Oster über folgendes orientiert: »Heydrich hetzt weiter in wüstester Form gegen Armee - es ginge alles viel zu langsam!! Täglich fänden 200 Exekutionen statt. Die Kriegsgerichte arbeiteten aber viel zu langsam. Er würde das abstellen. Die Leute müßten sofort ohne Verfahren abgeschossen oder gehängt werden. Die kleinen Leute wollen wir schonen, der Adel, die Popen und Juden müssen aber umgebracht werden ... Schickt mich sofort zu Chef d. Genstb.«[6]

Es zeigte sich, daß der Generalstabschef über die Absicht Hitlers und Görings, das polnische Volk in seinen wertvollsten Teilen zu vernichten, bereits informiert war; das übrige könne auch nicht andeutungsweise schriftlich niedergelegt werden, sagte Halder noch. Daraus erhellt, daß trotz der engen, ja freundschaftlichen Zusammenarbeit zwischen dem Chef des Generalstabs und seinem Oberquartiermeister I es dienstliche Bereiche gegeben hat, in welche Stülpnagel von Halder nicht ins Vertrauen gezogen worden ist. Auch der Oberbefehlshaber des Heeres, Generaloberst v. Brauchitsch, mit welchem der Oberquartiermeister I fast täglich zusammentraf, hat Stülpnagel in Unkenntnis gelassen, daß er Hitler gegenüber auf die »vollziehende Gewalt« zugunsten der SS und Gestapo verzichtet hatte.[7] Er konnte offenbar nicht anders. Zur weiteren psychologischen Durchleuchtung Brauchitschs und Kennzeichnung seiner schwachen Position im nunmehr fast täglichen Kampf mit Hitler kann folgende Erinnerung Halders dienen: »Er [Brauchitsch] hat mir oft genug mit der Bitte um Verständnis versichert, wenn er diesem Mann gegenüberstehe, versage ihm das Wort. Man wird es verstehen, wenn man weiß, daß hier der ehemalige Leibpage Ihrer Majestät der Kaiserin dem gewalttätigen Proleten aus der Gosse gegenüberstand.«[8]

Neben dem operativen Ablauf des polnischen Feldzuges und seinen beunruhigenden Begleiterscheinungen hinsichtlich der »vollziehenden Gewalt« war Stülpnagel gedanklich zunehmend mit der Westfront beschäftigt. Am 25. September 1939 nachmittags wurde er »zwecks Fühlungnahme« vom Chef der Abteilung Landesverteidigung im Oberkommando der Wehrmacht, Generalmajor Walter Warlimont, aufgesucht. Der »Chef L« wollte zunächst die Absichten des Heeres zur Durchführung des Angriffs auf Warschau kennenlernen. In seinem Kriegstagebuch ist weiter verzeichnet: »Chef L bittet sodann um Mitteilung der Ansichten OQU I über die weitere Kriegführung im Westen. Dabei ergibt sich, daß General v. Stülpnagel im Auftrage des Ob.d.H. hierüber eine Studie verfaßt und tags zuvor beendet hat, die zu dem Ergebnis kommt, daß das Heer im Westen vorläufig nicht zum Angriff gegen die französische Festungsfront befähigt sei, und zwar in der Hauptsache wegen des Mangels an Angriffsmitteln gegen ständige Befestigungen (schwerste Kampfwagen sowie schwere und schwerste Artillerie) und wegen des Mangels an Munition. Ein entscheidender Wandel, der zum Erfolg versprechenden Angriff gegen die französische Festungsfront befähigen könnte, sei nicht vor dem Frühjahr 1942 zu erwarten. Im einzelnen führt General v. Stülpnagel aus: Die schweren Kampfwagen seien im Osten so stark mitgenommen worden, daß sie zunächst gründlich überholt werden müßten ... die leichten Kampfwagen aber seien für den Großkampf als nicht vollwertig anzusehen...«[9]

Die in Warlimonts Aktennotiz erwähnte, von Brauchitsch in Auftrag gegebene und von Stülpnagel am 24. September 1939 abgeschlossene Studie über den Krieg im Westen konnte bis jetzt nicht gefunden werden. So sind nur die vom »Chef L« aufgezeichneten kriegstechnischen Gründe überliefert, welche zwingend gegen eine baldige Westoffensive sprachen. Wie richtig der Infanterist Stülpnagel die »Panzerlage« beurteilt hat, zeigte sich an den Pfingstfeiertagen 1940: In der Panzerschlacht bei Hannut/Gembloux kam das XVI. Armeekorps (mot.) unter General Hoepner nur durch die inzwischen überholten Panzer III und IV zum Erfolg. Stülpnagel hat die Mitteilung Warlimonts über »Angriffsabsichten des Führers im Westen« unverzüglich an Halder weitergegeben, wie aus dessen Eintragung im Kriegstagebuch vom 25. September 1939 ersichtlich ist. Im Oberkommando des Heeres stießen sie auf einhellige Ablehnung; die maßgeblichen Offiziere waren bestürzt und bedrückt. »Man dachte an einen Abwehrkrieg im Westen mit der Absicht, den Krieg sich dort totlaufen zu lassen und Zeit für eine diplomatische Lösung zu gewinnen.«[10]

Daß es aber nicht nur militärisch-logistische Gründe waren, welche die führenden Männer des OKH bestimmten, sich einer baldigen Westoffensive zu widersetzen, wird aus einem Brief des damaligen Ersten Generalstabsoffiziers im OKH deutlich: »Stülpnagel und sein Duzfreund Halder waren sich einig darin, daß ein Krieg gegen Frankreich politisch unerwünscht, militärisch voller Risiken und im Endeffekt höchst zweifelhaft wäre...«[11] Es war noch keine Generationsspanne vergangen, seitdem das deutsche Heer der Kaiserzeit deprimiert, unterernährt und todmüde von den verschiedenen Fronten in eine hungernde, verzweifelte Heimat zurückkehrte. Die Materialschlachten der Westfront hatten es zermürbt, in welchen die Hilfsquellen der Kolonialmächte und der USA sich als fast unerschöpflich erwiesen. Die Westfront 1914/18 bildete das zentrale Kriegserlebnis der damaligen Kompanie- und Bataillonsführer wie der jüngeren Generalstabsoffiziere. Sie blieb fester Bestandteil in der Berufs- und Lebenserfahrung der jetzigen Heeresgruppen- und Armeeoberbefehlshaber wie der führenden Köpfe im Generalstab des Heeres. Zu Beginn des Polenfeldzuges hatten sie noch eine »diplomatische Lösung« erhofft, vor allem aber, daß es zu einem eigentlichen Waffengang im Westen gar nicht kommen werde.[12] Nun war in den letzten Tagen des polnischen Feldzuges klar geworden, daß der Diktator eine baldige Offensive im Westen beabsichtigte, wiederum unter Verletzung der belgischen Neutralität, wenn nicht sogar derjenigen Hollands. Mit den ersten Oktobertagen 1939 begann für die Oppositionellen in Uniform eine neue Anspannung der Nerven und des Gewissens, die im Unterschied zu 1938 jetzt nicht Wochen, sondern Monate dauerte. Ihre Situation hatte nichts Vergleichbares in der preußisch-deutschen Militärgeschichte. »...die deutschen militärischen Führer, die sich jetzt zum Entschluß des Widerstandes durchrangen, arbeiteten für einen deutschen Sieg, aber zugleich auch gegen ihn. Man muß diesen scheinbaren Widerspruch in seiner ganzen Schärfe stehen lassen und mag daran ermessen, in welchen Konflikten die entscheidenden Personen standen. Es war eine gewaltige Beanspruchung, unter der Decke der militärischen Planarbeit, die ohnehin schon den Einsatz der äußersten Kraft erforderte, gleichzeitig die Gedanken eines Umsturzes weiterzutreiben.«[13]

Stülpnagels Führungsrolle im Widerstandsdenken und in den Staatsstreichplanungen des OKH ist für diesen Zeitraum unbestritten. »Als Kopf der Widerstandsgruppe im OKH ist C.-H. Stülpnagel, der Vertreter und Freund Halders, anzusehen, der sich generell zwar als den Beauftragten Halders empfand, aber auch auf eigene Initiative handelte ... Gegner Hitlers war er aus christlich-sittlicher Verwurzelung.«[14] Der Chef des Generalstabs erinnerte sich bald nach dem Krieg an das leidenschaftliche Engagement seines Oberquartiermeisters I für den Staatsstreich. In der Gefangenschaft berichtete Halder dem englischen Professor Trevor-Roper: »Of course I tried to influence BRAUCHITSCH as time went on and had a very fiery whipper-in ... STÜLPNAGEL – for good old STÜLPNAGEL was a crazy fellow who always behaved like a bull in a china shop, while I am calmer and more deliberate, and always look for the positive points...«[15] Diese Charakterisierung seines Vertreters und Freundes als »Bulle im Porzellanladen« ist verwunderlich, da sie so gar nicht zu dem Bilde des durchgeistigten und diplomatischen Mannes Stülpnagel paßt; sie mag auf Übertragungsfehler zurückzuführen sein. Halder hat dann lange nach dem Krieg in einem Interview mit seiner Enkelin sich an Stülpnagel noch einmal wie folgt erinnert: »Er war ein geistig veranlagter Mann mit hohem politischen Interesse und Feingefühl, und wir haben uns ausgezeichnet verstanden. Er war einer derjenigen, die mit der wirklich ehrlichen Überzeugung, daß Hitler ein Feind unseres Vaterlandes sei, innerlich dauernd im Kampf gegen ihn standen und sich und andere zur Tat trieben. Aber er gehörte nicht zu den Persönlichkeiten, deren ewige Drängelei mir unangenehm wurde, wie z.B. Wagner, sondern er behielt die überlegte und den Gesamtüberblick wahrende Betrachtung der Widerstandsfragen, wie auch Fellgiebel. Stülpnagel war jedoch keine Kraftnatur, wie z.B. Tippelskirch, und ist deshalb in seiner Feinfühligkeit und Beeinflußbarkeit Leuten wie Gisevius, Groscurth und anderen, die sich an ihn als an meinen Vertreter wandten, weit mehr unterlegen als manche anderen und hatte vielleicht eine gewisse Ähnlichkeit mit Brauchitsch.«[16] Man kann, trotz Halders anerkannt gutem Gedächtnis, dieses Erinnerungsbild nicht rundum akzeptieren, zumal es fast dreißig Jahre nach den Ereignissen vom Herbst 1939 gezeichnet wurde. Es macht aber, ebenso wie der Bericht in der Gefangenschaft, das Engagement deutlich, mit welchem Stülpnagel damals den Staatsstreich betrieben hat.

Woher kamen die inneren Antriebe? Stülpnagels Denkart und Weltbild waren vom Christentum sowie von der abendländischen Philosophie und Dichtung geprägt. Gerechtigkeit und Beherrschung bildeten in der Lehre der Stoa zentrale Begriffe; die Dramen Senecas warnten vor der furchtbaren Wirkung menschlicher Leidenschaften. Für eine Beschäftigung Stülpnagels mit Kant geben Nachlaß und Zeitzeugen, anders als in bezug auf Pascal, zwar keine direkten Hinweise. Der mehrjährige Aufenthalt in Ostpreußen, die Neigung, sich stets auch mit dem geistig-kulturellen Untergrund einer Landschaft zu befassen, in welche der Berufsweg führte, schließlich die Breite der Interessen, welche von Geographie und Biologie zu Mathematik, Logik, Physik und Metaphysik reichte, lassen indessen ohne weiteres den Schluß zu, daß Stülpnagel sich mit dem größten Denker Preußens befaßt hat. Ein Kenner der preußisch-deutschen Militärgeschichte stellte nach dem Kriege fest, »daß ein dem kantischen Geist verwandtes Denken in führenden Männern der Armee durch Generationen wirksam gewesen ist«.[17] Von zwei Zeitgenossen Kants ausgehend, blieb die Vernunftidee im deutschen Militär durch das ganze 19. Jahrhundert und bis in die Zeit Hitlers mächtig. »Gebildet im Geiste von Scharnhorst und Clausewitz, ist in dem Feldherrntypus Helmuth v. Moltke die Vernunft im hohen kantischen Sinne zur Herrschaft gelangt. Vernunft und Moral haben auch den Mann geleitet, der in Moltke ein Vorbild sah und als Generalstabschef des deutschen Heeres von 1933–1938 Gegner eines Krieges wurde, dem er die politische und sittliche Notwendigkeit absprach ... Ludwig Beck.«[18] Der entlassene Chef des Generalstabs hatte keine Möglichkeiten mehr, den Gang der Dinge direkt zu beeinflussen. So wirkte er auf seinen Nachfolger Halder ein, noch mehr jedoch auf den ihm geistig verwandteren Stülpnagel, und trug zu dem ethischen Rigorismus bei, welcher der Aktivität des Oberquartiermeisters I in diesen Herbstwochen zugrunde lag.

Die Würdigung der Widerstandsaktivität Stülpnagels im Herbst 1939 wird dadurch erschwert, daß man fast ganz auf Aufzeichnungen und Erinnerungen anderer angewiesen ist. Den Tagebüchern des Leiters der Verbindungsgruppe der Abwehr zum Oberkommando des Heeres, Oberstleutnant i.G. Groscurth, sowie den Kriegstagebüchern und Nachkriegserinnerungen des Chefs des Generalstabs Halder kommt am meisten Bedeutung zu. Natürlich sind sie subjektiv: Groscurths Aufzeichnungen geben die Sicht des drängenden Untergebenen wieder, die Erinnerungen Halders die des dämpfenden, weil die Gesamtverantwortung tragenden älteren Vorgesetzten. In Stülpnagel berührten sich damals »zwei oppositionelle Kraftfelder im Oberkommando des Heeres« (K.-J. Müller): die junge, konspirative Aktivistengruppe um Groscurth, mit seinen Freunden im Auswärtigen Amt, und der dem Wägen insgesamt mehr als dem Wagen zugeneigte Nachfolger im Amte Moltkes. Die ethische Verwurzelung Stülpnagels, die wir schon kennen, macht folgende Einschätzung verständlich: »Die stärkste motorische Kraft ... um Halder war zweifellos Heinrich v. Stülpnagel ... Dieser energische und temperamentvolle Mann war ein leidenschaftlicher Gegner Hitlers, zutiefst überzeugt, daß Hitlers Kriegspolitik unheilvoll war. Mit seiner ganzen Impulsivität drängte er Halder ständig zum Handeln.«[19] Der vom Chef des Generalstabs genannte Hinderungsgrund für eine Aktion, nämlich die Verweigerung des Oberbefehlshabers v. Brauchitsch, soll nach einer Aussage Halders vor der Spruchkammer München am 20. Juli 1948 Stülpnagel einmal so in Wut gebracht haben, daß er »zitternd vor Erregung« Halder aufforderte, Brauchitsch einzusperren, wenn er nicht mitmache. Mag sein, daß das seit der Tschechei-Krise besonders schlechte Verhältnis Becks zu Brauchitsch[20] sich auf Stülpnagel übertragen und ihn gegen den Oberbefehlshaber des Heeres in Harnisch gebracht hat.

Mitte Oktober 1939 gerieten Halder und Stülpnagel unter immer stärkeren Druck durch Hitlers Forderungen nach baldiger Eröffnung der Offensive im Westen. Als er hierfür die Novembermitte ins Auge faßte und die oppositionellen Kräfte im Auswärtigen Amt unter Staatssekretär v. Weizsäcker davon Kenntnis erhielten, erarbeiteten die Legationsräte v. Etzdorf und Kordt eine Denkschrift, für die Groscurth die militärischen Argumente lieferte.[21] Im einleitenden Kapitel »Das drohende Unheil« hieß es, daß die für Mitte November beabsichtigte Kriegsausweitung im Westen »das Ende Deutschlands bedeuten würde«. Gebot der Stunde sei es daher, zu verhindern, »daß der Einmarschbefehl zur Ausführung gelangt«. Wie aus Groscurths Privattagebuch ersichtlich, übergab er die Denkschrift am 19. Oktober an Beck und Stülpnagel. Der Oberquartiermeister I stand damit im Mittelpunkt aller oppositionellen Bemühungen. Wie Halder zwei Jahrzehnte nach dem Krieg berichtete, habe der sonst so beherrschte und überlegene Stülpnagel damals in großer Erregung gefordert, er solle ohne den Oberbefehlshaber handeln, und ihm, Halder, vorgeworfen, er mache sich »unnötig abhängig von diesem Brauchitsch«.[22] Halder hielt den Zeitpunkt für die Aktion noch immer für verfrüht und erklärte überdies, daß ihm ein solches Vorgehen gegen einen »persönlich ehrenwerten und seelisch so fragilen Mann wie Brauchitsch«[23] nicht möglich sei. Stülpnagel beugte sich schließlich der Meinung Halders und vertrat diese auch am 25. Oktober gegenüber Oster und Canaris, worüber Groscurth am gleichen Tage in seinem Privattagebuch verzeichnete: »Oberst Oster bei OQu I. Ablehnung! Nachmittags Canaris bei OQu I. Auch ergebnislos. Vorwürfe gegen Oster und mich wegen zu starken Drängens.«

Man darf diese Vorwürfe nicht so sehen, als ob Stülpnagel im Grundsätzlichen mit den »Aktivisten« nicht in voller Übereinstimmung gewesen wäre. Auch Generationsunterschiede gab es nicht: Canaris und Oster waren nur ein Jahr jünger als er. Was den Vertretern der Abwehr fehlte, war die richtige Erkenntnis der in einem so großen Apparat wie der Armee für ein solches Unternehmen notwendigen organisatorischen, insbesondere aber psychologischen Voraussetzungen. Denn: Zu viele Offiziere waren nach dem Ausbau der Wehrmacht und ihrer Bewährung vor dem Feind im September 1939 von Hitler fasziniert! Dies konnte vom Oberquartiermeister I, der zugleich Vertreter des Chefs des Generalstabs war, nicht unberücksichtigt gelassen werden. Insofern ist es richtig: »...trotz stärksten Tatwillens unterschied sich der Oberquartiermeister I ... von den Aktivisten doch durch eine trotz aller unleugbaren Dynamik offenkundig realistischere Betrachtungsweise«.[24] Um die für den Staatsstreich notwendigen Voraussetzungen zu schaffen, wurden Halder und Stülpnagel ab Mitte Oktober in mehrfacher Hinsicht aktiv. Vermutlich schon am 14. Oktober war Groscurth von Halder mit der »generalstabsmäßigen Ausarbeitung eines Staatsstreichplanes« (Kosthorst) beauftragt worden. Die Leitung der »Arbeitsgruppe«, welcher auf militärischer Seite auch der Chef des Heeresnachrichtenwesens im OKH, Stülpnagels Jahrgangskamerad Fellgiebel, sowie der Chef des Nachschubwesens, Oberst i. G. Wagner, angehörten, lag beim Oberquartiermeister I.

Halder wollte vor allem wissen, ob ein Staatsstreich unter Führung des Generalstabs die erforderliche breite Unterstützung und Zustimmung im Heer finden werde. Das klägliche Scheitern des Kapp-Putsches vor weniger als zwanzig Jahren war eine Warnung und auch in der Erinnerung Stülpnagels als »blödsinniges Unternehmen« lebendig geblieben. Für Halder war es wichtig zu erfahren, ob die drei Oberbefehlshaber der Heeresgruppen an der Westfront sich ihm anschließen würden. Alle waren älter als er, Generaloberst v. Rundstedt neun, Generaloberst Ritter v. Leeb acht, Generaloberst v. Bock vier Jahre. Konnten diese drei hochangesehenen Soldaten des Heeres gewonnen werden, so durfte Halder hoffen, auch den Oberbefehlshaber v. Brauchitsch mitreißen zu können. Die Bereitschaft zur Mitwirkung der Armeeführer, der Kommandierenden Generale und einiger Divisionskommandeure sollte ebenfalls eruiert werden. Mit dieser schwierigen Aufgabe betraute Halder seinen Stellvertreter und Freund Stülpnagel. In sein Kriegstagebuch schrieb er am 29. Oktober 1939: »OQU I Frontreise, Rundstedt und Leeb, Orientierung über Gründe der Änderung (Aufmarschanweisung), Hohe Kommandeure sprechen; Bericht erstattet über Absichten. Reichenau ... Stülpnagel ...« Vor der Spruchkammer München hat Halder sich dann am 20. Juli 1948 noch einmal wie folgt darüber geäußert: »Stülpnagel, dieser prächtige Soldat und preußische Edelmann vom Scheitel bis zur Sohle, mit dem weiten Kreis seiner Beziehungen, dessen Name über seine Kreise hinaus in der ganzen Armee bekannt war, ist wochenlang an die Front gefahren, von Kommando zu Kommando, von Division zu Division.«

Über diese – nach Halder – »wochenlangen Frontfahrten« Stülpnagels ist viel gerätselt worden. Sie dienten getarnt der Sondierung führender Soldaten der Westfront bezüglich ihrer Bereitschaft zum Staatsstreich, gleichzeitig aber und nach außen zur Erarbeitung des Operationsplans für die

Westoffensive und der Aufmarschanweisung für den »Fall Gelb«.[25]

Die Unklarheit ist wohl auch dadurch entstanden, daß Halder vor der Spruchkammer den Beginn der Frontreisen erst nach dem 23. November angesetzt und sich dabei – es lagen ja neun Jahre dazwischen - um einen Monat geirrt hat. Die »Tagebuchnotizen Westen« des Generalobersten Fedor v. Bock, der damals in Bad Godesberg die Heeresgruppe B führte, enthalten aber am 23. Oktober folgenden Eintrag: »Vormittags kommt General v. Stülpnagel vom Oberkommando des Heeres und unterrichtet über die Fragen, die am 25. zur Sprache kommen sollen. Nachmittags Unterredung mit Kluge und Reichenau.«[26] Für den 25. Oktober hatte Hitler den Generalobersten v. Reichenau, der unter Bock die 6. Armee führte, zu einer Besprechung nach Berlin befohlen und am 22. Oktober überdies angeordnet, daß auch Generaloberst v. Bock sowie der Armeeführer der 4. Armee, Generaloberst v. Kluge, mitkommen sollten.

Mit Reichenau war Stülpnagel, wir erinnern uns, seit dem Besuch der Kriegsakademie befreundet. Er hatte eine glänzende Karriere gemacht, vor allem seit er nach der Machtübernahme »Hitlers Mann« (H. C. Deutsch) geworden war und neben Blomberg am meisten dazu beitrug, das Heer an den Nationalsozialismus heranzuführen. Wer Reichenau aber näher kannte, hielt ihn für »viel zu intelligent, als daß er auf die Dauer Nationalsozialist hätte sein können«.[27] Es gab sogar die Ansicht, daß Reichenau, wenn er länger gelebt hätte, »noch ein Mann der Widerstandsbewegung geworden wäre«.[28] Der Bericht Bocks über das Verhalten Reichenaus bei der Besprechung mit Hitler am 25. Oktober liest sich wie eine Bestätigung dieser Ansicht: »Reichenau schildert die Schwierigkeiten der holländischen Tiefebene und äußert Bedenken gegen einen Angriff in dieser Jahreszeit. Bei Erörterung der Möglichkeiten einer zeitlichen Verschiebung kommt die Rede auf das politische Gebiet. Reichenau kämpft tapfer für seine Ansicht. Schließlich greife ich ein, indem ich die Aufmerksamkeit wieder auf die Operation lenke, was der Führer sofort aufgreift.«[29] Daß der Nur-Soldat Bock bei dieser Besprechung zugegen war und Reichenaus umfassende politische Argumentation mit operativen Details unterbrach - vermutlich zur Erleichterung Hitlers -, kann rückblickend nur bedauert werden. Man darf annehmen, daß Stülpnagel seinen Freund Reichenau mit politischen und militärischen Argumenten, die für eine Verschiebung der Westoffensive sprachen, laufend versorgt hat - beweisen kann man es leider nicht.[30]

Auch bezüglich des Verlaufs seiner Frontreisen ist man auf Zeugnisse aus zweiter Hand angewiesen. Vermutlich ist Stülpnagel zuerst in das ihm vertraute Frankfurt am Main gefahren, wo er am 31. Oktober den mit Halder landsmannschaftlich verbundenen gläubigen Katholiken Ritter v. Leeb sprach, der dort die Heeresgruppe C führte. Dieser hochangesehene Soldat, der im Heer als hervorragender Abwehrspezialist galt, hatte am 11. Oktober eine »Denkschrift über die Aussichten und Wirkungen eines Angriffs auf Frankreich und England unter Verletzung der Neutralität Hollands, Belgiens und Luxemburgs« an Brauchitsch und Halder gesandt, die auch Bock nachrichtlich erhielt. Durch die Persönlichkeit Leebs, aber auch diejenige seines Stabschefs, General v. Sodenstern, und des Ia, Oberst i.G. Vincenz Müller, gab es bei der Heeresgruppe C für die Mission Stülpnagels günstige Voraussetzungen. Wie er wohl erwartete, erhielt Stülpnagel von Leeb »eine rückhaltlose Zusage« (Kosthorst). Am wertvollsten dürfte gewesen sein, daß Leeb noch am gleichen 31. Oktober an den »lieben Herrn von Brauchitsch« schrieb und den Heeresoberbefehlshaber noch einmal vor der Westoffensive warnte: »Eben war der gestern angekündigte Kurieroffizier bei mir. Es drängt mich, in dieser schicksalsschweren Zeit Ihnen nochmals zu sagen, wie sehr ich Ihnen die Verantwortung nachfühle, die auf Ihnen lastet. Vielleicht hängt das Schicksal des gesamten deutschen Volkes in den nächsten Tagen von Ihnen ab ... Die militärischen Gründe, die gegen die Absichten des Führers sprechen, sind klar ... Das Schwert hat nicht die

Schärfe, die der Führer wohl annimmt ... Ich halte es für ein gegenwärtig nicht zu erreichendes Ziel, Engländer, Franzosen und Belgier militärisch zu vernichten ... Das gesamte Volk ist von einer tiefen Friedenssehnsucht erfüllt ... Ich bin bereit, in den kommenden Tagen mit meiner Person voll hinter Ihnen zu stehen und jede gewünschte und notwendig werdende Folgerung zu ziehen.«[31]

Vermutlich wurde durch Stülpnagel auf diesen Brief Leebs dadurch zielstrebig hingearbeitet, daß er die Gehemmtheit des Heeresoberbefehlshabers gegenüber Hitler verdeutlicht hat. Das Tagebuch Leebs enthält nämlich unter dem 31. Oktober unter anderem die folgenden Sätze: »Aber niemand getraut sich, dem Führer zu widersprechen, auch nicht Göring. Brauchitsch kommt kaum mehr zu Worte, klappt vor dem Führer zusammen ... Ich biete mich an, mich voll hinter Generaloberst v. Brauchitsch zu stellen und, wenn geboten, auch die Folgerungen zu ziehen, und bitte Stülpnagel, dies auch Rundstedt und Bock zu sagen, zu denen er anschließend fährt. Brief an Generaloberst v. Brauchitsch geschrieben, um sein Rückgrat zu stärken.«[32]

Wie weit Stülpnagel bei der Erkundung von Leebs Ansichten und Bereitschaft zu »Aktionen« gegen die drohende Kriegsausweitung in Details gegangen ist, bleibt umstritten und läßt sich kaum mehr genau feststellen. Aufschlußreich bleibt aber, was Leeb an Halder übermitteln ließ: »Sie sind zwar dienstjünger als ich, aber ich kenne Sie von Jugend auf und vertraue Ihnen. Wenn Sie das Zeichen geben, werde ich marschieren.« Mit seiner Sondierung in Frankfurt konnte Stülpnagel jedenfalls zufrieden sein. Generaloberst Ritter v. Leeb und führende Soldaten seiner Heeresgruppe C ließen in den kommenden Wochen und Monaten den Bemühungen Stülpnagels und Halders ihre volle Unterstützung zukommen. Allerdings spielte die Heeresgruppe C in der Operationsplanung für den Westfeldzug gegenüber den beiden anderen Heeresgruppen nur die zweite Rolle.

Die Heeresgruppe A war schon Ende Oktober 1939 infolge der Schwerpunktbildung stärker als die Heeresgruppe C;

je mehr in den folgenden Wochen und Monaten die operativen Überlegungen sich auf den »Sichelschnittplan«[33] zubewegten, um so mehr wurde ihr zugewiesen. Oberbefehlshaber der Heeresgruppe A, deren Stab in Koblenz lag, war seit kurzem Generaloberst Gerd v. Rundstedt, einer der dienstältesten Soldaten der Wehrmacht und bei Hitler beliebt, weil er ein »unpolitischer« Soldat war. Schon aus diesem Grunde fand Stülpnagel in Koblenz ungünstigere Gegebenheiten als in Frankfurt. Zwar hatte Rundstedt ebenfalls am 31. Oktober, als Stülpnagel bei ihm eintraf, in einer Denkschrift an Brauchitsch seine ablehnende Haltung gegen die »Angriffsoperation durch Belgien-Holland« dargelegt und vorgeschlagen, »zunächst dem Gegner den Angriff zuzuschieben«.[34] Kennzeichnend jedoch für das strikt ressortgebundene Denken Rundstedts ist die Einschränkung im einleitenden Satz, daß er »alle politischen Fragen, als nicht zum Verantwortungsbereich des Soldaten gehörig, übergehe«. Im Ringen um Rundstedt muß Stülpnagel weit gegangen sein. Darauf lassen die Mitteilungen Halders an seine Enkelin lange nach dem Krieg schließen, die diese wie folgt wiedergibt: »... Rundstedt umriß seine Situation in der Antwort an Halder sehr klar, wenn er erklärte, er verstehe Halders Gedankengänge sehr gut und sie seien ihm auch keineswegs unsympathisch; aber er lasse Halder ausrichten: ›Wenn Sie den Putsch befehlen, kann ich den Versuch machen, aber ich kann Ihnen mit Sicherheit sagen, daß, wenn ich diesen Degen ziehe, er mir in der Hand zerbricht.‹ Er meinte, Befehle könnten zwar gegeben werden, aber bei solchen Unternehmungen keinen Gehorsam finden. Diese Aussage kam einer klaren Absage gleich.«[35] Über Rundstedts Denkschrift hatte Halder schon am 1. November 1939 enttäuscht in seinem Tagebuch verzeichnet, daß in ihr »die positive Seite« fehle. Noch größer muß Stülpnagels Enttäuschung über Rundstedt gewesen sein.

Von Koblenz fuhr Stülpnagel noch am gleichen 31. Oktober in das nahegelegene Bad Godesberg, wo der Stab der Heeresgruppe B untergebracht war. Deren Oberbefehlsha-

Die Eltern Hermann und Louise v. Stülpnagel, geb. v. d. Tann-Rathsamhausen, um 1890

Der Primaner Carl-Heinrich als »Faust« mit Schwester Elisabeth als »Gretchen« vor Schloß Tann/ Rhön, 1903.

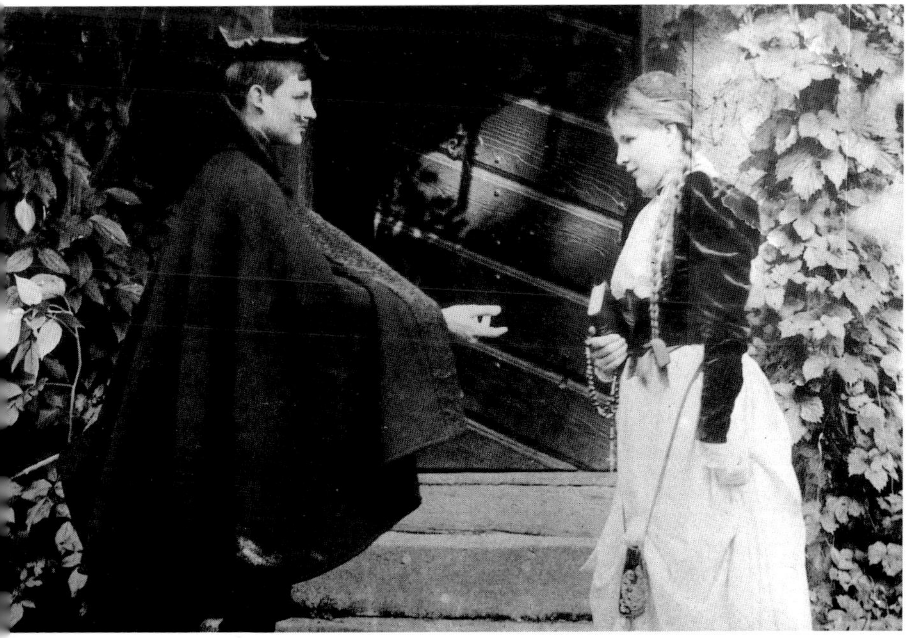

Generalleutnant und Oberquartiermeister II im OKH, 1938.

Links oben: Als Hauptmann i. G. mit seiner Braut Helene Freiin v. Pentz, 1914.

Links unten: Im Hörsaal der Kriegsakademie in Berlin, 1911-1914. Von links: v. Stülpnagel, v. Reichenau, v. Linsingen, v. Bünau.

Letztes Familienfoto, Weihnachten 1942 in Potsdam.

Als Oberbefehlshaber der 17. Armee in der Ukraine (links).

Mit dem Chef des Stabes der 17. Armee, Oberst i. G. Vincenz Müller (rechts) und dem Ia, Oberstleutnant i. G. Wentzell (links).

Taufe des Sohnes von Oberst i. G. Kossmann. Von rechts: v. Stülpnagel, Rommel, Kossmann, Speidel, Offiziere des Kommandostabes. Mareil-Marly, 15. Mai 1944.

Spaziergang mit Rommel nach der Taufe in Mareil-Marly.

Cäsar v. Hofacker (1896–1944).

Oberst i. G. Eberhard Finckh (1899–1944).

Ernst Jünger als Hauptmann der Reserve im Kommandostab des Militärbefehlshabers.

Unten links: Oberkriegsverwaltungsrat Friedrich Freiherr v. Teuchert.

Unten rechts: Oberst i. G. Hans-Otfried v. Linstow (1899–1944).

Feldwebel Peter Schauf mit Dienstwagen vor dem Hotel Raphael.

Oben: Hotel Majestic, Paris. Amtssitz des Militärbefehlshabers, um 1937.

ber, Generaloberst Fedor v. Bock, genoß im Generalstab höchstes Ansehen als ein hervorragender operativer Kopf.[36] Ebenso bekannt waren aber auch seine Eitelkeit und sein Ehrgeiz, was die Erwartungen in ihn von vornherein herabsetzte.[37] Am Vormittag des 31. Oktober hatte Bock, wie aus seinen Tagebuchnotizen hervorgeht, eine Besprechung mit den Armeeführern (v. Kluge und v. Reichenau) »über ihre Absichten« abgehalten. Sicher standen die militärischen Schwierigkeiten eines Angriffs im Winterhalbjahr dabei im Vordergrund, worüber Bock notierte: »Alles ist noch nicht ganz reif; im Großen aber Einhelligkeit der Meinungen.« Im zweiten Absatz der knappen Tagebucheintragung dieses 31. Oktobers heißt es dann: »Stülpnagel (Oberkommando des Heeres) kommt, bringt aber nichts Neues. Rundstedt hat sich zu der Frage des Angriffs auch offiziell ebenso geäußert wie ich. Reichenau fährt heute nochmal nach Berlin, um mit dem Führer über den Angriff zu sprechen.«[38] Der nur aus den Worten »bringt aber nichts Neues« bestehende Kommentar Bocks über das Gespräch mit Stülpnagel kann als eine Ausflucht verstanden werden. »Bock tat so, als verstehe er nicht, was Stülpnagel von ihm wollte; er wollte sich nicht festlegen« (Schall-Riaucour).

Der Vermerk über Reichenaus nochmalige Fahrt nach Berlin, »um mit dem Führer über den Angriff zu sprechen«, führt zu der Frage, ob Stülpnagel seinen militärpolitisch so engagierten Akademie-Kameraden an diesem 31. Oktober in Bad Godesberg noch getroffen und gesprochen hat. Es ist unwahrscheinlich, da er nach den vorausgegangenen Besprechungen in Frankfurt und Koblenz wohl erst am Spätnachmittag oder Abend in Bad Godesberg eingetroffen sein dürfte. Ganz auszuschließen ist es nicht. Über diese weitere Vorsprache bei Hitler notierte Bock dann schon am folgenden Tag, den 1. November, in seinem Tagebuch: »Reichenaus Vorstellungen bleiben fruchtlos; der Führer bleibt bei seinem Entschluß.«[39] In diesen Herbstwochen 1939 dürfte Reichenau *der* Soldat des Heeres gewesen sein, mit welchem Hitler - die Adjutanten ausgenommen - am häufigsten über den Angriff im Westen gesprochen hat. »Reichenau ist wieder nach Berlin unterwegs; der Führer will ihn noch einmal sprechen«, verzeichnete Bock schon am 4. November erneut in seinem Tagebuch. Ein Teilerfolg der zahlreichen Besprechungen mit dem Diktator wird vor allem Reichenau zugeschrieben werden müssen: Der Angriffstag wurde immer wieder, insgesamt neunundzwanzigmal, verschoben.

Es ist nicht mehr zu klären, wieweit Stülpnagel neben dem gedrängten Besprechungsprogramm mit den Heeresgruppen-Oberbefehlshabern noch Zeit und Gelegenheit fand, auch bei den Armeeoberbefehlshabern, Kommandierenden Generalen und Divisionskommandeuren zu sondieren. Der Brief Hoepners vom 7. November aus Düsseldorf, in welchem der Kommandierende General des XVI. Armeekorps (mot.) seiner Frau schrieb, daß »alle Soldaten« seine Besorgnis vor der Westoffensive teilten, führt neben Rundstedt, Bock, Reichenau und Halder auch Stülpnagel auf. Es müßte also vor dem 7. November einen Meinungsaustausch zwischen den beiden Jahrgangskameraden gegeben haben, der jedoch ebenso in Berlin stattgefunden haben könnte. Möglich ist aber auch, daß Halder bei seinen Besprechungen mit Hoepner erwähnt hat, der Oberquartiermeister I stimme mit ihm völlig überein und sondiere in seinem, Halders, Auftrag. Parallel zu Halder und Stülpnagel war ja gerade Hoepner in diesen Wochen bemüht, den ihm aus seiner Tätigkeit in Königsberg gut bekannten Oberbefehlshaber des Heeres für eine »Aktion« zu gewinnen. Hoepner wie Stülpnagel rechneten in dieser Hinsicht auch mit ihrem Jahrgangskameraden Geyr v. Schweppenburg, dem früheren Militârattaché in London, der in Hoepners Armeekorps die 3. Panzerdivision befehligte. Sie wurden beide von Geyr wenig später informiert, daß sein, Geyrs, Offizierkorps in der Einstellung zum Nationalsozialismus gespalten und sein erfolgreicher Einsatz gegen das Regime nicht möglich sei.[40]

Auch in bezug auf die Westoffensive war in den Offiziersrängen die Haltung uneinheitlich. Die Furcht vor der großen Militärmacht Frankreich, an welcher 1914/18 das deutsche Heer gescheitert war, erstreckte sich offenbar nur auf die älteren Jahrgänge. »Wir Jüngeren haben 1939/40 nicht verstanden, warum unsere Generale vor Frankreich so ängstlich waren«, erinnerte sich einer der fähigsten Regimentskommandeure Hoepners, der im Ersten Weltkrieg noch als Leutnant gekämpft hatte.[41] Das Generationsproblem in der Militäropposition ist vielschichtig und nicht auf einen Nenner zu bringen; es wird uns noch beschäftigen.

Das Gesamtergebnis dieser Frontreise und Besprechungen am Reformationstag 1939 war deprimierend. Halder erinnerte sich vor der Spruchkammer München am 15. September 1948, Stülpnagel sei resigniert zurückgekehrt und habe ihm bestätigt: »Du siehst richtig, es geht nicht! Die Kommandeure und die Truppen würden deinem Ruf nicht folgen.«[42] Durch Halder ist dann in die ganze Widerstandsliteratur eingegangen, Stülpnagel sei damals »entmutigt und resigniert«[43] gewesen. Er war es sicher nicht in dem Sinne, daß er die Flinte ins Korn geworfen hätte. Wir erinnern uns des Jugendbriefes, in welchem er dem Freunde Sigurd v. Ilsemann schrieb, man müsse »im Leben aufs Ganze gehen«. Auf Resignation deutet auch nicht hin, wie Stülpnagel, nach Halders Bericht vom August 1960, den zögernden Brauchitsch notfalls »neutralisieren« wollte. »Ich sperre ihn in sein Zimmer und werfe den Schlüssel ins WC«, soll Stülpnagel – »zitternd vor unterdrückter Wut und Erregung« – Halder einmal vorgeschlagen haben. Auch dies klingt sonderbar in bezug auf den überlegten Mann, als welchen wir Stülpnagel kennen; aber nach »Resignation« klingt es jedenfalls nicht.

Ebenfalls am Reformationstag 1939, während Stülpnagel die Besprechungen in den Hauptquartieren der Westfront führte, versuchte Halder in Zossen, den neuernannten Befehlshaber des Ersatzheeres, General der Artillerie Fritz Fromm, für die Militäropposition zu gewinnen. Für diesen wichtigen Posten war eigentlich in der personellen Mobilmachungsplanung noch aus der Zeit Fritschs und Becks der General der Infanterie Joachim v. Stülpnagel, Carl-Heinrichs älterer Vetter, vorgesehen, der sich im Ersten Weltkrieg als Generalstabsoffizier in der OHL, in der Reichswehr dann als Truppenführer und Militärschriftsteller einen guten Namen gemacht hatte. Als er am 29. und 30. August 1939 die Dienstgeschäfte im Bendlerblock übernahm, wurde Joachim v. Stülpnagel von Hjalmar Schacht und seinem Vetter Carl-Heinrich aufgesucht. Beide beschworen ihn, alles zu tun, was in seinen Kräften stehe, um den Krieg zu vermeiden, was ihnen auch versprochen wurde. Aber am 31. August wurde Joachim v. Stülpnagel zu dem drei Jahre jüngeren Oberbefehlshaber des Heeres bestellt. Er erinnerte sich später: »Als ich eintrat, ließ es Brauchitsch nicht zu meiner Meldung kommen, sondern sagte mir nur: ›Ich komme soeben vom Frühstück beim Führer. Sie sind von ihm entlassen, weil Sie am 29. mit dem Kronprinzen telefoniert haben. . .‹ Mein Nachfolger wurde Fromm . . . Meines Erachtens war das harmlose Ferngespräch mit dem Kronprinzen nur ein Vorwand.«[44]

Durch seine christlich-konservative Grundhaltung wäre Joachim v. Stülpnagel als Befehlshaber des Ersatzheeres vermutlich eine Stütze der Militäropposition gegen Hitler geworden. Fritz Fromm, der diesen Dienstposten am Vorabend des Krieges übernahm, wurde dann infolge der Undurchsichtigkeit seines Wesens zur Sphinx der Opposition. Durch sein außerordentliches Organisationstalent - wer dienstlich mit ihm zu tun hatte, sprach häufig auch von »Organisationsgenie«[45] - erlangte Fromm bald eine Machtstellung, die ihn de facto zum Kriegsminister und zur Schlüsselfigur, schließlich aber auch zum Schicksal der Opposition machte. Schon am 31. Oktober 1939 enthielt sich Fromm gegenüber dem seine Staatsstreichpläne erstaunlich offen darlegenden Halder zunächst jeder Stellungnahme. Tags darauf aber »ließ Fromm Halder wissen, daß er sich nicht in der Lage fühle, an dem Unternehmen teilzunehmen«.[46]

So hatten alle Bemühungen Halders und Stülpnagels,

höhere Truppenführer dafür zu gewinnen, der Westoffensive durch einen Staatsstreich und eine Beseitigung Hitlers zuvorzukommen, nur bei der Heeresgruppe C des Generalobersten Ritter v. Leeb eine Resonanz gefunden. Von dort kam weitere Unterstützung, auch nachdem am 5. November Brauchitsch bei Hitler kläglich gescheitert und Halder durch die von Hitler gegen den »Geist von Zossen« ausgestoßenen Drohungen vorübergehend in Panik geraten war. Nach Rückkehr von der Reichskanzlei, wohin er Brauchitsch begleitet hatte, soll Halder Stülpnagel angewiesen haben, alle Unterlagen für den Staatsstreich vernichten zu lassen. Eigenartigerweise verzeichnet Groscurth, an den Stülpnagel sich diesbezüglich sicher gewandt hätte, darüber nichts in seinem Diensttagebuch. Seine Eintragung vom 5. November 1939 ist trotzdem beeindruckend: »12 Uhr Vortrag Brauchitsch beim Führer ... Unterredung dauerte 20 Minuten. Sehr erregt. Br[auchitsch] ist völlig zusammengebrochen ... Halder läßt mich rufen, sagt, daß alle militärischen Mittel erschöpft seien, Offensive würde gemacht, niemand sei da, die Sache zu übernehmen, Volk und Heer seien nicht geschlossen ... Sehr deprimierender Eindruck ...« Aufschlußreich ist dann auch Groscurths Eintragung vom 6. November 1939: »... Oberst O[ster] bei Stü[lpnagel] und Oberst W[agner]. Neuer Vorschlag: Besetzung der G[eheimen] St[aatspolizei]. Aber alles ist zu spät und völlig verfahren. Diese unentschlossenen Führer ekeln einen an. Grauenvoll. O[ster] fährt zu Witzleben, der nach Gießen kommen soll zur Aussprache mit H[alder]. Sonst sind alle Mittel erschöpft.«[47]

Die weiteren Absprachen mit der Heeresgruppe C und der ihr unterstellten 1. Armee Witzlebens in Bad Kreuznach hat Groscurth sicher nicht ohne Wissen und Billigung Stülpnagels getroffen. Am 6./7. November fuhr Oberst i.G. Oster zu Witzleben und unterbrach die Fahrt in Frankfurt, wo er mit dem Ia der Heeresgruppe Leeb, Oberst i.G. Vincenz Müller, zusammentraf. Dieser vitale Sohn eines bayerischen Gerbermeisters hatte mit Stülpnagel, dessen Stabschef er bald werden sollte, die geistige Herkunft aus dem humanistischen Gymnasium gemeinsam, welche auch für die weitere Entwicklung des umstrittenen Mannes bestimmend wurde. Aufgrund seiner humanistischen Bildung und Anschauung lehnte Vincenz Müller gefühlsmäßig den Faschismus mit dessen Barbarei und Unkultur ab. Schon während der Weimarer Republik war ihm das zügellose Treiben der Nazis zuwider, wie er in seinem Erinnerungsbuch schildert.[48] Vincenz Müller kannte Stülpnagel offenbar »schon längere Zeit«.[49] Wann und wo die beiden sich erstmals begegnet sind, ist nicht mehr ersichtlich. Das Zusammenwirken der oppositionellen Kräfte im OKH mit der Heeresgruppe C in diesen Wochen hat sicher ihre Bekanntschaft vertieft. Wohl unter dem Einfluß Müllers und Stülpnagels hat Leeb, vermutlich am 9. November bei einer Besprechung in Koblenz, noch einmal versucht, die beiden anderen OB der Heeresgruppen, Bock und Rundstedt, für eine direkte Unterstützung Brauchitschs und Halders zu gewinnen. Vergeblich. »Eine geschlossene Front der höchsten Generalität des Heeres gegen Hitlers Angriffspläne kam nicht zustande!«[50]

Da von den Oberbefehlshabern der Heeresgruppen - außer von Leeb, der es noch einmal mit einer Denkschrift versuchen wollte - nichts zu erhoffen war, wandte Stülpnagel sich nun seinerseits an den stets verläßlichen Witzleben, der dem immer mehr resignierenden Halder den Rükken stärken sollte. Nach Groscurths Privattagebuch[51] müßte er diese neuerliche »Frontreise« am 12. November angetreten haben und am 13. November wieder zurück in Zossen gewesen sein. Groscurth jedenfalls verzeichnet am 13.: »Länger bei Stülpnagel, der mir sagt, daß Befehl zur Offensive ausgeführt wird trotz der Aussichtslosigkeit. Von Widerstand keine Rede mehr.« Demzufolge war im Gespräch mit Witzleben, das wohl am Vormittag des 13. November in Frankfurt stattfand, nun auch bei Stülpnagel der Optimismus geschwunden. Trotzdem sollte man bei ihm von »Resignation« nur mit Einschränkung sprechen; denn im Anschluß an das Gespräch mit Witzleben riet Stülpnagel dem in der gleichen Richtung engagierten Vincenz Müller, »mit Vorsicht Divisions- und Regimentskommandeure festzustellen, auf die man sich verlassen« könne.[52] Die »Vorsicht« ließ Stülpnagel, wie auch später in Frankreich, nie außer acht. Sie spricht auch aus der Tagebucheintragung Groscurths vom 14. November: »... Stülpnagel ließ Oster kommen: 1. Generale einschl. Witzleben sind der Ansicht, daß sie nichts unternehmen können, da Truppe zu einer Aktion nicht geschlossen hinter ihnen stände. 2. Generaloberst Beck solle nicht so viel schreiben und sich nicht gefährden.«[53]

In der zweiten Novemberhälfte 1939 verlor der Kampf der Opposition im OKH gegen Hitlers beabsichtigten Westfeldzug an Intensität. Das OKH war *der* Stab für die Planung des Feldzuges. Zehn Wochen lang hatten Halder und Stülpnagel, nächst Brauchitsch die verantwortlichen Führer des OKH, viel Energie und Zeit zur Verhinderung dieses Feldzuges eingesetzt, während eifrige, karrierebewußte Feldzugsplaner im nachgeordneten Bereich, wie Generaloberst v. Bock und die Generale Busch und v. Manstein, schon Einzelheiten berieten. Dem mißtrauischen Diktator, der eine feine Witterung für Gegner und drohende Gefahren besaß, war nicht entgangen, daß im OKH nur halbherzig an der Verwirklichung seines Feldzugsplanes gearbeitet wurde. Bei einem »Befehlsempfang« (Jacobsen) in der Reichskanzlei am 23. November 1939 vor rund zweihundert führenden Soldaten der Wehrmacht waren Brauchitsch, Halder und Stülpnagel der »Macht der Rede des Führers« ausgesetzt. In gewaltiger Suada erinnerte Hitler daran, daß er ab 1933 das damals völlig abgewirtschaftete Deutschland »vom Volkskörper bis zur Wehrmacht« innerlich wieder gefestigt und ihm wieder Weltgeltung verschafft habe. Immer sei die »Zahl der Zweifler« größer als die der »Gläubigen« gewesen. Der Kampf sei »das Schicksal aller Wesen«. Anstatt aber »von oben Beispiel einer fanatischen Entschlossenheit« zu geben, hätten »wie 1914 Oberbefehlshaber schon Nervenzusammenbrüche« gehabt – was sollte man von einem einfachen Musketier verlangen? Künftig werde er, Hitler, »gegen jeden Miesmacher« schärfstens vorgehen und sich nicht scheuen, »jeden zu vernichten, der gegen ihn sei«.[54]

Für Brauchitsch wie seine engsten Mitarbeiter Halder und Stülpnagel muß dieser »Befehlsempfang« eine Tortur gewesen sein, zumal Hitler nur die Heeresführung attackierte, die Luftwaffe und Marine aber für ihre Haltung und Leistung lobte. Brauchitsch, der anschließend seinen Rücktritt anbot, wurde von Hitler schroff abgefertigt mit dem Hinweis, er habe als Soldat seine Pflicht zu tun. Generaloberst v. Bock notierte darauf etwas spöttisch in seinem Tagebuch, Brauchitsch sei »jetzt also anscheinend gewillt, die Verantwortung für die beabsichtigte Operation zu tragen«.[55] Witzleben, der, am 29. Oktober zum Generaloberst befördert, am 23. November ebenfalls an der Berliner Tagung teilnahm, meinte zwar, obwohl die Aussichten für die Aktion ganz ungünstig geworden seien, müßten die Vorbereitungen dennoch weitergehen. Trotzdem ist richtig, »daß auf dem Wege zum Staatsstreich der Kulminationspunkt überschritten war«.[56] Zwangsläufig wurde jetzt auch für Halder und Witzleben die Vorbereitung des Westfeldzuges zur Hauptarbeit, der sie ihre volle Kraft widmen mußten. Stülpnagel, dem die Operationsabteilung unterstand, hatte ein Planspiel vorzubereiten, welches nach Halders Tagebucheintragung vom 27. Dezember 1939, dem »Durchspiel von den drei Möglichkeiten der Offensive West« und, nach seiner Nachkriegs-Mitteilung an Jacobsen, vor allem zur Klärung der »Rolle der Panzer bei der Angriffsschlacht«[57] dienen sollte. Auch der damalige Ia der Operationsabteilung erinnerte sich an dieses wichtige Planspiel, welches am Mittwoch, den 27. Dezember 1939, ganztägig in Zossen stattfand. »Entscheidende Frage dabei war, wann nach dem Angriff durch die Ardennen (Sichelschnitt) in Belgien (Raum um Namur) nach Nordwesten zum Umfassen der Engländer eingedreht werden müsse ... Stülpnagel hat das Planspiel sehr gut geleitet ... Für die Operationsabteilung war er immer ein angenehmer Vorgesetzter.«[58] Ebenfalls am 27. Dezember 1939 notierte Halder noch in seinem Kriegstagebuch: »Vormerkungen für ObdH: Stülpnagel - v. Manstein als Kommandierende Generale.«

Um die Jahreswende 1939/40 und in den beiden ersten Wochen des zweiten Kriegsjahres dürfte Stülpnagel, zusammen mit dem Chef der Operationsabteilung und seinem Ia, Oberst i.G. v. Greiffenberg und Oberstleutnant i.G. Heusinger, mit Überlegungen über die »Schwerpunktbildung bei der Westoperation«[59] beschäftigt gewesen sein. Während Greiffenberg und Heusinger sich offenbar schon ganz dem Gedanken Mansteins anschlossen, den Schwerpunkt der Gesamtoperation bei der Heeresgruppe A (Rundstedt) zu bilden, scheint Stülpnagel zunächst noch geschwankt zu haben, ob man über die endgültige Schwerpunktbildung so frühzeitig oder erst nach entsprechenden Erfolgen der beiden Heeresgruppen entscheiden sollte. Das weitere Ringen um den Operationsplan zur Westoffensive hat Stülpnagel dann kaum mehr beeinflußt. Ende Januar 1940 überfielen ihn heftige Rückenschmerzen, für die er als typischer Astheniker anfällig war. Sie sollten ihn mehrere Wochen dem Dienstbetrieb fast ganz fernhalten.

Im Westfeldzug und in der Waffenstillstandskommission

»Franz Halder ist vom Gesetz betroffen, aber überhaupt nicht belastet« - so lautete am 19. Oktober 1948 das Urteil der Spruchkammer München gegen den Chef des Generalstabs des deutschen Heeres.[60] Zur Begründung der Einstellung des Verfahrens führte die Spruchkammer aus, entscheidend sei »die individuelle Verantwortlichkeit und die Gesamthaltung oder, in gemeinverständlicher Form ausgedrückt: entscheidend ist nicht, *was* einer war, sondern *wie* er es war«. Für unsere Lebensbeschreibung sind besonders wesentlich die folgenden Sätze der Urteilsbegründung:

»Auch die unter ›Kriegsplanung‹ geschilderte Art des Hinauszögerns des Kriegsbeginns gegen Frankreich, das unter technischen Vorgängen im Benehmen mit sämtlichen für die Feldzugsführung ausersehenen Heeresgruppen-Kommandeuren vom OKH erstrebte und erreichte Sabotieren des Feldzugbeginns, an dem der Betroffene mit seinem Freund v. Stülpnagel tätigen Anteil hatte, ist nach dem Kommentar Schulze 2.b zu Art. 13 ein Widerstand gegen die NS-Gewaltmethoden.«[61]

Wie sein Freund und Vorgesetzter Halder war auch Stülpnagel jetzt schon fast anderthalb Jahre »in der Rolle des Verschwörers und Hochverräters, eine Rolle, die ihm innerlich als Mensch und Soldat nicht liegen konnte. Um der Zukunft unseres Volkes willen glaubte er sich ihr verpflichtet ... Ein schrecklicher Zwiespalt!«[62] Es ist erstaunlich, mit welcher Nervenkraft Stülpnagel die Doppelbelastung ertrug: einen Feldzug vorbereiten zu müssen, den er aus höherer Einsicht gleichzeitig verhindern wollte; dazu immer wieder das Scheitern aller Bemühungen, den Staatsstreichplan aus dem Bereich des Denkens in den der Tat zu bringen. Im Januar 1940 geriet er zudem in eine gesundheitliche Krise. Durch die Unterbringung des Heeresgeneralstabs in den noch feuchten Bunkern im Hauptquartier Zossen zog er sich eine schmerzhafte Ischiasentzündung zu, die sich im Februar verschlimmerte. In Halders Kriegstagebuch wird der Oberquartiermeister I in den Eintragungen vom 1. und 2. Januar 1940 noch mehrfach erwähnt. Nach Rückkehr von einer Reise an die Westfront vom 3. bis 6. Januar, während welcher Halder vom Oberquartiermeister I vertreten wurde, vermerkte er am Sonntag, dem 7. Januar 1940: »11.30 Uhr v. Stülpnagel: (in der Wohnung) Vortrag über Ereignisse während meiner Abwesenheit.«[63] In Halders weiteren Eintragungen der Monate Januar und Februar 1940 wird Stülpnagel nur im Zusammenhang mit der für ihn vorgesehenen neuen Verwendung als Kommandierender General eines Armeekorps genannt. Er hatte sich wohl am 12. Februar formell krank gemeldet, um im Lazarett Berlin-

Tempelhof sich einer Bestrahlungstherapie unterziehen zu können. Ab 15. Februar wurde Stülpnagel als Oberquartiermeister I durch den Chef des Stabes von Witzlebens 1. Armee, Generalmajor Mieth, vertreten. Gerade in erkranktem Zustand muß Stülpnagel die Sorge um das Ganze besonders gedrückt haben. Er war ja *der* Mittler zwischen dem entlassenen und dem amtierenden Generalstabschef. Nun aber hatte die von ihm vorbereitete Aussprache Becks mit Halder in den winterkalten, leeren Straßen Berlin-Dahlems am 16. Januar 1940 die Beziehungen zwischen den beiden Männern nur noch verschlechtert.[64] Soweit es ihm möglich war, hat Stülpnagel sicher alles getan, um eine schon durch die Verschiedenartigkeit ihrer Naturen bedingte weitere Entfremdung zu verhindern. Aufschlußreich hierfür ist die letzte Stülpnagel betreffende Eintragung Groscurths in sein Privattagebuch vom 14. Februar 1940: »Stülpnagel hat mir die Denkschriften Becks zurückgegeben mit dem Bemerken, daß er und Halder diese Gedanken voll und ganz teilten.«[65]

Am »Kampf um den Operationsplan zur Westoffensive« (H. A. Jacobsen) war Stülpnagel in den Monaten Februar und März 1940 nicht weiter beteiligt. Auch an dem großen »Kriegsspiel Gelb« des Heeresgruppenkommandos A am 7. und 14. Februar 1940 in Koblenz unter Leitung Rundstedts hat er, soweit ersichtlich, nicht teilgenommen. Durch die Behandlung im Lazarett Tempelhof besserte sich sein Ischiasleiden, so daß Halder schon am 11. März 1940 eintragen konnte: »Stülpnagel nach Ostern wieder zum Dienst.« Die Genesung verzögerte sich aber doch etwas, denn erst am 6. April 1940 vermerkte Halder dann weiter: »Gen. v. Stülpnagel meldet sich wieder gesund. Besprechung künftiger Aufgaben als Verbindungsstab zu Italien.« Dieser neue Aufgabenbereich ergab sich aus der Idee Hitlers, im Westen außer den beiden Angriffsoperationen »Gelb« und »Rot« durch die Heeresgruppen A und B noch eine dritte Operation »Grün« vorzubereiten, welche durch die Heeresgruppe C über den Oberrhein in Richtung auf das Plateau von

Langres geführt und eventuell durch italienische Kräfte (»Braun«) unterstützt werden sollte. Halder hielt davon nichts, wie aus seiner Eintragung im Kriegstagebuch vom 26. März 1940 ersichtlich ist: »Für diesen Gedanken, der an die fortgesetzten Angriffe Ludendorffs im Jahre 1918 erinnert, habe ich nichts übrig. Es wäre der Übergang zur Zermürbungsstrategie. Diese ist hoffnungslos. Lieber verlegt man sich dann auf die Abwehr.«

Auch Stülpnagel, der durch seine Kenntnis Italiens für diese Verbindungsaufgabe sicher geeignet war, stimmte mit Halders Ansicht überein und lieferte ihm schon am 8. April die ersten nüchternen Unterlagen: »Kriegsgliederung der ital. Div. schwach, keine moderne Heeresartillerie.« Bereits am übernächsten Tag, dem 10. April, findet sich eine weitere Eintragung Halders: »v. Stülpnagel: Bericht über Vorbereitungen der Zusammenarbeit mit Italien.« Daneben nahm er nun auch die Arbeit am Operationsplan »Braun« wieder auf und wurde dabei von Generalmajor Mieth unterstützt, der als Oberquartiermeister II im Oberkommando des Heeres verblieb. Über die Versorgungsplanung der Westoffensive hatte Stülpnagel laufenden Gedankenaustausch mit Oberst i.G. Eduard Wagner, damals noch Chef des Stabes beim Generalquartiermeister des Heeres, sowie dessen Gehilfen, dem Major i.G. Eberhard Finckh. Ob Stülpnagel den schwäbischen Artillerieoffizier Finckh, der schon 1940 als Könner auf dem Gebiet der Heeresversorgung galt, damals näher kennengelernt hat, ist nicht ersichtlich. Jedenfalls wurde Finckh durch den ihm schon länger nahestehenden Wagner damals auch mit Halder bekannt, denn am 23. April 1940 trug Halder in sein Tagebuch ein: »Wagner-Stülpnagel-Finckh: rückwärtige Dienste im Falle Braun. Vorbereitungen der Munitionsauslagerung, Verpflegungsauslagerung und Betriebsstoffauslagerung. Verhältnismäßig starke Basis vorn für den Bedarf bis zu zehn Tagen, für rückwärtige Wellen ostwärts Schwarzwald, Befehl zum Beginn der Vorbereitungen.«

Wichtigster Ansprechpartner Stülpnagels bezüglich der

Mitwirkung Italiens an einer Operation »Braun« im Westen war der italienische Militärattaché in Berlin, General Marras. Aus den betreffenden Eintragungen in Halders Kriegstagebuch wird deutlich, daß Stülpnagel bemüht war, die übertriebenen Erwartungen Hitlers von der italienischen Hilfe im Feldzug gegen Frankreich zu dämpfen. Am 29. April trug Halder ein: »v. Stülpnagel: Stand der italienischen Vorbereitungen: Man kommt nicht weiter.« Und am 4. Mai: »v. Stülpnagel: Gespräch mit Marras: Italienischer Generalstab erwartet sich von einem Angriff an der Alpenfront nichts, auch nicht in Libyen. Dagegen besteht offenkundig Interesse an der Balkanfront, wofür mangelhafte Bewaffnung der Italiener ausreichen würde. Anweisung an v. Stülpnagel: Chef OKW zu unterrichten.«

Die nüchternen Berichte Stülpnagels über die geringe militärische Leistungsfähigkeit der Italiener gegen Frankreich, die über Keitel auch an Hitler gingen, trugen sicher dazu bei, daß die Heeresgruppe C Anfang Mai 1940 begann, den Operationsplan »Braun« neu zu bearbeiten - »ohne Italiener«. In den letzten Tagen vor Beginn der Westoffensive hielt der Oberquartiermeister I dem Chef des Generalstabes noch mehrfach Vortrag über den Operationsplan »Braun« der linken Heeresgruppe C. Die immer aggressiver werdende Balkanpolitik Italiens zwang dann den deutschen Generalstab - zur Unzeit! -, sich auch mit dem Balkan zu befassen. Wie aus Halders Vermerk im Kriegstagebuch vom 6. Mai 1940 ersichtlich, wurde diese Aufgabe ebenfalls Stülpnagel übertragen: »Übergabe SO-Arbeiten an OQu I.« Halder mag dabei daran gedacht haben, daß sein Oberquartiermeister I vom Ersten Weltkrieg her auch ein Kenner des Balkans war. Zur generalstabsmäßigen Bearbeitung von »Südost« kam Stülpnagel dann nicht mehr.

Am späten Nachmittag und Abend des 9. Mai 1940 wurde das Oberkommando des Heeres staffelweise mit der Bahn und auf dem Luftweg vom Lager »Maybach« bei Zossen in das Hauptquartier »Felsennest« in einem Wald bei Münstereifel verlegt, nachdem Hitler am Vormittag in der Reichskanzlei den endgültigen Angriffsbefehl für den 10. Mai, morgens 5.35 Uhr, gegeben hatte. Über die Gedanken und Gefühle, die Stülpnagel in diesen Schicksalsstunden bewegt haben, ist nichts überliefert. In den drei Mai-Wochen des Westfeldzuges hielt er, wie der damalige Oberstleutnant Heusinger berichtet, »sich auffallend zurück«. Er blieb aber weiter mit dem Operationsplan der Heeresgruppe C und der eventuellen Hilfe Italiens an der Alpenfront beschäftigt, wie Halders Eintragungen vom 19. und 21. Mai zeigen. Ebenfalls am 21. Mai notierte Halder noch: »Für Italien ist der Hauptfeind England geworden, für uns ist der Hauptfeind Frankreich. Wir suchen Fühlung mit England auf der Basis der Teilung der Welt.« Diese illusionären Erwartungen der obersten Führung hat Stülpnagel sicher nicht geteilt. Mit fast allen älteren Offizieren des Heeres, die den Ersten Weltkrieg im Westen erlebt hatten, teilte er aber das Erstaunen über die schnellen deutschen Erfolge und die offenkundige Schwäche der bisher so gefürchteten französischen Armee. Das Entkommen des englischen Expeditionskorps infolge Hitlers Eingreifen in die operative Führung beurteilte Stülpnagel schon am 29. Mai mit großer Weitsicht. Ein Angehöriger des Auswärtigen Amtes berichtete darüber: »Am Nachmittag des Tages, an dem es den Engländern gelang, ihre Truppen in Dünkirchen einzuschiffen, sagte der damalige Oberquartiermeister I im Generalstab des Heeres, General v. Stülpnagel, zu dem Vertreter des Auswärtigen Amtes beim Oberbefehlshaber des Heeres, Vortragendem Legationsrat Harro v. Estorff: ›Der heutige Tag ist die Marne dieses Krieges!‹«[66]

Noch im Mai 1940 ging Stülpnagels Zeit als Oberquartiermeister I und Stellvertreter des Chefs des Generalstabs des Heeres endgültig zu Ende. Das deutsche Heer war gerade dabei, Siege zu erringen, wie sie seit den Tagen des alten Moltke nicht mehr verzeichnet worden waren. Planerischer Höhepunkt seiner Verwendung als zweiter Mann im Generalstab des Heeres ist – nolens volens – seine Mitwirkung am »Großen Plan« der Westoffensive gewesen. »So gut und gründlich ist wohl noch keine Offensive vorbereitet worden«, urteilte ein Kenner am Vorabend des Unternehmens.[67] Aus der Rückschau von nunmehr fast fünfzig Jahren allerdings gebührt Stülpnagels Ringen um die Verhinderung des Feldzuges der höhere Stellenwert.

Am 28. Mai 1940 war Brauchitsch, wie Halder notierte, bei Hitler und brachte unter anderem diese Personalentscheidung mit: »Blaskowitz soll ausscheiden. Ersatz Strauß, dessen Ersatz von Stülpnagel.« General der Infanterie Adolf Strauß hatte in Polen und jetzt in Belgien das II. Armeekorps sehr erfolgreich geführt und sollte nun die 9. Armee von Generaloberst Blaskowitz übernehmen, der bei Hitler in Ungnade gefallen war. Das II. Armeekorps unterstand der 4. Armee des Generalobersten Günther v. Kluge. Es setzte sich aus der 12. und 32. Infanteriedivision zusammen und hatte in den letzten Maitagen 1940 wesentlich zur Einschließung und Vernichtung starker englisch-französischer Kräfte im Raum um Lille beigetragen. Wie in den Privatausarbeitungen des Chefs des Stabes des II. Armeekorps, Oberst i.G. Koch, ersichtlich ist, traf Stülpnagel am 30. Mai um 17 Uhr auf dem Korpsgefechtsstand Château de la Haie, sechs Kilometer westlich Souchez, ein und übernahm die Führung des Korps. Eine Stunde später erging der »Korpsbefehl für den 31. 5. 40«, der den Marsch für das spätere Vorgehen an die Somme bei Abbeville regelte. Auf der Vormarschstraße befand sich auch sein jüngster Sohn Walter, der dem Vater als Batterieführer an einem der ersten Junitage den Vorbeimarsch der 6. Batterie des Artillerieregiments 12 meldete. Das Vorgehen verlief planmäßig, so daß am Abend des 2. Juni der »Korpsbefehl für den Angriff über die Somme« ergehen konnte, in welchem die Auftragsziffer in klassischer Kürze wie folgt lautete: »II. A.K. gewinnt am X-Tage durch Angriff über die Somme beiderseits des Brückenkopfes Abbeville und aus diesem heraus zunächst das Höhengelände Aigneville-Neuville au bois.«[68]

Mit dem Angriff aus den Somme-Brückenköpfen Péronne, Amiens und Abbeville begann am frühen Morgen des

5. Juni die Phase »Rot« der Westoffensive und die eigentliche »Schlacht um Frankreich«. Die Führung des schwer ringenden französischen Heeres hatte inzwischen der Stabschef des Marschalls Foch im Ersten Weltkrieg, General Maxime Weygand, übernommen. Aber trotz tapferen Widerstandes wurden die Franzosen vom II. Armeekorps auch im Somme-Abschnitt Abbeville nach Süden zurückgeworfen. Am 6. Juni wurde dem Korps noch die 31. Infanteriedivision unterstellt, welcher das von Oberst Friedrich Hoßbach geführte Infanterieregiment 82 angehörte. Im Zusammenwirken mit dem XV. Armeekorps (mot.) unter General der Infanterie Hoth schuf das II. Armeekorps in den folgenden Tagen durch weiteres schwungvolles Vorgehen über Neufchâtel die Voraussetzungen für den Angriff auf Rouen sowie über die untere Seine und erleichterte den Durchbruch des südlichen Nachbarn aus dem Brückenkopf Amiens. Rouen wurde am 9. Juni vom XV. Armeekorps, die Bahnlinie Rouen-Dieppe am 10. Juni durch das II. Armeekorps erreicht.[69]

Daß Stülpnagel als Kommandierender General nicht nur am Kartentisch führte, beweisen die Erinnerungen des damaligen Obersten Hoßbach an diese Phase des Westfeldzuges. Der Kommandeur des Infanterieregiments 82, vor dem Kriege über drei Jahre Wehrmachtadjutant bei Hitler, erwies sich in diesen Tagen als herausragender Troupier. Am 10. Juni 1940 erhielt er auf seinem Gefechtsstand hohen Besuch, woran er sich nach dem Kriege, am 29. Oktober 1945, wie folgt erinnert: »In Neufchâtel en Bray hatte gegen Mittag der Kommandierende General des II. AK, General v. Stülpnagel, mich aufgesucht und mir Dank und Anerkennung für die Haltung des Regiments ausgesprochen ... Heinrich v. Stülpnagel kannte ich seit Anfang der dreißiger Jahre. In den Berliner Zeiten Mitte der dreißiger Jahre, also in den Jahren des Heeresaufbaus, waren wir beide Abteilungschefs im Generalstab unter Beck und hatten somit häufige Berührungen in dienstlichen Fragen. Ich habe in Stülpnagel ... immer einen integren Charakter gesehen, der klug und sehr kenntnisreich war.«[70] Ein besonderes Bravourstück vollbrachte Hoßbach zwei Tage später, als er, gegen den Willen seines Divisionskommandeurs, mit vorgeworfenen Teilen seines Regiments bei Sotteville zur Küste vorstieß, wo er weit überlegene englisch-französische Kräfte bei der Einschiffung überraschte und rund vierzigtausend Gefangene machte, während von seinem Regiment nur fünf Mann verwundet wurden.

Die Iden des Juni 1940 brachten dem französischen Heer und Volk die wohl schwersten Niederlagen seiner ruhmreichen Geschichte. Nachdem Paris am 14. kampflos aufgegeben worden war, fiel am 15. Juni die Festung Verdun, das Symbol der Widerstandskraft Frankreichs im »grande guerre«. Am gleichen Tage überschritt die der Heeresgruppe C angehörende 7. Armee bei Breisach den Oberrhein und raubte der Maginotlinie endgültig den Nimbus ihrer Unbezwingbarkeit. Als größte Verfolgungsschlacht der Geschichte galt bisher jener letzte Akt der Doppelschlacht an der Saale, in welchem in der zweiten Oktoberhälfte 1806 die Marschälle Napoleons mit ihren Korps die Trümmer der preußischen Armee von Thüringen bis an die Ostsee gejagt hatten. Sie wurde jetzt durch das deutsche Heer räumlich und zeitlich überboten, dank beispielhafter strategischer, operativer wie taktischer Ausnutzung des neuen Kampfmittels: des Motors. Auch die Divisionen des II. Armeekorps waren daran beteiligt durch ihren »Wettlauf an die Loire«, wobei sie die Korpsführung oft vor Probleme stellten, weil die Fernmeldemittel nicht mehr ausreichten. Am 20. Juni bildete das Korps ostwärts Nantes, das zur offenen Stadt erklärt worden war, Brückenköpfe über die Loire. Nach der Somme und Seine überschritt es damit in etwas mehr als zwei Wochen den dritten geschichtsträchtigen Fluß Westfrankreichs. Gegenangriffe auf die Brückenköpfe erfolgten nicht mehr.

Das Kriegstagebuch Nr. 2 des II. Armeekorps beginnt am 21. Juni 1940 mit folgendem Eintrag: »Um 02.00 Uhr nachts trifft auf dem Funkwege der Befehl des O.K.H. ein, daß der Kommandierende General des II. A.K. mit sofortiger Wirkung zum Vorsitzenden der Waffenstillstandskommission des O.K.W. ernannt wird. Die Vertretung des Kom. Generals übernimmt der Kommandierende General des XXVIII. A.K., Generalleutnant Graf Brockdorff-Ahlefeld, der den Befehl des Korps am Nachmittage übernimmt.«[71] Graf Brockdorff-Ahlefeld war ein guter Bekannter Stülpnagels aus der gemeinsamen Staatsstreichplanung des Herbstes 1938 in Berlin. Unter welch' veränderten Verhältnissen sahen sie sich jetzt in Nantes wieder! Die Verwendung als Kommandierender General war die kürzeste in Stülpnagels ganzer Soldatenlaufbahn: Sie hatte nur drei Wochen gedauert, drei schicksalschwere Wochen für Deutschland, Frankreich und Europa.

Im OKW wie im OKH gab es als Vorsitzenden der Deutschen Waffenstillstandskommission (DWSTK) wohl keinen geeigneteren Mann als Stülpnagel. Vermutlich hat ihn Halder für diesen Posten vorgeschlagen und wurde von Generalmajor Warlimont im OKW dabei unterstützt, zu dem Halder ein besseres Verhältnis hatte als zu Jodl und Keitel. Wenige Stunden nach Übergabe des II. Armeekorps an den Nachfolger machte Stülpnagel Besuch bei seinem alten Vorgesetzten, der sein Hauptquartier jetzt im Schloß Fontainebleau aufgeschlagen hatte. Halder vermerkte am 21. Juni im Tagebuch: »Abends besucht mich v. Stülpnagel zum Abendessen. Eine angenehme Plauderstunde.« Da die Waffenstillstandskommission dem OKW unterstellt wurde, die Militärverwaltung in Frankreich aber dem OKH, waren Reibungen abzusehen, wenn es Stülpnagel nicht gelang, zwischen beiden Dienststellen geschickt zu lavieren. Zum OKH behielt Stülpnagel einen guten »Draht«, solange Halder Chef des Generalstabs blieb. Im OKW war der beste Ansprechpartner der stellvertretende Chef des Wehrmachtführungsstabes, Generalmajor Warlimont, der als frankophil, ja sogar als »Franzos« (Guderian) galt.[72] An Warlimont richtete die Waffenstillstandskommission in den folgenden Monaten auch den Großteil ihrer Anträge und Meldungen; in Grundsatzfragen wandte Stülpnagel sich an Jodl. Chef des

Stabes der Kommission und rechte Hand Stülpnagels wurde Oberst Hermann Böhme, der einst bei Schleicher tätig gewesen war und jetzt im OKW an der Ausarbeitung des Waffenstillstandsvertrages mitgewirkt hatte.

Zum Sitz der Waffenstillstandskommission war Wiesbaden bestimmt worden. Ob dabei propagandistisch-revanchistische Gründe vorgeherrscht haben, analog der Unterzeichnungszeremonie im Walde von Compiègne, man mit den Franzosen in einer einst von ihnen besetzten Stadt verhandeln wollte, um daran zu erinnern, wie sie 1918 mit Deutschland umgegangen waren, sei dahingestellt. Von der Infrastruktur her war das elegante Weltbad mit seinen schönen Hotels gut geeignet. Die deutsche Kommission bezog das erste Haus am Platze, den »Nassauer Hof«, die französische Delegation wurde im zweitbesten, dem Hotel »Rose« untergebracht.

Am 30. Juni 1940, acht Tage nach Abschluß des Waffenstillstandsvertrages im Salonwagen des Marschalls Foch, fand in Wiesbaden die Eröffnungssitzung der Kommission statt. Führer der französischen Delegation war Armeegeneral Huntziger, eine in jeder Hinsicht imponierende Persönlichkeit. Am Tage zuvor war in Wiesbaden auch der italienische General Roatta eingetroffen, der die Maßnahmen der deutschen mit denjenigen der in Turin tagenden italienischen Waffenstillstandsdelegation abzustimmen hatte. Die weitergehenden Forderungen der Italiener sollten den Deutschen bald große Belastungen bringen. Zur Art der Verhandlungsführung schrieb ein Historiker: »Im übrigen herrschte der Ton des Siegers. Über ein halbes Jahr lang gaben sich die Offiziere beider Seiten, obwohl sie fast täglich miteinander verhandelten, nicht die Hand, und daß sonst eine zwar kühle, aber höfliche Atmosphäre das Klima bestimmte, lag wohl nur an der Urbanität Stülpnagels. Er erklärte Huntziger bei dessen Antrittsbesuch, er wolle alle Fragen rasch und von Soldat zu Soldat erledigen.«[73] Zeitzeugen erinnerten sich an die Haltung des Vorsitzenden gegenüber der französischen Delegation wie folgt: »Stülpnagel als Leiter der Waffenstillstandskommission war den Franzosen gegenüber ein ausgesprochener Kavalier; die Verhandlungen wurden auf Kavaliersebene geführt. Es ist nie ein hartes Wort gefallen.«[74]

Schon in der Eröffnungssitzung wurden die grundsätzlichen Probleme der französischen Wehrmacht erörtert. Aber auch andere aktuelle Fragen standen auf der Tagesordnung: die Beseitigung der allgemeinen Desorganisation; die Heimführung der noch auf der Flucht befindlichen Bevölkerungsteile, damit verbunden die Ordnung des Transport- und Nachrichtenwesens; die Behandlung der Kriegs- und Zivilgefangenen; die Lebensmittelversorgung der Zivilbevölkerung und der deutschen Besatzungsmacht; die Regelung der Sperrzone, des Verkehrs zwischen dem besetzten und dem unbesetzten Gebiet, der Besatzungskosten und vieler anderer Einzelheiten. Unter den Wehrmachtteilen Frankreichs war die Flotte - im Unterschied zum Heer und zur Luftwaffe - unbesiegt und dem deutschen Zugriff entzogen geblieben. Sie war jetzt das wichtigste Bindeglied vom Mutterland zum Kolonialreich und letzter Träger der Wehrfähigkeit Frankreichs. Für den Plan einer »aktiven Einschaltung Frankreichs in die Kriegführung gegen England«, vor allem im Mittelmeer und in Afrika, wie er von Warlimont und Stülpnagel erwogen wurde[75], gab es günstige Voraussetzungen. Im Unterschied zum Oberbefehlshaber der Luftwaffe, Reichsmarschall Göring, der als »Beauftragter für den Vierjahresplan« sich der Kommission bald unangenehm bemerkbar machte, hatte Stülpnagel im christlich-konservativen Oberbefehlshaber der Kriegsmarine einen stillen Verbündeten. Seesoldaten kamen immer schon über die Völkergrenzen miteinander in Berührung. Großadmiral Erich Raeder hatte sich als bedeutender Militärschriftsteller mit der französischen Kriegsflotte und ihrem Oberbefehlshaber, Admiral François Darlan, viel beschäftigt. Ein Kenner der deutsch-französischen Marine-Sphäre erinnert sich: »Nach dem Westfeldzug war die Stimmung in Frankreich für ein Zusammengehen mit Deutschland günstig. Besonders Darlan und Raeder verstanden sich gut, sie waren einander ähnliche, feine Naturen. Auch Admiral Paul Wever, der Leiter der Unterkommission Marine, verstand sich schon aus seiner Attaché-Zeit in Paris vor dem Kriege sehr gut mit Darlan und dessen Vertreter bei der französischen Delegation in Wiesbaden, Vizeadmiral Michelier.«[76] Raeder selbst schrieb nach seiner Entlassung aus Spandau: »Es gab in Frankreich Kreise, die zu einem Zusammengehen mit uns neigten und bereit waren, uns in unserem Kampf gegen England zu unterstützen. Zu ihnen gehörte als eine der stärksten Persönlichkeiten der Oberbefehlshaber der französischen Kriegsmarine, Admiral Darlan ... Die Haltung von Admiral Darlan war die eines überzeugten französischen Patrioten ... Er sprach sich für ein loyales Zusammengehen zwischen Frankreich und Deutschland aus.«[77]

Der Anbahnung einer deutsch-französischen Verständigung, wie sie von den beiden führenden Seesoldaten Deutschlands und Frankreichs angestrebt wurde, kam am 3. Juli 1940 der britische Angriff auf die vor Mers-el-Kebir bei Oran liegenden französischen Seestreitkräfte entgegen. Dieser personell wie materiell für sie verlustreiche Julitag erinnerte die Franzosen daran, daß der maritime Gegner Frankreichs nie Deutschland, sondern durch Jahrhunderte England gewesen war. Auf Bitten der Franzosen und Drängen Stülpnagels erklärte sich schon am 4. Juli das OKW bereit, den Artikel 8 des Waffenstillstandsvertrages, der die Abrüstung der französischen Kriegsflotte vorsah, vorerst nicht anzuwenden. Einer im Verlaufe von Kampfhandlungen eventuell erforderlich werdenden Selbstversenkung der französischen Schiffe wurde zugestimmt, ebenso einem Marsch französischer Kriegs- und Handelsschiffe durch die Straße von Gibraltar und der Freilassung des in Rochefort in deutsche Kriegsgefangenschaft geratenen Marineministeriums.

Die wichtigste Stütze Stülpnagels aber blieb weiterhin das OKH. Über die Militärverwaltung sicherten sich Brauchitsch und Halder vorerst den beherrschenden Einfluß, obwohl Göring, Himmler und Heydrich immer energischer versuchten, sich in Paris breitzumachen. »Frankreich war eine Domäne des Heeres geworden, und die Offiziere holten sich zu Ihrer Unterstützung die ihnen passenden Beamten ... Die Farbe, die das Bild bestimmte, war nicht das Braun der Parteifunktionäre, sondern das Grau der Armee.«[78] Schon am 30. Juni 1940 hatte das OKH mit der Ernennung des reaktivierten Generals der Infanterie Alfred Streccius, der lange Militärberater in China gewesen war, zum Chef der Militärverwaltung einen Mann mit Weltkenntnis und hoher Bildung in die Pariser Avenue Kléber gebracht.

Die Überwachung der Waffenstillstandsbestimmungen sowie die Regelung derjenigen militärpolitischen Fragen, die in Compiègne nicht im einzelnen festgelegt worden waren, blieben vorerst die wichtigsten Aufgaben der Kommission. Ihre Kontrollfunktionen erstreckten sich nicht nur auf das unbesetzte Gebiet, sondern auch auf das französische Kolonialreich. Aber schon im Juli 1940 begann in den Kolonien die große Auseinandersetzung zwischen dem Frankreich des Marschalls Pétain und dem am 17. Juni, dem Tag des französischen Ersuchens um Waffenstillstand, von Bordeaux nach England geflohenen Brigadegeneral Charles de Gaulle. Der alte Marschall sah Frankreichs Zukunft an der Seite Hitler-Deutschlands, das den Kontinent erobert hatte; der vierunddreißig Jahre jüngere General, der bei Verdun einst Untergebener Pétains gewesen war, setzte auf den Endsieg des noch immer die Meere beherrschenden Albions, das der Unterstützung seiner großen Tochter, der USA, sicher sein konnte. Der Kampf zwischen diesen beiden Männern, die unter die größten Soldaten Frankreichs wie Europas zählen, um den weiteren Weg ihres Vaterlandes, teilte die Nation für ein Jahrzehnt in zwei feindliche Lager und wurde ein blutiger Vorgang von antiker Tragik. Die gewaltige visionäre Kraft des Generals, sein Instinkt für Größe und kommende Entwicklungen, sein aus den Tiefen der Geschichte Frankreichs genährtes Sendungsbewußtsein und die enorme Überzeugungskraft, die ihm daraus erwuchs, waren im Sommer und Herbst 1940 noch nicht voll erkennbar. Stülpnagels Bewunderung, vermutlich sogar Verehrung, galt dem alten Marschall und Sieger von Verdun; die Schlacht im Maasgebiet 1916 beschäftigte ihn bis in die letzten Tage und Stunden.

Bei seinem Haß auf Hitler war Stülpnagel als Leiter der Waffenstillstandskommission zugleich deutscher Soldat und Patriot. Als solcher mußte er bemüht sein, die Abrüstung Frankreichs so zu regeln, daß die französischen Streitkräfte keine Gefahr für Deutschland mehr darstellten, gleichzeitig aber stark genug blieben, das unbesetzte Territorium, insbesondere Westafrika und Syrien, gegen den Zugriff Englands zu behaupten. In diesem Sinne betonte er am 7. August 1940 gegenüber General Huntziger, als dieser auf die aus den Abrüstungsverhandlungen sich ergebenden Schwierigkeiten hinwies, »daß alle Verordnungen und Verhandlungen letzten Endes dem Gesichtspunkt unterzuordnen seien, den Kampf gegen England fortzuführen«.[79] Als Anfang September 1940 die Vichy-Regierung die Freigabe von Luft- und Seestreitkräften beantragte, da sie einen britischen Angriff auf Casablanca oder Dakar erwartete, unterstützte er diesen Antrag voll und ganz. »Seitens der DWSTK wurde dem OKW gegenüber unter Betonung der politischen großen Bedeutung der Standpunkt vertreten, man habe Frankreich die Verpflichtung auferlegt, die Ordnung in Afrika wiederherzustellen, somit müsse man ihm auch die dazu notwendigen Mittel überlassen.«[80]

Am 23. September 1940 griff tatsächlich ein überlegener britischer Flottenverband, dem auch gaullistische Schiffseinheiten angehörten, Stadt und Hafen Dakar an. In dreitägigen Artillerieduellen verhinderten die französischen Kriegsschiffe und Küstenbatterien, geführt von Admiral Lacroix, die Inbesitznahme Dakars durch die Briten. Lacroix lief mit dem beschädigten Schlachtschiff »Richelieu« sogar aus und erzielte Treffer auf den britischen Schlachtschiffen »Barham« und »Resolution«, die daraufhin abdrehten. Die französischen Streitkräfte und Behörden Westafrikas hatten ihre Loyalität und Kampftüchtigkeit gegenüber Pétain und seiner Regierung unter Beweis gestellt. Schon am 25. September wandte General Doyen, der Vertreter Huntzigers, sich an Stülpnagel und wies auf die groteske Situation hin: »Deutschland führt Krieg gegen England, Frankreich kämpft gleichfalls gegen England und ist zugleich im Kriegszustand mit Deutschland. Das entwaffnete Frankreich braucht Waffen und bittet daher, das deutsche Mißtrauen fallenzulassen.«[81] Dieselben Gedanken und Wünsche trug General Huntziger tags darauf dem Oberbefehlshaber des Heeres, Generalfeldmarschall v. Brauchitsch, vor.

Wie sehr Stülpnagel sich damals für die militärische und moralische Stärkung der Vichy-Regierung eingesetzt hat, wird aus einem neunseitigen Schreiben deutlich, welches sein Chef des Stabes, Oberst Böhme, in seinem Auftrag am 4. Oktober 1940 an Generalmajor Warlimont »persönlich« übersandte.[82] Da wir den weiteren Verlauf des Krieges, insbesondere im Mittelmeer sowie in Nord- und Westafrika kennen, kann man diese »Aufzeichnung über die Gedanken, die zur Frage einer Neugestaltung der Politik gegenüber Frankreich die Waffenstillstandskommission bewegen« um ihre klare Sicht der Dinge nur bewundern. Es werden die Gründe genannt, die für eine »aktive Einschaltung Frankreichs in die Kriegführung gegen England« sprechen. Bei Fortführung in das Jahr 1941 würde der Krieg zu einem Vernichtungskampf gegen das gesamte englische Empire und über die Grenzen Europas hinausgreifen. Mit den USA müsse bei einer derartigen Ausweitung des Krieges vermehrt gerechnet werden. Damit gewinne der Krieg neben seiner militärischen Seite den Charakter eines Wirtschaftskampfes zwischen Europa einerseits, dem Empire und Amerika andererseits. Die Schwerpunkte des militärischen Kampfes gegen das Empire würden im Mittelmeerraum und in Afrika liegen. Die Haltung des französischen Kolonialreiches in Afrika könne diesen Kampf entscheidend beeinflussen. »Es liegt also ein starkes deutsch-italienisches defensives Interesse vor, den französischen Kolonialbesitz in Afrika bei der Regierung Pétain zu halten. Der Verlust franz. Afrikas bricht die Südflanke der europäischen Front auf, deren natürliche Verlängerung nach Süden die afrikanische Atlantikküste darstellt.« Das Einschalten Frankreichs mache darüber hinaus das französische Mutterland, bis zu einem gewissen Grade auch die Kolonien, »zum aktiven Glied der europäischen Kriegswirtschaft«. Dies sei voraussichtlich dann zu erreichen, wenn Frankreich »gewisse Sicherheiten für ein günstigeres Abschneiden bei der endgültigen Friedensregelung gegeben werden«.

Schon am 14. September 1940 hatte Stülpnagel sich in einem siebenseitigen Schreiben mit der Frage an Jodl gewandt, »welche politischen und wirtschaftlichen Methoden gegenüber Frankreich künftig anzuwenden sind«. Die bisherigen ließen jede Klarheit und Einheitlichkeit vermissen. Die Losung »geordnete Schwächung Frankreichs« sei durch die Wirklichkeit bereits weit übertroffen. Stülpnagel wies auf die wirtschaftliche Dauerkrise hin, auf die hohe Arbeitslosigkeit und die ziemlich trostlose Lage der französischen Arbeitslosen. Ihre Stimmung fange an, mit dem Argument, daß ihre Arbeitslosigkeit auf den Abtransport von Rohstoffen und Maschinen zurückzuführen sei, sich gegen Deutschland zu wenden. Das französische Volkseinkommen reiche nicht entfernt mehr zur Deckung des normalen Staatsbedarfs. Die Besatzungskosten von täglich zwanzig Millionen Reichsmark würden unter diesen Umständen eine ausschlaggebende Bedeutung gewinnen. Eine kaum zu vermeidende Entwertung des Geldes könne auch den deutschen Besatzungsbehörden nicht gleichgültig sein. Der Ausnutzung Frankreichs für die deutsche Kriegführung sei es dienlicher, in der Herausnahme von Maschinen und Rohstoffen aus dem besetzten Gebiet Maß zu halten. Deutsche Aufträge an die französische Industrie könnten eine wesentliche Hilfestellung geben: »Einer Kuh, die Milch geben soll, muß man Futter geben; um diese Binsenwahrheit kommt man auch in dieser Frage nicht herum.« Bisher habe die französische Regierung alles geschluckt in der Hoffnung, daß ihr doch noch Erleichterungen gewährt würden. Die Fortsetzung der bisher geübten Methoden berge aber die Gefahr, daß die Regierung Pétain mangels jeglicher Erfolge zurücktreten werde. Mit Pétain aber ginge die Klammer zwischen dem Mutterlande und dem Kolonialreich verloren. Abschließend regte Stülpnagel noch an, »bei längerer Dauer des Krieges der Waffenstillstandskommission ein anderes Gesicht zu geben«, da sie immer mehr mit politischen und wirtschaftlichen Fragen befaßt werde: »Man könnte den Namen dann in ›Vorbereitende Friedenskommission‹ abändern oder so ähnlich.«[83]

Die Klage über fehlende »Einheitlichkeit« im politischen und wirtschaftlichen Verkehr mit Frankreich war nur zu berechtigt. Das »divide et impera«, welches auf allen Gebieten zu Hitlers Führungsgrundsätzen gehörte, wirkte sich auch hier aus. Schon waren drei Stellen mit der Regelung der französischen Angelegenheiten befaßt: neben der DWSTK in Wiesbaden die Militärverwaltung und die deutsche Botschaft unter Otto Abetz in Paris, auf die noch einzugehen sein wird. Der Kompetenz-Wirrwarr wurde noch dadurch vergrößert, daß alle drei Dienststellen zugleich den Einflüssen mehrerer mächtiger Rivalen ausgesetzt waren: denen des Reichsaußenministers v. Ribbentrop, des Reichsmarschalls Göring, des Reichswirtschaftsministers Funk und des Reichsführers SS Himmler.[84]

In einer Hinsicht allerdings hatte Stülpnagel sich selbst einen engagierten Gegenspieler ins Haus geholt. Bereits auf der Eröffnungssitzung am 30. Juni 1940 hatte er vorgeschlagen, die wirtschaftlichen und handelspolitischen Fragen, die sich aus dem Waffenstillstandsvertrag von Compiègne ergaben, einer besonderen Kommission zu übertragen. Eine solche »Waffenstillstandsdelegation für Wirtschaft« wurde dann Anfang Juli gebildet und vom bisherigen Gesandten in Bern, Hans Richard Hemmen, geführt. Hemmen war ein »ungewöhnlich routinierter Wirtschaftsfachmann und Diplomat ..., der nun seine ganze Geschicklichkeit einsetzte, um so viel wie möglich aus der französischen Wirtschaft herauszuholen. Die Franzosen lernten ihn fürchten und nannten seine Kommission bald nur noch die Delegation Hemmen.«[85] Als Diplomat unterstand Hemmen dem Reichsaußenminister v. Ribbentrop. Noch im September 1940 mußte Stülpnagel erkennen, daß die »Delegation Hemmen« sein Bemühen, die weitere Schwächung Frankreichs zu verhindern, keineswegs unterstützte, sondern eher das Mißtrauen Hitlers und Ribbentrops nährte. Am 25. September erhielt er von Hemmen die Abschrift eines Schreibens an das Auswärtige Amt, in welchem dieser seine Meinung zur Besprechung des Generals Doyen mit Stülpnagel »betreffend Anerkennung der deutsch-französischen Zusammenarbeit durch gewisse politische Gegenleistungen« äußerte. Nach einer Besprechung mit dem Vorsitzenden der französischen Wirtschaftsabordnung, Herrn de Boisanger, halte er, Hemmen, »die Weiterverfolgung des Gedankens nicht für ungewöhnlich«. Die französische Regierung suche politische Kompensationen zu erwirken für ihre Bereitschaft zu wirtschaftlichen Leistungen. General Doyen habe »die Katze aus dem Sack« gelassen mit seinem Vorschlag, schon jetzt den französischen kolonialen Besitz zu sichern. Und Boisanger habe sich so ausgedrückt: »Der französische Kolonialoffizier müsse jetzt wissen, daß er für seine eigenen Kolonien, nicht aber pour le roi de Prusse kämpfe.« Was die Linderung der Arbeitslosigkeit betreffe, so liege diese im eigenen Interesse Frankreichs, »wofür es nicht noch besonderer Kompensationen bedarf«.[86] Mit welchem Grimm Stülpnagel das ihm von Hemmen »zur gefälligen Kenntnis« übersandte Schreiben an Ribbentrop gelesen haben muß, wird aus den mit Bleistift angebrachten Randbemerkungen und Fragezeichen deutlich, vor allem aber aus seiner lakonischen Schlußbemerkung zu diesem fatalen Frankreichbild: »Eine ungewöhnlich schiefe Beurteilung der frz. Beweggründe.«

Wie ungünstig auch die italienische Politik sich auf Stülpnagels Absicht ausgewirkt hat, den Franzosen ausreichende

Streitkräfte für die Verteidigung Nord- und Westafrikas zu belassen, wird deutlich aus den Dokumenten des deutschen Verbindungsoffiziers bei der italienischen Waffenstillstandskommission in Turin, Oberst v. Senger und Etterlin.[87] Sie enthalten am 22. September 1940 folgende Notiz: »Mitteilung Major Westphal: Führer wird Entscheidung über zuzulassende Streitkräfte zurückhalten bis zur Rückkehr des Außenministers aus Rom.« Daß man auch in Italien den Boden der politischen Realitäten verlassen hatte, erhellt aus der auszugsweisen Wiedergabe des Leitartikels des *Popolo d'Italia* vom 22. September 1940. Darin wurde der Standpunkt vertreten, daß die französischen Besitzungen »auf das Maß der französischen Bevölkerungsdichte und der geringen Kolonisationsfähigkeit einzuschränken« seien. Der Frieden der Welt hänge davon ab, daß England »nicht nur von jedem Einfluß in Europa, sondern auch in Afrika ausgeschaltet wird«. Die Euphorie des von Mussolini gegründeten Blattes gipfelte schließlich in dem Satz: »Italien ist der größte Kolonisator des Planeten und der Geschichte.«

Für alle weiteren Beziehungen Hitler-Deutschlands zu Pétain-Frankreich blieb entscheidend, ob der Diktator imstande war, seinen Versailles-Komplex und das aus der Rassenideologie geschöpfte Vorurteil, kurz seine tiefverwurzelte Frankophobie zu überwinden. Die Gesamtkriegslage des Herbstes 1940 trug dazu bei, ihm eine Verständigung mit dem Frankreich des alten Marschalls nahezulegen, und bestätigte jene Soldaten, die dafür arbeiteten: neben Stülpnagel und Warlimont den Generalquartiermeister Eduard Wagner und Großadmiral Raeder sowie zunehmend auch General Jodl. Großbritannien nämlich, von Winston Churchills unbändiger Energie hochgerissen, erinnerte sich seiner glorreichen Tage von 1588 und 1805, in denen es, ganz auf sich gestellt, der Armada Philipps von Spanien und der drohenden Invasion Napoleons getrotzt hatte. Das deutsche Heer übte im Sommer zwar fleißig mit behelfsmäßigen Mitteln den »Flußübergang größten Ausmaßes« (Brauchitsch) und die Landung an einer Steilküste. Aber die Kriegsmarine, durch das Norwegen-Unternehmen geschwächt, sah keine Möglichkeit, die Kanal-Überquerung gegen die weit überlegene englische Flotte sicherzustellen. Und Görings Luftwaffe erlitt in der Luftschlacht um England die ersten schweren Verluste, die im personellen Bereich bald unersetzbar waren.

In dieser Situation gelang es Raeder, Warlimont und Jodl, »Hitlers Blick auf eine Ausnutzung der britisch-französischen Gegensätze zu lenken«[88] und ihm die Vorteile deutlich zu machen, die sich darauf im westlichen Mittelmeer für die weitere Kriegführung gegen England ergaben. So kam es zu der historischen Begegnung Hitlers mit Pétain am 24. Oktober 1940 in Montoire-sur-le-Loire, fünfzig Kilometer nördlich von Tours. Im Leben des deutschen Weltkriegsgefreiten war es sicher ein großer Augenblick, als er dem berühmten Marschall, der die Festung Verdun in der größten Materialschlacht der Weltgeschichte für Frankreich gerettet hatte, jetzt als Sieger gegenübertrat. Er tat es mit Respekt und maßvoller als zwei Tage zuvor gegenüber dem Ministerpräsidenten Pierre Laval. Aber der vierundachtzigjährige große Soldat, dessen Menschenkenntnis und Menschenführung beachtlich waren, muß von der Unzuverlässigkeit und dämonischen Getriebenheit seines Gesprächspartners etwas gespürt haben, als er ihn vor einem »Friedensvertrag der Unterdrückung« warnte. In einer Rundfunkansprache an das französische Volk nach dem Gespräch von Montoire faßte Pétain seine Hoffnungen und Befürchtungen in dem geradezu klassischen Satz zusammen: »Si l'Allemagne sait dominer sa victoire, la France saura dominer sa défaite.« (Wenn Deutschland seinen Sieg bewältigt, wird Frankreich auch seine Niederlage bewältigen.) Das war tatsächlich der Kern des Problems!

Es kennzeichnet die Janusköpfigkeit Hitlers, daß zeitlich parallel zu den Gesprächen in Montoire die Abschiebung von sechstausendfünfhundert Juden aus Baden und der Pfalz in das unbesetzte Frankreich erfolgte. Der Vichy-Regierung und den frankophilen Deutschen, die deren Lage erleichtern wollten, war es ein Schlag ins Gesicht. Vor allem der im August zum deutschen Botschafter in Paris ernannte Otto Abetz fühlte sich durch seine Regierung und Partei brüskiert. Der Badener aus Schwetzingen, der sich die Aussöhnung zwischen Deutschen und Franzosen zur Lebensaufgabe gemacht hatte, liefert ein besonderes Beispiel für mißbrauchten Idealismus und daraus resultierende menschliche Tragik.[89] Sein Vorgesetzter Ribbentrop bezeichnete ihn als »unverbesserlichen badischen Demokraten«. Abetz konnte weder gegen die Judendeportationen noch gegen die bald darauf einsetzende Ausweisung derjenigen Lothringer, die sich zu Frankreich bekannten, etwas ausrichten. In seinen Erinnerungen äußert er sich enttäuscht darüber, daß er weder vom Oberbefehlshaber West noch vom Leiter der Waffenstillstandskommission die richtige Unterstützung erhalten habe. »General Heinrich v. Stülpnagel verweigerte die Annahme der dort gegen die Lothringerausweisungen überreichten Protestnote der französischen Regierung.«[90]

Freilich wäre mehr Engagement wünschenswert gewesen. Aber Stülpnagel war von der ganzen Aktion genauso überrascht worden wie Abetz. Und an wen hätte er sich wenden können? Von Göring, Keitel und Ribbentrop wurde er längst mit Mißtrauen beobachtet und sogar als »franzosenhörig« bezeichnet. Die Stellung seines Freundes Halder als Chef des Generalstabes aber war durch den Westfeldzug eher schwächer als stärker geworden; denn die Goebbels-Propaganda tat alles, den Erfolg ganz der »Genialität« des Führers zuzuschreiben und Hitler zum »größten Feldherrn aller Zeiten« hochzustilisieren. Wie sehr Halder sich trotzdem in diesen Monaten für die Arbeit der Waffenstillstandskommission interessiert hat, geht aus mehreren Einträgen im Kriegstagebuch hervor.[91] So riet er am 8. Juli 1940, den Wunsch der französischen Delegation, die Regierung von Vichy nach Paris zu verlegen, »dilatorisch zu behandeln«. Am 22. August 1940 notierte er »Schwierigkeiten« wegen Elsaß-Lothringen und der Besatzungskosten. Am 23. September 1940 schließlich vermerkte er zur Meldung Stülpnagels, der französische Delegationsvorsitzende habe auf ein Bündnis Frankreich-Deutschland angespielt: »Angelegenheit wird dem Führer vorgetragen. Großes Interesse. Sache wird sehr ernst geprüft.« Aufschlußreich ist auch der folgende Satz in den Eintragungen vom 30. September 1940: »Die Stellungsfrage zu Frankreich ist wieder von Italien abhängig.«

Bereits wenige Tage nach dem zweiten Waffenstillstand zu Compiègne vom 22. Juli 1940 zeigte sich, daß Hitler nicht fähig war, den großen Teilsieg im Westen zu verkraften, sondern der Hybris und Maßlosigkeit verfiel. Schon am 3. Juli taucht in Halders Kriegstagebuch neben der »Frage England« auch die »Frage des Ostens« auf: »Letztere muß man von dem Hauptgesichtspunkt betrachten, wie ein militärischer Schlag gegen England zu führen ist, um ihm die Anerkennung der beherrschenden Rolle Deutschlands in Europa aufzunötigen.« Am späten Abend des 21. Juli 1940 fand in Fontainebleau nach der Abendtafel ein großer Zapfenstreich im Schloßhof vor dem zum Generalfeldmarschall beförderten Oberbefehlshaber des Heeres v. Brauchitsch und dem Chef des Generalstabes des Heeres, dem nunmehrigen Generalobersten Halder, statt. An der gleichen Stelle hatte sich im April 1814 der an England und Rußland gescheiterte Napoleon I. vor der Verbannung nach Elba von seiner Garde verabschiedet. Dieses historischen Ortsaspektes ungeachtet führten Brauchitsch und Halder am 22. Juli im Schloß Fontainebleau umfangreiche Besprechungen, die am Abend schon in erste Weisungen Halders an die Abteilungschefs mündeten: »Abends Greiffenberg: Vorbereitungen England-Rußland. Kinzel: Einweisung in Aufgaben Rußland.«

Stülpnagel hat an der Siegesfeier des Generalstabs in Fontainebleau, soweit ersichtlich, nicht teilgenommen. Großveranstaltungen und militärisches Zeremoniell waren nie nach seinem Geschmack. Auch das gesellige Leben in Wiesbaden zog ihn nicht an. Sein damaliger Erster Generalstabsoffizier erinnert sich: »An den Abenden war Stülpnagel ein großer Leser. Er saß meist in einer Ecke der Halle im ›Nassauer Hof‹ und las in einem Buch.«[92] Später bedauerte es sein Chef des Stabes, daß der General den politischen Fragen, über die er »vorurteilslos und treffend zu urteilen verstand«, sich nicht entschiedener gestellt hat. »Trotzdem konnte Stülpnagel seine tiefe Sorge um die kommende Entwicklung nicht unterdrücken. Das führte dazu, daß er sich in der lauten und siegesfrohen Geselligkeit, die damals im Kreise der Offiziere und auch im bürgerlichen Leben Wiesbadens herrschte, völlig zurückhielt und außerhalb des Dienstes nur mit wenigen Vertrauten Verkehr pflog, denen gegenüber er dann auch in langen Stunden nächtlichen Gesprächs seine innere Unruhe durchblicken ließ.«[93]

In dieser Zeit suchte Stülpnagel auch die Aussprache mit Jugendfreunden, die noch in Frankfurt am Main oder in der Umgebung wohnten und von denen er sicher war, daß sie politisch mit ihm übereinstimmten. Einer dieser alten Freunde aus dem Frankfurter Bürgertum schrieb nach dem Krieg an den Sohn Joachim: »Ihr Herr Vater besuchte uns in Kronberg, als er Vorsitzender der Waffenstillstandskommission in Wiesbaden war, und ich konnte ihm viel erzählen von der internationalen Waffenstillstandskommission in Spa, deren Mitglied ich gewesen war ... Ihr Herr Vater war mit mir völlig der Meinung, daß uns die Zukunft nur gehören konnte, wenn Franzosen und Deutsche sich aussöhnten und eine gemeinsame Front bildeten. Ein solches Ziel war aber nur zu erreichen ... bei Bereitwilligkeit Deutschlands, den Franzosen eine gleichberechtigte Position einzuräumen ... Von meinem gehenkten Bruder Otto weiß ich auch, daß er und Ihr Herr Vater in diesen Fragen völlig einer Meinung waren.«[94]

Zufrieden konnte Stülpnagel im Herbst 1940 mit derjenigen Arbeit sein, die zur Linderung der physischen und psychischen Not großer Teile der Bevölkerung Frankreichs geleistet worden war. Hieran hatte der neuernannte Generalquartiermeister Eduard Wagner hervorragenden Anteil.[95] Die Ernte war durch Einsatz deutscher Verbände und französischer Kriegsgefangener unter Leitung der Feldkommandanturen eingebracht worden; die meisten der sieben Millionen Flüchtlinge aus Belgien und Frankreich waren Anfang September wieder daheim, und die Angehörigen der zwölf Millionen Kriegsgefangenen waren über deren Verbleib benachrichtigt.

Am 15. Dezember 1940 kam noch ein »Spätheimkehrer« an die Ufer der Seine zurück. Zum hundertsten Jahrestag der feierlichen Überführung der sterblichen Hülle Napoleons I. von der Insel St. Helena in den Invalidendom wurde auch sein Sohn Napoleon II., der Herzog von Reichstadt, von der Kapuzinergruft in Wien, wo er hundertacht Jahre geruht hatte, in seine Geburtsstadt verbracht und in der Nähe des großen Vaters beigesetzt. Es sollte eine Geste Hitlerschen Edelmutes sein und die prodeutsche wie die antienglische Stimmung in Frankreich stärken. Marschall Pétain, der erst zwei Tage zuvor zu der Feierlichkeit eingeladen worden war, bedankte sich zwar in einem Schreiben an Hitler, das Stülpnagel fernschriftlich an den Berghof in Berchtesgaden weitergab, kam aber selbst nicht nach Paris. Auch sonst verlief nicht alles wie gewollt. Der Sarg erreichte erst nach Mitternacht, vom Ostbahnhof kommend, den verschneiten Place Vauban, wo eine Ehrenabordnung deutschen Militärs mit brennenden Fackeln ihn erwartete. Die deutsche Regierung und Wehrmacht wurde durch Botschafter Otto Abetz und Stülpnagels Vetter, General der Infanterie Otto v. Stülpnagel, vertreten, der seit 25. Oktober 1940 als Militärbefehlshaber im Palais Talleyrand amtierte. Für die Vichy-Regierung waren Admiral Darlan und General Laune erschienen. Über allen lagen schon die Schatten ihres Schicksals. Die Bevölkerung von Paris fehlte fast völlig – und wohl nicht nur wegen der späten Stunde.

Die sieben Monate 1940/41 als Vorsitzender der Deutschen Waffenstillstandskommission in Wiesbaden waren für Carl-Heinrich v. Stülpnagel zweifellos eine schwere und im ganzen wenig befriedigende Zeit. Während überall in Europa, soweit die deutschen Waffen vorgedrungen waren,

→ (210)

wie in Trojas Hallen Jubelhymnen erklangen, gehörte er zu den ganz wenigen Soldaten der Wehrmacht, die kassandrahaft den Blick für kommende Entwicklungen hatten. Sein Chef des Stabes, der ihm dienstlich am nächsten stand, sah in Stülpnagels damaliger Haltung Anzeichen von Resignation. »Stülpnagel führte diese Gespräche [mit General Huntziger, dann General Doyen] verbindlich, aber mit betonter Zurückhaltung. Es schien, als habe er seinen Gesprächspartnern deutlich machen wollen, daß er selbst auf die großen politischen Entscheidungen ... keinerlei Einfluß habe. Die Resignation, in der großen Stunde, die die Generalbereinigung des deutsch-französischen Verhältnisses anbot, keinen Beitrag leisten zu können, klang dabei heraus.«[96]

Wir haben Stülpnagel mehr als Denker denn als Kämpfernatur kennengelernt, in der preußisch-deutschen Militärgeschichte keine ganz seltene Erscheinung. Vielen seiner aktionsorientierteren Kameraden aber war das Handeln oft nur eine Flucht vor dem Denken. Bei Stülpnagel mag das Übergewicht der Kontemplation oft auch den Eindruck der Resignation erweckt haben. Und die Tätigkeit in der Deutschen Waffenstillstandskommission 1940 war ganz dazu angetan, düster ahnen zu lassen, daß in der Weltgeschichte - die ein ständiges Ringen der Vernunft mit der Unvernunft darstellt - wieder einmal ein Kapitel für die Vernunft verlorenging. Vom Nachdenken 1940/41 über das deutsch-französische Verhältnis führt aber in diesem Soldatenleben ein konsequenter Weg zum Handeln im Juli 1944.

Oberbefehlshaber der 17. Armee

Am 1. Juli 1940 machte sich der Chef des Generalstabes des Heeres Gedanken über die »künftige Kriegsgeschichtsschreibung«.[97] Die Überlegungen gingen dahin, die kriegsgeschichtliche Darstellung dieses neuen Weltkrieges einer Kommission zu übertragen, welche dem bisherigen Oberquartiermeister I, General Carl-Heinrich v. Stülpnagel, unterstellt werden sollte. Dessen uneingeschränkte Eignung auch für diese besondere Aufgabe steht außer Zweifel und wird durch folgende Charakterisierung durch den Ersten Generalstabsoffizier der Waffenstillstandskommission noch einmal bestätigt: »In seiner Art hatte Stülpnagel wohl am meisten Verwandtschaft mit Clausewitz, vielleicht auch mit Gneisenau. Von Blücher hatte er gar nichts.«[98]

Zur Erarbeitung gedanklicher Grundlagen für eine Angriffsoperation im Osten ist Stülpnagel von Halder nicht herangezogen worden; bei seiner weitgespannten Tätigkeit als Vorsitzender der Waffenstillstandskommission in Wiesbaden wäre dies auch kaum möglich gewesen. Trotzdem hat er, der gründliche Kenner des großen Werkes von Clausewitz und der darin niedergelegten Rußland-Erfahrung, gegenüber den militärischen Planern des russischen Abenteuers seine Stimme erhoben und schon sehr frühzeitig einen Ostfeldzug als unverantwortliches Hasardspiel betrachtet. Wir wissen dies von einem vertrauten Mitglied der späteren Pariser Gesprächsrunde, der es unmittelbar nach dem Krieg festgehalten hat: ». . . auch fand der General mit seinen Warnungen vor dem russischen Feldzug . . . kein Gehör«.[99]

Wie optimistisch Hitler und Mussolini im Herbst 1940 die Gesamtlage der »Achse« sahen, erhellt aus mehrseitigen Eintragungen Halders ins Kriegstagebuch am 15. Oktober 1940: »Führer über militärische Lage: Krieg gewonnen, Rest ist eine Frage der Zeit.«[100] Daß nicht nur das OKW, sondern auch die führenden Soldaten des OKH - Brauchitsch, Halder und mit ihnen die große Masse der Generalität - sich den irrationalen Gedankengängen des Diktators willig anschlossen, ist aus der Rückschau von bald einem halben Jahrhundert kaum verständlich, am ehesten wohl noch aus Goethes großartiger Beschreibung des Dämonischen und dessen Anziehungskraft auf die »Masse«. Nur ganz wenige Soldaten - wie Ludwig Beck, der ihm geistig am nächsten stehende Stülpnagel und die alten Gesinnungsfreunde Hammerstein, Witzleben und Hoepner - blieben auch in diesen Monaten Realisten und wurden von der Sorge um Deutschland weiter geplagt.

Je mehr der Herbst 1940 fortschritt, um so deutlicher traten im Generalstab und im Westheer die Planung und Ausbildung für »Seelöwe«, die Invasion Englands, zurück und die »Ostoperation« in den Vordergrund. Immer häufiger trug Halder in sein Kriegstagebuch ein: »OQU I: Vortrag über russische Operation.« Offizieller Nachfolger Stülpnagels als Oberquartiermeister I war seit dem 1. Juni 1940 Generalleutnant Friedrich Paulus. Ihm oblag nun für »Barbarossa«, wie der Deckname für den Angriff auf die Sowjetunion lautete, jene detaillierte Planungsarbeit, welche Stülpnagel für den »Fall Gelb«, den Westfeldzug, geleistet hatte. Auch Paulus ging, wie Stülpnagel, einem schweren Schicksal entgegen.

Auf Einzelheiten und Phasen der »Barbarossa«-Planung kann, da Stülpnagel nicht damit befaßt war, in dieser Lebensbeschreibung nicht näher eingegangen werden.[101] Jedoch interessieren die Entwicklung der 17. Armee und der ihr im »Fall Barbarossa« zugedachten Aufgaben. Das Armeeoberkommando (AOK 17) wurde am 20. Dezember 1940 durch das Wehrkreiskommando II (Schneidemühl) aufgestellt, zunächst mit dem Auftrag, im Südosten des Generalgouvernements für das zu anderer Verwendung, nämlich dem Einsatz auf dem Balkan bestimmte AOK 12 die Sicherung der deutsch-russischen Interessengrenze zu übernehmen. Das Armeehauptquartier wurde in dem Kurort Zakopane, am Fuß der Hohen Tatra in der Woiwodschaft Krakau, in schöner Lage untergebracht. Ebenfalls am 20. Dezember wurde Stülpnagel zum Oberbefehlshaber der aufzustellenden 17. Armee ernannt, jedoch unter vorläufiger Beibehaltung seiner Tätigkeit als Vorsitzender der Waffenstillstandskommission bis zum 14. Februar 1941; dann übernahm General Oskar Vogl in Wiesbaden dieses schwierige Aufgabengebiet. Wie aus dem »Tätigkeitsbericht der Führungsabteilung AOK 17« für den Februar 1941 ersichtlich ist, traf am 22. des Monats »der Herr O.B., General v. Stülpnagel, in Zakopane ein und übernahm den Oberbefehl«.[102] Stülpnagel war sicher erfreut, daß er dort als Armeechef seinen Gesinnungsfreund aus dem Winter '39/40, den kraftvollen Bayern Oberst i.G. Vincenz Müller vorfand. Und ebenso darf man hinter dieser Personalplanung den Chef des Generalstabs selbst vermuten.

In der zweiten Februarhälfte 1941 hatte das AOK 17 während der Aufmarschperiode, die bis zum Frühsommer reichte, noch mit materiellen, personellen und räumlichen Schwierigkeiten zu kämpfen. »Hinzu kam, daß Mitte Februar, gleichzeitig mit dem Beginn des Eintreffens der ersten neuen Verbände, eine ›Ein- und Umsiedlungsaktion‹ des Reichssicherheitshauptamtes für Juden und Polen aus dem Reich und den rückgegliederten Ostgebieten anlief, die die eigenen Maßnahmen gefährden konnte ... Gemeinsam mit dem Generalgouverneur wurde daher beim Reichssicherheitshauptamt die Abstoppung sämtlicher Transporte verlangt. Nach mannigfachen Schwierigkeiten wurde dies schließlich in gemeinsamer Besprechung vom 16. März ab zugesagt.«[103] Gegen das Unheil, welches Hitlers Rassenwahn auf die Wehrmacht lenkte, hat das AOK 17 sich zu wehren versucht, wenn nach oben hin auch nur mit rein militärischen Gründen. Im Bemühen, weitere ›Umsiedlungsaktionen‹ von Polen und österreichischen Juden in den Ostteil des Armeebereichs zu verhindern, wandte das AOK 17 sich zunächst an den Generalgouverneur Frank. Dessen Staatssekretär Bühler erklärte jedoch am 13. Februar 1941, »daß die Lenkung der Einsiedelung durch das Reichssicherheitshauptamt Berlin erfolge«.[104] Am 3. März richtete sich Oberst Vincenz Müller, in Absprache mit seinem Armeeführer, mit folgendem Schreiben an Stülpnagels alten Vertrauten, den Generalquartiermeister Wagner: »Für den ostwärtigen Bereich der 17. Armee liegen Anmeldungen von insgesamt 89000 Juden und Polen vor, die bis zum 1. 5. angefahren werden sollen. Nach dem 1. 5. sollen weitere 150000 angefahren werden. Das AOK bittet dringend, den Abtransport der Umsiedler verhindern zu wollen, da die vorhandenen Unterkünfte für die eintreffende Truppe voll benötigt werden.«[105]

Aber auch der Generalquartiermeister erklärte sich bezüglich der Umsiedlungsaktion für machtlos, wie aus dem weiteren Schreiben des AOK 17 vom 7. März 1941 an die vorgesetzte Heeresgruppe B, ebenfalls von Oberst Müller unterschrieben, hervorgeht: »Nach fernmündlicher Mitteilung des Gen. Qu. ist dieser nicht in der Lage, die Anträge auf dem Ia-Dienstweg dem O.K.H. vorzulegen.«[106] Der Vorgang zeigt, wie unangreifbar die Macht innerstaatlicher Instanzen gegenüber der Wehrmacht und ihren Belangen inzwischen geworden war. Am 25. März 1941 ist im Tätigkeitsbericht der Führungsabteilung des AOK 17 verzeichnet: »Der Herr O.B. und Oberstleutnant Wentzell (Ia) treten ihre Dienstreise nach Berlin an. In Krakau Besuch beim Generalgouverneur und Gouverneur Wächter.« Die Dienstreise war von höchster Stelle für alle an der Durchführung von »Barbarossa« beteiligten Oberbefehlshaber und Panzergruppenführer angeordnet. Sie alle wurden am 30. März 1941 in die Reichskanzlei befohlen und von Hitler in die Ziele und Zwecke von »Barbarossa« eingewiesen. Durch Generaloberst Halder, der die Kurzschrift des Müncheners Gabelsberger beherrschte, ist überliefert, was der Diktator seinen Generalen vortrug: Es sei ein Kampf zweier Weltanschauungen. Der Bolschewismus sei sozialem Verbrechertum gleichzusetzen, der Kommunismus eine ungeheure Gefahr für die Zukunft. Vom Standpunkt soldatischen Kameradentums müsse man abrücken. Der Kommunist sei vorher kein Kamerad und nachher kein Kamerad. Es handele sich also um einen Vernichtungskampf.

Leider wissen wir auch hier nicht, wie Stülpnagel am 30. März und in den Tagen danach Hitlers Argumentation aufgenommen und verarbeitet hat. In seine dienstliche Gedankenwelt gewährte der schweigsame, verschlossene und nachdenkliche Mann – im Unterschied zu seinem Schicksalsgefährten Hoepner – auch seiner Familie nur selten Einblick. Stülpnagels zurückhaltende, die große Öffentlichkeit meidende Art zeigte sich auch in der Armeeführung schon am 20. April 1941, als in Hitlers Machtbereich überschwenglich der zweiundfünfzigste Geburtstag des »größten Feldherrn aller Zeiten« gefeiert wurde. Die Feier des AOK 17 war offenbar nur eine Pflichtübung, welche Stülpnagel an seinen Chef des Stabes delegierte, wie aus dem »Tätigkeitsbericht« der Führungsabteilung ersichtlich ist: »Wir gedenken in einer schlichten, dem Ernst der Zeit angemessenen Feier des Geburtstages des Führers. Sie wird in Form eines Appells durchgeführt, auf dem Oberst i.G. Müller eine Ansprache hält.«

Die nächsten Wochen wurde im AOK 17 an der Beendigung des Aufmarsches und an der Herstellung der Einsatzbereitschaft der Armee hart gearbeitet. Ende April 1941 war die Kraftfahrzeuglage »trotz häufiger Anträge beim O.K.H. noch immer unbefriedigend«. Daß Stülpnagel sich auch um die Details kümmerte, geht aus der Eintragung der Führungsabteilung am 29. April hervor: »Bei den Panzerjägern ist die vorgesehene Umbewaffnung auf 4,7 bzw. 5 cm Pak noch nicht durchgeführt. Der Herr O.B. legt besonderen Wert auf die Förderung dieser Maßnahme. OQm hat entsprechende Anweisungen.«[107]

Eine Woche zuvor, am 22. April 1941, hatte das AOK 17 den nördlichen Teil seines Aufmarschgebietes dem AOK 6 übergeben und war von Zakopane nach Rzeszów umgezogen. Oberbefehlshaber der 6. Armee war immer noch Stülpnagels alter Freund aus der Kaiserzeit, Walther v. Reichenau. Er hatte sich im Westfeldzug - den er wie Halder und Stülpnagel hatte verhindern wollen - als Armeeführer erneut ausgezeichnet und war seit dem 19. Juli 1940 einer der jüngsten Generalfeldmarschälle der Wehrmacht. In den Wochen vor dem neuen Feldzug muß Stülpnagel dem »wunderlichen Kerl«, wie er Reichenau rund dreißig Jahre zuvor liebevoll genannt hatte, als seinem jetzigen linken Nachbarn mehrfach begegnet sein und mit ihm gesprochen haben; leider wissen wir auch darüber nichts. Als Nachbarn kamen hinzu die weit im Süden aufmarschierende und vom galizischen Raum getrennte 11. Armee unter Generaloberst Ritter v. Schobert sowie die Panzergruppe 1 unter Generaloberst v. Kleist, welche vorerst der 6. Armee unterstellt wurde. Den Oberbefehl über die drei Armeen der »Heeresgruppe Süd« übernahm der dienstälteste Soldat der Wehrmacht, Generalfeldmarschall v. Rundstedt.

Die Bearbeitung der Aufmarschanweisung »Barbarossa« lief unter dem Gebot strengster Geheimhaltung »vorsorglich für den Fall eines eintretenden kriegerischen Konfliktes mit Rußland«. Die Heeresgruppe Süd sollte südlich der Pripjet-Sümpfe ihren starken linken Flügel - schnelle Kräfte voraus - auf Kiew vortreiben, die sowjetrussischen Kräfte in Galizien und der Westukraine westlich des Dnjepr vernichten und frühzeitig die Übergänge bei und unterhalb Kiew für die weiteren Operationen in Besitz nehmen. Diese Schwerpunktaufgabe war der 6. Armee Reichenaus und der ihr für die Grenzschlacht unterstellten Panzergruppe 1 gestellt. Aufgabe der wesentlich schwächeren 17. Armee Stülpnagels war es zunächst, nordwestlich Lemberg die feindliche Grenzverteidigung zu durchbrechen, sodann durch scharfes Vortreiben ihres Nordflügels den Feind im Raum um Lemberg nach Südosten zu werfen und zu vernichten. Hierfür unterstanden der Armee beim Antreten am 22. Juni 1941 morgens 3.30 Uhr das IV. Armeekorps unter General der Infanterie v. Schwedler, das LII. Armeekorps unter General der Infanterie v. Briesen sowie das XXXXIX. Gebirgskorps unter General der Gebirgstruppe Kübler. Die 97. und 100. leichte Division standen als Reserven zur Verfügung. Mit insgesamt vierzehn Divisionen war die 17. Armee wesentlich schwächer als die 6. Armee mit der ihr unterstellten Panzergruppe 1.

Obwohl die Sowjetrussen in den Grenzstellungen vom deutschen Angriff überrascht wurden, hatten sie schon am Nachmittag in ihrer rückwärtigen Bunkerlinie die volle Abwehrbereitschaft hergestellt und lieferten dem IV. Armeekorps vor Przemysl, dem XXXXIX. Gebirgskorps bei Rawa Ruska die heftigsten Stellungskämpfe.[108] Nur zwischen diesen beiden Schwerpunkten der sowjetrussischen Verteidigung gewann der Angriff des LII. Armeekorps rasch an Boden. Die Sowjetrussen versuchten in den folgenden Tagen, die Vorwärtsbewegung der Armeemitte durch Gegenangriffe starker Panzerkräfte aufzuhalten. Jetzt zeigte sich, wie richtig es gewesen war, daß Stülpnagel der Panzerabwehr in Logistik und Ausbildung so große Bedeutung beigemessen hatte. Im Feuer aller Panzerabwehrwaffen, insbesondere aber der schweren Flakartillerie, brachen die Gegenangriffe zusammen. »Durch den Druck der Armeemitte in Richtung Lemberg und die Erfolglosigkeit aller russischen Versuche, ihn aufzuhalten, leitete die russische Führung in der Nacht vom 26. zum 27. 6. den Rückzug ein ... Nach Abwehr schwerer Gegenangriffe hatten sich am 29. 6. von Norden kommend die 71. Infanteriedivision und von Westen die 1. Gebirgsdivision, die im Polenfeldzug Lemberg schon einmal genommen hatte, dem Stadtrand so weit genähert, daß sie am Morgen des 30. 6. in die Stadt eindrangen ... Der erste Abschnitt des Feldzuges war beendet.«[109]

Das Mißverhältnis der eigenen Kräfte zur Unermeßlichkeit des russischen Raumes warf schon zu Beginn der Operationen seine Schatten voraus. Die damalige Grenze der Sowjetunion zu Deutschland war noch ein verhältnismäßig schmaler Flaschenhals. War dieser durchstoßen, öffnete sich das Riesenreich wie ein »fränkischer Bocksbeutel«, der die Angriffstruppe förmlich verschluckte. Auch die guten, aber geringen Kräfte der beiden Verbündeten auf den Flügeln – Finnlands und Rumäniens – konnten daran nichts ändern. Gerade auf den Flügeln, bei den Heeresgruppen Nord und Süd, zeigte sich die Problematik des Operationsplans »Barbarossa« besonders deutlich. Er ließ die klare Schwerpunktbildung vermissen und ging den gewaltigen Gegner nicht mit der geballten Faust an, wie es erforderlich gewesen wäre, sondern mit der geöffneten Hand.

Nach Abschluß der Schlacht um Lemberg war es Aufgabe der 17. Armee, »mit allen Mitteln den Angriff in Fluß zu halten, um möglichst gleichzeitig mit dem Feind an den entscheidenden Stellen in seine Befestigungen einzudringen. Schwerpunkt über Tarnopol in Richtung Proskurow.«[110] Die Verfolgungskämpfe und der anschließende Durchbruch durch die »Stalinlinie« in den ersten drei Juliwochen wurden infolge häufiger gewitterartiger Sommerregen vom Zustand der Straßen und Wege teilweise fast mehr erschwert als durch den Gegner. Der Hauptstoß wurde durch das XXXXIX. Gebirgskorps beiderseits Bar geführt. Daß Stülpnagel den Durchbruch durch die Stalinlinie nicht nur im Armeehauptquartier an der Karte leitete, sondern wie im Westfeldzug nach vorne zu den Divisionen und Regimentern fuhr, zeigen die Erinnerungen des Ersten Generalstabsoffiziers: »Am 13. Juli 1941 besuchte General v. Stülpnagel die 97. leichte Jägerdivision. Der Divisionskommandeur, Generalmajor Maximilian Fretter-Pico, war abwesend, und ich trug als Ia Lage und Absicht der Division vor. Die Aufklärung der Division hatte eine weiche Stelle beim Feind erkannt, in welche die Division am folgenden Tag hineinstoßen wollte. Der Kommandierende General des Gebirgskorps, der Draufgänger Josef Kübler, hatte Bedenken. Stülpnagel billigte die Angriffsabsicht der Divisionsführung. Er war an diesem Tage jedenfalls kein Zauderer. Der Erfolg gab dann ihm und der Division recht.«[111]

Am 20. Juli war die gesamte Stalinlinie vor der 17. Armee in deutscher Hand. Bereits am 18. Juli hatte das XXXXIX. Gebirgskorps Winniza genommen und einen Brückenkopf am Bug gebildet. Trotz großer Erfolge war es aber bis in die zweite Julihälfte weder der 17. Armee noch der ihr vorgesetzten Heeresgruppe Süd in der trichterförmig sich öffnenden Weite des Raumes gelungen, stärkere Feindkräfte festzuhalten oder zu vernichten. Die große Masse der Sowjetdivisionen wich unter schwächeren Nachhut-Kämpfen aus und setzte sich sprungweise ab. Am 30. Juli jedoch, als die Panzergruppe 1 bereits weit südostwärts Uman und die Spitzen des XXXXIX. Gebirgskorps nördlich Golowanesk standen, bahnte sich der Erfolg an. In enger Zusammenarbeit mit der aus Nordrumänien vorstoßenden 11. Armee sowie der Panzergruppe 1 gelang es der 17. Armee, bis zum 8. August in der »Kesselschlacht von Uman« 62000 Gefangene, 450 Geschütze, über 100 Panzer und unzähliges Kriegsgerät einzubringen. Die Heeresgruppe Süd machte in dieser Kesselschlacht rund 103000 Gefangene. Auf die 17. Armee entfiel der Löwenanteil dieses Schlachterfolges.

Stülpnagels Armee dürfte in diesen ersten Feldzugswochen eine der vom Heeresgeneralstab besonders hart geforderten, wenn nicht überforderten Armeen des Ostheeres gewesen sein. Zum vieldiskutierten Thema »Überforderung der Truppe« sagte später der Chef der Operationsabteilung im Generalstab des Heeres: »Der deutsche Generalstab war an sich zu Nüchternheit erzogen. Er setzte aber immer größtes Vertrauen in die Leistungsfähigkeit der Truppe – vielleicht wurde die Truppe vom Generalstab auch deswegen überfordert.«[112] Daß die Kriegswirklichkeit bei der 17. Armee von den vorgesetzten Dienststellen nicht immer mit »Nüchternheit« gesehen wurde, wird aus Mitteilungen des Verbindungsoffiziers des Heeresoberkommandos zur Heeresgruppe Süd deutlich: »Im ersten Jahr des Ostfeldzuges war ich Referent über die HGr Süd und hatte daher auch über die 17. Armee zu berichten. In der Anfangsphase hatte die Armee mit dem Schutz der weit offenen Südflanke zweifellos operativ wie taktisch eine riskante Aufgabe, weil sie zugunsten des Schwerpunktes im Norden (6. Armee, PzGr 1) kräftemäßig schwach dotiert war. Das Risiko war Rundstedt von vornherein klar: Wenn sich nämlich die russische Führung zu operativem Handeln durchringen sollte und auch nur einen Teil ihrer ungebundenen starken Reserven im Raum nördlich der Karpaten zu einem Stoß in die deutsche Südflanke geführt hätte, wäre das Konzept der HGr zum schnellen Stoß des Schwerpunktes auf Kiew zumindest empfindlich gestört worden. Aber der Russe warf fast alles in das taktische Abringen mit dem nördlichen Stoßkeil. Dort bildete sich wieder eine sich zunehmend verlängernde Südflanke, weil die 17. Armee nicht so rasch zu folgen vermochte, wie es die Führung der HGr Süd erwartete. Damals entstand auch im OKH der ›Verdacht‹, daß Stülpnagel eben kein ›Draufgänger‹ sei – vielleicht gerade wegen seiner hohen intellektuellen Potenz, die das Risiko scheute. Die Not in der Südflanke war dann mit der Schlacht von Uman und dem Antreten der 11. Armee aus dem rumänischen Raum beseitigt.«[113]

Der Sieg von Uman hatte das Zerreißen der sowjetrussischen ukrainischen Front bewirkt und vorübergehend fast feindfreie Räume geschaffen. In Gewaltmärschen stieß die Panzergruppe 1 jetzt in das Industriegebiet von Kriwoj Rog vor und nahm den Dnjepr-Bogen von Nikopol bis Krementschug fast kampflos ein. Auch die stark ermüdeten Verbände der 17. Armee setzten nach nur kurzer Ruhepause den Vormarsch fort. Während sie in brütender Augusthitze und bei Gewitterregen mit Tagesmärschen über vierzig Kilometer dem Dnjepr zustrebten, wurde über die weiteren Ziele des Ostfeldzuges auf höchster Führungsebene erbittert gerungen. Der Oberbefehlshaber des Heeres, Brauchitsch, insbesondere aber der Chef des Generalstabes, Halder, gaben der Vernichtung »der lebendigen Streitkräfte der Russen« den Vorrang. Diese glaubten sie am sichersten auf dem Wege nach Moskau zu treffen, weil die Sowjetführung alles zur Deckung der Hauptstadt aufbieten müsse, die zugleich ein großes Industrie- und Verkehrszentrum war. Nun aber sollte die Heeresgruppe für eine große Kesselschlacht ostwärts Kiew Kräfte abgeben. Über die operativen stellte Hitler dabei rüstungswirtschaftliche Ziele: die Wegnahme des Donezbeckens und später der Ölfelder des Kaukasus. Halder beschwor Brauchitsch, Hitler von solcher Schwächung der Mitte zugunsten einer Nebenoperation auf dem Südflügel abzubringen. Mit welchem Erfolg, wird aus Mitteilungen des Chefs der Operationsabteilung deutlich: »Mitte August 1941 wurde ich zu Brauchitsch gerufen. Er saß bedrückt am Schreibtisch und sagte: ›Herr Heusinger, ich habe mich beim Führer wieder nicht durchsetzen können. Teilen Sie es dem Generaloberst mit, ich kann es nicht!‹«[114]

Diese wochenlange, bisher schwerste Führungskrise zwischen dem Diktator und dem Oberkommando des Heeres im August 1941 hinterließ nicht nur eine Kluft, die unüberbrückbar wurde und zur baldigen Ablösung von Brauchitsch, später auch von Halder führte, sondern war auch der Keim zur Katastrophe im Winter 1941/42. Der sensible, herzkranke Oberbefehlshaber des Heeres wurde in der nunmehrigen Dauerkrise völlig zermürbt. »Brauchitsch war zuletzt wie eine Boxbirne: er bekam von Halder eine, dann wieder von Hitler eine.«[115]

Ob Stülpnagel damals über die Atmosphäre im Führerhauptquartier unterrichtet war, ist nicht ersichtlich. Der Spätsommer 1941 stellte an die 17. Armee und ihren Führer hohe Anforderungen. Nach gründlicher, vor allem pioniertechnischer Vorbereitung erließ Stülpnagel am 28. August 1941 den »Armeebefehl Nr. 27 für den Angriff über den Dnjepr«.[116] Dieser wurde, zeitlich gestaffelt, am 1. September durch das LII. Armeekorps bei Krementschug, durch das XI. Armeekorps südostwärts Krementschug erzwungen, während die »Gruppe Schwedler« Angriffsabsichten bei Tscherkassy und Kanew vortäuschte. In den ersten Septembertagen erweiterte die 17. Armee ihre Dnjepr-Brükkenköpfe bei Krementschug zur Vorbereitung des geplanten Vorstoßes nach Norden. Zur Einkesselung der sehr starken sowjetrussischen Heeresgruppe »Südwest-Front« im Dnjepr-Bogen war am 25. August die von der Heeresgruppe Mitte abgezogene Panzergruppe 2 unter Generaloberst Guderian, zusammen mit der 2. Armee, zum Stoß nach Süden in Richtung Konotop angetreten. Am 11. September durchbrachen die 17. Armee und die Panzergruppe 1 überraschend den Feind vor dem Brückenkopf Krementschug. Während die Panzergruppe 1 nach Norden in allgemeiner Richtung Lubny vorstieß, griff die 17. Armee mit Masse nach Nordosten auf Poltawa an, um die rechte Flanke der Panzergruppe 1 zu sichern. Die beiden Panzergruppen reichten sich am 16. September bei Lochewiza die Hand. Am 18. September nahm das nunmehr der 17. Armee unterstellte LV. Armeekorps unter General der Infanterie Vierow die Stadt Poltawa - ein geschichtsträchtiger Ort. Im Nordischen Krieg hatte bei Poltawa Zar Peter der Große den eroberungssüchtigen Schwedenkönig Karl XII. am 8. Juli 1709 vernichtend geschlagen. Seither stand der Name dieser ukrainischen Stadt als Symbol der Unbezwingbarkeit Rußlands durch fremde Invasoren. Trotz des sich jetzt anbahnenden großen Sieges der deutschen Waffen in der Ukraine dürfte sich der geschichtskundige Armeeoberbefehlshaber v. Stülpnagel in seiner Skepsis mit dem Menetekel »Poltawa« und dem Schicksal Karls XII. beschäftigt haben, zumal die 17. Armee ab 26. September in Poltawa auch ihr Hauptquartier hatte. Die Kesselschlacht von Kiew ging am 26. September zu Ende. Der Wehrmachtsbericht nannte 665000 Gefangene, 3718 Geschütze und 884 Panzer als Beute. Für Hitler, der Superlative liebte, war es »der größte Schlachtensieg der Weltgeschichte« - und auch militärische Fachleute pflichteten ihm bei.

Eine große Schlacht war zweifellos gewonnen - aber war es damit auch der Feldzug? Darüber, wie über die Führung des Feldzuges insgesamt, befand sich der Oberbefehlshaber der 17. Armee mit seinen vorgesetzten Dienststellen eindeutig im Dissens. Zu seinem unmittelbaren Vorgesetzten, dem Oberbefehlshaber der Heeresgruppe Süd, Feldmarschall v. Rundstedt, bestand ein Spannungsverhältnis, das wohl bis in die Tage der Fritsch-Krise zurückging. Und den unbegreiflichen Optimismus, dem der Chef des Generalstabs, sein alter Freund Halder, sich jetzt zeitweilig hingab, konnte Stülpnagel nicht teilen. »Es ist also wohl nicht zuviel gesagt, wenn ich behaupte, daß der Feldzug innerhalb [von] 14 Tagen gewonnen wurde«, hatte Halder am 3. Juli 1941 seinem Kriegstagebuch anvertraut. Ein solches Verlassen des harten Bodens der Wirklichkeit war absolut nicht Stülpnagels Sache. Fünf Wochen später allerdings war Halders Euphorie wieder einer realistischen Beurteilung gewichen. Am 11. August vermerkte er im Kriegstagebuch: »In der gesamten Lage hebt sich immer deutlicher ab, daß der

Koloß Rußland ... von uns unterschätzt worden ist.« Gleichwohl wird die grundsätzliche Sicht des OKH noch zu bewerten sein. Auch in seinen Urteilen über die Leistungen der 17. Armee und deren Führung war Halder damals schwankend und kaum gerecht. Im Juli und August 1941 rühmte er mehrfach im Kriegstagebuch die »erfreulich guten Fortschritte« der 17. Armee, auch noch am 1. und 6. September.[117]

Die »Wende« zur scharfen Kritik an der Armeeführung Stülpnagels beginnt in Halders Kriegstagebuch mit der Eintragung vom 26. September 1941, neun Tage vor dessen Krankmeldung: »Von OKW Drängen des Führers: a) 16. Pz-Div soll rechtem Flügel 17. Armee vorwärtshelfen, bevor sie nach SO durchstößt. b) Warum kommt 17. Armee so langsam vorwärts?« Dies setzt sich fort mit der erstaunlichen Eintragung vom 28. September: »Besprechung mit ObdH. Brief Keitel OKW über Gedanken des Führers zur Besetzung der Führerstellen 6. und 17. Armee, deren Vorwärtsdrängen ihm nicht genügt. Er möchte Kleist, dessen Temperament ihm zu liegen scheint, in eine führende Rolle bringen.« Erstaunlich hieran ist vor allem Hitlers plötzliche Unzufriedenheit mit seinem bisherigen Günstling Reichenau, den er ja, wie erinnerlich, einmal zum Oberbefehlshaber des Heeres hatte machen wollen. Reichenaus jetziger Vorgesetzter bei der Heeresgruppe Süd, Generalfeldmarschall v. Rundstedt, hatte damals im Namen des Offizierkorps davon abgeraten. Jetzt differierte Reichenau, ähnlich wie sein Freund und Armeenachbar Stülpnagel, mit dem Vorgesetzten v. Rundstedt in operativen Fragen.

Der schon einmal zitierte Referent der Heeresgruppe Süd in der Operationsabteilung des Heeres erinnert sich: »Über die HGr Süd kann ich Näheres berichten, vielleicht etwas kritischer, als ich es in meinem Buch getan habe. Reichenau (R.) hatte, mit seiner 6. Armee im Schwerpunkt der Heeresgruppe Süd auf dem Nordflügel eingesetzt, eine denkbar riskante Aufgabe zu lösen: im Norden die unwegsamen Pripjet-Sümpfe, im Süden die schwach dotierte 17. Armee

(v. Stülpnagel), vor sich einen zahlenmäßig haushoch überlegenen Gegner. Man erwartete von ihm eine dynamische Führung, um das operative Ziel Kiew rasch zu erreichen ... Obwohl nach der ersten Fassung der Aufmarschanweisung des OKW alle vier PzGr nicht an dem ersten Durchbruch beteiligt werden sollten, setzte R. es bei seiner Besprechung über diese Frage durch, daß 2 Pz.Korps der PzGr 1 (v. Kleist) gleich anfangs in die Kämpfe eingreifen sollten ... Inzwischen hatte die 6. Armee fast die ganze Masse ihrer Kräfte nach Norden in die Kämpfe im Pripjet-Gebiet verstrickt. Dort war also die 6. Armee gebunden, während ein Pz.Korps dicht vor Kiew stand, dem aber die nötige infanteristische Unterstützung fehlte. In den Wochen seit Beginn des Feldzuges vermochte es R. in Auseinandersetzungen mit der Führung der HGr, immer wieder Kräfte nach Norden in die Pripjets abzuzweigen, die schließlich für einen Angriff auf Kiew fehlten. Denn für ein Pz.Korps war das Unternehmen zu riskant. In diesem Augenblick griff Hitler ein mit dem Befehl, jetzt auf Moskau zu verzichten. Das war der Fehlschluß, der die ganze Planung ›Barbarossa‹ im Sinne des OKH verdarb ... Somit kam es zur Schlacht von Kiew, durch die der entscheidende Vorstoß auf Moskau um mehr als sechs Wochen verzögert wurde. Von meinem Freund Heim[118], der damals Chef des Genst. der 6. Armee war, weiß ich, daß aus dem anfänglich optimistischen R. infolge des Fehlschlages in den Pripjets ein Pessimist geworden war ... Als Ende September schließlich die ›Schlacht wider Willen‹ (OKH) mit dem bekannten Erfolg geschlagen war, führte R. seine Verbände behutsam nach Osten vor, um sie wieder in Ordnung zu bringen. Und als die Schlammperiode den Vormarsch und die Versorgung lähmte, war er durch keine Macht mehr zu bewegen, den Donez zu überschreiten. R. war ein eigenwilliger Charakter, der sich selbst schonungslos für seine Truppe einsetzte. Es kann sein, daß er nach dem Scheitern der Planung ›Barbarossa‹ ... den Krieg als verloren ansah.«[119]

Nach fast dreißig Jahren, gegen Ende ihres Soldatenlebens und in einer völlig veränderten Welt, waren die Hörsaalkameraden der Kriegsakademie von 1912 also noch einmal Nachbarn - räumlich wie geistig. Reichenau besaß jetzt den höchsten Dienstgrad, den das deutsche Heer zu vergeben hatte, und seit dem Polenfeldzug das Ritterkreuz. Stülpnagel stand in der militärischen Hierarchie nun zwei Dienstgrade unter Reichenau und war erst jetzt, für seine Verdienste in der Kesselschlacht von Kiew, mit dem Ritterkreuz ausgezeichnet worden. Man darf vermuten, daß die Wandlung des dynamischen, optimistischen Truppenführers v. Reichenau zum nachdenklichen »Pessimisten« - richtiger »Realisten« - durch Stülpnagel beeinflußt worden ist. Zwar werden »die Gefahr eines Flankenstoßes in die Nordflanke der 6. Armee« und »die Russennester im rückwärtigen Gebiet« auch im Kriegstagebuch der Heeresgruppe Süd mehrfach erörtert.[120] Rückblickend steht aber fest, vor allem im Blick auf das spätere Schicksal der 6. Armee an der Wolga, daß die Armeeführer v. Stülpnagel und v. Reichenau schon im Sommer 1941 die in der außerordentlichen Tiefe und Weite des Operationsraumes lauernden Gefahren richtiger beurteilt haben als ihre vorgesetzten Dienststellen.

Am 24. September 1941 hatte die Heeresgruppe Süd vom Oberkommando des Heeres die »Weisung für die Fortführung der Operation in das Donez-Industriegebiet« erhalten. Sie sollte sich, unter Abdeckung ihrer Nordflanke, möglichst bald in den Besitz der Krim und der Ostukraine setzen, um dadurch die Voraussetzungen zu schaffen, »sowohl über die Enge von Kertsch wie über den Don Kräfte in das Kaukasus-Gebiet vorzutreiben«. Die 17. Armee sollte rittlings des Donez vorgehen und zunächst Charkow, sodann das Industriegebiet einnehmen. Ihr Vorgehen wurde nicht nur durch starken Feindwiderstand, sondern auch durch Überschwemmungen der Worskla, die die Brücken unpassierbar machten, verzögert. Die Heeresgruppe Süd verzeichnete am 26. September in ihrem Kriegstagebuch, »daß der Führer eine Meldung der 17. Armee wünscht, warum sie in den letzten Tagen so wenig Boden in Richtung Charkow gewonnen hat«.[121] Der Kritik Hitlers an der Armeeführung Stülpnagels schloß sich dann am 29. September, dem hundertsten Tag des Ostfeldzuges, auch Halder an mit folgender Eintragung in sein Tagebuch: »Langsame Fortschritte bei Stülpnagel, der seine beiden Flanken viel zu eng abdeckt, statt sich einmal Luft zu machen und Staffeln zu bilden.«

Der Chef des Generalstabes des Heeres übersieht dabei, daß es auch die Sprunghaftigkeit der Gedankenführung Hitlers war - unter welcher er, Halder, ebenfalls tagtäglich zu leiden hatte -, die der 17. Armee ihr Vorgehen aufzwang. Aus dem Kriegstagebuch der Heeresgruppe Süd ist ersichtlich, daß Hitler im September 1941 seine Absicht bezüglich Charkow innerhalb weniger Tage völlig geändert hatte. Noch in der zweiten Monatshälfte war ihm, wohl aus propagandistischen Gründen, die schnelle Einnahme Charkows das wichtigste. Darauf ging die 17. Armee schmal und tief gegliedert auf Charkow vor. Wenige Tage später kam es ihm nicht mehr auf diese Stadt, sondern entscheidend auf die Inbesitznahme des Donezbeckens an; nun wurde moniert, daß die 17. Armee sich dazu nicht bereitgemacht hatte. Die Anpassungswilligkeit so altgedienter Soldaten wie des Generalfeldmarschalls v. Rundstedt, aber auch von Brauchitsch und Halder an den wesentlich jüngeren Diktator ging zu Lasten der Truppe. Stülpnagel jedenfalls gebührt das Verdienst, als einer der ersten höheren Truppenführer der Ostfront erkannt zu haben, daß, auch wenn die deutschen Armeen immer wieder siegten, sie doch dem sicheren Untergang entgegengingen, weil der Mann an ihrer Spitze der Hybris verfallen war.

In den ersten Oktobertagen 1941 verschärften sich die Gegensätze zwischen dem Oberbefehlshaber der 17. Armee und der Heeresgruppe Süd beziehungsweise dem Oberkommando des Heeres immer mehr. Die Armee hatte jetzt auch mit erheblichen Versorgungsschwierigkeiten zu kämpfen. Es herrschte Mangel an Betriebsstoff und Munition. Zudem machte sich der gefürchtete russische Winter bemerkbar. Durch Glysantinmangel wurde die ohnehin angespannte Kraftfahrzeuglage noch mehr verschlechtert. Vor allem aber war die Fürsorgepflicht des Armeeführers durch die der Truppe noch völlig fehlende Winterbekleidung herausgefordert. Stülpnagel machte den Sorgen um seine Armee und um die Gesamtlage in einem Briefwechsel mit dem Oberbefehlshaber des Heeres Luft. Dieser, ohnehin schwer gestreßt, reagierte offenbar gereizt. Ergebnis dieses Briefwechsels zwischen Stülpnagel und Brauchitsch war ihre dienstliche Trennung für immer. Wir sind darüber durch Generaloberst Halder unterrichtet, der am 4. Oktober, dem sechzigsten Geburtstag des Generalfeldmarschalls v. Brauchitsch, in sein Tagebuch eintrug: »Bei 17. Armee hat sich der Armeeführer v. Stülpnagel krank gemeldet. Diese Krankheit ist ein Ausfluß des Druckes, der wegen seiner zaghaften Führung auf ihn ausgeübt wurde. Das Eingreifen der Heeresgruppe in den letzten Tagen, das ihm die Führung seines Nordflügels aus der Hand genommen und damit die Bewegung wieder in Schwung gebracht hat, dürfte an dieser Erkrankung ebenso schuld sein wie ein Brief des ObdH.«[122]

Die Briefe selbst sind durch die Kriegsereignisse des Frühjahrs 1945 in der Potsdamer Wohnung Stülpnagels verlorengegangen. Der älteste Sohn, Joachim v. Stülpnagel, hat sie jedoch im Oktober 1944 in der Kommode des Vaters gesehen und ihren Inhalt in der Erinnerung behalten: »Zunächst drückte Vater in seinem Brief an Brauchitsch seine große Sorge aus wegen der weiteren Kriegführung in der Ukraine und vor allem wegen der geplanten Fortsetzung von Angriffshandlungen, die er angesichts des bevorstehenden Winters und des Fehlens von Winterbekleidung für sehr bedenklich hielt. Ganz schlecht sei auch das Verzetteln mit zwei Angriffszielen a) Kaukasus b) Wolga (zwischen Stalingrad und Astrachan). Er schlug statt dessen vor, in etwa der jetzigen Linie möglichst schnell zur Verteidigung überzugehen und erst im Frühjahr mit inzwischen aufgefrischten Kräften wieder operativ zu werden. Brauchitsch antwortete mit einem Brief und nannte Vaters pessimistische Beurteilung der Lage abwegig und nachteilig für den Angriffsschwung der Truppe. Er bäte Vater, seine Bedenken zurückzustellen und sich voll hinter die Operationsabsichten des OKH zu stellen. Da Vater das nicht mehr zu können glaubte, meldete er sich am 4. Oktober krank.«[123]

Die Krankmeldung war auch insofern gerechtfertigt, als Stülpnagel sich eine Ruhr zugezogen hatte, die ihn später in Paris noch beeinträchtigte. Aber Hauptbeweggrund seines Abschieds als Armeeführer war zweifellos, daß er die Mitverantwortung für das weitere Schicksal seiner Armee und des Ostheeres insgesamt nicht mehr weiter tragen konnte und wollte. Damit war er der erste Oberbefehlshaber einer deutschen Armee des Zweiten Weltkrieges, der diese ethische Konsequenz zog. In der deutschen Generalität gab es damals nur ganz wenige, die ihn verstanden.[124] Am 8. Oktober wurde er durch Generaloberst Hoth ersetzt. Der damalige Verbindungsoffizier zur Heeresgruppe Süd erinnert sich: »Stülpnagel wurde damals kritisiert, als vermöchte er seinen Truppen nicht den nötigen Schwung zu geben. Heute in der Rückschau fühle ich mich wie ein ›Weiser‹, der aus dem Rathaus kommt: Nicht mangelnde Befähigung als Truppenführer hat den General v. Stülpnagel zu solcher Zurückhaltung bewogen, sondern seine Kompromißlosigkeit, da dieser Feldzug ins Chaos führen mußte.«[125]

Am 8. Oktober 1941 erließ Stülpnagel seinen letzten Armeebefehl (Nr. 37) und übergab die Führung der 17. Armee an seinen Nachfolger. Die Armee wurde im Juli 1944 auf der Krim weitgehend vernichtet, später aber im Wehrkreis I neu aufgestellt. Als Sterbetag der ›alten‹ 17. Armee gilt der 21. Juli 1944. Sonderbar: An demselben Tag suchte ihr erster Oberbefehlshaber im Maaskanal bei Verdun vergeblich den Tod.

Ein endgültiges Urteil über den Armeeführer v. Stülpnagel wird um so sicherer, je fundierter die seriöse militärgeschichtliche Forschung voranschreitet und je mehr sich die Kritik aus den Zufällen und dem Nebel des Zeitgeschehens von 1941 löst. Man wird ihn sowohl als soldatischen Führer eines Großverbandes als auch als militärischen Befehlshaber des dazugehörenden besetzten Gebietes in vier hauptsächlichen Aspekten zu sehen haben. Die hierzu letzte, breit angelegte Untersuchung über den Feldzug gegen die Sowjetunion zeigt die Folge der Operationen und die Situationen, in denen er stand, dachte und führen mußte, in aller Deutlichkeit.[126]

Vor allen anderen Bezügen für eine Wertung steht das geistige Klima, in das der auf Distanz befindliche und skeptische Oberbefehlshaber der 17. Armee gestellt war. Er war einer militärischen Führungsspitze untergeordnet, die glaubte, ihr könne alles gelingen, und deren Überlegenheitsbewußtsein bis in die Hybris und eine erschreckende Illusion eskalierte. In nur 117 Tagen waren seit dem 1. September 1939 strategische Entscheidungen gefallen, in denen die Regierungen von neun europäischen Staaten aus dem Kriegsgeschehen ausgeschaltet und ihre Verantwortungsbereiche Okkupationsgebiete wurden! Dieses »Erfolgserlebnis« mußte gegenüber einem sachlich-nüchternen Denker zu Spannungen führen.

Aus einer so gearteten Bewußtseinslage »oben« ergab sich zum zweiten eine Feindbeurteilung, die mehr und mehr den Boden unter den Füßen verlor. Stand schon der Feldzugsbeginn im Juni 1941 unter einer im Prinzip falschen Sicht, so mündete die Feindbeurteilung im Oktober in die vollständige Verkennung der Realität: Der Feind war eben noch nicht niedergerungen, der Ostkrieg war keineswegs gewonnen! Die grundsätzliche Erkenntnis, daß in Rußland »die Natur stärker [ist] als alle Kriegskunst, daß die Natur als Raum, Klima, Zahl und Wesen der Menschen sowie Reichtum des Bodens durch keine operative Konzeption zu überwinden« sei[127], war im OKH nicht bedacht worden. Wenn wir heute klarer sehen und den vierzehn Divisionen der 17. Armee mindestens vierundvierzig sowjetische in Flanke und Tiefe gegenüberstellen müssen, dann wird die zurückhaltend-kritische Feindbeurteilung Stülpnagels verständlich. Als »ideales Endziel« hatte noch Anfang Oktober 1941 der Chef der Operationsabteilung im OKH die

Linie Maikop-Woronesch (!) bezeichnet.[128] Der ObdH glaubte zur selben Zeit, man könne »mit besonders zusammengestellten, verhältnismäßig kleinen Verbänden - unter Umständen nur mit Jagdkommandos - den Don erreichen«.[129] Den OB der 17. Armee mußte angesichts einer solch intellektuellen Entfernung von der Kriegswirklichkeit Entsetzen erfassen.

So stellt sich als dritter Gesichtspunkt die Betrachtung der operativen Verhältnisse vom 22. Juni 1941. Der pausenlose, sich jagende und widerspruchsvolle Wechsel in den Gedankenbildungen des Obersten Befehlshabers, der Oberbefehlshaber des Heeres und der Heeresgruppe Süd sowie ihrer Chefs der Generalstäbe ließ jede Gradlinigkeit in der Verfolgung der »Ziele auf Zeit« und »auf lange Sicht« vermissen. Wenn Stülpnagel höheren Ortes im Kriege und danach vorgeworfen wurde, daß er eben kein »Draufgänger« gewesen sei und des ständigen Druckes aus dem OKH bedurft habe, so ist dem entgegenzuhalten, daß dieser seinen Soldaten gegenüber verantwortungsbewußte, operativ geschulte, kluge Mann nicht nur gegen eine fast dreifache Übermacht stetig nach Osten vorangekommen ist, den Feind gefesselt und zurückgedrängt hat und seine offene rechte Flanke nie zu einer Gefahr für die Schwerpunktarmeen hat werden lassen, sondern daß er am 6. August den 1. Operationsabschnitt noch mit dem überzeugenden Erfolg in der Umfassungsschlacht bei Uman gekrönt hat. Die operativen Ungereimtheiten und ihre unabsehbaren Folgen belasteten ihn aber psychisch und physisch immer stärker und machten es ihm schließlich unmöglich, weiterhin die Mitverantwortung an dem Opfergang des deutschen Ostheeres zu tragen.

Die Betrachtung seiner Rolle als Befehlshaber in dem von seinen Verbänden besetzten Gebiet unterliegt nach fast einem halben Jahrhundert einer gewissen Schwierigkeit. Vor allem die jüngere Generation, der das persönliche Erleben des Totalitarismus und seines rasseideologisch geführten Krieges erspart geblieben ist, kann die damaligen Verhältnisse und Zwänge, die auch das Handeln eines hohen Truppenführers bestimmten, kaum noch verstehen. In der neueren Forschung über die Rolle der Wehrmacht in der nationalsozialistischen Ausrottungspolitik wird auch der Name Carl-Heinrich v. Stülpnagel genannt.[130] Dabei wird unter anderem auf den Befehl vom 30. Juli 1941 betreffs »Behandlung feindl. Zivilpersonen (Partisanen, jugendlichen Banden) und der russ. Kriegsgefangenen« verwiesen.[131] Diesem Befehl lagen Richtlinien zugrunde, welche der General zbV beim Oberbefehlshaber des Heeres, Generalleutnant Müller, am 25. Juli für das ganze Ostheer herausgegeben hatte. Sie ordneten an, daß sowjetische Partisanen-Abteilungen und Zivilisten, welche den Partisanen in irgendeiner Form Vorschub leisteten, »nach Kriegsbrauch« als Freischärler angesehen und behandelt werden sollten. Ein militärischer Führer, der nicht alles täte, seine Soldaten davor zu schützen, hinterrücks von Freischärlern erschossen zu werden, würde die Sorgepflicht gegenüber seinen Untergebenen grob vernachlässigen. Die Führung der 17. Armee hatte in Erfahrung gebracht, daß die Masse der ukrainischen Bevölkerung der einrückenden deutschen Truppe freundlich gegenüberstand, und wollte im eigenen Interesse diese freundliche Stimmung erhalten. Für die Ruhe in ihrem Gebiet sollte die Bevölkerung selbst haftbar sein und nur notfalls, wie vom OKH befohlen, sollten kollektive Maßnahmen ergriffen werden. Wichtig war der Armee die »grundsätzliche Rücksichtnahme auf die ukrainische Bevölkerung, sofern sich diese loyal verhält«. Unzumutbarkeiten, wie etwa der Vorschlag, für gemeuchelte deutsche Soldaten gefangene sowjetische Generale zu erschießen, unterblieben ganz.[132] Jedenfalls sind in bezug auf Stülpnagel bis jetzt keine Dokumente aufgetaucht, die den Schluß zulassen, im Bereich der 17. Armee sei etwas versäumt worden, um das Los der mit den Deutschen sympathisierenden ukrainischen Bevölkerung zu lindern. Was in der zunehmenden Verhärtung des deutsch-sowjetischen Kampfes jedem soldatischen Führer aufgegeben war, nämlich seinen Befehlsbereich frei von eigenen schwerwiegenden Verfehlungen zu halten, wurde von Stülpnagel voll erfüllt.

Gerade die einsichtigsten führenden Soldaten des Heeres - zu denen bald auch der in Nordafrika schwer verwundete Generalstabsoffizier Graf v. Stauffenberg gehörte - hatten schon im Sommer 1941 erkannt, daß die einzige Möglichkeit, den riesigen Vielvölkerstaat zu bezwingen, in der Gewinnung größerer Volksgruppen für die deutsche Besatzungsmacht lag. »Rußland wird nur durch Rußland überwunden«, ließ Friedrich Schiller 1805, bis in seine letzten Lebensstunden mit dem Demetrius-Stoff ringend, den Polenkönig Sigismund sagen. Stülpnagel, dieser gründliche Kenner der klassischen deutschen Literatur, wird das Titanen-Fragment gekannt haben. Nicht die Vernichtung der ukrainischen Juden in Befolgung von Hitlers Rassenpolitik, sondern der Versuch, die Ukrainer durch möglichst gute Behandlung vom Sowjetsystem abzuziehen, wurde vom Oberbefehlshaber der 17. Armee bezweckt. Es ist abwegig, die aus der militärischen Notwendigkeit und der Gesamtlage-Beurteilung resultierenden Befehle und Weisungen Stülpnagels ohne eingehendere Analyse der »vor Ort« gegebenen Umstände mit der Vernichtungspolitik Hitlers gegenüber den Juden in Zusammenhang zu bringen oder gar in einem Atemzug mit »Heydrichs Auffassung« zu nennen. Die geistige Distanz des Oberbefehlshabers der 17. Armee zum »Führer und Obersten Befehlshaber der Wehrmacht« wird aus den Armee-Akten auch dadurch deutlich, daß sich so gut wie kein Schriftstück findet, das mit dem sonst allgemein üblichen »Heil auf den Führer« schließt. Insgesamt geben die Akten in dieser Lebensphase Stülpnagels nur ein unzureichendes Persönlichkeitsbild. Es bestätigt sich auch hier die Erkenntnis Bismarcks, daß, wenn die Historiker Geschichte nur nach den Akten schreiben, nichts Ordentliches herauskommt, da in den Akten gerade das Wichtige, Vertrauliche nicht steht, das man hingegen oft aus Privatbriefen und konfidentiellen Mitteilungen entnehmen kann.

Versucht man, die Bewußtseinslage Stülpnagels im Herbst 1941 in einer letzten Formulierung zu umreißen, so ist es vielleicht diese: Ganz sicher hat er Anfang Oktober 1941 die politische und militärische Ausweglosigkeit, in der das Großdeutsche Reich steckte, nach allem Erahnen und Befürchten nun klar gesehen. In den überall spürbaren Unzulänglichkeiten erschien ihm die Katastrophe im Osten - schon vor der unbegreiflichen deutschen Kriegserklärung an die USA - nun immer deutlicher. Auch war ihm klar, daß die Folgen einer Niederlage in diesem Vernichtungskampf zwischen Nationalsozialismus und Bolschewismus ohne Zweifel viel schlimmer sein mußten als im Zusammenbruch der Monarchie 1918. Wann genau sich der innere geistige Durchbruch zur jetzt unausweichlich nötigen Aktion vollzog, bleibt indes ein Geheimnis des schweigsamen Mannes.

Anmerkungen

1 Kurt Sendtner: »Die deutsche Militäropposition im ersten Kriegsjahr«, in: »Vollmacht des Gewissens«, a.a.O., S. 386.

2 Ernst v. Weizsäcker: »Erinnerungen«, a.a.O., S. 266.

3 Heidemarie Gräfin Schall-Riaucour: »Aufstand und Gehorsam«, a.a.O., S. 143.

4 General Bw a. D. Adolf Heusinger im Gespräch mit dem Verfasser am 24. Oktober 1979 in Köln-Marienburg.

5 Adolf Heusinger: »Befehl im Widerstreit. Schicksalsstunden der deutschen Armee 1923-1945«, Tübingen (1950), S. 60/61.

6 Helmuth Groscurth: »Tagebücher eines Abwehroffiziers«, a.a.O., S. 201/202.

7 Hierüber insgesamt: Klaus-Jürgen Müller, »Das Heer und Hitler . . .«, a.a.O., S. 422-470.

8 BA-MA, N 220/85, Nachlaß Halder. Brief Halders an Gen. d. PzTr. Geyr v. Schweppenburg.

9 Kriegstagebuch des Oberkommandos der Wehrmacht (Wehrmachtführungsstab), Bd. I., S. 950. Zusammengestellt und erläutert von Hans-Adolf Jacobsen, Frankfurt/M. (1965).

10 Erich Kosthorst: »Die deutsche Opposition gegen Hitler zwischen Polen- und Frankreichfeldzug«, Schriftenreihe der Bundeszentrale für Heimatdienst, Heft 8, S. 26.

11 General Bw a.D. Adolf Heusinger im Brief an den Verfasser vom 31. März 1982.

12 Siehe hierzu die Briefe von Stülpnagels Jahrgangskameraden Erich Hoepner in Heinrich Bücheler: »Hoepner. Ein deutsches Soldatenschicksal des XX. Jahrhunderts«, Herford (1980).

13 Kosthorst: »Die deutsche Opposition ...«, a.a.O., S. 35/36.

14 Ibid., S. 57.

15 David Irving: »Papers of Professor Hugh Trevor-Roper«, Bd. I, Folder 6, Blatt 0294, Institut für Zeitgeschichte München.

16 Schall-Riaucour: »Aufstand und Gehorsam«, a.a.O., S. 230.

17 Friedrich Hoßbach: »Einflüsse Immanuel Kants auf das Denken preußisch-deutscher Offiziere«, BA-MA, N 24/106, S. 10.

18 Ibid., S. 7.

19 Kurt Sendtner: »Die deutsche Opposition im ersten Kriegsjahr«, a.a.O., S. 401.

20 Siehe Nicholas Reynolds: »Beck. Gehorsam und Widerstand«, a.a.O., S. 140.

21 Die Denkschrift ist abgedruckt in Helmuth Groscurth: »Tagebücher eines Abwehroffiziers ...«, a.a.O., S. 498–503.

22 Klaus-Jürgen Müller: »Das Heer und Hitler ...«, a.a.O., S. 494.

23 Ibid.

24 Ibid., S. 502, Anm. 202.

25 Vgl. Hans-Adolf Jacobsen: »Fall Gelb. Der Kampf um den deutschen Operationsplan zur Westoffensive 1940«, Wiesbaden (1957).

26 BA-MA, N 22/3, S. 4 (Nachlaß Bock).

27 General der Infanterie a.D. Gerhard Matzky im Gespräch mit dem Verfasser am 7. Mai 1983 in Bonn-Mehlem.

28 Hermann Foertsch: »Schuld und Verhängnis. Die Fritsch-Krise im Frühjahr 1938 als Wendepunkt der nationalsozialistischen Zeit«, Stuttgart (1951), S. 31f. Hierzu General Bw a.D. Adolf Heusinger in einem Gespräch mit dem Verfasser am 21. Januar 1978 in Köln-Marienburg: »Reichenau war zwielichtig, aber ein Dickkopf, der seine Ideen durchsetzte. Ich halte es wie Foertsch durchaus für möglich, daß Reichenau später eine Hoffnung der Militäropposition geworden wäre.«

29 BA-MA, N 22/3 (Nachlaß Bock), S. 5.

30 Auf Reichenau wirkte diesbezüglich auch Stülpnagels Jahrgangskamerad Erich Hoepner ein, der in Düsseldorf das der 6. Armee angehörende XVI. Armeekorps (mot.) befehligte. Siehe hierüber Hoepners Brief vom 7. Januar 1939 aus Düsseldorf, abgedruckt in Heinrich Bücheler: »Hoepner ...«, a.a.O., S. 92/93.

31 Siehe Erich Kosthorst: »Die deutsche Opposition ...«, a.a.O., S. 167/168, sowie: »Generalfeldmarschall Ritter v. Leeb. Tagebuchaufzeichnungen und Lagebeurteilungen aus zwei Weltkriegen«, hg. v. Georg Meyer, Stuttgart (1976), S. 52/53.

32 »Generalfeldmarschall Ritter v. Leeb ...«, a.a.O., S. 194/195.

33 General Bw a.D. Adolf Heusinger nannte in einem Gespräch mit dem Verfasser den Sichelschnittplan »die letzte große überzeugende Gesamtleistung des deutschen Generalstabs«.

34 Rundstedts Denkschrift ebenfalls bei Kosthorst, a.a.O., S. 169–173.

35 Schall-Riaucour: »Aufstand und Gehorsam«, a.a.O., S. 267.

36 Generalmajor a.D. Rudolf-Christoph Frhr. v. Gersdorff urteilte: »Bock war ein genialer Stratege, für mich war er die Nummer 1.« Brief an den Verfasser vom 23. November 1977.

37 Vgl. Schall-Riaucour, a.a.O., S. 267: »Bei Bock hatte sich Halder keine großen Hoffnungen gemacht.«

38 BA-MA, N 22/3, S. 3.

39 Ibid., S. 9.

40 Siehe auch Klaus-Jürgen Müller: »Das Heer und Hitler«, a.a.O., S. 544.

41 General der Panzertruppe a.D. Heinrich Eberbach in einem Gespräch mit dem Verfasser am 24. Juni 1978 in Notzingen/Wttbg.

42 Zitiert nach Schall-Riaucour, a.a.O., S. 268.

43 Siehe u.a. Harold C. Deutsch: »Verschwörung gegen den Krieg«, a.a.O., S. 223.

44 Joachim v. Stülpnagel: »75 Jahre meines Lebens«, a.a.O., S. 370/371.

45 Albert Speer wollte 1943/44 Fromm anstelle Keitels als Chef des OKW sehen, scheiterte damit aber an Hitler (Gespräch mit dem Verfasser am 17. November 1979 in Brackenberg/Allgäu). Siehe auch David Irving: »Papers of Prof. Hugh Trevor-Roper«, Bd. 1, Folder 4, Blatt 0189: »Fromm, after Manstein, was probably the most intelligent officer in the army.« (Institut für Zeitgeschichte, München.)

46 Schall-Riaucour, a.a.O., S. 269.

47 Groscurth: »Tagebücher eines Abwehroffiziers ...«, a.a.O., S. 224/225.

48 Generalleutnant NVA a.D. Vincenz Müller: »Ich fand das wahre Vaterland«, Berlin (Ost) 1963, S. 31.

49 Ibid., S. 53.

50 Hans-Adolf Jacobsen: »Fall Gelb«, a.a.O., S. 50.

51 Groscurth: »Privattagebuch«, a.a.O., S. 230/231. Insbesondere auch die Anmerkungen 614 und 618.

52 Vincenz Müller: »Ich fand das wahre Vaterland«, a.a.O., S. 544.

53 Groscurth: »Privattagebuch«, a.a.O., S. 231.

54 Eine eindrucksvolle Darstellung der fast zweistündigen Rede Hitlers gibt H. A. Jacobsen: »Fall Gelb ...«, a.a.O., S. 59ff.

55 Tagebucheintragung Bock vom 23. November 1939, BA-MA, N 22/23.

56 Kosthorst, a.a.O., S. 110.

57 H. A. Jacobsen: »Fall Gelb ...«, a.a.O., S. 87.

58 General BW a.D. Adolf Heusinger im Gespräch mit dem Verfasser am 24. Oktober 1979 in Köln-Marienburg.

59 Hierüber vor allem Adolf Heusinger: »Befehl im Widerstreit«, a.a.O., S. 77–80.

60 BA-MA, N 220/65, S. 1 (Nachlaß Franz Halder).

61 Ibid., S. 35.

62 Adolf Heusinger: »Befehl im Widerstreit«, a.a.O., S. 6.

63 Generaloberst Halder: »Kriegstagebuch«, a.a.O., Bd. I, S. 6.

64 Siehe Nicholas Reynolds: »Beck ...«, a.a.O., S. 181/182.

65 Groscurth: »Privattagebuch«, a.a.O., S. 246/247.

66 Notiert von Dr. Reimers, damals Angehöriger des Verbindungsstabes des Auswärtigen Amtes zum Oberbefehlshaber des Heeres.

67 Generalquartiermeister Eduard Wagner im Brief an seine Frau vom 9. Mai 1940, abends. Institut für Zeitgeschichte, München. Privatnachlaß Eduard Wagner, Bd. 4, S. 883–886.

68 BA-MA, RH 24-2/45, Privatausarbeitungen Oberst i.G. Koch.

69 Siehe Hermann Teske: »Bewegungskrieg. Führungsprobleme einer Infanteriedivision im Westfeldzug 1940«, Heidelberg (1955).

70 BA-MA, N 24/38, Nachlaß Hoßbach, Westfeldzug, S. 24.

71 BA-MA, RH 24-2/43, II. A.K., Ia, KTB Nr. 2 vom 12. Oktober 1939 bis 26. Juni 1940.

72 Zu den Bemühungen um »militärische Zusammenarbeit mit Frankreich« siehe Walter Warlimont: »Im Hauptquartier der deutschen Wehrmacht 1939–45«, München [3](1978), S. 136f.

73 Eberhard Jäckel: »Frankreich in Hitlers Europa. Die deutsche Frankreichpolitik im Zweiten Weltkrieg«, Stuttgart (1966), S. 72, sowie Hermann Böhme: »Entstehung und Grundlagen des Waffenstillstandes von 1940«, Stuttgart (1966). Dort heißt es auf S. 147: »Am 24. Juli meldete sich der General v. Stülpnagel im Führerhauptquartier zur Entgegennahme näherer Weisungen ... Im übrigen wünschte Hitler die weiteren Verhandlungen mit den Franzosen in der Sache hart, in der Form höflich geführt zu sehen.«

74 Generalmajor BW a.D. Paul Herrmann, Ia der Waffenstillstandskommission, im Gespräch mit dem Verfasser am 4. Februar 1980 in Wiesbaden-Neroberg. Generalmajor Otto E. Schiel, in der DWSTK zuständig für Transportfragen, bestätigte diese Erinnerung Herrmanns in einem Gespräch in Freiburg/Brsg. am 14. Oktober 1985.

75 Eine neunseitige »Aufzeichnung« hierüber, unterschrieben von Oberst Böhme, leitete die DWSTK am 4. Oktober 1940 an Generalmajor Warlimont. BA-MA, RW 39/v.9.

76 Vizeadmiral Bw a.D. Prof. Friedrich Ruge in einem Gespräch mit dem Verfasser an Fronleichnam 1981 in Tübingen.

77 Erich Raeder: »Mein Leben. Von 1935 bis Spandau 1955«, Tübingen (1957), Bd. II, S. 281.

78 Eberhard Jäckel: »Frankreich in Hitlers Europa ...«, a.a.O., S. 65.

79 BA-MA, N 220/131, S. 27 (Nachlaß Halder): »Das militärische Verhältnis Deutschlands zu Vichy-Frankreich«.

80 Ibid., S. 34.
81 Ibid., S. 37.
82 BA-MA, RW 34/v.9, Anlage zu W.St.K. Nr. 8/40 g. Kdos.Chef.
83 Kopie im Besitz des Verfassers.
84 Über die geheimdienstliche Arbeit der Leute Himmlers in Wiesbaden siehe Walter Schellenberg: »Aufzeichnungen des letzten Geheimdienstchefs Hitlers«, Moewig-Memoiren, Gütersloh (1982), S. 153f.
85 E. Jäckel: »Frankreich in Hitlers Europa«, a.a.O., S. 73.
86 BA-MA, RW 34/v.9, S. 45–48.
87 Ibid., S. 29–41.
88 Jäckel: »Frankreich in Hitlers Europa«, a.a.O., S. 108.
89 Siehe Otto Abetz: »Das offene Problem. Ein Rückblick auf zwei Jahrzehnte deutscher Frankreichpolitik«, Köln (1951).
90 Ibid., S. 167.
91 Halder: »Kriegstagebuch«, a.a.O., Bd. II.
92 Generalmajor Bw a.D. Paul Herrmann im Gespräch mit dem Verfasser am 4. Februar 1980 in Wiesbaden-Neroberg.
93 Hermann Böhme: »Entstehung und Grundlagen des Waffenstillstandes von 1940«, a.a.O., S. 148/149.
94 Dr. Leisler Kiep in einem Brief an Joachim v. Stülpnagel vom 26. Januar 1953. Kopie im Besitz des Verfassers.
95 »Der Generalquartiermeister. Briefe und Tagebuch Eduard Wagners«, hg. von Elisabeth Wagner, München (1963), S. 310–312.
96 Hermann Böhme: »Entstehung und Grundlagen des Waffenstillstandes . . .«, a.a.O.
97 Generaloberst Halder: »Kriegstagebuch«, Bd. II, a.a.O., S. 4.
98 Generalmajor Bw a.D. Paul Herrmann im Gespräch mit dem Verfasser am 4. Februar 1980 in Wiesbaden-Neroberg.
99 Erich Weniger: »Zur Vorgeschichte des 20. Juli 1944.

Heinrich v. Stülpnagel«, in: »Die Sammlung. Zeitschrift für Kultur und Erziehung«, 4. Jg., 8./9. Heft, Göttingen (1949), S. 479.

100 Generaloberst Halder: »Kriegstagebuch«, Bd. II., a.a.O., S. 136.

101 Siehe Andreas Hillgruber: »Unternehmen Barbarossa«, in: »Probleme des Zweiten Weltkrieges«, hg. v. A. Hillgruber, Köln und Berlin (1967). Außerdem zum Ostfeldzug: »Das Dritte Reich und der Zweite Weltkrieg«, Bd. 4: »Der Angriff auf die Sowjetunion«, hg. vom MGFA (1983).

102 BA-MA, RH 20-17/2.

103 Ibid.

104 BA-MA, RH 20-17/83.

105 Ibid.

106 Ibid.

107 BA-MA, RH 20-17/2.

108 Oberst i.G. a.D. Hermann Teske: »Die Offensiv-Operationen der 17. Armee im Osten bis zum Dnjepr 1941. Lemberg-Tarnopol-Uman«, BA-MA, RH 20-17/15.

109 Ibid.

110 BA-MA, RH 20-17/49.

111 Generalmajor a.D. Dietrich Beelitz im Gespräch mit dem Verfasser am 24. November 1983 in Stuttgart. Siehe auch Ernst Ott: »Jäger am Feind. Geschichte und Opfergang der 97. Jäger-Division 1940–1945«, Selbstverlag München (1966), S. 57.

112 General Bw a.D. Adolf Heusinger im Gespräch mit dem Verfasser am 24. Oktober 1979 in Köln-Marienburg.

113 Generalmajor a.D. Alfred Philippi in einem Brief an den Verfasser vom 29. November 1980.

114 General Bw a.D. Adolf Heusinger in einem Gespräch mit dem Verfasser am 21. Januar 1978 in Köln-Marienburg. Siehe auch Adolf Heusinger: »Befehl im Widerstreit«, a.a.O., S. 132–135.

115 Ibid. Siehe auch Klaus Reinhardt: »Die Wende vor

Moskau. Das Scheitern der Strategie Hitlers im Winter 1941/42«, Stuttgart (1972).

116 BA-MA, RH 20-17/49.

117 Seiner engeren Umgebung teilte Halder die Erfolge seines Freundes Stülpnagel oft etwas ironisch mit: »Heini der Eroberer hat wieder eine Stadt eingenommen.« (Generalmajor a.D. Hellmuth Reinhardt im Gespräch mit dem Verfasser am 21. April 1980 in Bad Boll.)

118 Oberst i.G. Ferdinand Heim, damals Chef des Generalstabs der 6. Armee, wurde im November 1942 als Generalleutnant und Kommandierender General des XXXXVIII. Panzerkorps durch Hitler zum Sündenbock für die Einschließung Stalingrads gemacht.

119 Generalmajor a.D. Alfred Philippi in einem Brief an den Verfasser vom 9. Oktober 1983. Siehe auch Alfred Philippi/Ferdinand Heim: »Der Feldzug gegen Sowjetrußland. Ein operativer Überblick«, Stuttgart (1962).

120 BA-MA, RH 19 I/71, 73.

121 BA-MA, RH 19 I/73, S. 138.

122 Generaloberst Halder: »Kriegstagebuch«, a.a.O., Bd. III, S. 267.

123 Joachim v. Stülpnagel: »Notizen. Carl-Heinrich v. Stülpnagel im 2. Weltkrieg 1939–1944«, unveröffentlichtes Manuskript.

124 Auch General Bw a.D. Adolf Heusinger, ein großer Verehrer seines einstigen Vorgesetzten, sagte am 24. Oktober 1979 gegenüber dem Verfasser über Stülpnagel: »Als Truppenführer ging es schief.«

125 Generalmajor a.D. Alfred Philippi in einem Brief an den Verfasser vom 29. November 1980.

126 Ernst Klink: »Die militärische Konzeption des Krieges gegen die Sowjetunion« und »Der Krieg gegen die Sowjetunion bis zum Jahresende 1941/42«, in: »Das Deutsche Reich und der Zweite Weltkrieg«, Bd. IV, hg. vom Militärgeschichtlichen Forschungsamt.

127 Hans Meier-Welcker: »Aufzeichnungen eines Generalstabsoffiziers 1939–1942«, Freiburg (1982), S. 18.

128 Klink, a.a.O., S. 526.

129 Ibid., S. 528.

130 Siehe hierzu u.a. Christian Streit: »Keine Kameraden. Die Wehrmacht und die sowjetischen Kriegsgefangenen 1941–1945«, Studien zur Zeitgeschichte Bd. 13., hg. vom Institut für Zeitgeschichte, Stuttgart (1978); sowie Helmut Krausnick/Hans Heinrich Wilhelm: »Die Truppe des Weltanschauungskrieges. Die Einsatzgruppen der Sicherheitspolizei und des SD 1938–1942«, Stuttgart (1981).

131 BA-MA, RH 20-17/276.

132 Jürgen Förster: »Die Sicherung des Lebensraumes«, hier: »Die Befriedung der eroberten Gebiete«, in: »Das Deutsche Reich und der Zweite Weltkrieg«, a.a.O., Bd. IV, S. 1030–1062. Das Beispiel auf S. 1053 betr. den OB der 17. Armee fällt in die Zeit nach Stülpnagels Weggang.

V. Vom Erkennen zum Handeln (1942–1944)

»Es gibt also Lagen, die unmittelbar zur moralischen Entscheidung auffordern.«
Ernst Jünger

Im »Wende«-Winter 1941/42

Ab Oktober 1941 wieder bei seiner Familie in Potsdam, mußte Stülpnagel zunächst die angeschlagene Gesundheit kurieren, vor allem die ihn immer wieder heimsuchenden Rückenschmerzen sowie die Nachwirkungen der in der Ukraine zugezogenen Darminfektion, was tüchtigen Ärzten dann einigermaßen gelang. Sicherlich hat Stülpnagel in den Wintermonaten 1941/42 auch den Kontakt mit alten Gesinnungsfreunden wiederaufgenommen. Von Potsdam war es nicht weit nach Lichterfelde zu Ludwig Beck, der in dieser Zeit militärgeschichtlich in der Berliner »Mittwochgesellschaft« hervortrat. Das endgültige Festlaufen der Operation »Taifun« Anfang Dezember 1941, der Angriff Japans auf die USA und das Commonwealth unter Wahrung der Neutralität gegenüber Sowjetrußland, schließlich die weithin unerklärliche Kriegserklärung Hitlers an die USA gaben dem neuen Weltkrieg eine Dimension, wie ihn der erste nie gehabt hatte – und den beiden militärpolitisch geschultesten Soldaten Deutschlands erneut Anlaß zu sorgenvollen Betrachtungen. Der Überwachung Becks, der vorsichtigen Art Stülpnagels und seiner Abneigung gegen tagebuchartige Aufzeichnungen ist es zuzuschreiben, daß wir über ihre Kontakte im Winter 1941/42 nichts Konkretes wissen. Von

Becks Biographen kennen wir jedoch die Richtungen, in denen Beck damals dachte. »Im Stabe der Heeresgruppe (Mitte) gab es eine Reihe von preußischen Traditionalisten, wie Henning v. Tresckow und Fabian v. Schlabrendorff, deren Loyalität Beck galt und nicht Hitler. Schon im Dezember 1941 kamen die beiden nach Berlin, um mit Beck die Haltung der Feldmarschälle im Osten zu erörtern, besonders die von Fedor v. Bock und Hans Günther v. Kluge. Sie waren sich schnell einig, daß Bock, ein engstirniger Militarist, für eine Zusammenarbeit nicht in Frage kam ... Kluge dagegen, ein ehrenhafter, wenn auch labiler Mensch, schien für die Argumente der Verschwörer eher zugänglich zu sein, und Tresckow begann ihn zu bearbeiten.«[1]

Vor allem aber setzte Beck in den letzten Wochen des Jahres 1941 auf den Westen. »Nach zahllosen Gesprächen über das eventuelle Widerstandspotential in der Generalität kamen Beck und Hammerstein im Dezember 1941 überein zu versuchen, neue Fäden zu ziehen und alte Verbindungen zu erneuern ... Zunächst beschlossen Beck und seine Mitverschworenen, sich an den Oberbefehlshaber West, FM v. Witzleben zu wenden, der, wie sie optimistisch unterstellten, vielleicht bereit sein könnte, mit den ihm zur Verfügung stehenden Truppen Hitler festzusetzen.«[2] Das »Widerstandspotential« im Westen zu festigen, war von nun an ständiges Bemühen der Militäropposition, deren Führung endgültig an Beck übergegangen war. Nach dem »Oberbefehlshaber West« bildete der »Militärbefehlshaber in Frankreich«, der seinen Sitz nun in der Pariser Avenue Kléber hatte, die entscheidende Schlüsselposition, wenn man hoffen wollte, Hitler von der Westfront her entmachten zu können.

Die Tätigkeit des Militärbefehlshabers in Frankreich war nicht nur eine eminent wichtige, sondern auch eine außerordentlich weitgespannte Aufgabe, die weniger den Charakter einer militärischen Führungsverantwortung im herkömmlichen Sinne hatte, als vielmehr der Administrationsverpflichtung eines Gouverneurs vergleichbar war. Hier genügt ein stichwortartiger Umriß seiner Obliegenheiten, zumal die detaillierte Untersuchung Hans Umbreits hierüber seit 1968 vorliegt.[3] Danach erstreckte sich die Aufteilung des französischen Staatsgebiets durch die Besatzungsmacht auf das besetzte Gebiet, die Kanalinseln, das Küstensperrgebiet, das Heeresgebiet Südfrankreich, die Norddepartements und Elsaß-Lothringen mit ihren Besonderheiten sowie die Demarkations-, Nordost- und die Rhônelinie.

An militärischen und zivilen Dienststellen im Befehlshaberbereich, mit denen ständiger Kontakt gepflogen werden mußte, sind zu nennen: Die deutsche Waffenstillstandskommission, die Kommission für Wirtschaft, die deutsche Botschaft, der Oberbefehlshaber West sowie der Beauftragte des Chefs der Sicherheitspolizei und des SD. Zu den vielfältigen Aufgaben der Besatzungsverwaltung gehörten: Maßnahmen zum Schutz der Besatzungsmacht, die deutsche Propaganda, das Kriegsgefangenenwesen, die Rückführung der Flüchtlinge, die Aufsicht über die einheimische Verwaltung, die Kontrolle der französischen Polizei, die Kultur- und Kunstverwaltung, das weitgespannte Finanzwesen, die Behandlung des Feindvermögens sowie die Überwachung der Rechtsverhältnisse im besetzten Gebiet, des französischen Verkehrswesens, der Postverwaltung, der unter deutscher Kontrolle befindlichen gewerblichen Wirtschaft, der Ernährung und Landwirtschaft, des französischen Außenhandels sowie der Arbeits- und Sozialfragen. Schon diese Aufzählung läßt deutlich werden, daß für einen derartigen Verantwortungsbereich ein »Nur-Soldat« fehl am Platze sein mußte. Vielmehr war zur Erfüllung einer solchen Aufgabe eine profilierte Persönlichkeit erforderlich, die neben administrativer und generalstäblerischer Schulung auch geistige Weite und Weltblick besaß.

Militärbefehlshaber in Frankreich war seit dem 25. Oktober 1940 Carl-Heinrichs älterer Vetter, General der Infanterie Otto v. Stülpnagel. Dessen Persönlichkeit und Wirken wurden später in der deutschen Geschichtsschreibung so beurteilt: »Der neue Militärbefehlshaber gab sich sehr selbstbewußt und energisch, auch gegenüber den Franzosen. Er hatte sich mit dem Palais Talleyrand einen Dienstsitz gewählt, der seiner Stellung als Statthalter des Deutschen Reiches entsprechen sollte. Stülpnagel reagierte empfindlich auf jeden Eingriff in seine Zuständigkeiten, und er war für seine vorgesetzte Stelle sicherlich kein bequemer Untergebener noch für seine Mitarbeiter ein angenehmer Chef. Gerade in seiner Amtszeit ergaben sich die größten Schwierigkeiten für eine einigermaßen selbständige Arbeit der Militärverwaltung in Frankreich. Stülpnagels Stolz, sein Rechtsempfinden und seine Einsicht in die Zusammenhänge machten seine Stellung in Paris unhaltbar, zumal es für ihn auf seinem exponierten Posten schwierig war, die Verantwortung für befohlene Maßnahmen zu tragen, die seiner Auffassung von Rechtlichkeit und politischer Klugheit zuwiderliefen ... Otto v. Stülpnagel scheiterte an der Frage angemessener Repressalien gegen die von der französischen Untergrundbewegung begangenen Attentate, wobei er eine Behandlung Frankreichs zu erreichen suchte, die, wie er immer wieder betonte, vor der Geschichte bestehen konnte.«[4]

In den Akten des Militärbefehlshabers Otto v. Stülpnagel finden sich Dokumente, welche durch ihre bestimmte, knappe Diktion beeindrucken. Am 22. Oktober 1941, nach einem Treffen mit Admiral François Darlan, bei dem die Problematik kollektiver Maßnahmen nach Attentaten auf deutsche Besatzungsangehörige besprochen wurde, telefonierte Otto v. Stülpnagel mit dem Generalquartiermeister Eduard Wagner und machte darüber folgende Aufzeichnung: »Bei meiner Rückkehr hat mir Admiral Darlan gesagt, daß er als Soldat harte Maßnahmen voll verstünde, aber doch zu bedenken gäbe, daß wir mit Massengeiselerschießungen gerade dem Willen Englands entgegenkommen, die französische Bevölkerung gegen uns aufzuhetzen und damit eine Annäherung der beiden Völker zu verhindern. Auch seine (Darlans) Politik der Annäherung werde schwer geschädigt, da er dann kein Verständnis mehr für diese Politik finden werde. Darlan hat erneut auf seinen Willen zur Verständigung hingewiesen. Ich selbst habe genügend gewarnt vor polnischen Methoden in Frankreich, war bisher mit Maß verfahren, habe für diese meine Anschauung auch meine Person eingesetzt. Die Maßnahmen für Nantes sind mir von oben befohlen worden. Ich wurde unter schärfsten Druck gesetzt. Ich bitte, meine Anschauungen dem ObdH und dem Führer unter Hinweis auf Darlans Äußerungen sofort zum Vortrag zu bringen und mir eindeutige Weisungen zuzustellen.«[5]

Mit der Warnung vor »polnischen Methoden in Frankreich« ging Otto v. Stülpnagel sehr weit. Generaloberst Johannes Blaskowitz, im Winter 1939/40 Oberbefehlshaber Ost, hatte damals mutig gegen die Mordaktionen der SS in Polen protestiert, war Ende Mai 1940 vom Oberbefehl der 9. Armee abgelöst und danach als erster Militärbefehlshaber in Frankreich eingesetzt worden.

Auch für Brauchitsch und Halder im OKH war »die kämpferische Natur des Militärbefehlshabers [Otto v. Stülpnagel] kaum geeignet ... das Taktieren zu erleichtern« (Umbreit). Als er in den ersten Wochen des Jahres 1942 noch heftige Auseinandersetzungen mit dem Chef des OKW, Keitel, hatte, demissionierte Otto v. Stülpnagel am 15. Februar 1942 von seinem Amt. Ein zehnseitiges Schreiben an Keitel, in welchem er diesen Entschluß begründete, enthält noch einmal seine Gedanken und Vorstellungen über die Aufgaben des Militärbefehlshabers: »Sie gaben mir letzthin die Weisung, mich nicht um Politik zu kümmern, nur für Ruhe und Sicherheit im Lande zu sorgen, gewissermaßen ›nur Soldat zu sein‹. Ich war und bin der Auffassung, an der Spitze einer Militärverwaltung zu stehen, die wirtschaftlich und verwaltungsmäßig auch für die deutsche Gesamtkriegführung höchstbedeutsame und umfassende Aufgaben zu erfüllen hat ... Ein Land verwalten schließt meines Erachtens auch die Verpflichtung in sich, politisch zu denken und alle Verwaltungsmaßnahmen auf ihre politische Auswirkung, auch auf die Zivilbevölkerung und auf die Belange der Gesamtkriegführung zu überprüfen. Da nun einmal ein Waffenstillstandsvertrag besteht, kann man meines Erachtens nicht einfach in allem und jedem brutal diktieren wollen ...«[6]

Mit Wirkung vom 16. Februar 1942 wurde Otto v. Stülpnagel in die Führerreserve versetzt. Am Pyrrhussieg über Frankreich hat er jedoch bis zuletzt zu tragen. Am 6. Februar 1948 machte er im Gefängnis Cherchemidi in Paris seinem Leben ein Ende, bevor der Prozeß gegen ihn eröffnet wurde. Unter den unwürdigen Lebensbedingungen und in dem traurigen äußeren Zustand, in welchem er sich befand, wollte Otto v. Stülpnagel als deutscher General nicht vor Gericht treten, obwohl er Gewichtiges zu seiner Verteidigung hätte vorbringen können.

Das Jahr 1942 hatte für die Militäropposition, die unter Beck sich wieder formierte, trübe begonnen. Das »Widerstandspotential« der Ostfront war am 8. Januar durch die Enthebung des Generalobersten Hoepner von seinem Posten als OB der 4. Panzerarmee geschwächt worden. Weder der Chef des Generalstabes Halder noch der OB der Heeresgruppe Mitte, v. Kluge, hatten gegen die rechtswidrige Ausstoßung Hoepners aus der Armee aufbegehrt. Am 17. Januar schließlich erlag Generalfeldmarschall Walther v. Reichenau einem Schlaganfall, nachdem er im Dezember 1941 von Rundstedt die Führung der Heeresgruppe Süd übernommen hatte. Diese Nachricht muß Stülpnagel tief berührt haben. Die alte Freundschaft aus dem Hörsaal der Berliner Kriegsakademie hatte im Sommer 1941 in der Ukraine ihre »Frontbewährung« erfahren. Obwohl es auch aus diesem Zeitraum Dokumente gibt, die Walther v. Reichenau als treuen Gefolgsmann Hitlers zeigen, ist die Ansicht begründet, daß dieser ebenso ehrgeizige wie intelligente Soldat schließlich »aus der Erkenntnis der politischen und militärischen Irrwege ein Mann der Widerstandsbewegung geworden wäre«.[7] Sein plötzlicher Tod hatte zur Folge, daß der moralische Entscheidungsprozeß ohne Abschluß und das Charakterbild Reichenaus in der Geschichte schwankend geblieben ist.

Im dramatischen »Wende«-Winter 1941/42 war es für die Militäropposition fast der einzige Zugewinn an »Potential«, daß es gelang, Carl-Heinrich v. Stülpnagel auf den bisherigen Dienstposten seines Vetters als »Militärbefehlshaber in Frankreich« zu bringen. Man darf davon ausgehen, daß der Chef des Generalstabes Halder diese »Personal-Maßnahme« durchgesetzt hat. Da Hitler sie aber wenig beifällig aufnahm - wie später zu zeigen sein wird -, muß Halder dabei Unterstützung gehabt haben: sicher die des Generalquartiermeisters Wagner[8], vermutlich auch die des Generals Warlimont im OKW und des Wehrmachtadjutanten Schmundt. Über Stülpnagels Eignung für diesen Dienstposten braucht kein Wort mehr verloren zu werden. Darüber, daß wiederum eine undankbare Aufgabe auf ihn zukam, er erneut zwischen zwei Feuer geraten und Konflikte nicht ausbleiben würden, wird er sich im klaren gewesen sein, zumal die Erlebnisse des Vetters Otto in Paris ihm zur Kenntnis gekommen sein dürften.

Der Zug von Schicksalsgläubigkeit, den wir schon in seiner militärischen Jugend an ihm feststellten, kann im Erleben der Jahrzehnte nur stärker, nicht schwächer geworden sein. Die Überzeugung, daß der Mensch seiner Bestimmung sich nicht entziehen kann und darf, vor allem aber das Wissen, daß seine Freunde ihn brauchten, wenn der Versuch zur Rettung Deutschlands gewagt wurde, haben den Soldaten Carl-Heinrich v. Stülpnagel zur Annahme des dornenvollen Dienstpostens veranlaßt. Für die damalige Situation ist zudem der Gedanke sicher von Gewicht gewesen, daß in einem Willkürstaat es darauf ankommt, in einer Verwendung »im Spiel zu bleiben«, um mitwirken zu können, wenn die Stunde geschlagen hat.

Militärbefehlshaber in Frankreich

Am 20. Februar 1942 hat Stülpnagel den Dienst als neuer Militärbefehlshaber in Frankreich aufgenommen. Sein Vorgänger und Vetter Otto blieb noch einige Tage in Paris zur Übergabe. Wir wissen es aus Ernst Jüngers »Erstem Pariser Tagebuch« (Februar 1941–Oktober 1942), dem wir auch eindrucksvolle Charakteristiken der beiden Generale aus altem Soldatengeschlecht verdanken. Am 23. Februar schrieb Jünger: »Nachmittags im Palais Talleyrand zum Tee beim scheidenden Oberbefehlshaber, dem General Otto v. Stülpnagel. Merkwürdig an ihm ist die Mischung von Zartheit, Grazie, Souplesse, an einen Vortänzer bei Hofe erinnernd, mit Zügen, die hölzern und melancholisch sind. Er hatte mich wegen der Geiselfrage rufen lassen, deren genaue Schilderung für spätere Zeiten ihm am Herzen liegt. Sie ist ja auch der Anlaß, aus dem er jetzt geht. An einer Stellung wie der seinen wird nur die große, prokonsularische Macht nach außen sichtbar, nicht aber die geheime Geschichte der Zwiste und Intrigen im Innern des Palastes. Sie ist erfüllt vom Kampfe gegen die Botschaft und die Partei in Frankreich, die langsam Feld gewinnt, ohne daß ihn das Oberkommando unterstützt.«[9]

Schon am 10. März 1942 hat auch der neue »Prokonsul« das Gespräch mit dem Pour-le-mérite-Träger und berühmten Schriftsteller gesucht, der in seinem Stabe als Reservehauptmann Dienst tat: »Am Abend mit dem neuen Oberbefehlshaber, Heinrich v. Stülpnagel, im runden Salon. Wir sprachen ... über Botanik und endlich über byzantinische Geschichte, in der er bewandert ist ... Im Gegensatz zu seinem Vorgänger und Vetter besitzt er unverkennbar Désinvolture und auch den königlichen Zug, der einer solchen Stellung angemessen ist. Auch ziert ihn ein Lächeln, das für ihn wirbt. Man merkt das bis in die Bedienung, so an der Art, in der der Maître und Madame Albertine aufwarteten.«[10] Die gewinnende Art, mit welcher Stülpnagel ebenso die Unteroffiziere seines Kommandostabes beeindruckte, blieb auch auf den damaligen Unteroffizier Gerhard Schmidt nicht ohne Wirkung, der beim »Verbindungsoffizier zur französischen Regierung«, Major Walter Beumelburg, eingesetzt war: »Einen noch vornehmeren Offizier als Stülpnagel habe ich nie mehr kennengelernt«, erinnerte sich Schmidt mehr als vier Jahrzehnte später.[11]

Dem Militärbefehlshaber in Frankreich standen zur Durchführung seiner vielfältigen Aufgaben ein Kommandostab, ein Verwaltungsstab sowie ein Wirtschafts- und Rüstungsstab zur Verfügung. Ihre Funktionen und personelle Besetzung können nur insoweit dargestellt werden, als es für die Lebensgeschichte Stülpnagels erforderlich ist.[12] Chef des Kommandostabes war vom 1. August 1940 bis 1. April 1942 noch Oberst i.G. Hans Speidel, der vor dem Krieg schon im Militärattachéstab in Paris Dienst getan und im Juni 1937 Beck zu den Besuchen bei Gamelin und Pétain begleitet hatte. Speidel war jetzt für eine neue Verwendung an der Ostfront vorgesehen. Sein Nachfolger, Oberstleutnant i.G. Karl-Richard Kossmann, war im Mittelabschnitt der Ostfront Chef des Stabes des VII. Armeekorps gewesen und wurde, wie aus Halders Kriegstagebuch ersichtlich ist, am 21. Februar 1942 - einen Tag nach Stülpnagels Dienstantritt - im OKH »in seine Aufgaben Paris« eingewiesen. Vermutlich ist Kossmann durch den Generalquartiermeister Wagner für diesen Dienstposten vorgeschlagen und sicher ist zuvor auch mit Stülpnagel darüber gesprochen worden.[13] Im Vergleich zu dem hochgebildeten Speidel war Kossmann ein Nur-Soldat, aber als solcher äußerst pflichtbewußt, tatkräftig, ethisch fundiert und durch seine Bekanntschaft mit Eduard Wagner wie durch seine Erlebnisse im Osten bereits in Opposition zum Regime stehend.

Oberstleutnant i.G. Kossmann, einst Fahnenjunker unter Ernst Jünger, wurde nun zwei Jahre lang Stülpnagels wichtigste und verläßlichste Stütze. Über das Dienstliche hinaus kamen sich beide auch menschlich nahe. Schon acht Wochen nach Beginn ihrer Zusammenarbeit schrieb Kossmann in sein Tagebuch: »Ich kann mir keinen besseren O.B. wünschen. Er ist in jeder Beziehung Vorbild.«[14] Welch großen Einfluß der »bürgerlich schlichte und robust wirkende Kossmann« (Herta Kossmann) bald auf den feinnervigen, philosophisch veranlagten Aristokraten Stülpnagel gewonnen hat, wird aus Kossmanns aufschlußreichem Tagebucheintrag vom 29. Oktober 1942 deutlich: »Der O.B. macht mir viele Elogen und sagt, daß er noch niemals mit einem Chef in einem so herzlichen Verhältnis gestanden habe. Auf jeden Fall bin ich seines Vertrauens sicher ... Der O.B. hat wieder Rücktrittsabsichten. Ich bekomme ihn soweit, daß er ohne mich nichts unternehmen will.«[15] Die Sekretärin Stülpnagels, Gräfin v. Podewils, erinnerte sich später an den engsten militärischen Mitarbeiter des OB wie folgt: »Kossmann war sehr preußisch, ein korrekter, strammer Soldat; äußerlich aber unterschied er sich sehr von Stülpnagel, Hofacker und Linstow.«[16]

Der Kommandostab gliederte sich wie ein Armeestab in die Führungsabteilungen Ia, Ib und Ic; das Personalwesen wurde durch die Abteilungen IIa und IIb bearbeitet. Mit keinem der Abteilungsleiter des Kommandostabes kam Stülpnagel in so enge Berührung wie mit Kossmann, der als Stabschef in der »Verantwortung des Rates« stand, die Arbeitsergebnisse zusammenfaßte und dem OB vortrug. Die Aufgaben des Ia – Einsatz der dem Militärbefehlshaber unterstellten Truppen, Bewachungsaufträge in Zusammenarbeit mit dem Feldheer und anderes – betrachtete der alte Frontsoldat Kossmann als ureigenste Sache; von den Stabsoffizieren der Gruppe Ia hat sonst wohl keiner richtige Einblicke in die Innenwelt des OB gewinnen können. Anders scheint es sich mit dem Leiter der Gruppe Ib verhalten zu haben. Von Major, dann Oberstleutnant d.R. Rudolf Hartmann, einem Württemberger, der die Arbeitsgebiete Versorgung, Nachschub, Kraftfahrzeugwesen usw. leitete, liegen »Aufzeichnungen betr. 20. Juli 1944« vor, auf die noch einzugehen ist. Die Abteilung Ic berichtete über die innere Sicherheit im besetzten Frankreich sowie die Lage im unbesetzten Südfrankreich und bearbeitete die mit den

Ausländern, Internierten, den französischen Organisationen und Vereinen zusammenhängenden Fragen. Ihr Leiter war zugleich Berater des Militärbefehlshabers. In der zweieinhalbjährigen Amtszeit Carl-Heinrich v. Stülpnagels waren es durchweg akademisch gebildete Offiziere: zunächst Major Dr. Leo, dann Major Dr. Humm, ein Jurist aus Würzburg, sowie Major Dr. Neuhaus. Enger als zu den Abteilungsleitern wurde jedoch das Verhältnis zu dem Reservehauptmann Ernst Jünger, der, ebenfalls in der Abteilung Ic, über die von vorgesetzten Stellen befohlenen Sühnemaßnahmen und »den Kampf in Frankreich zwischen Heer und Partei« Buch führte. Der bereits erwähnte Unteroffizier Schmidt beim »Verbindungsoffizier zur französischen Regierung« gewann damals den Eindruck, »daß der gesamte Kommandostab frankophil war«.[17]

Im Laufe der Zeit mußte der Kommandostab immer mehr Aufgaben und Zuständigkeiten an die Armeen des »Oberbefehlshabers West« sowie an den »Höheren SS- und Polizeiführer im Bereich des Militärbefehlshabers in Frankreich« abgeben. Während die Bedeutung des Kommandostabes sich verringerte, nahm diejenige des Verwaltungsstabes in dem Maße zu, in welchem die »Collaboration« zwischen Deutschland und Frankreich sich auf den Bereich der Wirtschaft konzentrierte. Dem Verwaltungsstab gehörten mehrere Kriegsverwaltungsbeamte an, die in Stülpnagels konspirative Pläne eingeweiht waren, durch die vorsichtige Art dieser Planung aber der Rachejustiz nach dem 20. Juli 1944 entgingen und Chronisten des damaligen Geschehens in der Pariser Avenue Kléber werden konnten. Das süddeutsch-alemannische Element war im Verwaltungsstab stark vertreten. Die Leitung war über vier Jahre hinweg in schwäbischer Hand. Bis zum 1. August 1942 war der frühere württembergische Minister für Inneres und Wirtschaft, Jonathan Schmid, Chef des Verwaltungsstabs. Dieser wurde dann gesundheitshalber von seinem Landsmann Elmar Michel abgelöst, dem bisherigen Leiter der Abteilung Wirtschaft.

In den knapp zwei Jahren, in welchen Schmid den Verwaltungsstab führte, gewann der dynamische Leiter der Abteilung Verwaltung so großen Einfluß, daß »der Eindruck entstehen konnte, *er* sei eigentlich der Chef des Verwaltungsstabes« (Umbreit). Es war dies der junge Ministerialdirektor und SS-Brigadeführer Werner Best. Er hatte »nach 1933 eine rasche Karriere im Geheimen Staatspolizeiamt, bei der Sicherheitspolizei und im Reichssicherheitshauptamt durchlaufen, wo er sich jedoch mit seinem Chef Heydrich überwarf und nun geradezu in den Schutz der Wehrmacht nach Paris flüchtete. Der junge SS-Brigadeführer war gewiß ein begeisterter Nationalsozialist, auch ein schriftstellerisch tätiger Ideologe des SS- und Polizeiwesens, aber in diesen Grenzen zugleich ein exakter und rechtlich denkender Verwaltungsfachmann ...«[18] Das Auftauchen dieses Mannes aus der Umgebung von Heydrich und wohl auch von Goebbels war für die überwiegend frankophilen Beamten im Verwaltungsstab zunächst beunruhigend. »Seine Kollegen begegneten ihm wegen seines hohen SS-Dienstgrades mit einigem Mißtrauen ... stellten aber bald fest, daß Best ein ausgezeichneter Verwaltungsfachmann war, klug und kenntnisreich, loyal gegenüber seinen Vorgesetzten und Untergebenen, und daß er sich in der Praxis viel gemäßigter und zugänglicher zeigte, als man es ursprünglich, vor allem auf Grund seiner Schriften, von ihm erwartet hatte ... Es muß festgestellt werden, daß er um eine saubere Verwaltungsarbeit in Frankreich bemüht war und daß seiner Haltung in der Frage der Sühnemaßnahmen und des Kunstschutzes unbedingt weitsichtige und ehrenhafte Motive zugrunde lagen ...«[19]

Werner Best war ein Mann von überragender Intelligenz. Neben zahlreichen NS-Schriften aus der Vorkriegs- und Kriegszeit sind von ihm »Erinnerungen aus dem besetzten Frankreich«[20] erhalten, in denen er seine Erlebnisse zwischen dem 1. August 1940 und dem 31. Juli 1942 in der Militärverwaltung niedergelegt hat. In vielem war er ein guter Beobachter, so in der Feststellung, daß der Militärbefehlshaber weit weniger Befehlsgewalt hatte, als der Begriff vermuten läßt. »An der Spitze der Militärverwaltung stand der Militärbefehlshaber. Diese Bezeichnung war sprachlich unverständlich und sinnlos ... Er war Befehlshaber nur für die Besatzungstruppen im engeren Sinne ..., nicht aber für die in dem besetzten Gebiet befindlichen Armeen oder Teile von solchen. In seinen sonstigen Funktionen aber war er kein Befehlshaber, sondern eine Art Gouverneur des besetzten Gebietes.«

Die Porträtskizzen führender Persönlichkeiten sind in Bests »Erinnerungen« von besonderem Interesse. Im Unterschied zu Otto v. Stülpnagel konnte er zu Carl-Heinrich »kein wirkliches persönliches Verhältnis gewinnen«. Dieser sei in jeder Hinsicht das Gegenteil seines Vetters und Vorgängers gewesen: »Äußerlich trotz seiner Jahre eine Siegfried-Erscheinung, in seiner Haltung ein Grandseigneur von diplomatischer Höflichkeit und Gewandtheit gegenüber jedermann, mußte er seine Mitarbeiter auf Anhieb anziehen und gewinnen.« Dabei sei es aber auch geblieben. In den wenigen Monaten, in denen er, Best, unter Carl-Heinrich v. Stülpnagel gearbeitet habe, hätte der General alles gutgeheißen, was er ihm vorgelegt habe. »Ich hatte überhaupt den Eindruck, daß er allen Dingen mit einer großen inneren Gleichgültigkeit gegenüberstehe ... Ob diese Teilnahmslosigkeit, die ich in jenen Monaten [Februar bis Juli 1942] an Heinrich v. Stülpnagel zu erkennen glaubte, auf seine Krankheit in den letzten Jahren und auf eine allgemeine innere Distanz zur Umwelt zurückzuführen oder ob in ihr bereits seine politische Distanzierung vom Staat und der Kriegsführung zum Ausdruck gelangte, weiß ich nicht.«

Diese Charakterisierung durch den SS-Brigadeführer und Verwaltungsfachmann Best enthält Richtiges und Falsches zugleich. Daß Stülpnagel sich gegenüber dem hohen SS-Dienstgrad besonders zurückhaltend verhielt, ist verständlich. Er wußte wohl nicht, daß Heydrich sich von Best getrennt hatte, weil er ihm zu »juristisch« geworden war. Die von Best festgestellte »Gewandtheit gegenüber jedermann«

wird etwas relativiert durch Ulrich v. Hassell, der Stülpnagel auch »schüchtern«[21] erlebt haben will. Auch die erwähnte »lange Krankheit« ist nicht ganz richtig, wie dargelegt wurde. Völlig falsch jedoch ist es zu glauben, Stülpnagel sei »allen Dingen mit einer großen inneren Gleichgültigkeit« gegenübergestanden. Das Gegenteil ist der Fall. Die vor allem nach Beginn des Feldzuges gegen Sowjetrußland steigende Zahl der durch Kommunisten verursachten Sabotageakte führte zwangsläufig zu einer Verschärfung der Sühnemaßnahmen und damit zur Vermehrung der Todesurteile gegen Landeseinwohner, die in den ersten vier Monaten von Carl-Heinrichs Tätigkeit als Militärbefehlshaber von ihm als Gerichtsherr verhängt werden mußten.[22] Im März 1942 allerdings waren nur 43 Sabotagefälle zu verzeichnen, gegenüber 60 im Februar, 79 im Januar 1942, 80 im Dezember und 83 im November 1941. »Es ist anzunehmen, daß dieser sehr erhebliche Rückgang an Attentaten darauf zurückzuführen ist, daß der Kreis der aktiven Terroristen erkannt und durch zahlreiche Verhaftungen und Verurteilungen verkleinert worden ist«, heißt es im »Lagebericht Februar/März 1942« des Kommandostabes vom 31. März 1942.[23]

Der Militärbefehlshaber Carl-Heinrich v. Stülpnagel hat unter der Crux der von Hitler über Keitel befohlenen Sühnemaßnahmen im Verhältnis 1 zu 50–100 noch schwerer getragen als der Vorgänger. Er war allerdings nicht kämpferisch veranlagt wie sein Vetter Otto, der seinem Ärger nach oben wie nach unten Luft machen konnte. In Paris scheint Carl-Heinrich noch mehr als bisher ein nach innen lebender, intellektueller Geistesmensch geworden zu sein, der seine Sorgen und Nöte, den immer stärkeren Zwiespalt zwischen Sollen und Wollen, Befehl und Gewissen nach innen nahm, weil er sie nach außen nicht sehen lassen durfte, einige wenige Vertraute ausgenommen. Wir haben schon in seiner Jugend in dem Streben nach dem großen Erkennen viel Faustisches in ihm entdeckt. Jetzt, gegen Ende seines Lebens, da er immer tiefer in die irrationalen und dämonischen Bereiche des Daseins hineinsah, trat in ihm Hamletisches hervor - Wesenszüge jener anderen tragischen Gestalt des germanischen Nordens, von welcher der Detmolder Freiligrath sagte: »Hamlet ist Deutschland«, und der Schwabe Friedrich Theodor Vischer erkannte: »Hamlet ist ein Vulkan, der nach innen speit.« Um sich mit dem, was in ihm vorging, nicht vor dem OKW und den Pariser Dienststellen der ohnehin mißtrauischen Parteiführung zu decouvrieren, um überhaupt Handlungsspielraum zu behalten für ein erfolgreicheres Vorgehen, nachdem der Vorgänger mit seinen Protesten auf dem Dienstwege gescheitert war, mußte Stülpnagel sich gewissermaßen eine Tarnkappe überziehen und immer wieder Zugeständnisse machen. Insofern ist seine Charakterisierung als »Siegfried« durch Best durchaus treffend, wenn auch in anderer Hinsicht, als sie wohl gemeint war. Gerade als »Soldat unter der Tarnkappe« wurde er in Paris ein Repräsentant deutschen Wesens, wie einer der großen Dichter unseres Jahrhunderts es deutet: »Im Grund sind Faust und Wallenstein Verwandte Siegfrieds. Die Tarnkappe ist ein deutsches Symbol« (Reinhold Schneider: »Fausts Rettung«).

Nur dadurch, daß er sich nach »oben« verdeckt hielt, allen offenen Auseinandersetzungen mit Hitler und dem OKW aus dem Wege ging, konnte Stülpnagel zweieinhalb Jahre sich als wichtigster Außenposten in den Planungen der Opposition behaupten und das größte Problem der Besatzung, die Sühnemaßnahmen, zwar nicht im großen, aber doch im kleinen mildern. So ist zu erklären, daß so mutige Gegenvorstellungen wie in den Akten des Vetters Otto sich bei Carl-Heinrich nicht finden lassen, im Gegenteil zahlreiche Dokumente vorhanden sind, aus denen man - allerdings vollkommen widersinnig - schließen könnte, daß er ein »gefügiges Werkzeug des Systems« gewesen sei. Wenn der Befehlshaber der Sicherheitspolizei und des SD in Paris, SS-Standartenführer Dr. Knochen, später in Nürnberg aussagte, daß der Militärbefehlshaber nie in Berlin gegen das Vorgehen seiner Kräfte protestiert habe, so mag das zutreffen. Im ganzen ist es wohl richtig, »daß Stülpnagel einen energischen Kampf gegen die SS schon deswegen nicht aufnahm, weil er sich der Zwecklosigkeit dieses Unternehmens bewußt war und dies auch bei einigen Gelegenheiten deutlich erfahren hatte. Die Ereignisse vom 20. Juli zeigen aber, daß es auch für ihn noch eine Rechnung zu begleichen gab . . .«[24]

Es war auch unmöglich vorauszusehen, daß bis zur großen Abrechnung mit dem Regime noch dreißig Monate vergehen würden. In den Iden des März 1942 verschlechterte sich die »Lage West« für die Opposition allerdings grundlegend: Die Verabschiedung Witzlebens als Oberbefehlshaber West und die Wiedereinsetzung des »unpolitischen« Rundstedt konnte dadurch, daß Carl-Heinrich v. Stülpnagel Herr in der Avenue Kléber geworden war, nicht ausgeglichen werden. Dem Oberbefehlshaber West unterstanden mehrere kampfstarke Armeen, dem Militärbefehlshaber in Frankreich nur einige Sicherungsregimenter. Wie sehr Stülpnagel mit dem scheidenden Generalfeldmarschall v. Witzleben in der Überzeugung von der Notwendigkeit der Beseitigung des NS-Regimes übereinstimmte, sollte in den vorausgegangenen Kapiteln ebenso deutlich geworden sein wie die tiefen Unterschiede in der Berufsauffassung, die ihn von Generalfeldmarschall v. Rundstedt trennten. Der Wechsel im Hauptquartier zu St. Germain Mitte März 1942 war ein schwerer Schlag für die Opposition und - wie sich zeigen sollte - vorentscheidend für das Mißlingen der Erhebung im Westen. Auch mit den ranghöchsten Repräsentanten der Luftwaffe und der Kriegsmarine in Frankreich, Generalfeldmarschall Sperrle und Admiral Krancke, die unmittelbar ihren Oberbefehlshabern Göring beziehungsweise Raeder/Dönitz unterstanden, war eine über den Routinebetrieb hinausgehende vertraulichere Verbindung von vornherein nicht möglich. So blieb Stülpnagel unter den Spitzen von Partei und Wehrmacht im »süßen Paris« eine wenig auffällige, ziemlich unbekannte Gestalt, wozu ein gewisser Hang zur Einsamkeit in ihm noch beigetragen haben mag.

Der letzte Lebensabschnitt, die dreißig Monate in den »Kulissen des Komforts« (Ernst Jünger) im riesigen Hotel Majestic und dem benachbarten, intimeren Raphaél, nahe dem Arc de Triomphe, waren nur am Tage und scheinbar eine Zeit der Ausübung von Macht. In langen Abend- und Nachtstunden war es eine Zeit einsamer Lektüre, philosophischen Grübelns oder der Gespräche im kleinen, gleichgesinnten Kreis. Diese Gesprächsrunden waren »wahre Symposien«, wie ein Teilnehmer sich erinnerte.[25] Sie gingen von naturwissenschaftlichen Disziplinen wie Botanik, Physik und Mathematik bis zu entlegenen Gebieten der Geschichte wie der Byzantinistik; immer häufiger kreisten sie um philosophische und religiöse Themen, insbesondere um das Phänomen des Bösen in der Welt und um das Problem des Todes. Auf die Schultern des Militärbefehlshabers senkte sich drückend die Last der Erkenntnis, daß die Welt immer mehr ins Arge geriet und eine große Tat notwendig wurde, sie wieder in Ordnung zu bringen. Bis endlich der Uhrzeiger diesen Tag der Tat ankündigte, mußte er gute Miene zum bösen Spiel machen.

Auch andere Soldaten des Kommandostabes trugen schwer an der Last der Geiselmaßnahmen. »Ich möchte diese Todesurteile am liebsten nicht mehr sehen«, sagte der Ic, Major Humm, der die Urteile abzuzeichnen hatte, bevor sie zur Bestätigung dem Oberbefehlshaber vorgelegt wurden.[26] Die tragische Situation, in welche Stülpnagel sich auf seinem letzten Dienstposten gestellt sah, machen die folgenden Sätze eines amerikanischen Deutschlandkenners deutlich: »Der 1886 geborene General v. Stülpnagel war ein allgemein beliebter Offizier und Aristokrat. Sehr früh und klar erkannte er im Nationalsozialismus ein moralisches Problem. Als religiöser Mensch sah er es als den Konflikt zwischen den Forderungen Gottes und denen der weltlichen Macht ... später erhielt er das schwierige Kommando in Paris. Hier fiel ihm die unerfreuliche Aufgabe zu, die französische Untergrundbewegung gegen die deutsche Armee zu unterdrücken. Es ist behauptet worden, Stülpnagel

Zu seinen Aufgaben gehörte, die franz. Untergrundbewegung zu unterdrücken!

sei in seinen Methoden gegen den französischen Untergrund zu hart gewesen, und wenn er nicht von der Gestapo umgebracht worden wäre, hätte man ihn sehr wahrscheinlich als Kriegsverbrecher vor das Nürnberger Gericht gestellt. Dennoch hat dieser Mann das Böse in Hitler wenigstens schon 1938 gesehen, und sein Widerstand gegen den Diktator beruhte auf ernsten religiösen und ethischen Bedenken.«[27]

Der Lebensweg vom jungen Offizier, der in seinem Monarchen und Obersten Kriegsherrn bei allen denkbaren Einschränkungen dennoch ein persönlich lauteres, unangefochtenes Staatsoberhaupt hatte sehen können, zum desillusionierten Befehlshaber unter einem »Führer und Reichskanzler«, dessen Amoralität sich ins Unerträgliche steigerte, näherte sich seinem dramatischen Ende. Das einst gänzlich Unvorstellbare, ein Staatsoberhaupt könne so geartet sein wie Hitler, war unbestrittene Tatsache geworden. Eine Tatsache, die weder Verständnis noch Schonung zuließ. So bleibt abschließend nur zu sagen: Die zweieinhalb letzten Lebensjahre Stülpnagels verliefen tragisch durch den großen Gegensatz, der unvermeidlich, so oder so, in den Untergang führte. Reinhold Schneider, ein Dichter-Philosoph unseres Jahrhunderts, dem es gegeben war, die permanente Auseinandersetzung zwischen Gewissen und Macht, Vernunft und Unvernunft tiefer zu erfassen als gewöhnlich, hat es einmal so ausgedrückt: »Gegen die Tragik vermögen wir nichts. Der Wille bäumt sich und soll sich bäumen: eben dadurch vertieft er die Tragik noch.«

Vor dem Aufstand

Als Stülpnagel seinen Dienstposten in Paris antrat, war Frankreich für Hitler, das OKW und OKH, aber auch für die Weltöffentlichkeit weit weniger wichtig als Sowjetrußland und die Frage, ob es auch 1942 dem Ansturm des deutschen Ostheeres würde widerstehen können. Der »Westen« blieb bis in das Jahr 1943 hinein Etappe, wohin erkrankte oder erholungsbedürftige Soldaten der Ostfront für kürzere oder längere Zeit versetzt wurden. Den damaligen Oberstleutnant i. G. Meyer-Detring zum Beispiel, der im Sommer 1942 vom Osten als Dritter Generalstabsoffizier (Ic) zum OB West kam, empfing der dort ebenfalls neue Chef des Stabes, Generalmajor Zeitzler, recht kühl mit der Frage: »Warum kommen Sie hierher? Sind Sie krank?«[28]

Generalmajor Kurt Zeitzler hatte sich im Polen-, West- und Rußlandfeldzug als Stabschef des Panzerkorps wie der Panzerarmee v. Kleist sehr bewährt; nach Witzlebens Ersetzung durch Rundstedt Mitte März war er am 24. April 1942 als Chef des Stabes auf Generalleutnant Hilpert gefolgt, der nach dem Osten ging. Daß Stülpnagel in den folgenden fünf Monaten mit Zeitzler näheren Kontakt hatte, ist nicht nachweisbar und ziemlich unwahrscheinlich. Zeitzler stand damals in der besonderen Gunst von Göring und Goebbels, die ihn Hitler als Nachfolger Halders vorschlugen. Die Ablösung Halders durch Zeitzler erfolgte dann am 24. September 1942; sie war für die Geschichte des Zweiten Weltkrieges wie für diejenige des deutschen Generalstabes ein wesentliches Ereignis und ist sicher auch von Stülpnagel so empfunden worden. Er dürfte darüber ähnlich wie sein Freund Ludwig Beck gedacht haben, der den Wechsel an der Spitze des Generalstabes dem Diplomaten Ulrich v. Hassell gegenüber mit dem Satz kommentierte: »Die Dekomposition der Armee schreitet unaufhörlich fort.«[29] Ganz berechtigt war diese Abneigung Becks gegenüber Zeitzler nicht. Der letzte wirklich zum Chef des Generalstabes Ernannte verwandelte sich aber im Führerhauptquartier schnell von einem Saulus zum Paulus und soll, nach Berichten von Zeitzeugen, Hitler oft entschiedener entgegengetreten sein als die weniger robusten Vorgänger Beck und Halder.[30]

Mehr als durch die personellen Veränderungen beim Oberbefehlshaber West in St. Germain-en-Laye, an der Ostfront und im Führerhauptquartier wurde Stülpnagel schon im Frühjahr 1942 durch Neu- und Umbesetzungen in seinem eigenen Dienstbereich berührt. Eine der wichtigsten war zweifellos die Einsetzung des »Höheren SS- und Polizeiführers im Bereich des Militärbefehlshabers in Frankreich«. Sie bedeutete eine Beschränkung der Machtbefugnisse Stülpnagels. In der Geschichtsschreibung ist festgestellt worden, daß »die Stellung des Militärbefehlshabers nicht mehr unangefochten [war], nachdem er in der Aufrechterhaltung der inneren Sicherheit in den Augen Hitlers versagt hatte« (Umbreit). Der damalige SS-Brigadeführer und Generalmajor der Polizei, Carl-Albrecht Oberg, war bisher SS- und Polizeiführer in Radom gewesen und als solcher mit den dortigen schauerlichen Auswirkungen der NS-Rassenpolitik vertraut. Er wurde am 7. Mai 1942 durch den SD-Chef Reinhard Heydrich persönlich in Paris eingeführt. Heydrich stand bereits unter den Schwingen des Todes: Knapp vier Wochen später erlag er in Prag einem Anschlag tschechischer Nationalisten. Überraschend äußerte sich Heydrich bei seinem letzten Besuch in Paris gegen die Geiselerschießungen, obwohl er gewußt haben muß, daß diese nicht nur von Keitel, sondern von Hitler selbst befohlen worden waren.[31] Gleichzeitig sprach er sich für eine möglichst enge Zusammenarbeit mit der Polizei der Vichy-Regierung aus. Heydrichs einstiger Vertrauter Werner Best, der die französischen Verhältnisse ja gut kannte, wird zu dieser erstaunlichen Einsicht beigetragen, vielleicht sie überhaupt bewirkt haben. Möglich ist aber auch, daß der SD-Chef, der ja unter die intelligenteren Führer des NS-Staates gezählt wird, die Notwendigkeit des Zusammengehens mit Frankreich selbst erkannt hat, nachdem das Deutsche Reich nunmehr in einen Kampf auf Leben und Tod mit drei Weltmächten verstrickt war.

In den folgenden Wochen stützten sich der Kommando- wie der Verwaltungsstab des Militärbefehlshabers dann geschickt auf diese Pariser Äußerung Heydrichs. Ein Aktenvermerk vom 29. Mai 1942 über die »Durchführung von Sühnemaßnahmen« wies darauf hin, daß der Generalbevollmächtigte für den Arbeitseinsatz, Gauleiter Saukel, gerade in diesen Tagen vom Militärbefehlshaber und von Ministerpräsident Laval die Abstellung von 350 000 französischen Arbeitern ins Reich gefordert hatte: »Von einer massiven Geiselerschießung im jetzigen Augenblick sind nach Auffassung des Leiters der Abteilung Wirtschaft beim Militärbefehlshaber, Ministerialdirektor Michel, auf die Anwerbung dieser Kräfte, auf deren guten Willen man in weitem Umfang angewiesen ist (unbesetztes Gebiet!), verhängnisvolle Rückwirkungen zu befürchten. Bedenken gegen eine solche Maßnahme im gegenwärtigen Zeitpunkt der Überführung aller Sühnemaßnahmen auf den Höheren SS- und Polizeiführer in Frankreich bestehen auch deshalb, weil Obergruppenführer Heydrich bei seiner Anwesenheit in Paris zur Einführung des Höheren SS- und Polizeiführers zum Ausdruck gebracht hat, daß beabsichtigt ist, von Geiselerschießungen größeren Umfanges abzusehen ...«[32]

Die Funktion des »Höheren SS- und Polizeiführers im Bereich des Militärbefehlshabers in Frankreich«, der am 1. Juni 1942 seine Tätigkeit in der Pariser Avenue Foch aufnahm, und dessen persönliche Rolle in den letzten zweieinhalb Lebensjahren Stülpnagels sind schwer auf einen Nenner zu bringen. Carl-Albrecht Oberg, 1897 geboren, »entstammte einer Hamburger Professorenfamilie, hatte bis kurz vor dem Abitur die renommierten Schulen der Hamburger Gesellschaft besucht, zog als Kriegsfreiwilliger ohne Schulabschluß ins Feld, wurde nach dem Krieg Kaufmann und Freikorpsführer ... und trat 1932 bei Heydrich ein«.[33] Daß Oberg bei Heydrich ankam, der sonst promovierte Akademiker bevorzugte, beweist, daß er ein gewisses geistiges Maß nicht unterschritten haben kann. Zusammen mit Best gehörte Oberg 1933/34 auch Heydrichs sogenannter »Bayern-Riege« an, dem SS-Amt V, welches im Wittelsbacher-Palais in der Münchener Briennerstraße residierte. Schon bald nach Übernahme seines Postens in Paris hatte Stülpnagel bei seinem direkten Vorgesetzten in Berlin, dem Generalquartiermeister Wagner, auf klare Trennung der militärischen von den politischen Zuständigkeiten gedrängt.

Diese Forderung entsprang ebenso den trüben Erfahrungen seines Vetters Otto wie seiner eigenen »realistischen Resignation« (Jäckel). Viel mußte jetzt davon abhängen, wie sich das Verhältnis zu dem Manne gestalten würde, der ihn von den politischen Fragen entlasten sollte. »Natürlich waren Stülpnagel und er [Oberg] auf enge Zusammenarbeit angewiesen, und dabei stellte sich heraus, daß sie einander seit langem kannten. Sie hatten im Ersten Weltkrieg derselben Division angehört, und zweifellos hegte Oberg für den so viel älteren General eine gewisse Verehrung, was manches erleichterte. Am meisten mußte vielleicht überraschen, daß sie auch in der Geiselfrage einer Meinung waren ... Wenn ein Höherer SS- und Polizeiführer etwas vorschlug, war das selbstverständlich eine andere Sache, als wenn ein Militärbefehlshaber dasselbe tat. So hörten zwar die Attentate nicht auf, aber während in den acht Monaten von September 1941 bis Mai 1942 insgesamt 471 Geiseln erschossen worden waren, sank die Zahl in Obergs erster Amtszeit von Juni 1942 bis Dezember 1943, also in achtzehn Monaten, auf 254.«[34]

Oberg begegnete dem elf Jahre älteren Stülpnagel - wie Zeitzeugen übereinstimmend berichteten - stets mit Respekt und Ehrerbietung. Obwohl er nach seiner Beförderung zum SS-Obergruppenführer und General der Polizei mit dem Militärbefehlshaber ranggleich war, hat er offenbar die Haltung beibehalten, mit welcher ein Leutnant und Zugführer dem Hauptmann und Kompaniechef im Ersten Weltkrieg entgegentrat. Die alte Bekanntschaft mit Oberg mag Stülpnagel manches erleichtert haben; aber überbewerten sollte man dies nicht. Die Höheren SS- und Polizeiführer (HSSPF) blieben, wo immer sie eingesetzt waren, stets Befehlsempfänger und -vollstrecker des Reichsführers SS (RFSS). »Über die ... Gleichsetzung von polizeilicher und politischer Kompetenz entwickelte Himmler die eine der beiden Aufgaben der HSSPF, nämlich in ihrem jeweiligen regionalen Zuständigkeitsbereich gegenüber den Instanzen der Wehrmacht, der Partei und des Staates die politischen

Interessen des RFSS beziehungsweise der Gesamt-SS wahrzunehmen. In diesem Sinne ... wirkte Oberg in Frankreich.«[35]

Die polizeilichen Befugnisse Obergs erstreckten sich auch auf den Oberbefehlshaber West und seine Heeresgruppen, so daß er, zusammen mit seinem Vertreter, dem Befehlshaber der Sicherheitspolizei und des SD, Standartenführer Dr. Helmuth Knochen, als »eine Art für Frankreich zuständiger Himmler« (Jäckel) bezeichnet werden kann. In den Stäben des Oberbefehlshabers West und der Heeresgruppe B wurden die beiden auch als das erkannt, was sie in Wirklichkeit waren. Der Dritte Generalstabsoffizier (Ic) des OB West erinnerte sich: »Der SD hielt den ›westlichen Laden‹ für reaktionär und konservativ. Oberg gab sich noch als Kavalier; die stärkere Persönlichkeit aber war Dr. Knochen, der eiskalt seine Ziele verfolgte.«[36] Ähnlich war der Eindruck des Ersten Generalstabsoffiziers (Ia) der Heeresgruppe B: »Ich habe Oberg etwa zweimal gesprochen. Wir hatten keinerlei sachliche Verbindungen. Menschlich hatte ich keinen schlechten Eindruck; trotzdem war er für mich einfach ein Aufpasser Himmlers in unserem Raume.«[37]

Um dieselbe Zeit, in welcher der SS- und Polizeiführer Oberg in den Dienstbereich des Militärbefehlshabers eintrat, gewann - von einer anderen Seite - ein Luftwaffenoffizier großen Einfluß auf das Denken und Handeln Stülpnagels in dessen letzten beiden Lebensjahren. Es war dies der Oberstleutnant der Reserve Cäsar v. Hofacker. Von allen Schwaben, denen Stülpnagel auf seiner Soldatenlaufbahn begegnete, wurde Hofacker der wichtigste und vertrauteste. Cäsar entstammte dem Bildungsadel Württembergs. »Die Hofackers waren ursprünglich mehr eine württembergische Gelehrten- als eine Soldatenfamilie. Der pietistische Theologe Ludwig Hofacker war von hinreißender Beredsamkeit, seine Predigten werden heute noch gelesen. Etwas von dieser Überzeugungskraft ist auf Cäsar übergegangen«, berichtete seine Schwester.[38] Cäsars Großvater war Oberlandstallmeister des Königs von Württemberg und im Gestüt

Marbach ein erfolgreicher Pferdezüchter gewesen. Militärisch kulminierte die Familie dann in Generalleutnant Eberhard v. Hofacker, dem Vater Cäsars, der im Ersten Weltkrieg an der Westfront mit dem Pour le mérite, dann an der Isonzofront mit dem Eichenlaub zum Pour le mérite ausgezeichnet worden war. In der Division des Generalleutnants v. Hofacker hatte der damalige Leutnant Erwin Rommel an der Isonzofront den Pour le mérite erhalten. Die Mutter Cäsars, geborene Gräfin v. Üxküll-Gyllenband, war eine Schwester der Gräfin Caroline v. Stauffenberg und Tante Claus Schenks v. Stauffenberg. Der 1896 in Ludwigsburg geborene Cäsar v. Hofacker besuchte als Kind häufig die Stauffenbergs in Schloß Lautlingen, zusammen mit seinem jüngeren Bruder Alfred, der später bei Verdun fiel, und der drei Jahre jüngeren Schwester Brigitte. »Von Jugend an war Cäsar vor allem geschichtlich interessiert. Die Familie v. Hofacker sprach bei Tisch oft Französisch. Frankreich und England wurden Cäsar von Jugend auf vertraut. Auch Rußland interessierte ihn, aber zu seinem Leidwesen ist er dorthin nie gekommen.«[39]

Von 1910 bis 1913 war Eberhard v. Hofacker Chef des Stabes des XVIII. Armeekorps in Frankfurt am Main unter General v. Eichhorn. Der Sohn besuchte dort das humanistische Lessing-Gymnasium und hielt zum Abschluß seiner Schulzeit die Abiturientenrede des Jahrgangs 1914 über Theodor Körner. (Zehn Jahre zuvor hatte Carl-Heinrich v. Stülpnagel als primus omnium seines Jahrgangs dieselbe Schule verlassen.) Zwischen Abitur und Kriegsausbruch 1914 war Cäsar noch einige Monate als Stipendiat in England. Dann zog er mit den Ludwigsburger Ulanen als Kriegsfreiwilliger an die Ostfront, wo er in Polen noch mehrere Aufklärungspatrouillen ritt. Nach dem Verschwinden der Kavallerie von den Schlachtfeldern meldete er sich zur Fliegerei und wurde als Aufklärer an mehreren Fronten eingesetzt. Nach dem Kriege studierte Cäsar Jurisprudenz, zunächst an der Heimatuniversität Tübingen, dann – um den »Weltblick« zu erweitern – ein Semester in Graz, zuletzt in

Göttingen, wo er das Referendar- und Doktorexamen ablegte. Zuerst wurde er in der Industrie in Krefeld tätig, wo er seine spätere Frau, die Seidenfabrikantentochter Lotte Pastor, kennenlernte, die er dann 1927 in der Berliner Gedächtniskirche heiratete.

In Berlin wurde Cäsar v. Hofacker Syndikus bei den Vereinigten Stahlwerken. In dieser Tätigkeit erlangte er umfassende Kenntnisse über die europäische Stahlindustrie, die später, im Sommer 1940, zu seiner Versetzung als Reserveoffizier zur Militärverwaltung in Frankreich führten, wo er die französischen Stahlwerke dem deutschen Rüstungsprogramm nutzbar machen sollte. Als gelernter Ulan und Flieger widmete er sich auch in den zwanziger und dreißiger Jahren dem Reit- und Flugsport. Überdies trat er dem »Stahlhelm« bei. Über das Verhältnis zum Nationalsozialismus in den dreißiger Jahren berichtete der Sohn Alfred: »Ich habe Grund für die Annahme, daß der Nationalsozialismus zunächst auch seinem nationalen Denken und Empfinden entsprach und ihn die Person Adolf Hitlers beeindruckte ... Die Morde im Gefolge der Röhm-Affäre 1934 haben ihn wohl noch weniger, die Ausschreitungen bei der ›Reichskristallnacht‹ 1938 in Berlin-Zehlendorf, wo er wohnte, hingegen in starkem Maße nachdenklich gemacht. Die endgültige Wandlung zum entschiedenen Regimegegner dürfte sich 1939/40 vollzogen haben, während des Polenfeldzuges und danach, wozu wohl auch die Entscheidungsfreudigkeit und das Drängen seines jüngeren Vetters Claus Stauffenberg beitrugen.«[40]

Als Hofacker im Sommer 1940 zur Militärverwaltung nach Paris versetzt wurde, war er bereits in großer Sorge um Deutschland und ein Gegner des NS-Regimes. Die weitere Entwicklung der Dinge, im Osten wie im Westen, konnte ihn darin nur bestärken. Seine Schwester berichtete weiter: »In den ersten Wochen des Jahres 1941 traf ich Cäsar im Allgäu, wo er Skiurlaub machte. Er sagte, er hoffe, daß es nicht zu einem Krieg mit Rußland kommt, denn dieser würde enden wie der Feldzug Napoleons. In seinen Briefen wurde er dann immer unvorsichtiger. In Frankreich sollte Cäsar die französische Stahlproduktion steigern. Aus Berlin wurde versprochen, daß zehn Prozent der Steigerungsrate für französische Zwecke verwendet werden dürften. Dieses Versprechen wurde dann aber nicht gehalten. Als Cäsar deswegen in Berlin reklamierte und darauf hinwies, daß er den Franzosen sein Wort gegeben habe, erhielt er zur Antwort: ›Wer ist denn der Sieger?‹«[41]

Diese Skizzierung der Persönlichkeit, des Herkommens und Werdeganges Cäsar v. Hofackers kann das Männerbündnis verständlich machen, welches Stülpnagel im Verlaufe des Jahres 1942 mit dem zehn Jahre jüngeren Luftwaffenoffizier schloß und das eine Schicksalsgemeinschaft werden sollte. Am Beginn von Stülpnagels militärischer Laufbahn stand die Freundschaft mit Sigurd v. Ilsemann. Ihr Briefwechsel spiegelte die Erlebnis- und Gedankenwelt zweier junger Offiziere in der Spätzeit des Hohenzollernreiches wider. Über die zahllosen Abend- und Nachtgespräche Stülpnagels mit Hofacker in der Endzeit des Deutschen Reiches im Pariser Hotel Majestic existieren keinerlei Aufzeichnungen. Daß Stülpnagel dabei einen ebenbürtigen Partner hatte, mit dem er schlechthin alles besprechen konnte, macht folgende Charakterisierung durch Eberhard Zeller deutlich: Cäsar v. Hofacker »war eine immer auf Entscheidung drängende, großzügige, männliche Natur, weite Zusammenhänge überblickend, aber ebenso dem Angestammten verbunden, selbstbewußt, doch von offener Herzlichkeit zu seinen nicht wenigen Freunden ... Er hatte etwas Bezwingendes in der Autorität seiner ungestümen und ritterlichen Erscheinung und hatte wie kaum einer die Gabe der Überredung ... Unvergessen ist einem Freund, der Cäsar Hofacker im Sommer 1943 in Paris besuchte, wie er die Schilderung der aus trostlosem Unverständnis erwachsenen Lage zwischen Frankreich und Deutschland mit seiner rednerischen Leidenschaft zu einem lebendigen Traumbild steigerte: auf dem Douaumont müsse man sich begegnen und die Hände geben, und die Farben des Reiches und die Trikolore müßten gemeinsam über den alten und frischen Gräbern und über einem neuen gemeinsamen Weg der beiden einander schicksalhaft zugewandten Völker wehen . . .«[42] Sicher wurde Hofacker, der damals die Gruppe »Eisenschaffende Industrie und Gießereien« in der Wirtschaftsabteilung II des Verwaltungsstabes führte, ab Herbst 1942 für Stülpnagel als Vertrauter und Ratgeber immer unentbehrlicher, zumal am 23. Oktober 1942 sich der Reservehauptmann Ernst Jünger verabschiedete, um für einige Monate an die Ostfront zu gehen. In seinem Tagebuch notierte Jünger: »Abmeldung bei Kossmann und beim Oberbefehlshaber, der mir sagte, daß mir in seinem Stabe immer ein Wartburgstübchen vorbehalten sei.«[43]

Zwei militärische Ereignisse im November 1942 leiteten dann im Vorfeld von Hitlers Machtbereich jene für die Achsenmächte bedrohliche Entwicklung ein, vor der Stülpnagel vergeblich gewarnt hatte. Am 22. November 1942 schlossen sich um die deutsche 6. Armee bei Kalatsch westlich Stalingrad die beiden Greifer einer großangelegten sowjetischen Zangenoperation. Da Hitler sich trotz scharfen Einspruches des Generalstabschefs Zeitzler weigerte, die Armee von der Wolga zurückzunehmen, war das Todesurteil über die meisten der dort kämpfenden 300000 deutschen Soldaten gesprochen. Seit 1806 hatte das deutsche Volk keine Katastrophe dieser Art mehr erlebt. Stülpnagel muß davon besonders berührt worden sein: Die dem Untergang geweihte Armee war vor anderthalb Jahren im Osten sein Nachbar gewesen, unter der Führung seines inzwischen gestorbenen früheren Freundes Reichenau. Das andere Großereignis dieses Novembers berührte den Militärbefehlshaber in Frankreich unmittelbar: die alliierte Landung in Französisch-Nordafrika am 8. November 1942. Stülpnagels langgehegte Befürchtungen erwiesen sich jetzt als nur zu berechtigt. Die Fehlbehandlung des besiegten Frankreichs durch Hitler über zwei Jahre hinweg brachte die führenden Soldaten und Staatsmänner der die Zusammenarbeit mit Deutschland suchenden Vichy-Regierung in eine

Ernst Jünger

immer schwierigere Lage. Im Dezember 1942 erlag Admiral Darlan in Algier einem Mordanschlag; damit erfüllte sich ein französisches Soldatenschicksal von antiker Tragik. Militärisch wurde durch die neue alliierte Operationsbasis im westlichen Nordafrika die Lage der einst so erfolgreichen Panzerarmee Rommels bald unhaltbar; im Brückenkopf Tunis mußte sich die HGr Afrika am 12. Mai 1943 mit über 250000 Mann, darunter die Hälfte Deutsche, den Alliierten ergeben. Rommel selbst, von Hitler zurückgerufen, bekam später eine neue Verwendung in Frankreich, die ihn mit Stülpnagel wieder in Berührung brachte.

Durch die neue alliierte Operationsbasis war auch die ganze Südflanke der »Festung Europa« bedroht. Als sofortige Gegenmaßnahme war vom OKW unter dem Stichwort »Attila« (seit 1942 »Anton«) die Besetzung der »freien Zone« Südfrankreichs vorbereitet worden. Am 11. November 1942 löste Hitler die Maßnahme »Anton« aus und ließ Südfrankreich bis zur Mittelmeerküste innerhalb von 48 Stunden besetzen. »Am 19. November gingen die Truppen des Generals Barré in Tunesien ins Lager der Alliierten über, so daß für Hitler der Fortbestand der Waffenstillstandsarmee den Sinn verloren hatte. Er löste das Vorhaben ›Lila‹ aus und ließ das Übergangsheer entwaffnen und auflösen. Die Flotte in Toulon entzog sich dem deutschen Zugriff durch Versenkung.«[44] Schon vorher, besonders aber im Gefolge der Maßnahme »Anton«, hatte Hitler die Souveränität Vichy-Frankreichs in einer für Pétain und seine Anhänger schwer erträglichen Weise angetastet. Stülpnagel war darüber so erbittert, daß er seine Zurückhaltung aufgab und als Militärbefehlshaber auf die Unvereinbarkeit vieler Anordnungen mit der französischen Souveränität hinwies. Wie aus dem Kriegstagebuch des OKW ersichtlich, wurde er von Hitler und dem OKW in brüsker Form abgewiesen: »Der Militärbefehlshaber Frankreich, General der Infanterie v. Stülpnagel, hat gemeldet, daß einige der vom Führer am 27. November gegebenen Anordnungen der französischen Souveränität widersprächen. Der Führer nimmt einen völlig anderen

Standpunkt ein. Er wünscht, daß das neu besetzte französische Gebiet weitgehend für die deutsche Wehrmacht ausgenutzt wird. Die Anhänger des Generals de Gaulle sollen als Schneeschipper an die Ostfront geschafft werden. General v. Stülpnagel wird vom Stellvertretenden Chef WFST entsprechend angewiesen.«[45]

Am 24. November 1942 ließ Hitler eine »Schuldmappe Frankreich« anlegen, vermutlich um sein Vorgehen zu rechtfertigen.[46] Die Unaufrichtigkeit seiner Politik gegenüber dieser großen Nation Europas war trotzdem nicht zu übersehen und bedrückte diejenigen deutschen Soldaten in Frankreich, die für eine wirkliche Verständigung arbeiteten. Aufschlußreich sind die Erinnerungen des Verbindungsoffiziers vom Oberbefehlshaber West zu Marschall Pétain. Der »deutsche General in Vichy«, Generalleutnant Frhr. v. Neubronn, sah sich rückblickend in der Rolle des »ehrlichen Maklers einer unehrlichen Sache«.[47] Wie wenig Unterstützung er, ebenso wie der Militärbefehlshaber in Paris, vom dienstältesten Soldaten der Wehrmacht in Frankreich erwarten konnte, wird aus den Erinnerungen des Generals v. Neubronn deutlich: »Leider hielt sich Rundstedt von jeder politischen Einflußnahme fern. Dadurch wurde die Verwaltungsaufgabe des Militärbefehlshabers General Heinrich v. Stülpnagel ebenfalls sehr erschwert. So manche Klage habe ich von diesem leidenschaftlichen Gegner der Hitlerpolitik über die passive Haltung des Oberbefehlshabers gehört ... Die unerwünschten Folgen dieser Selbstausschaltung des Ob. West haben zuletzt ein verhängnisvolles Ausmaß angenommen.«[48]

General v. Neubronn hat Stülpnagel mehrfach in Paris aufgesucht; ihre Gespräche fanden unter vier Augen statt. Obwohl Stülpnagel ihn als Gesinnungsgenossen kannte, habe er, so erinnerte sich v. Neubronn, auf seine Klagen über das Verhalten der Partei und SS in Frankreich stets abschließend festgestellt, er sei ganz der Ansicht Neubronns, aber man könne nichts dagegen machen. Offenbar habe er niemanden gefährden wollen, den er nicht unbedingt im

Putschplan brauchte. Während seiner ganzen Tätigkeit aber habe Stülpnagel »sich ständig bemüht, die Sorgen des französischen Volkes nicht über Gebühr zu vermehren. Daß es immer schwieriger wurde, dieses Interesse mit den Bedürfnissen der deutschen Truppen in Einklang zu bringen, wird nur der ganz begreifen, der weiß, wie eingeschränkt er durch das entgegengesetzte und verständnislose Wirken der politischen Stellen bei diesem Bemühen war.«[49] General v. Neubronn erwähnt auch einen konkreten Fall, in welchem Stülpnagel mit Hilfe seiner Juristen im Hotel Majestic zugunsten gefährdeter Franzosen eingegriffen hat: »Im Jahre 1942 war ein Arzt zu einer Freiheitsstrafe verurteilt worden, weil er sich über die Verschickung zur Arbeit nach Deutschland abfällig geäußert hatte. Auch in diesem Falle überbrachte mir Oberstleutnant de Goy das Ersuchen um Hilfe von seiten der Familie. Der zuständige Vorgesetzte des Gerichts war der Militärbefehlshaber General Heinrich v. Stülpnagel. Ich fuhr nach Paris und trug diesem die Bitte vor, das Urteil aufzuheben. Damit stellte ich eine schwere Anforderung an sein rechtsempfindliches Gewissen, denn das Urteil war nach geltendem Recht und Gesetz zustande gekommen. Es mußte ein hinreichender Begnadigungsgrund gefunden werden, was auch gelang, nachdem Stülpnagel den Fall an sich gezogen hatte. Er sprach eine restlose Begnadigung aus.«[50]

Sicherlich gab es viele solcher Fälle, in denen der Militärbefehlshaber in Frankreich und seine Stäbe im Hotel Majestic die Befehle Hitlers und Keitels, welche sich auf das Verhältnis zwischen Bevölkerung und Besatzungsmacht unheilvoll auswirken mußten, entweder umgangen oder gemildert haben. Sie sind im einzelnen kaum mehr nachzuweisen; die wütenden Äußerungen Hitlers und Himmlers nach dem 20. Juli 1944 über Stülpnagels Pariser Tätigkeit können aber als Beweise gesehen werden. Und doch ist auch die Frage berechtigt, ob Stülpnagel nicht vom ersten Tage seiner Amtsübernahme in Frankreich an mehr und entschiedener gegen die Befehle des Führerhauptquartiers hätte ankämpfen können und müssen. Die Beantwortung dieser Frage wird um so schwieriger, je mehr Zeit über dem damaligen Geschehen vergeht. Ein informierter und verläßlicher Zeitzeuge, damals Leiter der Gruppe »Allgemeine und innere Verwaltung« im Verwaltungsstab, hat darüber unmittelbar nach dem Krieg dieses aufgezeichnet: »Rückschauend glaube ich mit Bestimmtheit sagen zu können, daß sein Handeln und Unterlassen ganz von der Idee beherrscht war, im letzten Kampf gegen Hitler die ihm bestimmte Aufgabe erfüllen zu können; für sie wollte und mußte er sich erhalten. Wenn Uneingeweihte manchmal den Eindruck hatten, daß er da und dort zu nachgiebig war – im entscheidenden Moment ist er es nicht gewesen.«[51]

Da Stülpnagel auch aus seiner Pariser Zeit von März 1942 bis Juli 1944 fast keine persönlichen Aufzeichnungen hinterlassen hat – mit einer Ausnahme, auf die noch einzugehen ist –, bleibt der Biograph auf die mündlichen und schriftlichen Berichte der Zeitzeugen angewiesen. Zum Glück sind diese so zahlreich und übereinstimmend, daß ein zuverlässiges Bild seines inneren und äußeren Lebens in diesen zweieinhalb Jahren gezeichnet werden kann. Berichte von Angehörigen des Kommando- und Verwaltungsstabes konnten durch solche von militärischen und zivilen Besuchern ergänzt werden. Ein erster, wertvoller Bericht ist einem Manne aus dem OKH zu danken. Im Mai 1942 kam der Oberquartiermeister IV, der damalige Generalmajor Matzky, zu einer Besprechung mit der für Frankreich zuständigen Dienststelle der Abwehr nach Paris. Die für die Beschaffung der Nachrichten zuständige Abteilung Abwehr unter Admiral Canaris und die Abteilung Oberquartiermeister IV, welche die Auswertung der Nachrichten vorzunehmen hatte, arbeiteten nicht sehr eng zusammen; daher »war man bei OQU IV der Ansicht, daß es das Beste wäre, wenn man sich die Nachrichten selbst besorgte«.[52] Im Anschluß an die Besprechung mit der Abwehr im Hotel Lutetia lud Stülpnagel den Oberquartiermeister IV, der 1938–1940 Militärattaché in Tokio gewesen und global informiert war, zu sich in sein

Quartier. General Matzky erinnerte sich: »Er [Stülpnagel] war einer meiner Vorgänger als Oberquartiermeister IV und wollte von mir Näheres über die Feindlage, insbesondere im Osten wissen. Ich machte ihm die Gesamtlage klar. Wir waren uns einig in der Sorge und darüber, daß etwas geschehen müsse. Abschließend zitierte Stülpnagel Richard III. von Shakespeare: ›So bin ich denn gewillt, ein Bösewicht zu werden.‹ Es ist mir erst später klar geworden, was damit gemeint war.«[53] Diese etwas verblüffende Offenheit des sonst so vorsichtigen Mannes zeigt zum einen, daß Stülpnagel diesem Nachfolger als OQu IV menschlich vertraut hat, sie beweist zum anderen, daß er schon im Frühjahr/ Frühsommer 1942, im Rahmen seiner Möglichkeiten, zu einer Aktion gegen das Regime willens war und sicherlich auch seine Freunde dazu gedrängt hat. Schließlich ist das Shakespeare-Zitat aus dem Munde Stülpnagels von geradezu tragischer Ironie: Ein Mann höchster ethischer Sensibilität bezeichnet sich - im Sinne des Regimes - als »Bösewicht«, weil er sich entschlossen hat, aktiv den Kampf gegen das Regime aufzunehmen, welches für ihn die Verkörperung des Bösen schlechthin darstellte.

Besonders wertvoll sind die schon in der Einleitung erwähnten Erinnerungen des Physikers und Philosophen Carl Friedrich Frhr. v. Weizsäcker an seine Pariser Besuche bei Stülpnagel im Jahre 1943. Grundlage für die Einladung des jungen, erfolgreichen Wissenschaftlers war wohl Stülpnagels gute Bekanntschaft und geistig-wesensmäßige Übereinstimmung mit dem Vater, Staatssekretär Ernst v. Weizsäcker. Ursächlich wird aber Stülpnagels reges Interesse an der Physik gewesen sein. So lud er damals auch einen der berühmtesten zeitgenössischen Physiker Frankreichs zu einem Fachvortrag ins Raphaél, Louis-Victor Prince de Broglie, der 1929 den Physik-Nobelpreis erhalten hatte. De Broglie war seit 1928 Professor für theoretische Physik in Paris und wurde 1944 auch Mitglied der Académie française. In Deutschland wiederum hatte Carl Friedrich v. Weizsäcker gerade sein Buch »Zum Weltbild der Physik« herausgegeben, welches Stülpnagel wohl ebenso beschäftigt hat wie das vorausgegangene populärwissenschaftliche Werk von Ernst Zimmer »Umsturz im Weltbild der Physik«. Daß diese Einladung eines Wissenschaftlers durch einen ranghohen Soldaten mitten im Krieg nichts Alltägliches war, machen die folgenden Zeilen deutlich: »Die Beziehung zu Ihrem Vater begann mit einem Brief, den er mir während des Krieges aus Paris an meine Dienstadresse (Kaiser-Wilhelm-Institut für Physik, Berlin-Dahlem) schrieb, um mich zu einem Vortrag im Kreise seiner Offiziere über die philosophische Bedeutung der modernen Physik einzuladen. Ein solcher Vorschlag hatte natürlich etwas Ungewöhnliches. Nicht minder ungewöhnlich war, daß der Brief eines mir unbekannten Generals nicht mit Heil Hitler unterzeichnet war.«[54]

Bei dem ersten Vortragsbesuch im Februar 1943 bekam v. Weizsäcker von seinem Vater die mündliche Botschaft an Stülpnagel mit, er solle Geduld haben und die Hoffnung nicht aufgeben. Der Übermittler hatte den Eindruck, daß Stülpnagel sofort wußte, was mit den wenigen Worten gemeint war.[55] Beide Vorträge, so erinnerte sich der Wissenschaftler weiter, fanden vor etwa fünfzig Zuhörern statt, die sich wohl aus Angehörigen des Kommando- und Verwaltungsstabes zusammensetzten. Nach den Vorträgen versammelte Stülpnagel einen kleinen Kreis von etwa acht Personen um sich, von denen v. Weizsäcker die Professoren Baumgart und Weniger in der Erinnerung geblieben sind. Der Kunsthistoriker Fritz Baumgart, im Dienstgrad eines Oberleutnants d. R., war Stülpnagels Adjutant; der Erziehungswissenschaftler Erich Weniger tat als Major der Reserve Dienst im Kommandostab.

Ein weiterer Gast aus Deutschland kam im Juni 1943 zu Stülpnagel: Helmuth James Graf v. Moltke. Der Urgroßneffe des Siegers von Sédan war in der Abwehr unter Canaris und Oster tätig; auf dem Gut Kreisau in Schlesien hatte Moltke die geistig bedeutendste Gruppe der Widerstandsbewegung um sich versammelt, der unter anderen Peter

Graf Yorck v. Wartenburg, der protestantische Theologe Dr. Eugen Gerstenmaier, der Jesuitenpater Alfred Delp und der Diplomat Adam v. Trott zu Solz angehörten. Die »Kreisauer« sahen ihre ethische Pflicht und historische Aufgabe nicht im aktiven Widerstand, vielmehr in der Klärung der Frage, warum das deutsche Volk den falschen Propheten erlegen war; sodann wollten sie auf christlicher, föderalistischer und supranationaler Basis eine Neuordnung des Reiches entwerfen. Mit Blick auf die Zukunft kam es Moltke vor allem darauf an, das deutsche Schuldkonto unter dem Regime Hitlers soweit irgend möglich zu begrenzen. Am 8. Juni 1943 war er bei Stülpnagel in der Avenue Kléber und stellte anschließend fest: »Er [Stülpnagel] liegt jedenfalls in der mich interessierenden Frage [der Behandlung der Geiseln] ganz richtig, so daß ich an ihm eine gute Unterstützung haben werde. Die bloße Tatsache, daß er mir seinen geheimsten Bericht anvertraute, den er selbst Falkenhausen nicht gegeben hat, ist ein angenehmer Vertrauensbeweis.«[56] Auch bei den Stabsoffizieren des Militärbefehlshabers fand Moltke die Bereitschaft, Hitlers Befehle zu umgehen; vermutlich hat Moltke diese Überzeugung aus Gesprächen mit Oberst Kossmann und Oberstleutnant d.R. v. Hofacker gewonnen.

Im Spätherbst 1943 erschien bei Stülpnagel sein alter Freund, der Rußlandexperte General Ernst August Köstring. Wie wir von dessen Begleitoffizier wissen, besprach Köstring mit Stülpnagel zunächst den Einsatz der Ostfreiwilligen in Paris. Das Gespräch wird aber bald auf die Lage im Osten ausgedehnt worden sein, wo im Sommer das Scheitern der Angriffsoperation »Zitadelle« zum endgültigen Verlust der deutschen Initiative geführt hatte. Auch dieser Besucher vermerkte später über die Gespräche im Hotel Majestic: »Stülpnagel, der selbst an dem geplanten Putsch von 1938 beteiligt gewesen war, machte aus seiner Haltung gegenüber Hitler keinen Hehl, ebensowenig wie viele andere seiner Offiziere.«[57] – Über den anschließenden Besuch beim Oberbefehlshaber West hingegen notierte er: »Rundstedt verkörperte das Versagen der Generalität als Gruppe.«[58]

Am 10. Oktober 1943 schließlich konnte Stülpnagel noch einmal zwei Jahrgangskameraden und vertraute ehemalige Mitarbeiter aus dem Attachédienst empfangen. Der in dieser Lebensbeschreibung mehrfach erwähnte Württemberger Faber du Faur notierte darüber: »Heinrich Stülpnagel hat mich zum Frühstück eingeladen. Ich traf dort Leo Geyr, der Inspektor der Panzertruppen in Frankreich ist. Wir waren ganz unter uns, aber den alten Ton haben wir nicht mehr gefunden, denn ›wir‹ haben keinen Boden mehr unter den Füßen ... Herr im Hause ist keiner mehr von uns, und auf was wir uns stützen sollen, wissen wir nicht. Auch für uns ist der Knoten geschürzt. Der fünfte Akt des Dramas, der die Lösung bringt, steht unmittelbar bevor.«[59]

Nun wissen wir zwar, daß Stülpnagel, was seine Stäbe im Majestic und im Raphaél betraf, absolut »Herr im Hause« war und bis zum 20. Juli 1944 SS und Gestapo in der Avenue Kléber keinen Boden gewinnen konnten. Aber außerhalb seiner eigenen Dienststelle war es anders. Vor allem, wo die Zuständigkeiten sich mit denen der Luftwaffe und des »Reichsmarschalls« kreuzten, zogen der Militärbefehlshaber und seine Beamten des Verwaltungsstabes auf oft groteske Art den kürzeren. Der Zweite Generalstabsoffizier (Ib) des Kommandostabes, Oberstleutnant d.R. Hartmann, berichtet in seinen Aufzeichnungen über einen »Vortrag« seines schwäbischen Landsmannes Ministerialdirektor Elmar Michel bei Göring im Palais Luxembourg, wo Feldmarschall Sperrle residierte: »Kriegsverwaltungs-Chef Dr. Michel ist der stellvertretende Chef der Militärverwaltung in Frankreich. Als sauberer Beamter sucht er die Verwaltung ordentlich und rechtlich zu führen. Paris wird von deutschen Schiebern überschwemmt ... Das Pariser Nachtlokal ›Maxim‹ ist der Treffpunkt aller Schieber. Es gehört ›Horcher‹ in Berlin, der, wie böse Zungen sagen, mit Göring sehr befreundet sein soll ... Dr. Michel ist in Sorge. Das Benehmen und Auftreten der Gäste des ›Maxim‹ untergräbt das

Ansehen der Wehrmacht. Er setzt die Schließung des Lokals durch. Der Reichsmarschall trifft mit dem üblichen Gefolge in den üblichen Extrazügen mit Frau und großer Umgebung in Paris ein. Er will Einkäufe machen. Andere Fragen kümmern ihn wenig. Dr. Michel wird ins Palais Luxembourg um 10.00 Uhr vormittags bestellt. Vortrag bei Göring. Schnell legt er sich alle erdenklichen Wirtschaftsfragen, die von Wichtigkeit sind, zurecht. Er ist vor der Zeit zur Stelle. Er muß warten, sehr lange warten. Dann wird er vorgelassen. Im großen Saal liegt der Reichsmarschall in ausgesuchter Pose im Pyjama auf dem Diwan und liest in einem Buch. Er unterbricht die Lektüre nicht. Schließlich legt er das Buch weg. Der Vortrag kann beginnen. ›Sie haben das Restaurant Maxim schließen lassen?‹ ›Jawohl‹, sagt Michel und versucht eingehend die Gründe darzulegen. Göring tut dies mit einer müden Handbewegung ab. ›Ich wünsche heute abend um acht mit meiner Frau und meiner Umgebung im Maxim Abendbrot zu essen. Haben Sie mich verstanden?‹ Michel hat verstanden, aber er wagt noch einmal darauf hinzuweisen, daß dies unmöglich ginge. Göring ist eisern. ›Ich frage Sie noch einmal: Haben Sie mich verstanden? Dankeschön.‹ Michel ist entlassen.«[60]

Eine ähnlich trübe Erfahrung wie der Chef des Verwaltungsstabes Michel mit dem »Reichsmarschall« machte der in der Wirtschaftsabteilung VII (»Arbeitseinsatz und Sozialwesen«) die Gruppe BII (»Innerfranzösischer Arbeitseinsatz«) leitende Oberkriegsverwaltungsrat Werner Kohl mit dem Gauleiter Sauckel. Trotz erschreckender juristischer Unkenntnis war dieser »alte Kämpfer« am 23. März 1942 zum »Generalbeauftragten für den Arbeitseinsatz« mit Weisungsrecht gegenüber allen Dienststellen der Wehrmacht und des Staates ernannt worden.[61] Zur Behebung des mit der Kriegsdauer ständig wachsenden Arbeitskräftemangels im Reich startete er in Frankreich eine Reihe sogenannter »Sauckel-Aktionen«, um französische Arbeiter für den Einsatz im Reich zu gewinnen. Während anfangs die Freiwilligkeit noch gewahrt blieb, wurden im Laufe der Zeit immer mehr Zwangsmaßnahmen ergriffen, um die Personallücken der deutschen Rüstungsindustrie mit Franzosen zu füllen. Die Gruppe Justiz des Verwaltungsstabes wies vergeblich darauf hin, daß solche Maßnahmen mit dem Völkerrecht unvereinbar waren. Über die Auseinandersetzungen mit Sauckel berichtete Kohl: »Es besteht für mich kein Zweifel, daß man in der Wolfsschanze und in Berlin einen härteren Kurs in Frankreich anstrebte. Damit hatte ich mich ja mit Sauckel bei jedem seiner Besuche auseinanderzusetzen, wenn er seine Anforderungen ankündigte und begründete, die dann von seinem Beauftragten Ritter weiterverfolgt wurden. Dabei konnte ich mich - z.B. bei der Ablehnung der angeblich in Rußland so erfolgreichen Methoden - immer darauf zurückziehen, daß wir uns in Frankreich strikt an die Haager Landkriegsordnung halten müßten. Als ich diesen Hinweis bei einer Besprechung im Hotel Ritz zum erstenmal sehr ernst als unabdingbar betonte, erregte sich Sauckel so, daß er aufsprang und rief: ›Lassen Sie mich mit Ihrer Hagener (!) Landkriegsordnung in Ruhe. Das ist ja alles längst überholt.‹ Offensichtlich hatte er, mindestens damals, noch nichts davon gehört. Ich habe schon darauf hingewiesen, daß Ihr Vater ab 1942 für eine Angleichung der Löhne in Frankreich an die gestiegenen Lebenshaltungskosten eingetreten war und wir das Sauckelsche Verbot durch unsere ›lohnordnenden Maßnahmen‹ praktisch unterliefen . . .«[62]

Auftritte der NS-Machthaber dieser Art, dazu die wachsende Ohnmacht, die weitere Demütigung Frankreichs durch Gewaltmaßnahmen wie Arbeitseinsätze im Reich, Geiselerschießungen, Judendeportationen, Kunstraub[63] usw. als Militärbefehlshaber nicht verhindern zu können, ließen Stülpnagel immer verzweifelter nach der anderen Lösung suchen. Dazu kam ab Sommer 1943 die sich rasch verschlechternde militärische Gesamtlage. Während der großen Panzerschlacht im Kursker Bogen, welche das Ostheer für den weiteren Kriegsverlauf in die Defensive zwang, landeten in der Nacht zum 10. Juli 1943 alliierte Truppen auf Sizilien und brachten bis zum 17. August die ganze Insel in ihren

Besitz. In den Morgenstunden des 3. September 1943 - auf den Tag genau vier Jahre nach der Kriegserklärung des Commonwealth - landeten britische Truppen an der Südspitze von Kalabrien. Obwohl damit das Tor im Süden bereits aufgestoßen war, verkündeten Hitler und Goebbels jetzt immer lauter die Uneinnehmbarkeit der »Festung Europa«.

Im Zuge der Mobilisierung aller personellen Kräfte in diesem Bereich für den bevorstehenden großen Abwehrkampf kam im Herbst 1943 auch die »Auskämmungskommission« des Generals Walter v. Unruh nach Paris. In dessen Begleitung befand sich der ehemalige samländische Landrat, Polizeivizepräsident von Berlin, Oberpräsident von Schlesien und, 1941, Infanteriezugführer an der Ostfront Fritz-Dietlof Graf v.d. Schulenburg. Dieser verblieb längere Zeit in Paris, vertiefte die schon bestehenden Kontakte des Militärbefehlshabers mit den Berliner Persönlichkeiten des Widerstands und besprach sich auch mit den eingeweihten Soldaten und Beamten des Kommando- und Verwaltungsstabes. Dem Oberkriegsverwaltungsrat Frhr. v. Teuchert blieb »Fritzi Schulenburg« als besonders kraftvolle, mitreißende Persönlichkeit in der Erinnerung, und »als der wohl einzige geborene Revolutionär in der ganzen Widerstandsbewegung«.[64] Im Frühjahr 1944 kam Schulenburg zum letztenmal mit Teuchert zusammen und lud ihn zu einem Bummel durch Paris ein mit Worten, welche eine tiefe Skepsis bezüglich des Gelingens der Konspiration verrieten: »Wir wollen es uns noch einmal gut gehen lassen. Den Herbst werde ich sowieso nicht erleben!«[65]

Wie lebte und dachte Stülpnagel in seinem letzten Pariser Jahr? Seinen Interessen und Gepflogenheiten ist er bis zuletzt treu geblieben. Die Sekretärin, die schon 1938 in Berlin für ihn gearbeitet hatte, berichtete nach dem Krieg: »In seiner Lebensführung war Stülpnagel spartanisch, er mochte keinen Luxus in seinen Diensträumen. Auch im Essen und Trinken war er sehr mäßig, wohl auch wegen seiner in Rußland durchgestandenen Ruhr-Erkrankung. In den ganzen Jahren sah ich nie eine Alkoholflasche in den Diensträumen ... Größere Geselligkeiten waren ihm geradezu verhaßt, und während der ganzen zweieinhalb Jahre als Militärbefehlshaber - eine Stellung, die besonders viele gesellschaftliche Verpflichtungen mit sich gebracht hätte - hat er keine einzige Einladung angenommen. Er war eine Gelehrtennatur. Er liebte es, Professoren der Philosophie, Geschichte oder Naturwissenschaften einzuladen, um mit ihnen ganze Nächte hindurch Fachgespräche zu führen.«[66] Dabei hat Stülpnagel auch immer wieder den Austausch mit französischen Persönlichkeiten gesucht. Der Gruppenleiter »Organisation und Personalien« im Verwaltungsstab erinnerte sich, Stülpnagel habe mit dem französischen Produktionsminister Jean Bichelonne, der im Zivilberuf Mathematikprofessor war, sich im Raphaél einmal so in mathematische Probleme vertieft, daß er den Eindruck hatte, »es war ein Gespräch unter Fachleuten«.[67]

Die Gelehrten in Uniform, welche Stülpnagel in seinem Kommando- und Verwaltungsstab in der Pariser Avenue Kléber zu versammeln wußte, waren überwiegend Geisteswissenschaftler, insbesondere Historiker. Die beiden Vorkriegswerke »Goethe und die Generale« sowie »Wehrmachterziehung und Kriegserfahrung« des Pädagogen Erich Weniger, Schüler Herman Nohls, muß Stülpnagel bereits gekannt haben, als es 1940 zu einer ersten Begegnung kam. Als Reservehauptmann im Kommandostab hatte Professor Weniger dann 1942–44 den Nebenauftrag, die den Oberbefehlshaber interessierende Literatur zu besorgen, was - wie er sich erinnerte - »gar nicht so einfach war«. In diesen beiden Jahren hatte Weniger oft täglichen Umgang mit Stülpnagel und eingehende Gespräche, die »wissenschaftlichen, philosophischen und religiösen Themen gewidmet, doch immer einmündeten in eine Betrachtung der militärischen und politischen Lage, die für gewöhnlich schloß mit der Frage: Was aber können, was sollen wir tun? ... An der Fähigkeit zur Vereinfachung, die so wesentlich zum Führertum gehört, fehlte es dem General bei aller komplizierten

Geistigkeit nicht. Er konnte verwickelte Gedankengänge, denen er eben noch aufmerksam gefolgt war, plötzlich mit einigen elementaren Kernsätzen abbrechen, die dann fast primitiv wirkten. So, wenn er ein tiefgreifendes philosophisches Gespräch abschloß mit dem Satz, daß es ohne Religion und Glauben nun einmal nicht gehe, oder ein politisches mit seiner Lieblingswendung: ›Ich glaube immer noch an die Anständigkeit des deutschen Volkes. Im Grunde ist das deutsche Volk doch anständig geblieben. Schließlich wird diese Anständigkeit unter all den Verschüttungen wieder zum Vorschein kommen. Ein so anständiges Volk kann nicht untergehen.‹«[68]

In Offiziers- und Unteroffiziersdienstgraden gehörten dem Kommandostab noch weitere Historiker an, die nach dem Kriege als Lehrstuhlinhaber in der Bundesrepublik Standardwerke der deutschen Militärgeschichte schrieben: so der Prinz-Eugen-Biograph Max Braubach, der bereits erwähnte Moltke-Biograph Eberhard Kessel und der Beck-Biograph Gert Buchheit. Der Historiker Max Horst - Schwager des Generals Speidel - war Kriegsverwaltungsrat im Verwaltungsstab und trat nach dem Krieg als Herausgeber der Briefe Moltkes hervor. Diesen Historiker-Soldaten und ihren wissenschaftlichen Projekten wandte der Oberbefehlshaber sein besonderes Interesse zu.

Ab Sommer 1943 trat durch die alliierten Landungen in Sizilien und Süditalien sowie die zunehmende Bedrohung der »Festung Europa« durch eine Invasion an der Atlantikküste der »Westen« wieder aus seinem Etappendasein heraus und wurde mit kampfkräftigen Großverbänden angefüllt. Zu diesen stießen auch immer mehr SS-Divisionen, so daß im Frühjahr 1944 die Masse der Waffen-SS zur Abwehr der Invasion, die man jetzt als kriegsentscheidend ansah, in Frankreich versammelt war. Truppendienstlich unterstanden diese SS-Großverbände dem Oberbefehlshaber West; der Militärbefehlshaber hatte ihnen gegenüber nur territoriale Befugnisse, die noch dadurch eingeschränkt waren, daß die Waffen-SS »weltanschaulich« vom Reichsführer SS Himmler geführt wurde. Dies ergab Reibungen, denen Stülpnagel nicht aus dem Wege ging. Ernst Jünger erinnerte sich: »Soldaten der Waffen-SS machten einmal Pistolen-Schießübungen auf ein Kruzifix. Die Katholiken der Gegend wandten sich über ihren Bischof an den Militärbefehlshaber. Stülpnagel verlangte eine gerichtliche Untersuchung. Der SS-Oberstgruppenführer Sepp Dietrich antwortete bald darauf, er habe das Verfahren eingestellt.«[69] Wieder einmal saß er »am kürzeren Hebel und konnte ... nicht durchdringen«.[70] Dazu wird in diesem Falle auch beigetragen haben, daß der SS-Führer Sepp Dietrich zum Oberbefehlshaber West »ein ausgezeichnetes Verhältnis unterhielt, er konnte alles mit dem Feldmarschall machen«.[71]

Der Vorgang mit dem Kruzifix muß Stülpnagel bis in die Tiefen seines Wesens erregt haben. Je deutlicher er erkannte, daß eine große Tat notwendig war, wenn nicht alles im Chaos versinken sollte, um so häufiger ging sein Denken über die Naturwissenschaften hinaus zu dem theologischen Problem des Todes, des Leidens und des Bösen in der Welt. Über den Tod sprach er viel mit dem Schriftsteller-Soldaten Ernst Jünger, der nach Kriegsende darüber folgendes festhielt: »Der Tod ist der mächtige Goldwäscher am Strome der Vergänglichkeit, der letzte Prüfer dessen, was echt, unteilbar an uns ist. Ich entsann mich dabei des Gesprächs mit Heinrich v. Stülpnagel über dieses Thema während einer der Abende auf Schloß Vaux.«[72] Religiöse Dinge konnte er weiter mit seinem Ordonnanzoffizier, Oberleutnant der Reserve Fritz Baumgart, besprechen, dem Kunsthistoriker und späteren Lehrstuhlinhaber für Kunstgeschichte an der Technischen Universität Berlin. Baumgart erinnerte sich: »Am 15. März 1942 trat ich meinen Dienst beim O.B. an. Schon bald merkte ich, weswegen er mich geholt hatte. Er hatte aus früheren Unterhaltungen im Kasino bemerkt, daß ich Hitler und die Naziherrschaft haßte. Ich wußte, daß er meine Gesinnung teilte. Ohne daß er mich je in die Verschwörung einweihte, ergaben sich im Laufe der Zeit, wenn wir im Kasino allein waren, häufig stundenlange Gespräche über das Problem des Mordes und des Eides. Er war gläubiger Protestant und rang in beiden Fällen schwer um die Entscheidung. In fast mittelalterlichem Sinne hielt er Hitler für eine wirkliche Verkörperung des Satans.«[73]

Für religiöse Fragen war sonst - wie Ernst Jünger, Wilhelm v. Schramm, Carl Friedrich v. Weizsäcker und andere Zeitzeugen sich erinnerten - der Wehrmachtpfarrer Rudolf Damrath für Stülpnagel der wichtigste Ansprechpartner. Mitte Juli 1944 jedoch drängte es ihn, auch seiner Sekretärin, der er voll vertrauen konnte, seine Sorgen und metaphysischen Gedanken mitzuteilen: »Es war am Sonntag, dem 16. Juli, nachmittags, als ich allein bei ihm im Büro zu einer Tasse Tee war. Er sprach mit sorgenvollen Worten von dem unchristlichen Geist, der dem deutschen Volk aufgezwungen wurde, von der Korruption der Naziführer und von seiner Überzeugung, daß ein Volk, das nicht im Geiste des Christentums für sein Land kämpft, niemals den Sieg erringen kann. Er sprach dann von der kurzen Übergangszeit der Probe und Bewährung, die dieses Leben nur bedeuten könne, und von der Treue, die man in jeder Lage gegen sich selbst bewahren müsse, indem man zu seiner Überzeugung stehe, von der man in keiner Situation abweichen dürfe. Wenige Tage danach schon war er sich und seiner Überzeugung treu geblieben . . .«[74]

Im Schatten des Schicksals

Der Militärbefehlshaber, so erinnert sich seine damalige Sekretärin, habe in der Pariser Zeit den ihm zustehenden Urlaub gar nicht voll in Anspruch genommen, sondern oft im Dienst verbracht. Um die Jahreswende 1943/44 jedoch weilte Stülpnagel zu Hause in Potsdam; es war ein Familienurlaub, den er gleichzeitig konspirativ nutzte. Wir wissen von mindestens drei Besuchern, die ihn in den ersten Tagen des Januars, sicher nicht zufällig, in der Kaiser-Wilhelm-Straße in Potsdam aufsuchten. Der eine war der Domvikar in Speyer Röder, ein Vertrauter Halders, über den dieser versuchte, vom bayerischen Domizil aus mit den alten Gefährten in Preußen Fühlung zu halten. Röder gab nach dem Krieg darüber folgende Schilderung: »Nach eingehenden Vorbereitungen habe ich, da meine kirchliche Stellung mir unverdächtige Reisen ermöglichte, in seinem [Halders] Auftrag mehrere Reisen unternommen ... So bin ich im Dezember 1943 bei GenFM v. Witzleben in Berlin gewesen, im Januar 1944 bei GenFM v. Brauchitsch in Bolkenhain in Schlesien und bei dem Gen. v. Stülpnagel ... in Potsdam.«[75] Wenn wir auch über diese Reisen gerne mehr gewußt hätten, insbesondere über das Gespräch Röders mit Stülpnagel, so sind doch die wenigen Angaben aufschlußreich genug. Auch nach der Entlassung im September 1942 ist die Verbindung zwischen dem einstigen Generalstabschef und seinem Oberquartiermeister I nie ganz abgerissen. Stülpnagel selbst war um einen »Draht« nach Bayern bemüht, wo sich um den Reichsstatthalter General Franz Ritter v. Epp, der sich zum Anti-Nationalsozialisten entwickelte, eine Münchener Widerstandsgruppe formierte. Als der aus Franken stammende und mit Ritter v. Epp verbundene Kriegsverwaltungsoberrat Freiherr v. Teuchert im Herbst 1943 nach München in Urlaub fuhr, trug ihm Stülpnagel auf: »Besuchen Sie Epp und prüfen Sie, was sich dort entwickeln läßt.«[76]

Auffallend an der Reise des Domvikars Röder ist, daß er in Berlin eine Begegnung mit Witzleben, aber keine mit Beck eingeplant hatte, obwohl dieser in Lichterfelde wohnte. Offenbar hatten die beiden ersten von Hitler entlassenen Generalstabschefs seit ihrem Gespräch im Januar 1940 in den Straßen Dahlems sich immer weniger zu sagen. Was Stülpnagel betrifft, so ist offenkundig, daß er sich um so enger wieder Beck anschloß, je mehr dieser zur unbestrittenen Führergestalt der Gesamtopposition wurde.

Der andere Besucher, den Stülpnagel Anfang Januar 1944 in seiner Potsdamer Wohnung empfing, war Oberstleutnant i.G. Graf v. Stauffenberg, seit Oktober 1943 Chef des Stabes von General Friedrich Olbricht im Allgemeinen Heeresamt. Frau Helene v. Stülpnagel vermerkte diesen Besuch in ihren »Notizen«. Da Stauffenberg nach dem 6. Januar 1944 wegen eines Trauerfalles in der Familie einige Tage in Bamberg verbrachte[77], Stülpnagel aber mit Sicherheit nur kurzen Urlaub genommen hat, muß der Besuch in den ersten Januartagen 1944 stattgefunden haben. So läßt sich diese Begegnung zwar ziemlich genau datieren, aber über den Inhalt der Unterredung, die unter vier Augen stattfand, bleiben alle Nachforschungen vergeblich. Was hätte doch ein Protokoll der Aussprache gerade dieser beiden Männer, das natürlich unmöglich war, für die geistige Geschichte der Militäropposition, insbesondere ihrer ethischen Beweggründe, bedeutet! Es waren zwei deutsche Soldaten »in der Tradition der gebildeten preußischen Offiziere von 1810«[78], die sich an diesem Januartag 1944 in Potsdam trafen, um über die Not Deutschlands nachzudenken. Als Soldaten aus dem Geiste Goethes und Humboldts hatten Stülpnagel und Stauffenberg nur einen Ebenbürtigen - in dem gemeinsamen Vorbild Ludwig Beck. Man darf davon ausgehen, daß der von beiden verehrte Repräsentant der besten Tradition des preußisch-deutschen Generalstabes zu dieser Begegnung beigetragen hat und Gegenstand des Gespräches gewesen ist.

Einen dritten Besucher, den Stülpnagel an seinem achtundfünfzigsten und letzten Geburtstag in Potsdam empfing, kennen wir aus einem bald nach Kriegsende geschriebenen Brief. Es war sein ehemaliger persönlicher Adjutant bei der 17. Armee, Major d.R. Oscar Graf v. Pilati, der am 21. Juni 1946 aus Hamburg Frau Helene v. Stülpnagel folgendes mitteilte: »Eine sehr ernste, lange Besprechung ... hatten wir beide am 2. Januar 1944 in Ihrer Wohnung im Anschluß an eine Tee-Einladung anläßlich des Geburtstages von Herrn General. Ich hatte kurz vorher mit Stauffenberg mich dahingehend abgestimmt, daß unter den Generalen tatsächlich nicht einer zu finden sei, der die Sache vorwärtstreibt. Es war damals für mich nun eine besondere Freude festzustellen, daß Ihr Gatte in ganz herzerfrischender Form sein Einverständnis mit jeder Maßnahme mir gegenüber zum Ausdruck brachte, daß dem verbrecherischen Treiben von Hitler und seiner Umgebung schnellstens ein Ende bereitet werden müsse, und seine aktive Teilnahme zusagte. Daß Ihr Gatte zu den stärksten Aktivisten gehört hatte, fand ich häufig bestätigt in den mit widerwärtiger Gehässigkeit vorgebrachten Anwürfen gegen seine Person bei meinen Vernehmungen durch die Geheime Staatspolizei, wodurch meine Hochachtung vor ihm nur gefestigt und verstärkt werden konnte ...«[79] Das in dem Brief erwähnte »Einverständnis mit jeder Maßnahme« wird man auch auf die Bejahung des Attentats beziehen dürfen, zu der Stülpnagel sich wohl früher durchgerungen hat als Beck und Stauffenberg.

Wie sehr er mit dem Problem des Attentats gerungen hat, wird aus Aufzeichnungen des Obersten der Reserve Wilhelm Arendts deutlich. Den fast gleichaltrigen Arendts kannte Stülpnagel aus dem Ersten Weltkrieg, und er war ihm später noch mehrfach begegnet, so daß sich ein Vertrauensverhältnis herausgebildet hatte. Arendts war im Kommandostab zeitweise sein Erster Generalstabsoffizier (Ia). Im Februar 1947 hielt er über Gespräche mit dem Militärbefehlshaber unter vier Augen folgendes fest: »Es ist bezeichnend für sein Ringen, daß er aus Gründen der Moral auch eingehend die Frage erörterte, ob es irgendein Mittel gab, ›NUMMER EINS‹ - wie er Hitler nannte - und seinen Anhang nur ›auszuschalten‹. Das Ergebnis war immer wieder negativ, und es blieb als ultima ratio nur das ›Totschlagen‹ übrig.«[80]

Der Geist und das Denken, so ist oft unsinnigerweise gesagt worden, lähmen den Willen und die Bereitschaft zur Tat. Der Ablauf des letzten Tages im Leben von Ludwig Beck in Berlin und des größten Tages im Leben von Carl-Heinrich v. Stülpnagel in Paris könnten widerspruchslos als Gegenbeweise dienen. »Eigenartig ist, daß gerade diese beiden Geistnaturen, Beck und Stülpnagel, am 20. Juli 1944 diese Entschluß- und Willenskraft aufbrachten«, wunderte sich lange nach dem Krieg einer ihrer engsten Mitarbeiter.[81] Stauffenberg war siebenundzwanzig Jahre jünger als Beck und einundzwanzig Jahre jünger als Stülpnagel. Nach allen Enttäuschungen mit seiner eigenen Generation, insbesondere nachdem die Feldmarschälle, außer Witzleben, sich ihm völlig versagt hatten, fand Beck jetzt in der folgenden Generation der Obersten und Oberstleutnante die notwendigen Gehilfen für die Vorbereitung und Durchführung des Staatsstreichs. Auf das Generationsproblem im aktiven militärischen Widerstand wurde vielfach verwiesen: »Beck hat es dann gewagt, aber mit einer anderen Generation!«[82] Ebenso fand Stülpnagel in Stabsoffizieren während des ersten Halbjahres 1944 seine engsten und vertrautesten Mitarbeiter, jedoch waren es meist Reserveoffiziere und Angehörige seiner eigenen Generation. Am Potsdamer Treffen Stülpnagels mit Stauffenberg hat sicherlich auch Hofacker planend mitgewirkt, er blieb weiterhin der Mittler zwischen der Pariser Widerstandsgruppe und der Zentrale in Berlin.

Über die »Widerstandsbewegung West«, die sogenannte »Westlösung«, den Ablauf des 20. Juli 1944 in Paris wie über die damaligen Gesamtverhältnisse in Frankreich liegt eine umfangreiche Literatur vor, auf die – berichtigend oder ergänzend – hier nur insoweit eingegangen werden kann, als es für diese Lebensbeschreibung erforderlich ist.[83] Auch in Frankreich gab es im Frühjahr und Frühsommer 1944 – wie im Reich und an der Ostfront – nur ganz wenige Soldaten, die nach oft qualvoller Gewissensprüfung und langem Denkprozeß nunmehr zum Handeln entschlossen waren. Die Geschichte der »Widerstandsbewegung West« ist in besonderem Maße die Geschichte von Einzelpersönlichkeiten, weswegen gerade das letzte Kapitel der Biographie Stülpnagels noch eine Reihe biographischer Skizzen enthalten muß.

Im letzten Lebensjahr wurde ein alter Bekannter aus der Dresdener Zeit für Stülpnagel zu einem Hoffnungsträger: der Schwabe Erwin Rommel. Der einstige Lehrer an der Infanterieschule war inzwischen Hitlers gefeiertster, höchstdekorierter und im deutschen Volk bekanntester Soldat der

Wehrmacht geworden; gemessen an der Popularität Rommels war Stülpnagel fast unbekannt. Nach dem Rückzug aus Nordafrika, den alliierten Landungen in Sizilien und Süditalien und den gleichzeitigen Krisen an der Ostfront hatte Rommel freimütig Hitler eröffnet, daß der Krieg nicht mehr zu gewinnen sei. Er wisse es auch, soll Hitler geantwortet haben; aber das Problem liege darin, daß keiner der Alliierten mit ihm Frieden schließen würde. Konsequenzen aus dieser Erkenntnis wurden nicht gezogen, von Hitler nicht und - vorerst - auch von Rommel nicht.

Mit der gewohnten Tatkraft hatte Rommel im Dezember 1943 sich an den ihm auf Vorschlag Jodls von Hitler übertragenen neuen Auftrag gemacht: Überprüfung aller Abwehrmaßnahmen an der gesamten Atlantikküste gegenüber England. Diesen »Sonderauftrag West« führte er mit seinem Stabe zunächst von Fontainebleau aus durch; nach Übernahme des Oberbefehls der Heeresgruppe B wurde das Schloß der Herzöge de la Rochefoucauld im Seinetal, am Westrand der Ile de France sechzig Kilometer stromabwärts von Paris, sein ständiges Hauptquartier. Die Literatur über die Wandlung des Feldmarschalls vom Paladin zum Gegner Hitlers im Kriegsjahr 1944 und die Verknüpfung von »Rommels und des Reiches Schicksal« (Speidel) ist widersprüchlich und bisher zu keinem überzeugenden Ergebnis vorgedrungen. Die Knüpfung des Kontakts zwischen Rommel und Stülpnagel wird meist Speidel zugeschrieben, der nach zweijähriger Verwendung an der Ostfront am 15. April 1944 als Generalleutnant, Ritterkreuzträger und Chef des Stabes der Heeresgruppe Rommel in den Westen zurückkehrte.[84] Ein verläßlicher Zeitzeuge erinnerte sich jedoch: »Die Verbindung zwischen Stülpnagel und Rommel hat schon Kossmann hergestellt, nicht erst Speidel.«[85] Auch hatte Oberst Kossmann bereits im Januar 1944 in Paris mit der Erarbeitung eines ähnlichen Putsch-Planes begonnen, wie er in Berlin durch Stauffenberg und Tresckow mit »Walküre« vorlag. Wir wissen es von seiner Frau, die Kossmann Anfang 1943 kennengelernt und einige Wochen später Stülpnagel vorgestellt hatte, wobei sich herausstellte, daß dieser ihren Vater aus dem Ersten Weltkrieg kannte, so daß er den Heiratskonsens mit den Worten erteilte: »Kossmann, da stehe ich Pate!«

Des weiteren erinnerte sich Frau Kossmann: »Anfang 1944 erhielt mein Mann vom O.B. den Auftrag, zum Tage X einen Generalstabsplan für den Ablauf in Paris aufzustellen. Er hat ihn mir im Februar in die Maschine diktiert, so verschlüsselt, daß ich kein Wort verstand ... Es ist richtig, daß für die entscheidende Besprechung zwischen dem Feldmarschall und General v. Stülpnagel die ländliche Haustaufe bei uns am 15. Mai 1944 als Hintergrund gewählt wurde, der um so unverfänglicher war, als auch Rommel seine Patenschaft angeboten hatte. Nach dem Taufakt wurde ein Spaziergang arrangiert, bei dem ganz selbstverständlich die beiden genannten Herren vorausgingen; mein Mann folgte in einigem Abstand mit entsicherter Pistole, der ›Troß‹ wurde durch General Dr. Speidel zurückgehalten.«[86]

Die Taufe des Sohnes des Ehepaares Kossmann im Mai 1944 fand in einem Landhaus in Mareil-Marly nahe Paris statt und wurde von dem Wehrmachtpfarrer Damrath vorgenommen. Außer Rommel, Speidel und Stülpnagel nahm auch der hochdekorierte Panzergeneral Fritz Bayerlein teil, der unter Rommel in Nordafrika gekämpft hatte und jetzt die Panzerlehrdivision führte, ein für die Abwehr der Invasion besonders wichtiger Großverband. Daß Rommel und Stülpnagel sich gerade bei einer Taufe wiederbegegnet sind, gehört »zu den merkwürdigen Sinnbildern, an denen die Geschichte des 20. Juli in Frankreich reich ist«.[87] Daß bei ihren Gesprächen »der Grund zu der eigentlichen Konspiration im Westen« (Schramm) gelegt worden sein soll, ist allerdings nicht richtig: Dieser Grund ist schon vor dem Wiedererscheinen Rommels und Speidels im Westen durch Stülpnagel, Hofacker und Kossmann gelegt worden. Leider sind von den beiden Taufgästen Rommel und Stülpnagel in Mareil-Marly zwar Fotos, aber selbstverständlich keinerlei Gesprächsaufzeichnungen überliefert. Die Frage, ob Rommel an diesem 15. Mai 1944 sich Stülpnagels Argumenten und Plänen angeschlossen hat - oder wie weit er es in den folgenden Wochen tat -, ist schwer zu beantworten. General Speidel berichtete, daß nach der Aussprache »über die notwendigen Maßnahmen für eine Beendigung des Krieges im Westen und für den Sturz des nationalsozialistischen Regimes«[88] die theoretischen und praktischen Vorbereitungen im einzelnen festgelegt worden seien. Speidels Darstellung folgten der Marineberater Rommels, Vizeadmiral Friedrich Ruge sowie der damalige Kriegsberichterstatter der Heeresgruppe B, Ritter v. Schramm. Dieser vollen Zuordnung Rommels zum militärischen Widerstand, der dann zum 20. Juli 1944 führte, stehen aber verschiedene mündliche und schriftliche Äußerungen des Feldmarschalls bis wenige Wochen vor seinem Tode entgegen. David Irving hat daraus die Folgerung gezogen, daß Rommel »seinem Fahneneid, den er Hitler geschworen hatte, immer gewissenhaft treu geblieben« ist.[89]

In der Rommel-Literatur herrscht Übereinstimmung darüber, daß der Feldmarschall die Beseitigung des »Führers« durch ein Attentat stets abgelehnt hat. Hitlers Generalfeldmarschälle mit den Marschällen Napoleons vergleichend, entdeckte Ernst Jünger, ein genauer Kenner der Situation, folgende Parallele: »Rommel stand Hitler innerlich sehr nahe, er hätte ein Attentat auf ihn nie befürwortet ... Von allen Feldmarschällen Hitlers hatte Rommel am meisten Ähnlichkeit mit Marschall Ney. Ney stand zuletzt in Haßliebe zu Napoleon; Rommels Verhältnis zu Hitler war ähnlich.«[90]

In der Kriegsgeschichtsschreibung und der Widerstandsliteratur wird Rommel neuerdings mehr einer »Grauzone« des Widerstands zugerechnet.[91] Daß er zur Ausschaltung des Diktators dessen Festnahme und Aburteilung von einem deutschen Gericht geplant hat, wird bei dem ihn sonst auszeichnenden Wirklichkeitssinn nur um so rätselhafter. Denn: »Alle Realisten hatten sich früher oder später zur Befürwortung des Attentats durchringen müssen, anders war es nicht zu machen. In den Reihen des zivilen Widerstands allerdings gab es bis zuletzt viele Theoretiker.«[92] Daß Rommel die Festnahme Hitlers im Frühsommer 1944 gelungen wäre, wird von Zeitzeugen bezweifelt: »Das Verhalten Rommels bleibt mir ein Rätsel. Eine Festnahme Hitlers war unmöglich, weil auch ein Rommel dafür keine Truppe gewinnen konnte - zumal gerade er jahrelang die Bindung des Heeres an Hitler betrieben hat. Hier wäre es meines Erachtens die Aufgabe Speidels gewesen, Rommel auf die Notwendigkeit des Attentats hinzuweisen.«[93]

In das Ringen um Rommel war im Mai 1944 auch Stülpnagels alter Vertrauter, General der Artillerie Eduard Wagner, eingeschaltet worden. Am 12. Mai 1944, drei Tage nach der Taufe des Kossmann-Sohnes in Mareil-Marly, besuchte der Generalquartiermeister das Hauptquartier der Heeresgruppe in La Roche Guyon und sprach längere Zeit mit Rommel. Das durch die Bombardements der alliierten Luftflotten für die Truppen an der Westfront immer schwieriger werdende Nachschubproblem war das offizielle Besprechungsthema; daneben gab es sicher ein inoffizielles. Das Ergebnis ist die Versetzung des besten verfügbaren Nachschubfachmannes des Heeres, Oberst i.G. Eberhard Finckh, als neuem Oberquartiermeister des Oberbefehlshabers West gewesen. Dieser meldete sich am 25. Juni 1944 bei der Heeresgruppe B. Er sprach, wie Rommel, schwäbisch.

Finckh war 1899 geboren und entstammte einer im Raum um Reutlingen beheimateten Familie, in welcher Kaufleute und Theologen vorherrschten, der aber auch der mit Hermann Hesse befreundete Schriftsteller Ludwig Finckh angehörte. Vor allem mathematisch begabt, war Finckh nach Notabitur 1917 kriegsfreiwillig als Artillerist an die Front gegangen. Nach Kriegsende studierte er an der Technischen Hochschule Stuttgart, trat dann aber 1920 in das Artillerieregiment 5 der Reichswehr ein und wurde der erste Berufssoldat in der Familie. In Ulm war zu Beginn der dreißiger Jahre Ludwig Beck sein Regimentskommandeur. Seine schwere Batterie auf dem »Unteren Kuhberg« begrüßte der Hauptmann Finckh 1935/36 nicht mit dem nach und nach üblich werdenden »Heil Hitler«, sondern mit »Heil Artillerie«. Damals verheiratete er sich mit Annemarie v. Weyrauch, die mit der hessischen Adelsfamilie v. Trott zu Solz verwandt und mit der Familie v. Neurath eng befreundet war. Auf der Kriegsakademie, zu der Finckh durch Fürsprache Becks auch ohne Wehrkreisprüfung zugelassen wurde, schloß er Freundschaft mit seinen Hörsaalkameraden Claus Graf v. Stauffenberg und Mertz v. Quirnheim. Es war, wie später festgestellt wurde, »eine aufrichtige Freundschaft des Geistes und des Herzens«. Graf v. Stauffenberg wurde später Pate einer Tochter Finckhs. Die völlige innere Abkehr vom NS-Regime, dem Finckh nie nahegestanden hatte, vollzog sich 1938 und wurde - nach Ansicht seines Sohnes - »wohl stark beeinflußt durch das Schicksal der Generale v. Fritsch und Beck, zwei Artilleristen, die er hoch verehrte«.[94] Im Krieg hatte Finckh sich zu einem Könner auf dem Gebiet des Nachschubs und zum »As der Asse« unter den Quartiermeistern entwickelt. Zuletzt war er Oberquartiermeister der Heeresgruppe Süd im Osten, bevor ihn nun der Generalquartiermeister in den Westen entsandte, wo durch die totale Luftherrschaft der Alliierten der Nachschub sich noch schwieriger als an der Ostfront gestaltete. Mit Eberhard Finckh stand der Westfront einer der besten Logistiker zur Verfügung, den es im Heer gab - und der Militäropposition eine verläßliche Stütze im Stabe des Oberbefehlshabers West.

Schon einige Wochen vor der Versetzung Oberst Finckhs nach St. Germain-en-Laye bei Paris, wo die Führungsstäbe des Oberbefehlshabers untergebracht waren, hatte sich auch im Kommandostab Stülpnagels in der Avenue Kléber ein Wechsel vollzogen. Oberst i.G. Kossmann erhielt ein Regiment an der Ostfront und wurde zum 1. Juni 1944 durch Oberst i.G. v. Linstow ersetzt. Dieser routinemäßig erfolgende Wechsel wurde für beide schicksalhaft. Kossmann, seit über zwei Jahren der engste militärische Mitarbeiter Stülpnagels, der auch den Aktionsplan für Paris ausgearbeitet hatte, entging dank der Schweigsamkeit seines Oberbefehlshabers dem Schicksal der anderen Verschwörer, während sein Nachfolger Opfer der NS-Justiz wurde. Hans-Otfried v. Linstow war in den zwanziger Jahren Adjutant Seeckts gewesen und Generalstabsoffizier geworden. Am Ostfeldzug nahm er 1941 als Chef des Stabes des im Mittelabschnitt eingesetzten IX. Armeekorps teil, war dann aber wegen eines Herzleidens nicht mehr frontverwendungsfähig und bis zu seiner Versetzung nach Paris als Chef des Stabes im Wehrkreiskommando VII in München eingesetzt. Am 6. Juni 1944, dem Tage der Invasion, verabschiedete sich Oberst v. Linstow in Kempfenhausen am Starnberger See von seiner Frau und den beiden Söhnen. Er sollte Deutschland nur als Gefangener der Gestapo, die Familie überhaupt nicht mehr wiedersehen.[95] Der kränkliche, aber ethisch fundierte Mann ging in Paris Belastungen entgegen, wie sie an der Front nirgends hätten größer sein können.

Die militärischen Vorbereitungen für den Staatsstreich waren abgeschlossen, als Oberst v. Linstow am Abend des Invasionstages in Paris eintraf. Stülpnagel, in seiner vorsichtigen Art, machte den Neuling vorerst nicht damit vertraut. Man darf zusätzlich wohl auch schließen, daß er in die Besprechungen der Feldmarschälle Rommel und Rundstedt mit Hitler am 17. Juni 1944 in Margival[96] keine allzu großen Erwartungen gesetzt hat, zumal Rommel ja dem Oberbefehlshaber West, Rundstedt, unterstellt war, von dem der Militärbefehlshaber in konspirativer Hinsicht nichts mehr erhoffte.

Schon aus diesem Grunde muß Stülpnagel am 3. Juli 1944 die Ablösung Rundstedts durch Generalfeldmarschall Günther v. Kluge begrüßt haben. Er war auf seiner Laufbahn Kluge mehrmals begegnet, zuletzt während der zweiten Phase des Westfeldzuges. Wie Ritter v. Schramm feststellt, gehörte Kluge »nächst Rommel, Rundstedt und Manstein ... 1944 zu den bekanntesten Feldmarschällen des Zweiten Weltkrieges, insgeheim aber auch noch zu den Hoffnungen der deutschen Opposition gegen Hitler«.[97] Daß Kluge bereits

1943 an der Ostfront als Oberbefehlshaber Mitte unter dem Einfluß seines Ersten Generalstabsoffiziers, v. Tresckow, Goerdelers sowie durch Briefe von General Olbricht, die der ihm vertraute Oberst i.G. Stieff überbrachte, sich der Opposition zugänglich gezeigt hatte, muß Stülpnagel schon bekannt gewesen sein. Ob er hingegen auch wußte, wie optimistisch bezüglich der Kriegslage Feldmarschall v. Kluge aus Berchtesgaden, wo er im Frühjahr und Frühsommer 1944 mehrere Wochen der suggestiven Kraft Hitlers ausgesetzt war, am 3. Juli wieder in den Westen kam, ist nicht mehr zu klären. Bald nach dem Eintreffen in Frankreich hatte Kluge in La Roche Guyon eine heftige Auseinandersetzung mit dem neun Jahre jüngeren Rommel, dem er mitteilte, daß der Führer kein Vertrauen mehr in seine Führungskunst habe und er sich ihm, Kluge, fortan unterordnen müsse. Wenige Frontfahrten, auf denen er trotz starker Gefährdung aus der Luft bis zu den kämpfenden Divisionen nach vorne fuhr, genügten jedoch, Kluge wieder zu realistischer Lagebeurteilung gelangen zu lassen.

Aus dem Kriegstagebuch des Oberbefehlshabers West sind die Lagevorträge ersichtlich, die er sich in den ersten Tagen von seinem eigenen Stab und den wichtigsten anderen Stäben im Westen geben ließ.[98] Am 6. Juli orientierte sich Kluge über das Transport-, Nachschub- und Sanitätswesen, worüber ihm Oberst i.G. Hoeffner, Oberst i.G. Finckh und der Generalstabsarzt Dr. Haubenreisser vortrugen. Am 7. Juli besuchte er in Paris den Befehlshaber der Marinegruppe West, Admiral Krancke, sowie den Oberbefehlshaber der Luftflotte 3, Generalfeldmarschall Sperrle. Unter dem 8. Juli 1944 schließlich verzeichnet das Kriegstagebuch: »Der OB West läßt sich von dem Mil.Bef. i. Frkr. und seinen Sachbearbeitern über Aufgabengebiete und Lage Vortrag halten.«[99] Stülpnagel dürfte dem vier Jahre älteren Generalfeldmarschall seit dem Frühjahr 1941 nicht mehr begegnet sein. Daß sie das Treffen zu konspirativen Gesprächen nutzen konnten, ist unwahrscheinlich. Die Eintragung im Kriegstagebuch über weitere Dienstbesprechungen Kluges in Paris am 15. Juli 1944 macht deutlich, welche Probleme ihn vor allem bedrängten: »Der Oberbefehlshaber West, der im Laufe des Tages Besprechungen mit dem Oberbefehlshaber der Luftflotte 3 hatte, sowie sich durch den Militärbefehlshaber und den deutschen Botschafter vortragen ließ, befiehlt 19.30 Uhr ... dem Abteilungspräsidenten Wintgen, Paris, durchgreifende Maßnahmen zum Einsatz der franz. Zivilbevölkerung zur Wiederherstellung beschädigter Eisenbahnanlagen.«

Außer auf Rommel setzte Stülpnagel in den zweieinhalb Wochen von der Übernahme des Oberbefehls im Westen bis zum 20. Juli 1944 auch Hoffnungen auf Generalfeldmarschall v. Kluge. Wegen der Kürze der Zeit und der starken Beanspruchung des neuen Oberbefehlshabers West durch die sich laufend verschlechternde Frontlage waren weitere Besprechungen aber nicht mehr möglich. Dagegen verstärkte Stülpnagel in der ersten Julihälfte mit Hilfe seines engsten Vertrauten noch einmal die Bemühungen um Rommel. Abend für Abend beriet er in seinem Dienstzimmer im Hotel Majestic sich mit Cäsar v. Hofacker, wobei die Sekretärin dafür zu sorgen hatte, daß sie ungestört blieben und Hofackers Kommen und Gehen möglichst nicht beobachtet wurde. Letzteres gelang nicht ganz: Der Unteroffizier Schmidt wunderte sich damals, daß ein Luftwaffenoffizier so viel beim OB zu tun hatte. Am 9. Juli 1944 fuhr Hofacker im Auftrag Stülpnagels nach La Roche Guyon und wurde durch Speidel sofort zu Rommel geführt. Als Württemberger und Sohn seines einstigen Divisionskommandeurs war Hofacker für Rommel ein sofort akzeptierter Gesprächspartner. Über Inhalt und Verlauf des Gesprächs, welches nach Wilhelm v. Schramm fast eine Stunde, nach David Irving nur eine halbe Stunde gedauert haben soll, sind genaue Einzelheiten nicht überliefert. Hofacker, der tags darauf erneut nach Berlin zur Besprechung mit Beck, Olbricht und Stauffenberg fahren wollte, kam es vor allem darauf an, von Rommel über die Invasionsfront informiert zu werden und zu erfahren, wann mit dem Durchbruch der Alliierten in die

Tiefe des französischen Raumes zu rechnen sei. Rommel soll - nach Schramm - den Zusammenbruch der Front in spätestens zwei bis drei Wochen vorausgesagt haben, was sich dann als richtig erwies. Über den Ernst der Lage, an der Westfront wie an allen anderen Fronten, waren Rommel und Hofacker, die ja derselben Soldatengeneration angehörten, sich einig; sicher auch darüber, daß baldigst etwas geschehen müsse, um die volle Katastrophe von Deutschland abzuwenden. Wie weit hingegen Rommel sich bereit erklärte, an der Entmachtung Hitlers mitzuwirken oder dabei die Führungsrolle zu übernehmen, ist umstritten und mit letzter Sicherheit nicht mehr zu klären. Mag sein, daß Hofacker aus dem Feldmarschall mehr Bereitschaft herausgehört hat, als wirklich vorhanden war, und vielleicht hat er dann auch in Paris gegenüber Stülpnagel, Teuchert und den anderen Vertrauten sich zu optimistisch geäußert. Jedoch ist die Behauptung absurd, daß Hofacker »ein romantischer, ein ungestümer Phantast« (D. Irving) gewesen sei. Die ihn kannten, haben Hofacker sehr dynamisch, aber zugleich stets realistisch kennengelernt. »Die Behauptungen Irvings - Romantiker, Phantast usw. - sind schon dadurch widerlegt, daß Hofacker zuvor eine bedeutende Rolle in der Stahlindustrie gespielt hat, in der für ›Phantasten‹ kein Platz ist.«[100]

Rommels weiterer Schicksalsweg ist bekannt. Auch Mitte Juli 1944 mühte er sich unablässig um persönliche Einwirkung auf die kämpfende Truppe und setzte sich bei Frontfahrten schwerster Gefährdung durch Jagdbomber aus. In den inneren Zwiespalt zwischen seiner bisherigen Hitlertreue und einer »Westlösung« im Sinne der Verschwörer gewähren Äußerungen gegenüber Zeitzeugen interessante Einblicke. Schon um Pfingsten 1944 gab sein Begleitoffizier dem in der Umgebung Rommels immer offener diskutierten Problem direkten Ausdruck: »Herr Feldmarschall, man spricht davon, daß Sie bald die Rolle eines Yorck übernehmen müssen!« Worauf Rommel schwäbisch erwiderte: »Lang, seie Se bloß still! Dees verträgt 's Schnoufe net!«[101] Wohl auf seiner letzten Frontfahrt am 17. Juli 1944 besuchte

Rommel auch den Kommandierenden General des II. SS-Panzerkorps. General der Waffen-SS Bittrich war drei Jahre jünger als Rommel und ihm schon an den Fronten des Ersten Weltkrieges begegnet. Daß der Troupier Bittrich zum Reichsführer SS Himmler ein gespanntes Verhältnis hatte und sich zudem mit Kritik an der obersten Wehrmachtführung nicht zurückhielt, war in der Waffen-SS allgemein bekannt. Als er sich auch Rommel gegenüber äußerst scharf über das Führerhauptquartier äußerte, reagierte der Feldmarschall mit den Worten: »Sie führen eine gefährliche Sprache, Herr Bittrich!« Trotzdem meldete Bittrich im weiteren Verlauf der Unterredung, daß er neulich, entgegen Befehlen des Führerhauptquartiers, mit den Engländern einen kurzen Waffenstillstand zum Verwundetenaustausch eingegangen sei. Zu seiner Überraschung antwortete Rommel: »Ich habe auch schon versucht, mit den Engländern Fühlung zu bekommen.« Vollends verblüfft war dann der SS-General, als Rommel ihn bei der Verabschiedung zur Seite nahm und ihm unter vier Augen eröffnete: »Herr Bittrich, ich würde mich ja einer neuen Staats- und Wehrmachtführung zur Verfügung stellen – vorausgesetzt, daß kein Attentat auf den Führer unternommen wird!«[102] Aus beiden Äußerungen Rommels ist zu schließen, daß sein innerer Entscheidungsprozeß noch zu keinem Abschluß gekommen war, als plötzliche Einwirkung von außen ihm den letzten tragischen Konflikt ersparte. Niemand vermag heute gültig zu sagen, wie Rommel ohne den Jagdbomberangriff vom 17. Juli sich am Abend des 20. Juli 1944 verhalten hätte.[103] Es bleibt das »Rätsel Rommel« (Frhr. v. Teuchert).

Stülpnagel erfuhr von Rommels schwerer Verwundung am frühen Vormittag des 18. Juli durch seine Sekretärin, deren Bruder den Feldmarschall als Kriegsberichterstatter auf der Frontfahrt begleitet hatte. Die ganzen Jahre über, so berichtete die damalige Gräfin v. Podewils, kannte sie den General »in stets gleichmäßiger, ruhiger und beherrschter Haltung. Das einzige Mal, daß ich ihn schwer erschüttert sah, war der 18. Juli 1944 ... Stülpnagels Worte, als ich ihm die Nachricht mitteilte, waren: ›Das fehlte gerade noch!‹« An diesem 18. Juli 1944 habe Stülpnagel auch zum erstenmal von seinen Gewissenskonflikten gesprochen und sei dann bis zum 20. Juli so unruhig gewesen, wie sie ihn zuvor nie gesehen habe.[104] Was meinte er mit der Bemerkung »Das fehlte gerade noch«? Hofacker war soeben wieder aus Berlin zurück und hatte wohl berichtet, wie betroffen Beck war, daß Stauffenberg das Attentat weder am 11. noch am 15. Juli auf dem Berghof ausgeführt hatte. Inzwischen war Hitler wieder nach der ›Wolfsschanze‹ bei Rastenburg umgezogen, wo die Durchführung viel schwieriger sein mußte. Die Ansicht, Stülpnagel habe an ein Gelingen des Umsturzes auch ohne Tötung Hitlers geglaubt, ist irrig.[105] Er hatte jedes Zusammentreffen mit seinen Söhnen benutzt, um von ihnen zu erfahren, wie man unter den jüngeren Offizieren über Hitler dachte. Mit Beck, Stauffenberg und Hofakker war er Realist genug, zu erkennen, daß es ohne Attentat nicht zu machen war. Sämtliche Vorbereitungen für die Aktion waren in Paris jetzt abgeschlossen. Dazu hatte auch Ernst Jüngers »Friedensschrift« gehört, die dann von Schulenburg nach Berlin mitgenommen worden war. Der militärische Aktionsplan allerdings, der die Festnahme von SS und SD in deren Quartieren vorsah, mußte kurzfristig überarbeitet werden. Wohl am 18. Juli erfuhr Teuchert, daß die SS- und SD-Dienststellen gerade umgezogen und die neuen Unterkünfte »Geheime Kommandosache« waren. Als er es Hofacker mitteilte, war dieser entsetzt. Mit Hilfe eines Angehörigen des Verwaltungsstabes, der Beziehungen zur SS hatte, gelang es jedoch in kürzester Zeit, die neue Adressenliste zu bekommen und in den Aktionsplan aufzunehmen.

Wie sehr Stülpnagel bis in die letzten Tage die ethische Seite des Staatsstreiches beschäftigte, wird aus Briefen des Wehrmachtoberpfarrers Rudolf Damrath nach dem Krieg an die Familie deutlich. Stülpnagel, der hohe Anforderungen an Prediger stellte, hatte Damrath schon vor dem Kriege als Pfarrer an der Potsdamer Garnisonkirche schätzen gelernt und 1943 dessen Versetzung nach Paris erwirkt. Es sei ganz ungewöhnlich – so erinnerte sich Damrath – und in der deutschen Armee sicher einzigartig gewesen, daß ein deutscher General sich von seinem Pfarrer ein Privatissimum über die Theologie des 19. und 20. Jahrhunderts lesen ließ und dabei sagen konnte, er solle mit Schleiermacher beginnen, Hengstenberg und Ritschel nicht vergessen, bei Karl Barth und Gogarten wüßte er dann schon selber wieder Bescheid. In unregelmäßigen Abständen mußte der Wehrmachtoberpfarrer dem Oberbefehlshaber über seine Arbeit vortragen, zuletzt Anfang Juli 1944. Hierüber Damrath selbst: »Bei dieser Gelegenheit erzählte ich ihm, daß wir einen Pfarrkonvent der Militärpfarrer in meiner Kirche gehabt hätten. Er interessierte sich für die Vortragsthemen. Als erstes nannte ich ein eigenes Referat über ›Satanologie‹. Kaum hatte ich dieses Wort ausgesprochen, da kam sichtbar eine Bewegung in sein Gesicht. Fast hastig fragte er mich, ob ich an die Existenz des Teufels glaube. Ich antwortete mit einem klaren Ja. Als ob sich unsere Seelen erneut gefunden hätten, kamen aus seinem Munde Worte, die vielleicht lange von ihm ausgesprochen werden wollten. Er sagte: ›Sagen Sie das doch Ihrer Gemeinde, und sagen sie es den Soldaten, daß es einen Teufel gibt. Sie sollten ihn alle sehr ernst nehmen.‹«[106]

Nachts, nach Rückkehr in sein Quartier im Palais de Talleyrand, muß Stülpnagel sich noch dem Studium der Bibel und der Werke Blaise Pascals gewidmet haben. Er galt als gründlicher Kenner dieses mächtigen Geistes, der die Liste von Frankreichs Größten anführen könnte. Der Mathematiker Pascal, der die Kegelschnitte, die Rechenmaschine und die Wahrscheinlichkeitsrechnung, der Physiker Pascal, der die kommunizierenden Röhren und die Schwere der Luft entdeckte, hat sicher schon den Gymnasiasten des Frankfurter Lessing-Gymnasiums beschäftigt. Jetzt in Paris war Stülpnagel der Wirkungsstätte Pascals nahe, stand selbst im täglichen Widerstreit zwischen Gottferne und Gottnähe, Unglauben und Glauben, Befehl und Gewissen. Der Philosoph und Theologe Pascal mußte ihm nun wichtig werden, der mit universalem Wissen um letzte Dinge und in ungeheurer Anspannung der ethischen Forderungen zum Verteidiger des Christentums geworden war. Die »Pensées sur la religion« sind ja eine mit höchster Denkkraft unternommene Apologie des Christentums. Von Stülpnagels Pascal-Studien blieben, auf bewegende Weise, handschriftliche Aufzeichnungen erhalten, mit »Gedanken« überschrieben und so schon ihre Nähe zu den »Pensées« anzeigend. Eine Autorität auf dem Gebiet des deutsch-französischen philosophischen Dialogs hat jedoch festgestellt, daß »die Gedanken Stülpnagels keineswegs nur ein Auszug aus Pascal sind, sie scheinen originell zu sein; aber jede Originalität ist natürlich von irgendwoher angeregt«.[107] Gedankengänge der »Confessiones« des Augustinus finden sich ebenso darin wie solche aus der Theodizee von Leibniz und der »Préface de Cromwell« von Victor Hugo.

Seine »Gedanken« hat Stülpnagel wohl in einer der Nächte vor dem 20. Juli 1944 niedergeschrieben, kurz vor dem schicksalhaften Unterliegen auf dem »Kampfplatz von Glauben und Unglauben« und dem Beginn der Leidenswochen. Erfüllten ihn Vorahnungen, als er diese Sätze schrieb: »Hat es ... Sinn, den Wert des Lebens von äußerem Erfolg abhängig zu machen? Hat nicht auch Leiden Sinn?« Die Aufzeichnungen wurden wenige Tage nach dem 20. Juli von Stülpnagels Sohn Walter gefunden – im Neuen Testament auf dem Nachttisch im Palais de Talleyrand.

Betrachtet man, von solchen Gedankenformulierungen ausgehend, die Anfang/Mitte Juli 1944 in Gang kommende Verwirklichung des Staatsstreichplans, so läßt sich sagen: Alle Eingeweihten, alle Aktionsorientierten waren von der metaphysischen Bedeutung ihres Tuns erfaßt. Der eine ging am Stichtag zur Beichte, der andere betrat zum kurzen Anruf Gottes eine Kirche, der dritte suchte Kraft im Bereich der abendländischen Philosophie und Theologie. Aber nur ganz wenige Soldaten des 20. Juli sind so umfassend, so bis in die Tiefen ihres Wesens hinein vom Zeitlos-Gültigen des

Vorhabens durchdrungen gewesen wie der Militärbefehlshaber im besetzten Frankreich. Und ihm allein war es in den Tagen der Krisis gelungen, auch im Bereich der Praxis die denkbar günstigsten Voraussetzungen für das Gelingen des befreienden Schlages zu schaffen. Jedoch: Gerade in diesem Bereich blieb er abhängig von einem übergeordneten Feldmarschall, von dem es ungewiß war, ob er im entscheidenden Augenblick fähig sein würde, den Wert der Aktion gegen Adolf Hitler nicht nur vom äußeren Erfolg her zu beurteilen.

»Das Schicksal hat gegen uns entschieden«

Der 20. Juli 1944 war in Frankreich wie im Reichsgebiet ein schöner Hochsommertag. In der Millionenstadt im windgeschützten Pariser Becken wurde es schon am Vormittag schwül. Die Stäbe des Militärbefehlshabers in der Avenue Kléber gingen dem gewohnten Dienstbetrieb nach; nur die wenigen Eingeweihten ahnten, daß der Tag noch Ungewöhnliches bringen werde. Hofacker hatte, wie Teuchert berichtet, am 19. vormittags die endgültige Bestätigung aus Berlin erhalten, »daß es bei dem Termin 20. bliebe. Erst daraufhin wurde Oberst v. Linstow, der die militärischen Aktionen in Paris leiten sollte, voll ins Bild gesetzt. Man hatte ihm diese Belastung bisher mit Rücksicht auf sein schweres Herzleiden erspart. Hatte uns sein schlechter Gesundheitszustand mit Zweifel erfüllt, ob er am Tage X den Anforderungen gewachsen sein würde, so stand dem aber die Tatsache einer unbedingten Zuverlässigkeit gegenüber.«[108]

Das Mittagessen nahm Stülpnagel zur üblichen Zeit im Raphaél ein. Zur Tischrunde dieses Tages gehörten Ernst Jünger, Erich Weniger und Ritter v. Schramm. Letzterer erinnert sich, »daß Stülpnagel außergewöhnlich zerstreut war. Ziemlich unvermittelt stand er schon gegen 14 Uhr auf und ging, sich mit dringenden Dienstgeschäften entschuldigend«.[109] Trotzdem hat er sich auf der Dachterrasse des Raphaél, die einen guten Blick über die Dächer von Paris bot und von wo der Arc de Triomphe fast zum Greifen nahe lag, noch etwas die Beine vertreten, bevor er wieder in sein Dienstzimmer im gegenüberliegenden Majestic ging.[110] Dort war es noch ruhiger als sonst. Die Sekretärin, die er oft chevaleresk »Contessa« anredete, war von ihm etwas zögernd zum Zahnarzt beurlaubt worden und noch nicht zurück. Die Nachricht, auf die er nunmehr in höchster Spannung gewartet haben muß, lag auch um 15 Uhr noch nicht vor.

Der weitere Ablauf läßt sich nach den Schilderungen des mit Hofacker befreundeten Freiherrn v. Teuchert sowie der Sekretärin Gräfin v. Podewils am besten rekonstruieren. Teuchert hatte um 16 Uhr eine Besprechung mit Beamten der französischen Flüchtlingsfürsorge anberaumt. Kurz nach Beginn ließ ihn Hofacker herausrufen, der soeben mit dem von Rastenburg nach Berlin zurückgekehrten Stauffenberg telefoniert und von diesem den angeblichen Tod Hitlers und das Anlaufen des Staatsstreichs erfahren hatte. »Ich stürze zu Bargatzky; wir wissen es noch kaum zu fassen. Hofacker, Linstow und Dr. Michel sind bei Stülpnagel, der eben den Kommandanten von Groß-Paris zu sich befohlen hat. Die vorbereiteten Befehle werden gegeben.«[111]

Kommandant von Groß-Paris und zugleich Kommandeur der 325. Sicherungsdivision war seit Mai 1943 Generalleutnant Hans Freiherr v. Boineburg-Lengsfeld. Er hatte den Untergang der 6. Armee in Stalingrad erlebt und stimmte mit dem nur drei Jahre älteren Stülpnagel in der Verurteilung des NS-Regimes voll überein. Boineburg hatte die wichtigsten Dienstposten der ihm unterstellten Sicherungsregimenter mit verläßlichen Offizieren besetzt; unbedingt zuverlässig war das in der Ecole Militaire am Eiffelturm untergebrachte Sicherungsregiment 1 unter Oberstleutnant d.R. Kurt v. Kraewel. Auch auf Boineburgs Stellvertreter, Generalmajor Walther Brehmer, und auf den Chef des Stabes, Oberst Karl v. Unger, konnte Stülpnagel sich verlassen. Ein Jahrgangskamerad Boineburgs, und mit Stülpnagel gleichfalls vertraut, war der Höhere Nachrichtenführer Frankreichs, Generalleutnant Eugen Oberhäuser. Stülpnagel und Hofacker hatten die Bedeutung des Nachrichtenwesens für den Staatsstreich voll erkannt und Oberhäuser entsprechende Aufträge zugedacht: Blockierung der Verbindungen mit dem Reich bis auf die kontrollierten nach Berlin, Inbesitznahme des Pariser Senders usw.

Nach der Darstellung Eberhard Zellers war der Höhere Nachrichtenführer auch der erste, der sich beim Oberbefehlshaber meldete. Dies wird allerdings durch die »Aufzeichnungen« der Sekretärin Gräfin Podewils nicht gestützt, wenngleich diese die Vorgänge erst von einem späteren Zeitpunkt an festhalten konnte: »Bei meinem Eintreffen um 17.45 Uhr im Büro herrschte große Erregung in meinem Zimmer: Linstow eilte mehrere Male zu Stülpnagel. St. wollte dringend Speidel sprechen, ich sollte General v. Boineburg und dessen Chef des Generalstabs Oberst v. Unger sofort zu ihm bestellen, ebenso den Höheren Nachrichtenführer, General Oberhäuser ... St. bestellte das Gespräch mit Speidel wieder ab, da es durch Linstow erledigt sei. Um 18 Uhr erschienen General v. Boineburg mit Oberst v. Unger, fast gleichzeitig General Oberhäuser, die nacheinander bei Stülpnagel waren. Ich wurde mehr und mehr beunruhigt, als die Offiziere nach jeweils 1–2 Minuten mit ernsten und erschütterten Mienen wieder herauskamen. Wie ich nachher erfuhr, hatte Stülpnagel die Befehle zur Verhaftung von SS und SD gegeben. General v. Boineburg ließ durch mich sofort Obstlt. v. Kraewel zu sich ins Hotel Meurice bestellen ... Ca. um 18.15 rief Gen. Speidel an und sprach ganz kurz mit Stülpnagel.« Daß Stülpnagel für die Befehlsausgabe nur »jeweils 1–2 Minuten« benötigte, beweist die Qualität seiner Planung ebenso wie die Ergebenheit der drei Offiziere. Es mußte ja nur das Stichwort für die Festnahme der SS-und SD-Führer, einschließlich Obergs, ausgegeben werden, zusammen mit der gerade berichtigten Lageskizze ihrer Unterkünfte.

Bald nach dieser Befehlsausgabe, um 18.10 Uhr, muß Stülpnagel einen direkten Anruf aus Berlin erhalten haben. Mit dem Nachrichtenführer hatte er wohl aus Fürsorgegründen vereinbart, daß dieses Gespräch nicht über seine Sekretärin zu leiten sei, die er um 19 Uhr für den Rest des Tages ganz entließ. Anrufer, so meldete der diensttuende Nachrichtensoldat, sei der Befehlshaber des Ersatzheeres. Tatsächlich vernahm Stülpnagel dann aber nicht die Stimme des Generalobersten Fromm, sondern die viel vertrautere Ludwig Becks. Ritter v. Schramm, der sich dabei auf Mitteilungen Oberhäusers stützen kann, gibt Inhalt und Verlauf des Telefongesprächs wie folgt wieder: »›Stülpnagel‹, so sagte Beck etwa, ›Sie wissen ja um die jüngsten Ereignisse.‹

›Ja, gewiß.‹

›Dann habe ich nur zu fragen, ob Sie sich mir anschließen.‹ Stülpnagel zögerte keine Sekunde. ›Herr Generaloberst‹, sagte er nur, ›ich habe darauf gewartet.‹

Darauf Beck: ›Der Schlag ist gefallen. Aber wir haben noch keine genaueren Nachrichten. Machen Sie auf alle Fälle mit?‹ ›Auf alle Fälle. Ich habe bereits befohlen, den gesamten SD zu verhaften. Es wird nicht lange dauern, bis die verantwortlichen SS-Führer sitzen. Die Truppen hier wie ihre Führer sind zuverlässig.‹

Beck in Berlin schien von diesen Nachrichten befriedigt. Gewissenhaft wie immer, verschwieg er aber durchaus nicht, daß die Lage im Führerhauptquartier nicht ganz klar war. Zum Abschluß sagte er eindringlich: ›Was aber kommt, die Würfel sind gefallen; es gibt nur ein Vorwärts.‹

›Dafür stehe ich ein‹, erklärte Stülpnagel. Er sagte es einfach, ohne Pathos ...«[112]

»Auf alle Fälle!« und »Dafür stehe ich ein!« – In solcher Entschiedenheit und Knappheit kulminierte diese vierzigjährige Soldatenlaufbahn nach Wort, Geist und Tat. Wie hatte doch Stülpnagel am 31. Mai 1913 an seinen Freund Sigurd v. Ilsemann geschrieben: »Man muß im Leben aufs Ganze gehen ...« Sein weiteres Leben war dann wie eine einzige Vorbereitung auf diesen Tag und diese Stunde. Die eigentlich dramatischen Stunden des in der deutschen Geschichte einmaligen Tages fielen in Frankreich in den Abend und in die Nacht. In dem Anruf um 18.15 Uhr hatte Speidel den Militärbefehlshaber gebeten, bis 20 Uhr zu einer »wichtigen Besprechung« mit dem Oberbefehlshaber West nach La Roche Guyon zu kommen. Kurz zuvor, in dem Telefongespräch mit Beck, hatte Stülpnagel diesem vorgeschlagen, selbst mit Kluge zu sprechen, und das Gespräch umlegen lassen. Jetzt erkannte er sofort, daß es in La Roche Guyon ums »Ganze«, um die Gewinnung Kluges, gehen werde. Dementsprechend traf er die erforderlichen personellen Maßnahmen. Oberst v. Linstow, der ihn als Stabschef eigentlich nach La Roche Guyon hätte begleiten müssen, blieb in der Avenue Kléber, um die Aktion in Paris zu leiten. Für ihn nahm Stülpnagel Cäsar v. Hofacker mit, dessen Argumentations- und Überzeugungskraft ihm beim Ringen um Kluge mehr nutzen konnte. Über die weiteren Begleitpersonen und die Fahrzeugbesetzung bleiben die Erinnerungen der Zeitzeugen widersprüchlich. Schramm berichtet von zwei Kraftwagen: Im ersten sei neben dem Fahrer Kriegsverwaltungsoberrat Horst, der Schwager Speidels, im Fond Cäsar v. Hofacker gefahren, im zweiten dann Stülpnagel mit seinem Ordonnanzoffizier, Oberleutnant Dr. Baumgart. Der persönliche Fahrer Stülpnagels, Feldwebel Peter Schauf, erinnerte sich jedoch, daß in seinem Wagen neben dem General ein ihm nicht näher bekannter »Oberst in Fliegeruniform« mitgefahren und ein zweiter Wagen überhaupt nicht eingesetzt gewesen sei.[113] Nach über vierzig Jahren ist Klarheit über dieses Detail wohl nicht mehr zu bekommen. Ziemlich übereinstimmend wird hingegen die Abfahrtszeit vom Majestic zu dem sechzig Kilometer entfernten Fahrziel mit 19 Uhr angegeben. Obwohl wegen der Jagdbomber-Gefahr über Pontoise und auf Nebenstraßen nördlich der Seine gefahren wurde, traf man im ganzen rechtzeitig im alten Normannenschloß von La Roche Guyon ein.

Auch Feldmarschall v. Kluge hatte bereits einen spannungsgeladenen Tag hinter sich, als er am Spätnachmittag auf seinen neuen Gefechtsstand zurückkehrte. Der Vormittag und frühe Nachmittag waren mit einer Besprechung über die weitere Kampfführung im Westen vergangen; hierzu hatte er die Oberbefehlshaber der 7. Armee und der Panzergruppe West, Generaloberst der Waffen-SS Hausser und General der Panzertruppe Eberbach, sowie die Kommandierenden Generale des I. SS-Panzerkorps und des LXXXVI. Armeekorps, Generaloberst der Waffen-SS Sepp Dietrich und General der Infanterie v. Obstfelder, in einem Wald bei St. Pierre-Dives versammelt, der gegen Fliegersicht einigermaßen Schutz bot. Von den Stäben des Oberbefehlshabers West und der Heeresgrupe B nahmen der Ic, Oberst i.G. Meyer-Detring, und der Ia, Oberst i.G. v. Tempelhoff, teil. Kluge sei dann in pessimistischer Stimmung, so wird berichtet, von der Beratung mit den Frontgeneralen nach La Roche Guyon zurückgekehrt. Zur Sorge um die Front traten nun noch ganz andere Dinge, die Entscheidung forderten. Oberst Finckh hatte am frühen Nachmittag das vereinbarte Stichwort »Abgelaufen« erhalten und gegen 15 Uhr in St. Germain seinem unmittelbaren Vorgesetzten, dem Chef des Generalstabs OB West, gemeldet, daß ein Putsch der Gestapo stattgefunden habe, der Führer einem Attentat zum Opfer gefallen und eine provisorische Regierung unter Beck, Goerdeler und Witzleben gebildet worden sei. General der Infanterie Günther Blumentritt, ein Bayer wie Halder, war mit Stülpnagel aus der gemeinsamen Zeit in Münster bekannt und 1942 einer seiner Nachfolger als Oberquartiermeister I, zuvor aber Chef des Generalstabs der 4. Armee unter Kluge gewesen. Zum gewiß schwersten Entschluß seines Lebens, den Feldmarschall v. Kluge jetzt treffen mußte, konnte Blumentritt wesentliche, wenn auch wohl nicht entscheidende Hilfestellung geben. Blumentritt gehörte nicht zu den Eingeweihten, glaubte aber zunächst an die Meldung Finckhs, als er um 17 Uhr von St. Germain nach La Roche Guyon fuhr, um dem Feldmarschall als erster Ratgeber bei der Entscheidungsfindung beizustehen, wozu er gerade recht kam.

Kluge dürfte kurz nach Rückkehr von der Frontfahrt, um 18.15 Uhr, den Anruf Becks erhalten haben. Er müsse sich das Ganze erst überlegen und werde zurückrufen, war die Antwort. Schon vor dem Anruf Becks war Kluge durch Speidel über die Attentatsnachricht informiert worden und wohl auch darüber, daß der Rundfunk inzwischen meldete, das Attentat sei mißlungen und der Führer nur leicht verletzt. Kluge selbst, oder aber dem gerade eingetroffenen Blumentritt, kam nun der Gedanke, die Lage »vor Ort« bei einem verläßlichen einstigen Untergebenen zu klären. Generalmajor Hellmuth Stieff, jetzt Chef der Organisationsabteilung im OKH, war in der Winterkrise 1941/42 ihr bewährter Ia bei der 4. Armee gewesen; er befand sich mit Teilen seines Stabes im Mauerwald und mußte über die Vorgänge im nahegelegenen Führerhauptquartier Bescheid wissen. Schramm gibt ein Telefongespräch Kluges mit Stieff wieder, wie es *so* allerdings zu diesem Zeitpunkt - etwa 18.30 Uhr - noch nicht stattgefunden haben kann. Danach soll Stieff auf die Frage, ob der Führer tot sei, geantwortet haben: »Nein. Mein Generalstabsoffizier, der Major i.G. Ferber, hat eine Stunde nach dem Attentat mit ihm gesprochen.«[114] In Wirklichkeit kam aber Major i.G. Ferber erst um 19 Uhr aus dem Führerhauptquartier zurück und hatte zuvor Stieff telefonisch bewußt nicht über die dortigen Ereignisse informiert, weil er richtig vermutete, »daß die Telefone abgehört würden«.[115] Auch hatte er Hitler persönlich nicht *gesprochen,* sondern ihn nur zwischen 16 Uhr und 17 Uhr im offenen Wagen bei der Abholung Mussolinis *gesehen.* Möglicherweise hat Stieff bei diesem ersten Anruf Kluges noch ausweichend geantwortet, vielleicht weil ihm selbst die Lage noch nicht ganz klar geworden war.

Kluge versuchte es jetzt bei einem anderen ihm bekannten Artilleristen, dem Befehlshaber des Ersatzheeres in Berlin, Generaloberst Friedrich Fromm. Er wurde aber mit Stauffenberg verbunden, der den Hörer an Generaloberst a.D. Hoepner gab. Hoepner nannte die Rundfunkmeldung, daß Hitler noch lebe, eine Machenschaft der SS und kündigte Kluge die fernschriftlichen Befehle der Bendlerstraße an, dann brach die Verbindung ab. Bald nach diesem Gespräch mit der Zentrale der Verschwörung in Berlin wurde Kluge seinerseits aus Belgien angerufen. Es meldete sich General der Infanterie Alexander von Falkenhausen, der bis vor wenigen Tagen Militärbefehlshaber in Belgien und Nordfrankreich gewesen war. Falkenhausen gehörte zu den Eingeweihten und stand mit Stülpnagel seit langem in Verbindung; er hatte einigen Grund zu hoffen, daß Kluge sich Witzleben und Beck anschließen und die Führung der Erhebung im Westen übernehmen würde. Der Feldmarschall aber äußerte Zweifel am Tode Hitlers, wollte die Lage erst einmal richtig klären und Falkenhausen wieder anrufen, wozu es dann nicht mehr gekommen ist.

Das Ringen um Kluge war also schon im Gange, als Stülpnagel mit seiner Begleitung, etwa um 20.20 Uhr, in La Roche Guyon eintraf. Gegen 19.30 Uhr waren die von Hoepner angekündigten Fernschreiben eingegangen. Von diesen dürfte vor allem dasjenige die Wirkung auf Kluge nicht verfehlt haben, welches die Übernahme des Oberbefehls über die Wehrmacht durch Generalfeldmarschall v. Witzleben mitteilte und die Übertragung der vollziehenden Gewalt an die jeweiligen Oberbefehlshaber verfügte - in den besetzten Westgebieten an den OB West. Die gesamte Waffen-SS sollte »mit sofortiger Wirkung in das Heer eingegliedert« werden.

Stülpnagel wurde offenbar sofort nach der Anmeldung in das Arbeitszimmer Kluges gerufen, wo Blumentritt sich schon aufhielt; Hofacker wurde bald darauf hinzugezogen. Über den Verlauf der Besprechung, die um 20.30 Uhr begonnen haben muß, liegen die »Roten Hefte« Blumentritts vor, denen Schramm weitgehend gefolgt ist. Authentischer dürfte aber der Bericht Hofackers sein, den dieser nach Rückkehr aus La Roche Guyon »morgens gegen 3 Uhr, blaß und am Ende seiner Kräfte«[116], seinem engen Freund Falkenhausen über den Verlauf des verhängnisvollen Abends erstattet und den dieser dann ein Jahr später aufgezeichnet hat: »Er [Kluge] habe schweigend Stülpnagels Bericht entgegengenommen und dann seinen Stabschef, General Blumentritt, angewiesen, ein soeben durchgekommenes Fernschreiben zu verlesen. Dieses ergab, daß Hitler am Leben geblieben und der Umsturz in Berlin gescheitert sei. Stülpnagel und Hofacker glaubten zunächst an Täuschung, versuchten mit Berlin zu telefonieren, erreichten aber nur kurz den Mitarbeiter Stauffenbergs, Oberst v. Mertz, das Gespräch sei dann aber sofort gestört worden.

In dieser verzweifelten Lage hätten Stülpnagel und Hofakker Kluge beschworen, trotz Fehlschlagens des Attentats bei der Stange zu bleiben und, nachdem durch die Verhaftung der SS- und SD-Organe der Rücken frei gemacht worden sei, sofort in Verhandlungen mit dem alliierten Hauptquartier einzutreten. Als Vermittler hierfür war ein französischer Industrieller vorgesehen. General Blumentritt opponierte; Hofacker richtete unter Mißachtung aller militärischen Subordination einen beschwörenden Appell an Kluge: Die Ehre der Armee sei in seine Hand gegeben, und er dürfe sie nicht dem nationalsozialistischen Regime ausliefern. Man könne durch Einstellen des Widerstandes vollendete Tatsachen schaffen und damit doch noch das gewünschte Ziel erreichen. Nach kurzer Überlegung habe Kluge mit der Bemerkung geantwortet: »Da das Schwein am Leben geblieben ist, sind meine Hände gebunden, ich habe seine Befehle auszuführen.«[117] Diese Äußerung zeigt, wie wenig der Feldmarschall das ethische Gewicht der Aktion und den Geschichtswert dieses 20. Juli zu erfassen vermochte.

Zuvor aber hatte Kluge noch einmal mit Stieff im Mauerwald telefoniert und dabei die endgültige Gewißheit gewonnen, daß Hitler bei dem Attentat nahezu unverletzt geblieben war. Der damalige Generalstabsoffizier zbV bei Stieff, der die Verbindung zwischen der Organisationsabteilung im Mauerwald und dem Wehrmachtführungsstab in der Wolfsschanze zu halten hatte, erinnerte sich, daß »etwa um

21 Uhr Gen.Feldmarschall v. Kluge anrief: ›Hier Stieff. – Hier Kluge. Stieff, ich muß jetzt endlich wissen, was gespielt wird. Lebt der Führer oder lebt er nicht? – Herr Feldmarschall, vor mir sitzt der Major Ferber, einer meiner Generalstabsoffiziere. Er ist um 19 Uhr von der Wolfsschanze zurückgekommen. Er hat den Führer nach dem Attentat zweimal lebend und äußerlich nahezu unverletzt gesehen. – Stieff, kann ich mich darauf verlassen? – Herr Feldmarschall können sich darauf verlassen! – So, so ...‹ Damit endete die letzte Bemerkung Kluges ohne ein Wort der Beendigung des Gesprächs und ohne daß das Gespräch unterbrochen worden wäre.«[118]

War es ausgerechnet die Loyalität und Wahrheitsliebe des Mitverschworenen Stieff gegenüber seinem einstigen Vorgesetzten, welche die erfolgreich begonnene Aktion im Westen jetzt zum scheitern brachte? Fehlte dem Feldmarschall v. Kluge der überragende Stabschef vom Format Tresckows, der in dieser geschichtlichen Stunde ihn zu einem großen Entschluß hochreißen konnte? Blumentritt war ein angesehener, fachlich allen Führungsaufgaben gewachsener Chef – aber ein Tresckow war er nicht. Und Speidel glaubte, wegen der anderweitigen Beanspruchung Kluges und Blumentritts sich seinerseits ganz der Führung der Front widmen zu müssen, wo es an diesem Schicksalstag allerdings ziemlich ruhig war. Man hat das Verhalten des Feldmarschalls v. Kluge in dieser Entscheidungsstunde seines Lebens als »Wortbruch« und »doppeltes Umfallen« getadelt. Jedoch sind Soldaten vom Schlage Sullas oder Yorcks sehr selten. Für die Masse der anderen aber kennt die lateinische Literatur ein geflügeltes Wort: »Ultra posse nemo obligatur« – Zu Übermenschlichem ist niemand verpflichtet!

Nachdem er die Bürde der Entscheidung los war, lud der Feldmarschall zu Tisch. Einige Zeit soll Kluge dabei lebhaft und unbekümmert über seine Frontfahrt berichtet haben; aber die Tischgenossen hingen ihren Gedanken nach und saßen wie versteinert. Als dann in der Dämmerung die Kerzen entzündet waren, fand der von Telefonaten zurückkommende Speidel im Speisezimmer eine gespenstische Atmosphäre »wie in einem Totenhaus«. War diese Abendtafel im Schloß Le Roche Guyon, so fragt Schramm, nicht in der Tat die Henkersmahlzeit für Stülpnagel? Schon vierundzwanzig Stunden später lag er blind und bewußtlos im Lazarett zu Verdun. Jetzt aber bäumte er sich noch einmal auf und bat Kluge unvermittelt um ein Gespräch unter vier Augen. Für das Geschehen der folgenden Minuten liegt der Bericht Blumentritts vor. Er wurde ins Nebenzimmer gerufen, wo ihm der Feldmarschall »in heller Empörung« mitteilte, Stülpnagel habe eigenwillig und ohne vorherige Rückfrage die Verhaftung des gesamten SD, einschließlich Obergs, befohlen. Blumentritt wurde beauftragt, telefonisch sofort die Aufhebung von Stülpnagels Befehl in Paris zu verfügen, sonst könne er, Kluge, »für gar nichts garantieren«.

Das Telefonat mit Linstow ergab aber bald, daß die in Paris bereits in Gang befindliche Aktion nicht mehr gestoppt werden konnte. Der Feldmarschall soll gegenüber Stülpnagel mit neuen Vorwürfen reagiert haben, bevor man sich noch einmal setzte, um das unterbrochene Abendessen, jetzt unter bedrückendem Schweigen, zu beenden. Es dürfte nach 23 Uhr gewesen sein, als Stülpnagel sich abmeldete und der Oberbefehlshaber West ihm schroff erklärte, er solle sich als des Dienstes enthoben betrachten. Daß der Feldmarschall dann doch, wie Schramm berichtet, den General die steinerne Freitreppe hinunter zum Schloßhof begleitet und ihm dabei geraten haben soll, in Zivil irgendwohin zu verschwinden, wird von verläßlichen Zeitzeugen bezweifelt. Der Erste Generalstabsoffizier der Heeresgruppe B erinnerte sich, daß sein Ordonnanzoffizier, Oberleutnant Maisch, zu ihm kam und sagte, General v. Stülpnagel stände jetzt allein unten am Portal zum Schloßhof und warte auf seinen Wagen. »Das kann man doch nicht machen«, sagte sich der zwanzig Jahre jüngere Oberst und ging hinunter, um Stülpnagel bis zum Eintreffen des in einem getarnten Abstellraum bereitgehaltenen Wagens Gesellschaft zu leisten. Obwohl er weder von den Vorgängen in Paris noch vom Verlauf der Besprechungen mit dem Feldmarschall etwas wußte, teilte sich dem Oberst, als er im Dunkeln neben Stülpnagel einige Minuten wartete, intuitiv der Eindruck mit: »Welch' ein einsamer Mensch!«[119]

Eigentlich war er es seit Jahren: ein einsamer Mensch! Und durch die kurze, schwere Strecke des Lebens, welche er jetzt noch vor sich sah, wollte er es bleiben. In der letzten Stunde des 20. Juli 1944 befand sich Stülpnagel auf der Rückfahrt von La Roche Guyon nach Paris, während am Nachthimmel über der Ile de France die alliierten Bomberverbände dröhnten. Bei ihm im Wagen dürfte sich nicht, wie sonst berichtet, der Ordonnanzoffizier, sondern Cäsar v. Hofacker befunden haben. Der verläßliche Kraftfahrer, Feldwebel Peter Schauf, erinnerte sich nämlich, daß »die im Wagen geführten Gespräche erkennen ließen . . ., daß Feldmarschall v. Kluge dem General jede Unterstützung versagt hatte«. Der Dienstsitz in der Avenue Kléber wurde kurz nach Mitternacht erreicht.

Die Situation, in welcher die Pariser Verschwörergruppe sich jetzt befand, war fatal. In Rastenburg, Berlin und La Roche Guyon war das Unternehmen bereits gescheitert, in Paris hingegen voll geglückt. Allerdings hatte es eine Verzögerung gegeben dadurch, daß der Kommandeur des Sicherungsregiments 1, Oberstleutnant v. Kraewel, vor dem Alarm die Dienststelle verlassen hatte und erst gesucht werden mußte. Obwohl der Schußwaffengebrauch ausdrücklich gestattet war, fiel bei der ganzen Aktion nur ein einziger Schuß. Über das Wie und Wo berichtet authentisch der ehemalige Adjutant des Sicherungsregiments 1, der mit dem II. Bataillon am Boulevard Lannes im Einsatz war: »Punkt 22.30 Uhr traten die Truppenteile, die gegen die verschiedenen Unterkünfte eingesetzt werden sollten, an. Mein Regimentskommandeur und ich, mit einem Unteroffizier, der als einziger eine Maschinenpistole trug, gingen direkt auf den Eingang der SS-Unterkunft zu. Hierbei fiel übrigens der einzige scharfe Schuß in dieser Nacht. Vor

Aufregung gab unser begleitender Unteroffizier einen Schuß direkt an meinem Kopf vorbei in die Hauswand ab – da hatten wir auch schon die SS-Posten, die nicht wußten, was sie von uns halten sollten, hinter uns und besetzten die Wachstuben. Wir entwaffneten die Wachen ohne Gegenwehr, übernahmen die Fernsprechzentrale, bevor eine Alarmmeldung herausgehen konnte, und drangen weiter in die Kasinos und Unterkünfte vor. Dann befahlen wir der SS-Vermittlung, nach Plan sämtliche SS-Dienstgrade anzurufen, um sie in ihre Dienststellen zu befehlen.«[120] Der größte Teil der SS-Führer fand sich nichtsahnend ein, wurde festgenommen, entwaffnet und mit bereitgestellten Lkws in das Wehrmachtgefängnis Frèsnes abtransportiert. Ähnlich reibungslos verlief die Festnahme der SD-Führer in der Avenue Foch. Den SS-Obergruppenführer Oberg nahm Generalmajor Brehmer persönlich mit vorgehaltener Pistole fest, als dieser gerade mit Botschafter Abetz telefonierte. SS-Standartenführer Knochen, den Chef des SD, machte Oberstleutnant v. Kraewel dingfest, als er gerade von einer Nachtbar zur Dienststelle in der Avenue Foch zurückkehrte. Um Mitternacht des 20. Juli 1944 waren rund 1200 Angehörige der Pariser SS- und SD-Dienststellen in der Gewalt des Heeres.

Was konnte, was sollte Stülpnagel tun in dieser ersten Stunde des 21. Juli 1944, die keine Entsprechung hat in der ganzen deutschen Militärgeschichte? Dem Mittelsmann Becks, der unter dem Decknamen »Baron v. Teichmann« im Mai bei ihm erschienen war, hatte er damals versichert, seine Truppe »werde ohne weiteres gehorchen, wenn es gelte, die SS zu entwaffnen, um Frieden zu schließen«.[121] Nun hatten Offiziere, Unteroffiziere und Mannschaften, unter denen sich viele »letzte Söhne« befanden, diese Erwartung voll bestätigt. Stülpnagels feste Zusage an Beck um 18.10 Uhr und dann »das gute Anlaufen des Putsches in Paris waren für die Berliner Verschwörer eine Hoffnungsflamme gewesen«.[122] Seit dem letzten Anruf Stauffenbergs, der gegen 22 Uhr Linstow mitgeteilt hatte, in Berlin sei alles verloren, war aber die Führungszentrale der Verschwörung verstummt. Beck lag bereits neben Stauffenberg, Olbricht, Mertz und Haeften erschossen im Hof des Bendlerblocks. Die Gegenseite meldete sich dafür jetzt um so lauter. Zwischen Marschmusik kündigte der Rundfunk eine baldige Ansprache des Führers an. Im Kasino und Foyer des Raphaél, so erinnerte sich ein Zeitzeuge, war eine »gespenstische Versammlung«. Fragend und immer besorgter sahen die Beteiligten auf ihren Oberbefehlshaber: die Obersten v. Linstow und Finckh, der Kriegsverwaltungsoberrat v. Teuchert, besonders aber der Kommandant von Paris, Generalleutnant v. Boineburg, dem die Soldaten an der eigenartigen »Front« dieses Staatsstreichs unmittelbar unterstanden. Den schwierigsten Posten dort hatte der Regimentsadjutant des Sicherungsregiments 1 in der Vermittlung der SS-Unterkunft am Boulevard Lannes. Einige SS-Männer hatten sich der Festnahme entziehen können und Truppenteile der Waffen-SS an der Invasionsfront über den Putsch der Pariser Garnison in Kenntnis gesetzt. Der Adjutant berichtet: Ich saß als kleiner Oberleutnant an der Schaltstelle der SS am Telefon, bei dem die Drähte nun zu glühen begannen. Es jagten sich die Anrufe, die mir befahlen, sofort die gesamte SS wieder freizulassen. So hatte ich das zweifelhafte Vergnügen, von Sepp Dietrich zu hören, er werde die Leibstandarte gegen uns einsetzen. Es riefen der Befehlshaber des Marine-Gruppenkommandos West, Admiral Krankke, die Chefs der Stäbe der Heeresgruppen [!] an, die alle nachdrücklich die sofortige Freilassung forderten . . .«[123]

War es zu verantworten, mit den drei Regimentern der »letzten Söhne« gegen die vereinten Kräfte von Waffen-SS, Marine und Luftwaffe anzutreten? War zur Stunde der Militärbefehlshaber nicht bereits de jure abgesetzt und Blumentritt mit der Wahrnehmung der Dienstgeschäfte beauftragt? Mit dem Wirklichkeitssinn, der ihn nie verließ, hatte Stülpnagel um zwei Uhr morgens erkannt, daß es auch in Paris für den Staatsstreich keine Erfolgschance mehr gab, und Boineburg beauftragt, alle Festgenommenen unverzüglich freizulassen. »Das Schicksal hat gegen uns entschieden«, begründete er den schweren Entschluß gegenüber den Vertrauten. Dieses Aufgeben wurde von Chronisten, die Stülpnagel sonst verehrten, später immer wieder bedauert. »Die Riesenschlange im Sack gehabt und wieder herausgelassen . . .«, schrieb Ernst Jünger bereits in den »Strahlungen«. Und der Kriegsverwaltungsrat, der gegen die Hauptverantwortlichen der Gestapo nach Gelingen des Staatsstreiches die Anklage vertreten sollte, konstatierte unlängst: »Hier zeigt sich aufs tragischste die philosophische Seite von Stülpnagels Charakter, das ihm eigene reflektorische Bemühen, dem verborgenen Sinn des Schicksals nachzuspüren und opfervoll auch dessen negatives Votum hinzunehmen. Die ›angeborne Farbe der Entschließung von des Gedankens Blässe angekränkelt‹? Wahre Rebellen grübeln nicht.«[124]

Es war aber nicht die ganze »Riesenschlange«, die man in Paris »im Sack« hatte, allenfalls ein Arm der gewaltigen, nun wutentbrannten Hydra. Und »des Gedankens Blässe« bei Verschwörungen? Wie läßt doch Shakespeare seinen Julius Cäsar über den Vielleser Cassius sagen: »He thinks too much: such men are dangerous!« (Er denkt zu viel. *Die* Leute sind gefährlich!) Wenn man von dem schwäbischen Bibelleser, Schreiner und Tüftler absieht, der am 8. November 1939 in München mit seiner Bombe Hitler um Haaresbreite beseitigt hätte, sind nur noch drei Deutsche dem Diktator wirklich gefährlich geworden: der Oberst im Generalstab und Stefan-George-Verehrer, der zur Mittagsstunde des Julitages 1944 die Bombe in der Wolfsschanze legte; der Amtsnachfolger und eifrige Leser Moltkes, der dann in den Abendstunden das Regime in der Reichshauptstadt zurückdrängte; und der Militärbefehlshaber und gründliche Pascal-Kenner, der in den Nachtstunden die Handlanger des Regimes in Paris überwältigt hatte.

Wie würden sich die SS- und SD-Führer nach ihrer Freilassung verhalten, nachdem sie sich von den Heeressoldaten so blamabel hatten überrumpeln lassen? Hofacker berichtete in den frühen Morgenstunden des 21. Juli seinem

Freunde Falkenhausen, »er habe weiteren Widerstand vorgeschlagen, sei aber schließlich, ebenso wie Stülpnagel, am Ende seiner Kräfte gewesen, da niemand mehr hinter ihnen gestanden hätte ... Der Befehl zur Freilassung der SS und des SD wurde gegeben, und kurze Zeit darauf sei der SS-General Oberg wutentbrannt bei Stülpnagel erschienen, um Rechenschaft über seine Verhaftung zu fordern. Einige Zeit darauf sei auch der Botschafter Abetz gekommen und habe zu vermitteln versucht. Dieser müsse selbst davon überzeugt gewesen sein, daß Stülpnagel ein Opfer der Mystifikation von dem SS-Putsch in Berlin geworden sei ...«[125] Das Argument von Abetz, die ernste Lage in Frankreich gebiete Einigkeit unter allen Deutschen in Paris, war einleuchtend. Entscheidender für die schnelle Versöhnungsbereitschaft Obergs dürfte aber gewesen sein, daß er und seine Untergebenen sich unmöglich gemacht hatten und nun eine »Sprachregelung« nach oben wie nach unten erforderlich war. Von »Sprachregelung« hatten wohl zuerst der Chef OB West, General Blumentritt, und der Chef des SD, Standartenführer Knochen, gesprochen. Den Weg von St. Germain zur Amtsübernahme in der Avenue Kléber hatte Blumentritt über die Dienststelle Obergs genommen, konnte sich aber dort nicht mit dem Obergruppenführer besprechen, weil dieser sofort nach der Freilassung seinerseits zum Militärbefehlshaber gefahren war. Dafür traf er Knochen und nahm diesen zur gemeinsamen Beratung im Wagen mit. Als sie kurz vor drei Uhr morgens im Raphaél eintrafen, fanden sie dort für die »Sprachregelung« bereits günstige Voraussetzungen. Stülpnagel und Oberg saßen an einem Tisch und hatten sich offenbar ausgesöhnt. Im Kriegstagebuch des OB West ist als Ergebnis der anschließenden Besprechung verzeichnet, »daß vor der Öffentlichkeit die ganze Angelegenheit als eine Alarmübung von 2 Parteien zu verzeichnen sei«.

Stülpnagel hat diese schlimmen Stunden mit jener bewundernswerten Gelassenheit und Selbstbeherrschung durchgestanden, die aus der stoischen Philosophie gewonnen werden kann. Weder die Rundfunkansprache Hitlers, die er unter den mißtrauischen Blicken der »Gegenseite« gegen 1.50 Uhr hatte mithören müssen, noch die Anwürfe Obergs oder des Admirals Krancke konnten ihn aus der Tarnung locken und seinen Gleichmut erschüttern. Die vereinten Bemühungen von Abetz, Blumentritt, Knochen und Oberg um »Sprachregelung« konnten ihm indes, im Interesse seiner Mitverschworenen, nur recht sein. Ihrer These, daß es sich bei den Verschwörern in Paris nur um einen kleinen, exklusiven Zirkel gehandelt habe, verdankten die Beteiligten im Militärverwaltungsstab wie im Bereich des Kommandanten von Groß-Paris teilweise ihr Leben, soweit sie es nicht der Vorsicht und Schweigsamkeit Stülpnagels zu danken hatten. Daß sein eigenes Schicksal nicht mehr durch »Sprachregelung« zu ändern war, muß Stülpnagel in diesen frühen Morgenstunden des 21. Juli bereits gewußt haben; gesprochen darüber hat er damals mit niemandem. Gott allein weiß genau, wann dieser Schweigsame für sich den Entschluß zum Verlassen des Lebens gefaßt hat. Geistig vorbereitet war dieser Entschluß allerdings schon länger. Im Schloß Vaux-le-Cernay gab es am 31. Mai 1944 am Kamin, wie Ernst Jünger in »Strahlungen« verzeichnet, ein »Gespräch über die Stoa und ihren Grundsatz: ›In gewissen Lagen wird das Verlassen des Lebens zur Pflicht.‹« War die »gewisse Lage« jetzt gekommen?

Durch mehrere Zeitzeugen sind wir über den weiteren Verlauf des besonders schicksalhaften Tages in diesem Soldatenleben unterrichtet. Stülpnagel dürfte sich noch von etwa vier bis gegen acht Uhr in seiner Wohnung aufgehalten haben. Seit die Résistance auch in Paris immer aktiver wurde, hatte er eine zweite Wohnung im Hotel Raphaél, das zusammen mit dem Majestic nun in einer militärisch gesicherten Sperrzone lag. Diese Wohnung befand sich unter derjenigen des Oberkriegsverwaltungsrats Kohl, der sich an die frühen Morgenstunden des 21. Juli 1944 wie folgt erinnerte: »Unvergeßlich ist mir die letzte Nacht, als ich hörte, wie er stundenlang Schranktüren und Schubladen öffnete und schloß, ruhelos umherging, noch ein Fenster zur Avenue Kléber aufsperrte, sich in einen Sessel fallen ließ, wieder aufsprang, wohl um etwas zu suchen und einzupacken.«[126] Wurde in diesen Stunden der Unruhe der Entschluß zum Freitod gefaßt?

Wenn der Vorabend im Raphaél ausgedehnt gewesen war, erschien er am Morgen im Majestic immer besonders früh. Jedenfalls war er schon einige Zeit in seinem Büro, als um neun Uhr General Winter vom OKW anrief und ihn im Auftrag Keitels sofort per Flugzeug nach Berlin befahl. Die Sekretärin erinnerte sich: »Da ich wußte, was sich zugetragen hatte ... war ich in großer Sorge um meinen Chef und suchte aus seiner Haltung etwas über seine Absichten zu entnehmen. Er war ruhig und freundlich wie immer, und es war ihm keinerlei Erregung anzumerken. Er gab sofort Befehl, seine Abfahrt mit dem Wagen nach Berlin für 11.30 Uhr vorzubereiten ...«[127] Damit verstieß er gleich zweimal gegen Befehle: gegen seinen eigenen, der besagte, daß wegen der Freischärler keine Einzelfahrzeuge eingesetzt werden dürften, und gegen den Befehl Keitels, der ihn schnellstmöglich mit dem Flugzeug nach Berlin rief. Der 21. Juli war indes regnerisch und bot kein oder nur schlechtes Flugwetter. Über seine Sekretärin ließ er General Winter bestellen, es sei nicht möglich, ein Flugzeug zu bekommen, er werde um zwölf Uhr Paris mit dem Wagen verlassen und sich am 22. Juli um neun Uhr bei Keitel melden. Daß ihr OB vor einer so wichtigen Reise sich mit keinem der engsten Mitarbeiter mehr besprach, beunruhigte die Sekretärin zusätzlich, und sie gewann den Eindruck, »daß er einen Entschluß gefaßt hatte, mit dem er niemand anderen belasten wollte«. Auch der Ordonnanzoffizier wurde unruhig, als er hörte, der OB wolle die Fahrt nach Berlin nur mit seinem Fahrer und Burschen antreten, und wies ihn darauf hin, »daß er nach seinem eigenen Befehl nicht ohne Begleitung eines Offiziers fahren dürfe ... Er lehnte ab«.[128]

Hat Stülpnagel noch erfahren, daß die Vorgänge der vergangenen Nacht durch Feldmarschall v. Kluge selbst an

Keitel gemeldet worden waren? Die »Aufzeichnungen« der Sekretärin zeigen, daß Oberst v. Linstow, offenbar kurz nach dem Anruf Winters, nach La Roche Guyon gefahren und zuvor vereinbart gewesen ist, Stülpnagel solle mit der Abfahrt warten, bis Linstow zurück sei oder angerufen habe. In den »Erinnerungen« Falkenhausens ist außerdem verzeichnet, Stülpnagel habe Linstow noch zugeflüstert: »Schieben Sie alles auf mich, *Sie* haben von nichts gewußt.« Schramm vermutet, Stülpnagel habe nach Linstows Abfahrt erfahren, daß Kluge selbst das OKW unterrichtet hatte, und daraus erkannt, daß in La Roche Guyon »wohl nichts mehr zu machen« sei. Doch davon unabhängig hat Stülpnagels Verhalten auch an diesem 21. Juli 1944 etwas Planvolles und Vorbedachtes. Bisher war er bemüht gewesen, in die Konspiration nur den unbedingt erforderlichen Personenkreis einzuweihen. Jetzt ging sein Bestreben dahin, alle »Schuld« auf sich zu nehmen und die Mitverschworenen damit zu entlasten.

Nach elf Uhr verabschiedete er sich von seiner Sekretärin und überreichte ihr noch ein Präsent, da sie bald Geburtstag hatte. Gräfin Podewils erinnerte sich: »Ich beobachtete ihn besonders sorgenvoll, aber erst seine fieberheiße Hand verriet mir die innere Erregung.« Im fast noch leeren Kasino des Raphaél nahm er dann einen kleinen Imbiß ein, wobei der Ordonnanzoffizier Baumgart ihm Gesellschaft leistete. Als er das Raphaél verließ und zu seinem Wagen ging, wo Feldwebel Schauf und Unteroffizier Fischer ihn schon erwarteten, überkam die Gräfin Podewils am Fenster ihres Arbeitszimmers im gegenüberliegenden Majestic plötzlich das Gefühl: »Ich seh' ihn nie mehr wieder!« Sie eilte hinunter auf die Avenue Kléber und trat trotz des Regens, mit den Tränen kämpfend, an den Wagen, um sich noch einmal von ihrem OB zu verabschieden. »Leben Sie wohl, leben Sie alle wohl«, sagte er beim Einsteigen, ihr die Hand drückend. Und dann als letztes: »Ihr könnt euch auf mich verlassen!« Von Kriegsverwaltungsoberrat Horst, der gleichfalls an den Wagen geeilt war, verabschiedete sich Stülpnagel mit den

Worten: »Es kommt im Leben darauf an, daß man sich selbst treu bleibt!« Kurz vor zwölf Uhr mittags fuhr der Wagen vom Hotel Majestic ab.

Das Ende

Auf dem Sonderausweis für die Dienstreise stand: »Der Feldwebel Peter Schauf von Dienststelle Feldpostnummer 06661 C reist am 21. 7. 1944 nach Berlin. Grund: Fahrer für Herrn O.B.« Über die Rückreise des Kraftfahrers Schauf mit dem Oberbefehlshaber wußte die Dienststelle nicht Bescheid und behalf sich mit dem Vermerk: »... wird von Zieldienststelle ausgefüllt«. Ein Stempel auf der Rückseite des Sonderausweises vermerkte, vom Kompaniechef unterschrieben, daß Schauf »mit Wehrsold, Verpflegungskarte, Seife und Rasierseife bis einschließlich 31. 7. 1944« ausgestattet war. Den Ausweis sollte er nur Dienststellen der Wehrmacht vorzeigen und bei Erkrankung sofort den nächsten Wehrmachtarzt, einen Zivilarzt nur in Notfällen aufsuchen. Des weiteren enthielt die Rückseite den Aufdruck: »Verschwiegenheit und Zurückhaltung bei Gesprächen ist Pflicht.« Dieser Befehl sollte dem Besitzer des Ausweises noch zu schaffen machen.[129]

Auch im Sommer 1944 noch führten viele Straßen von Paris nach Berlin. Die Fahrtstrecke war in den eilig erstellten Marschpapieren aber nicht angegeben. Um auf die richtige Ausfallstraße zu kommen, mußte der Fahrer wissen, welche Route zu nehmen sei. »Fahren Sie über Verdun!« befahl Stülpnagel. Verdun? Diese Route führte dann über Frankfurt und den Thüringer Wald nach Berlin. Lieber wäre Feldwebel Schauf die gebräuchlichere Nordroute über Köln gefahren, zumal er dort zu Hause war. Aber nun stand er plötzlich vor ihnen, jener Ortsname, der seit 1916 einen so dunklen Klang hatte für Deutsche und Franzosen: Verdun! Als Zwischenziel schob es sich jetzt vor das Ziel Berlin, das keiner der drei Soldaten auf dieser Dienstfahrt zu sehen bekommen sollte. Schauf und Unteroffizier Fischer kamen auf dieser Dienstfahrt überhaupt nicht nach Berlin. General v. Stülpnagel sollte es erreichen; *sehen* sollte er es nicht mehr.

Damit auch das retardierende Moment nicht fehlte im letzten dramatischen Abschnitt dieses Lebens, machte sich bald nach Verlassen des Stadtgebietes von Paris ein Motorschaden am Wagen bemerkbar. Schauf bat, in Méaux die Feldkommandantur anfahren und dort telefonisch von der Dienststelle einen anderen Wagen anfordern zu dürfen. Der Regen hatte aufgehört; es war ein schöner, sonniger Julinachmittag geworden. Während Schauf und Unteroffizier Fischer auf der Hauptstraße des Städtchens an der Marne den Ersatzwagen aus Paris abwarteten, hatte der General in der Feldkommandantur sich auf einem Feldbett ausgestreckt. Die zurückliegenden vierundzwanzig Stunden waren schwer gewesen - und die kommenden würden nicht leichter werden. Um 15 Uhr konnte die Fahrt fortgesetzt werden. Man fuhr jetzt ins Tal der Marne. Ortsschilder mit geschichtsträchtigen Namen aus verschiedenen Epochen der Kriegsgeschichte tauchten auf: Château-Thierry, Dormans und Epernay erinnerten zur Linken an das Festlaufen der deutschen Offensiven 1914 und 1918; Stülpnagel mag an die Erlebnisse des September 1914 gedacht haben. Bei Montmirail und Champaubert hatte 1814 Napoleon I. letzte Siege errungen, sein Geschick aber nicht mehr wenden können. In Châlons-sur-Marne wurde der Schicksalsfluß noch einmal überquert, und bald verriet ein Wegweiser, daß Valmy nicht weit war, wo Goethe im September 1792 den Beginn einer neuen Epoche der Weltgeschichte vorausgesagt und wo Stülpnagel den 12. September 1914 als Regimentsadjutant der Darmstädter »115er« verbracht hatte. Fast dreißig Jahre war das her! Hinter St. Menehould ging es in den Laubwald der Argonnen. In dem in der Geschichte ebenso vielbesungenen wie umkämpften Wald waren erst vor kurzem die französischen Untergrundkämpfer aktiv gewesen. Stülpnagel ließ langsam fahren und wollte aus dem heruntergedrehten Wagenfenster, auf einen Baumstamm zielend, seine Pistole, ausprobieren. Doch die Waffe versagte. Der Wagen hielt. Schauf untersuchte die Pistole, ein neues Fabrikat mit einer zusätzlichen Handballensicherung. Der zweite Schuß gelang, Stülpnagel war ein guter Pistolenschütze ...

In der tiefstehenden Sonne des Spätnachmittags lag jetzt vor ihnen eine graue, teilweise mit Wällen umgebene Stadt: Verdun-sur-Meuse. Schon durch den Teilungsvertrag von 843 war dieser Platz im Maastal ein geschichtlicher Ort geworden. Die Glaubens- und Hegemonialkriege des 16. und 17. Jahrhunderts hatten das alte Reichsbistum in den Besitz der Krone Frankreichs gebracht. Von der Dritten Republik war Verdun nach 1871 zu einer der stärksten Festungen des zweiten Befestigungsgürtels ausgebaut worden. Unter der geschickten Führung Pétains hatte die Maasfestung 1916 den monatelangen, mit gewaltigem Aufwand vorgetragenen deutschen Angriffen standgehalten. Über eine halbe Million deutscher und französischer Soldaten, fast gleichmäßig auf beide Seiten verteilt, starben damals unter den Artillerie-Feuerwalzen im Höhengelände nördlich der Stadt; nirgends auf der Erde war auf so engem Raum in so kurzer Zeit so viel junges Leben ausgelöscht worden.

Die im 12. Jahrhundert gebaute Kathedrale lag vor ihnen und Vaubans Zitadelle aus dem 17. Jahrhundert. Aber warum ließ der General jetzt abbiegen von der Route Nationale nach Metz in Richtung Sédan? Das lag im Nordwesten und wäre schneller über Reims erreicht worden. Schramm vermutet, daß Stülpnagel erst hier »seinen fürchterlichen Entschluß gefaßt hat«.[130] Doch vieles deutet darauf hin, daß das, was sich jetzt ereignen sollte, schon in Paris geplant worden ist. Der Höhenrücken mit den Forts Belleville, St. Michel und Souville, die letzte vom deutschen Angriff nicht mehr bezwungene Barriere vor Verdun, lag hinter ihnen. Im Nordosten und Norden erstreckten sich andere eigenartige Hügel mit sonderbar niedrigem Bewuchs. Der General kannte sie alle mit Namen, den deutschen wie den französischen: Côte de Froideterre, Côte du Poivre, Côte de Talou, Côte 344 – Kalte Höhe, Pfefferrücken, Talourücken, Höhe 344 usw. Stülpnagel orientierte seine Begleiter, was sich 1916 an diesen Orten abgespielt hatte; auf ihren gemeinsamen Fahrten hatten die beiden jungen Soldaten schon viel Geschichtliches von ihm lernen können. Nordostwärts der Höhe 344 erstreckte sich der Caures-Wald: am 22. Februar 1916 das Angriffsziel der Darmstädter Leibgarde-Infanteristen. In diesem Waldgelände waren in den folgenden Wochen Hunderte seiner Regimentskameraden gefallen, während er selbst damals an der mazedonischen Front stand. Viele »Hundertfünfzehner« hatten nie ein Grab erhalten; ihre Leiber waren, wie hundert- oder zweihunderttausend andere, pulverisiert und in Sekunden den Elementen übergeben worden. Sollte der General dieser Darmstädter Kameraden gedenken wollen – über das Dorf Vacherauville und links vorbei am Pfefferrücken wäre der »Bois de Caures« in wenigen Minuten erreicht; zum Gebeinhaus auf der Kalten Höhe und dem darunter sich ausdehnenden Gräberfeld hätte man schon vorher nach rechts abbiegen müssen.

Doch hinter Vacherauville ließ der General erneut die Fahrtrichtung ändern und in eine kleine Straße nach Westen einbiegen. Man fuhr jetzt der untergehenden Sonne entgegen; in ihrem Licht trat etwa fünf Kilometer westlich eine weitere Höhe deutlich hervor, die der General auch sofort mit Namen kannte: »Mort-Homme« – Toter Mann! Dahinter lag, durch den »Toten Mann« etwas verdeckt, die »Côte 304«. Beide Höhen waren Anfang Juli 1916 von den deutschen Sturmtruppen unter schwersten Blutopfern noch eingenommen worden, bevor der Angriff sich endgültig festlief, desgleichen der Talourücken, an dem man jetzt entlangfuhr. Der zur Linken hinter einer Böschung träg fließende Maas-Kanal gehörte damals zum Niemandsland zwischen den deutschen und französischen Linien. Hier ließ Stülpnagel anhalten – es dürfte jetzt nach 19 Uhr gewesen sein.

Was am Maas-Kanal acht Kilometer nordwestlich Verdun

nun geschah, wirft die Frage auf: Hat Stülpnagel in den sechzehn Stunden zwischen dem mißglückten Selbstmord Becks in der Berliner Bendlerstraße und seiner Abfahrt in der Pariser Avenue Kléber noch erfahren, wie schwer der Weg in den Tod seinem alten Vorgesetzten und Freund geworden war? Man möchte es vermuten, doch Genaues weiß niemand. Daß der General jetzt befahl, mit dem Wagen kehrt zu machen und bei einem Strohschober, an dem sie eben vorbeigekommen waren, auf ihn zu warten, wollte den beiden Begleitern gar nicht gefallen. Einzelne deutsche Soldaten sollten sich überhaupt nicht mehr bewegen in Frankreich - und nun gar der Militärbefehlshaber *allein* in dieser gottverlassenen Gegend! Die Sorge um ihren »O.B.« und ein ungutes Gefühl veranlaßten die beiden treuen Soldaten, den Befehl nicht vollständig auszuführen. Sie fuhren nicht bis zu dem Strohschober, sondern blieben mehr in der Nähe. Und der Schrecken kam schnell hinter ihnen her. Als plötzlich ein Schuß die Abendstille zerriß, hatten beide nur einen Gedanken: Partisanen! Sie rasten an die Stelle zurück, wo sie den O.B. verlassen hatten. Feldwebel Schauf handelte schnell und überlegt. Er nahm die Maschinenpistole, dazu einige Magazine mit Munition, schloß den Wagen ab, lief mit Unteroffizier Fischer zum Kanal und die Böschung hinauf. Neuer, großer Schrecken! Mit Entsetzen sahen sie den General, »wassertretender Weise« mitten im Kanal. Ritterkreuz und Rockkragen hatte er geöffnet und nestelte am Hemdkragen. Unteroffizier Fischer sollte den Schwerverwundeten aus dem Kanal bergen, Feldwebel Schauf wollte den Wagen an die Böschung holen und die Sicherung übernehmen. Doch der Unteroffizier sah ins Wasser und rief verzweifelt: »Ich kann ja gar nicht richtig schwimmen!« Blitzschnell übergab Schauf Maschinenpistole, Magazine und Wagenschlüssel, entledigte sich der Knobelbecher und Uniform und sprang in den Kanal. Das Wasser war tief, er konnte den General nur schwimmend erreichen und an die Uferböschung bringen. Mit vereinten Kräften legten sie ihn behutsam auf den hinteren Wagensitz. Der Kopf wies einen

Einschuß an der rechten Schläfe auf, der Ausschuß war am linken Auge. Obwohl während des ganzen tragischen Vorgangs »keine Menschenseele zu beobachten war«, dachten beide Soldaten, daß ihr General von Partisanen angeschossen worden sei. Mit erhöhtem Tempo fuhr Schauf jetzt nach Verdun zurück, um dort ein Lazarett zu suchen. An einer Straßenecke am Stadtrand sah er drei Offiziere, hielt an und bat, ihm den Weg zum Lazarett zu zeigen. Einer der Offiziere setzte sich auf die Motorhaube und übernahm die Führung, während die beiden anderen telefonisch das Lazarett verständigten. Als der Wagen dort eintraf, warteten am Eingang schon Sanitäter mit einer Bahre.

Als Stülpnagel in den Operationssaal verbracht war, rief Feldwebel Schauf die Dienststelle in Paris an und meldete Oberst v. Linstow, daß der Oberbefehlshaber mit Kopfschuß durch Partisanen in Verdun liege; Linstow entschied, daß Schauf vor Ort bleiben solle, bis er weiteres hören könne. Auf dem Flur vor dem Operationssaal erfuhr er bald darauf, daß keine Lebensgefahr bestand, aber ein Augenarzt hinzugezogen werden müsse. Nach einiger Zeit trat der Chefarzt – Oberstabsarzt Dr. Max Jäger, in Zivil Chirurg und Zahnarzt in Darmstadt - auf Schauf zu und sagte: »Feldwebel, was soll ich denn nach all den Tatsachen in meinen Bericht schreiben? Der General hatte talergroß Pulverschleim um die Wunde, es sieht doch ganz nach versuchtem Selbstmord aus!« Bestürzt antwortete Schauf: »Herr Doktor, machen sie es gnädig!« Noch in Verdun, in den folgenden Tagen dann in Paris, wurden Feldwebel Schauf und Unteroffizier Fischer stundenlangen strengen Verhören durch die Gestapo unterzogen. Beide hatten aber den General in den entscheidenden Minuten nicht gesehen und konnten daher keine genauen Angaben machen. Jedoch sprachen die Umstände eindeutig für den versuchten Suizid. Der Gestapo-Bericht an Bormann und Hitler vom 29. Juli 1944 gab dann schon den ärztlichen Befund dahingehend wieder, »daß er [Stülpnagel] sich am 21. 7. gegen 20 Uhr in der Nähe von Verdun selbst einen Kopfschuß beigebracht hat«.[131]

Was oft mit dem Begriff »Kurzschlußhandlung« umschrieben wird, konnte es bei diesem stets so überlegten und beherrschten Manne nie geben. Stülpnagel hatte das Wesen des Nationalsozialismus zwar später erkannt als seine Kampfgefährten Witzleben und Hoepner, dafür dann aber um so gründlicher, vor allem zuletzt als Militärbefehlshaber in Frankreich. Der NS-Justiz wollte er sich auf keinen Fall ausliefern. Die Umstände im Westen ermöglichten es ihm, den Selbstmord, ähnlich wie Tresckow im Osten, sorgfältig und getarnt zu planen. Aber nun war das Schicksal wieder stärker als jede menschliche Planung gewesen. Wie hatte er 1912 einmal an Sigurd v. Ilsemann geschrieben: »Schließlich ist alles Schicksalssache!« Die beiden Urprinzipien der stoischen Philosophie sollten das Tor in die andere Welt öffnen und gleichzeitig die Spuren der Erdenwelt verwischen: das aktive Prinzip des Feuers und das eher passive des Wassers. Doch hatte er wohl die Tiefe und Strömung des Maas-Kanals und ihre Auswirkung auf sein Vorhaben falsch eingeschätzt.

Mit der Betätigung des Pistolenabzugs im Maas-Kanal ging der aktive Teil dieses Soldatenlebens zu Ende; alles weitere war nun Passion. Zunächst umgab Stülpnagel tiefe Bewußtlosigkeit; sie hielt, mit Unterbrechungen, längere Zeit an, wie mehrere Zeitzeugen übereinstimmend berichten. Feldwebel Schauf, der sich am 21. und 22. Juli nach dem Befinden des Generals erkundigte, erfuhr lediglich, er wäre nach wie vor bewußtlos. Am 22. Juli nachmittags kamen aus Paris, wo die Ermittlungen der Gestapo erst anliefen, der Ic-Offizier Major Humm und Ordonnanzoffizier Baumgart nach Verdun. Sie wollten den Verwundeten besuchen, näheres über sein Befinden und den Hergang erfahren und den Kraftwagen wieder nach Paris zurücknehmen. Sie konnten aber Stülpnagel, der gerade erneut bewußtlos war, nicht sehen. Dies wurde erst zwei Tage später dem Sohn Walter unter Begleitung des Chefarztes gestattet; vor dem Krankenzimmer saß bereits eine Wache. Er fand den Vater ohne Bewußtsein, mit einem dicken Verband um den Kopf, und bat den Arzt, dafür zu sorgen, daß der so schwer Verwundete sterben könne, da ihn sonst das traurige Los der Blindheit erwartete. Dieselbe Bitte war am 22. Juli schon durch Oberleutnant Baumgart an den Chefarzt herangetragen worden, der aber stets entschieden ablehnte. Der Sohn Walter wie der Ordonnanzoffizier hatten schon erkannt, daß kein Partisanenanschlag, sondern ein Selbstmordversuch vorlag. Auch der Chefarzt Dr. Jäger hatte gegenüber Oberleutnant Baumgart bereits geäußert, der General »sei wahrscheinlich in den Kanal gegangen, um auf jeden Fall zu ertrinken, falls der Schuß nicht richtig treffen sollte«.[132]

An Stülpnagels Lazarettaufenthalt in Verdun ab dem 21. Juli 1944 wurde später mehrfach die Behauptung geknüpft, er habe in der Operationsnarkose oder beim Erwachen den Namen Rommel gerufen und damit den Verdacht der Gestapo auf den Feldmarschall gelenkt. Dies wird schon durch den Arzt der Augenabteilung des Lazaretts in Nancy entkräftet, der am späten Abend des 21. Juli durch seinen Kollegen Dr. Jäger nach Verdun gerufen worden war. Dr. Ellerhorst erinnerte sich: »Daß es sich um einen Suizidversuch handelte, war dem Chirurgen und mir nach dem Befund klar, und nach den Ereignissen des Vortages ahnten wir den Zusammenhang. Es war die typische Verletzung bei dem mißglückten Schuß durch die Schläfe: Einschuß aus allernächster Nähe an der rechten Schläfe, rechter Sehnerv hinter dem Auge durchschlagen, das linke Auge zerrissen. Es blieb nichts anderes zu tun, als das zertrümmerte linke Auge zu entfernen ... Als Narkotikum wurde Evipan verwandt, das intravenös gespritzt wird und das sogenannte Excitationsstadium vermeidet, bei dem die Patienten gelegentlich Dinge ausplaudern. Herr v. St. schlief ruhig ein und blieb auch so während der ganzen Operation, die glatt verlief. Daß er in der Narkose den Namen Rommel erwähnt hat, ist ein Märchen ... Vor meiner Abreise am folgenden Morgen war ich nochmal kurz bei dem General, der bei Bewußtsein und völlig ruhig war. Eine Schwester, die bei ihm gewacht hatte, erzählte, daß er sich mit ihr unterhalten und ihr auch von ›Marschall Rommel‹ erzählt hätte ... Es ist ausgeschlossen, daß er dabei Rommel belastet haben kann, da kein Mensch im ganzen Lazarett, geschweige denn eine kleine RK-Helferin, wußte, welche Rolle der General v. St. bei dem ganzen Putsch gespielt hatte.«[133] Zu der in Irvings Rommel-Biographie erneut vorgebrachten Behauptung sagte ein langjähriger Mitarbeiter Stülpnagels aus seiner guten Kenntnis von dessen Persönlichkeit: »Daß Stülpnagel im Lazarett oder in der Haft Rommel belastet haben soll, ist völlig ausgeschlossen.«[134] Und Rommels Frau schrieb nach dem Krieg an Stülpnagels ältesten Sohn: »Mein Mann war über das entsetzliche Ende Ihres Vaters tief erschüttert und sprach bis zuletzt mit der größten Hochachtung und Verbundenheit von ihm.«[135]

Schließlich: Der ehemalige US-Ankläger in Nürnberg, Robert M. Kempner, bezweifelt überhaupt, daß »Rommels Verbindung zum Kreis des 20. Juli Hitlers Selbstmordbefehl auslöste ... Rommel mußte sterben, weil er nach der Landung der Alliierten in der Normandie dazu geraten hatte, den Krieg zu beenden, da er verloren sei. Diesen Rat hat Hitler als Verrat gewertet.«[136] Die Ansicht des deutsch-amerikanischen Juristen und Anklägers im großen Nürnberger Prozeß wird - eigenartig genug - durch Mitteilungen des ehemaligen Höheren SS- und Polizeiführers in Frankreich gestützt. Als einige Jahre nach dem Krieg die Söhne Stülpnagels sich gegen die Behauptung zu wehren begannen, ihr Vater habe im Lazarett oder in der Haft Rommel belastende Aussagen gemacht, wandten sie sich schriftlich an Oberg, der sich damals noch in französischer Haft befand. Am 7. April 1949 teilte Oberg aus dem Pariser Gefängnis Cherche-Midi dem Sohn Joachim v. Stülpnagel durchaus glaubhaft mit: »Daß Feldmarschall Rommel der Mitwisserschaft an der Verschwörung des 20. VII. 44 überführt sein soll, habe ich erst im Laufe meiner Gefangenschaft gehört ... Was auf die Spur Rommels geführt haben kann, ist mir unbekannt ...«[137] Wäre Rommel wirklich durch Stülpnagel oder seine Pariser Gefährten im Widerstand, die dann auch sein Schicksal teilten, belastet worden: Die Ermittlungsergebnisse der Gestapo hätten doch gerade dem Höheren SS- und Polizeiführer in Frankreich zur Kenntnis kommen müssen!

Mehrere Zeitzeugen, darunter die Sekretärin und der Ordonnanzoffizier des Militärbefehlshabers, aber auch der Autor Ritter v. Schramm, waren beziehungsweise sind der Ansicht, Oberg habe - aus welchen Gründen auch immer - im Rahmen des ihm Möglichen nach dem 20. Juli gegenüber Stülpnagel, seiner Familie und dem belasteten Pariser Personenkreis sich loyal verhalten und eher Spuren verwischt als energisch verfolgt. Aus seinem Brief vom 7. April 1949 aus dem Gefängnis Cherche-Midi wissen wir, daß Oberg am 1. August 1944 vormittags und nachmittags je eine halbe Stunde im Lazarett von Verdun mit Stülpnagel gesprochen hat. Oberg schrieb: »Ich nahm an, daß er mir ... vielleicht einige seine mir völlig unverständliche Handlungsweise erklärende Worte sagen wollte. Er freute sich zwar sehr über meinen Besuch, bei dem er mich bat, ihm einen gerade eingetroffenen Brief seiner Frau aus Pyrmont und einen anderen eines Verwandten vorzulesen, aber im übrigen schwieg er sich aus und bat, daß ich nach etwa acht Tagen noch einmal käme - was ich ihm auch versprach -, da er seine Gedanken noch nicht genügend sammeln und sich im Augenblick an nichts erinnern könne. Der Name Rommel ist nicht gefallen ...«

Es gibt aber auch Zeitzeugen, die bezweifeln, daß Oberg genug Statur hatte für den auch für ihn gefährlichen Versuch, Stülpnagel und seinen Verschwörerkreis zu decken. Der Kriegsverwaltungsoberrat v. Teuchert war zugegen, als Oberg von Verdun zurückkam und dem Abwehr-Obersten Garthe von seinem Besuch bei Stülpnagel berichtete. »Ich bin doch stark beeindruckt von dem blinden Mann«, gestand Oberg mit einer - in dieser Situation - für den Obersten SS- und Polizeiführer überraschenden Offenheit, zog sich dann aber schnell auf die Linie des Nationalsozialisten zurück: »Ich mußte ihm auch einen Brief seiner Frau vorlesen. Und nun stellen Sie sich vor: Darin war nicht *ein* Wort des Abscheus über das verbrecherische Attentat.«[138]

Zu dem beabsichtigten zweiten Besuch Obergs in Verdun ist es nicht mehr gekommen. Nachdem auf Anfrage - und vielleicht auch Drängen - der »Sonderdienststelle 20. Juli« des Reichssicherheitshauptamtes der Chefarzt die Transportfähigkeit bestätigt hatte, wurde Stülpnagel am 7. August 1944 ins Reich »verlegt«, vermutlich zuerst in das Konzentrationslager Ravensbrück. Oberfeldarzt Dr. Jäger, dessen schriftliche Mitteilungen an Frau v. Stülpnagel über das Ergehen ihres Gatten immer knapper geworden waren, hatte am 16. August Stülpnagels Schwager Dr. med. Schmükking als Arztkollegen zuletzt wissen lassen, daß »wie gewöhnlich das Endziel [des Patienten] auch in diesem Falle nicht bekannt gewesen sei«. Im Konzentrationslager Ravensbrück jedenfalls sah der inzwischen ebenfalls festgenommene Chef der Operationsabteilung, Generalleutnant Heusinger, seinen alten Vorgesetzten aus einiger Entfernung zum letzten Mal. Stülpnagel trug dicke Verbände um den Kopf und tastete sich an der Barackenwand entlang zum Waschraum; ihn sprechen oder ihm helfen konnte Heusinger nicht mehr. Weder in Ravensbrück noch in Berlin sind dem Schwerverwundeten die Haftbedingungen erleichtert worden. Nur zu den kurzen Spaziergängen im Hof wurde ihm ein Wärter mitgegeben.

Daß sein Augenlicht unrettbar verloren war und er den Rest seines Lebens würde blind verbringen müssen, ist Stülpnagel schon in Verdun bewußt gewesen. Ebenso, daß seine Tage gezählt waren. Auch in der Haft, bei den Vernehmungen und in der Gewißheit des baldigen Todes behielt er jene stoische Gelassenheit, die wir an ihm schon kennen, und beeindruckte damit selbst die Gestapo. Mit großer Offenheit bekannte er sich zu seiner Tat und blieb bis zuletzt bestrebt, die Verantwortung für die Verschwörung in Paris ganz auf sich zu nehmen. Der Gestapobericht an Bormann und Hitler vom 4. August 1944 protokolliert zutreffend die durch Hofacker hergestellte enge Verbindung der beiden konspirativen Zentren: »Im Auftrag von Stülpnagel hat in der Folgezeit [ab Sommer 1943] Hofacker sowohl Olbricht als auch seinen Vetter Oberst Graf Claus von Stauffenberg aufgesucht, so daß die Pläne der Berliner Verschwörerclique ständig aus dem Pariser Blickwinkel erhärtet wurden und andererseits Stülpnagel seit dieser Zeit über alle Einzelheiten auf dem laufenden war.«[139]

Die engsten militärischen Mitverschworenen waren schon in den letzten Julitagen von Paris in die Berliner Prinz-Albrecht-Straße verbracht worden: Oberstleutnant Cäsar v. Hofacker sowie die beiden Obersten Eberhard Finckh und Hans-Otfried v. Linstow. Auf Hofackers Spur war die Gestapo verhältnismäßig spät gekommen. Er hätte sich wohl retten können, wenn er seine Beziehungen zu französischen Wirtschaftskreisen genutzt hätte. Aber am 23. Juli 1944, einem Sonntag, tauchte er plötzlich wieder im Majestic auf. Gräfin Podewils war entsetzt: »Um Himmels Willen, warum verschwinden Sie nicht?« – »Ich kann doch meine Familie nicht im Stich lassen«, antwortete Hofacker.[140] Zwei Tage später wurde er in der Wohnung seines Freundes, des deutschen Industriellen Röchling, festgenommen.

Gegen die »Westgruppe« der Verschwörung wurde am Dienstag, 29. August 1944, vor dem Volksgerichtshof in Berlin unter seinem Präsidenten Roland Freisler verhandelt. Außer Stülpnagel, Finckh, Linstow und Hofacker waren auch der Adjutant des Generalobersten Zeitzler, Oberstleutnant i.G. Smend, sowie Oberstleutnant i.G. Rathgens, ein Neffe des Generalfeldmarschalls v. Kluge, angeklagt, die beide aber mit der »Westgruppe« nichts zu tun hatten. Am gleichen 29. August gab das Oberkommando der Wehrmacht die Zurücknahme der deutschen Truppen auf das Nordufer der unteren Seine und das Erliegen der letzten deutschen Stützpunkte in Paris vor der feindlichen Übermacht bekannt. Die eigentliche Kapitulation der Besatzung von Paris hatte General v. Choltitz bereits am 25. August im Bahnhof Montparnasse unterzeichnet.

Auch die Verhandlung am 29. August fand unter Ausschluß der Öffentlichkeit statt. Die Anklage vertrat wiederum der Oberreichsanwalt Lautz. Pflichtverteidiger Stülpnagels war der Berliner Rechtsanwalt Wilhelm Kunz. Die Prozeßakten sind bei Kriegsende vernichtet worden. Ein Durchschlag des Berichts des der Berliner Dienststelle der Parteikanzlei angehörenden Parteigenossen Friedrich an seinen Chef Bormann im Führerhauptquartier blieb erhalten und unterrichtet über den Prozeßverlauf, obzwar einseitig aus der Sicht eines überzeugten Nationalsozialisten. Die Verhandlung ist von Freisler offenbar nicht in dem rüden Ton geführt worden wie diejenige am 7./8. August 1944 gegen Witzleben, Hoepner, Hase, Stieff und vier weitere Offiziere. Stülpnagel, der noch immer Verbände um den Kopf trug, wurde von einem Wachtmeister geführt und erhielt dann sogar einen Stuhl angeboten. Selbstverständlich muß der Bericht des Parteikanzlisten Friedrich trotzdem mit Vorsicht gelesen und berücksichtigt werden, daß Stülpnagel in seinen Aussagen bemüht war, seine Familie und andere ihm nahestehende Personen zu schützen. Die Aussage, daß er »früher begeisterter Nationalsozialist« gewesen und erst »seit Stalingrad kleingläubig« geworden sei, sollte nach der Lektüre dieses Buches als Schutzbehauptung zu erkennen sein. Der Vertreter Bormanns in Berlin kann aber dem Blinden und Todgeweihten in mehreren Sätzen seine Achtung nicht ganz versagen. Friedrich schrieb: »von Stülpnagel: Klein [er war 1,80 Meter groß, aber durch Rückenleiden, Verwundung und Erblindung wohl gebückt], immerhin soldatische Haltung. Kurz, knapp, lebendig, jedoch keine überragende Figur ... Wollte erst auf legalmilitärischem Wege Änderung herbeiführen ... Nahm schließlich Attentat in Kauf. War ungeduldig wegen ständiger Verzögerung. Nach dem Attentat mit Hofacker zu Kluge. Vorher Maßnahmen zur Verhaftung von SD- und SS-Führern. Kluge ließ durchblicken, daß Stülpnagel falsch gehandelt hatte und benachrichtigte das Führerhauptquartier. Stülpnagel wurde dorthin gerufen und machte unterwegs Selbstmordversuch. Stülpnagel war gefaßt. War sich offensichtlich seiner Schuld bewußt und bat nicht um Gnade.« Wenn Stülpnagel sich »seiner Schuld bewußt« war, wie der NS-Berichterstatter schreibt, dann hat er unter »Schuld« sicher etwas ganz anderes verstanden als sein Ankläger und sein Richter.

Wie wir aus dem Bericht Friedrichs noch wissen, war die Hauptverhandlung des Volksgerichtshofes gegen die »Westgruppe« der Verschwörung in den späten Nachmittagsstunden des 29. August beendet. Daß das Urteil »zweifellos bei sämtlichen Angeklagten auf Todesstrafe lauten« würde, darüber war der Berichterstatter Bormanns sich schon am Ende der Verhandlung sicher, obwohl die Urteilsverkündung erst auf den 30. August, vormittags neun Uhr, angesetzt war. Auch Stülpnagel und seine Mitangeklagten wußten wohl in der letzten Nacht ihres Lebens, daß sie von *diesem* Gericht nichts anderes als die Todesstrafe erwarten konnten, zumal in der Verhandlung besonders deutlich geworden war, daß an der Spitze dieser Verschwörung zwei der engagiertesten und gefährlichsten Gegner des Regimes gestanden hatten. Wenn es dafür noch eines Beweises bedurft hätte, so wäre er in dem zusammenfassenden Satz im Bericht Friedrichs für die Nachwelt erhalten: »Stülpnagel hat durch seine Befehle in Paris eine weitaus gefährlichere Situation herbeigeführt, als das sonst im Reich der Fall gewesen ist.«

Das Urteil und die Urteilsvollstreckung vom 30. August 1944 beendeten eine fast vierzigjährige Soldatenlaufbahn. Ein Namensverzeichnis der nach dem 20. Juli 1944 in Plötzensee Hingerichteten gibt die Reihenfolge der Vollstreckungen an den jeweiligen Tagen sowie die Reihenfolge insgesamt an. Daraus ist ersichtlich, daß von den vier wenige Stunden nach der Urteilsverkündung am 30. August 1944 Erhängten Stülpnagel als erster hingerichtet wurde. Es folgten die Obersten Finckh und Linstow, als letzter Oberstleutnant Rathgens, dessen Onkel, Feldmarschall v. Kluge, sich schon am 19. August bei Metz das Leben durch Gift genommen hatte. Die Leidenszeit Cäsars v. Hofacker, den die Gestapo inzwischen als »Typ des Umstürzlers aus Überlegung« und als »treibende Kraft« der Verschwörung im Westen erkannt hatte, dauerte noch bis zum 20. Dezember 1944.

Nach der Urteilsverkündung hatte Stülpnagel Gelegenheit bekommen, einem Polizeibeamten letzte Mitteilungen an seine Frau zu diktieren. Durch ihre Knappheit und weil von fremder Hand geschrieben, sind sie besonders ergreifend: »Geliebte Frau! Ich danke Dir für alles, was Du mir in dreißig Jahren gewesen bist. Verzeihe mir, was ich Dir angetan habe. Meine letzten Gedanken sind bei Dir und den Kindern. Dein H.«[141]

Nach dem Namensverzeichnis war Stülpnagel der einundzwanzigste der zum Tode Verurteilten, der im August 1944 in der Hinrichtungsstätte in Berlin-Plötzensee zum Galgen geführt wurde. Er mußte geführt werden, denn er war ja blind. Frau Helene v. Stülpnagel befand sich damals mit ihrer Tochter im Potsdamer Frauengefängnis. Datiert vom 30. September 1944, also vier Wochen nach der Hinrichtung ihres Gatten, erhielt sie ein Schreiben der Reichsanwaltschaft beim Volksgerichtshof: »Der ehemalige General Karl Heinrich v. Stülpnagel ist wegen Hoch- und Landesverrats vom Volksgerichtshof des Großdeutschen Reiches zum Tode verurteilt worden. Das Urteil ist vollstreckt.«[142]

Wir kennen aus der Geschichte und den Geschichtslegenden der Völker zahlreiche Seher, Warner und Weisen, den blinden Teiresias von Theben zum Beispiel, der dem Ödipus weissagte. Sie alle hatten die Gabe, vergangene wie zukünftige Dinge richtiger zu erkennen als die jeweiligen Volksführer und die breite Masse der von ihnen beherrschten Völker. Aber die Kraft, ihre Völker vor Abgründen zurückzuhalten oder sie von ihren verderblichen Führern zu trennen, hatten sie in der Regel nicht. Die Existenz dieser Sehenden war fast immer eine tragische. Teiresias von Theben gab dem tragischen Lebensgefühl Ausdruck: »Weh! Schrecklich ist es, weise zu sein ...« Das Tragische hat es, nach Nietzsche, vor allem mit Leiden zu tun. Mit Leiden und mit Scheitern. Tragisch gescheitert waren sie am Ende alle, die Soldaten der Militäropposition. So viel richtiges Erkennen und Wollen, und so wenig Vollbringen! Wollte man sie nur nach dem äußeren Erfolg beurteilen, könnte man über sie schnell zur Tagesordnung übergehen. Bei Stülpnagel war es, anders als bei fast allen anderen, ein Scheitern nach anfänglichem Gelingen, was seine Tragik noch erhöhte. Denn: »Erst das Scheitern, das nicht vorzeitig überkommt, sondern aus dem Gelingen selbst erwächst, ist eigentlich tragisch.«[143]

Zieht man die Summe dieses Soldatenlebens, so stehen auf der Haben-Seite nicht nur die Stunden des spektakulären inneren und äußeren Triumphes über das Regime am Abend des 20. Juli 1944, so zeichengebend sie auch waren. Mehr zählen noch die zweieinhalb Jahre des vorausgegangenen Kampfes im Verborgenen. Zwar gibt es aus diesem Zeitraum zahlreiche Dokumente der Kompromisse und Niederlagen, die Stülpnagels Unterschrift tragen. Er mußte sie der Tarnung wegen unterschreiben, wollte er am Tage des Umsturzes in Paris noch auf dem Posten sein. Zum Glück gibt es aber auch Dokumente von »berufener« Seite, die beweisen, wie hartnäckig der Hausherr im Majestic im Verborgenen gegen die Machthaber und Befehlsgeber in Berlin und Rastenburg angekämpft hat. Am 31. Juli 1944, als Stülpnagel schon unter SS-Bewachung im Lazarett von Verdun lag, teilte der Reichsführer SS Heinrich Himmler dem Gauleiter und Reichsstatthalter von Sachsen, Martin Mutschmann, brieflich mit: »Was die Judenfrage in Europa anlangt, so war das totale Abfahren der Juden aus Frankreich wegen der sehr mißlichen Verhältnisse mit dem dortigen Wehrmachtsbefehlshaber [richtig: Militärbefehlshaber] äußerst schwierig.«[144] An diesem Tage gelangten die Erkenntnisse der Gestapo über die Hintergründe der Verschwörung in Frankreich auch in das Führerhauptquartier Wolfsschanze. In der Lagebesprechung um Mitternacht sagte Hitler wütend zu Jodl und Warlimont, den unmittelbaren Vorgesetzten Stülpnagels im OKW: »Wenn ich mir vorstelle, daß hier zwei Jahre lang ein Bursche sitzt, der in diesen zwei Jahren nichts getan hat, als zu helfen, die innere deutsche Front zu unterminieren! Außerdem geht die ganze Etappe in Paris auf Konto dieses Herrn, das ist eine Schweinerei! Ich wollte ihn seinerzeit nicht, Sie wissen es . . .«[145]

Das ganze Geschehen der zwölf Jahre unter Hitler wird immer unbegreiflicher - am meisten wohl für uns Deutsche -, je weiter man sich durch den Zeitstrom davon entfernt. Jüngere Generationen können und wollen nur schwer verstehen, wie anpassungs- und kompromißbereit ihre Väter oder Großväter damals gewesen sind. Im geistig-geistlichen Widerstandszentrum Münster/Westfalen, einer früheren Lebensstation Stülpnagels, schrieb der damalige Bischof Ende der siebziger Jahre kurz vor seinem frühen Tod: »Ich komme an kein Ende, wenn ich darüber nachdenke, was alles zu solcher Entwicklung geführt hat. Wie damals, so läßt mich auch heute die Überzeugung nicht los, daß ein solches Ausmaß an menschlicher Brutalität und Bestialität auf eine Verführbarkeit des Menschen durch widergöttliche Mächte hinweist, die wir zwar in ihren Wirkungen erfahren, in ihrem Seinsgrund aber mit den Mitteln unseres Verstandes nicht begreifen können.«[146] In der Verführbarkeit des Menschen und der Völker durch dämonische Kräfte dürften tatsächlich die tieferen Ursachen zu suchen sein für vieles, was sonst unerklärlich bleibt. Solche Kräfte waren immer wieder wirksam, so weit die Menschheitsgeschichte sich überblicken läßt, und sind daher weder für Deutschland noch für das 20. Jahrhundert speziell signifikant.

Carl-Heinrich v. Stülpnagel war, jedenfalls in seiner Pariser Zeit, einer der wenigen Deutschen, welche diese Kräfte in ihrem zerstörerischen Wesen voll erkannten und ihnen zuletzt kompromißlos den Kampf ansagten. Dieser Kampf der Wenigen gegen die Machthaber und Verführer, die auch im Juli 1944 die Masse der Deutschen, in Uniform und Zivil, noch fest im Griff hatten, war nach Lage der Dinge kaum zu gewinnen und wurde für die meisten von ihnen zum Opfergang. Henning v. Tresckow hat die Maxime des »coûte que coûte« hinsichtlich der Notwendigkeit des Attentates überzeugend formuliert. Er hat vor allem die Beweisführung gefordert, »daß die deutsche Widerstandsbewegung vor der Welt und vor der Geschichte den entscheidenden Wurf gewagt hat«.[147] Fritz-Dietlof Graf von der Schulenburg wiederum, der dies alles bei seiner letzten Pariser Begegnung mit Teuchert im Frühjahr 1944 schon klar vorausgesehen hatte, gab der inneren Bereitschaft dieser Wenigen zum Opfer am späten Abend des 20. Juli 1944 knapp und beeindruckend Ausdruck: »Wir müssen diesen Kelch bis zur Neige leeren«, sagte er. »Wir müssen uns opfern. Später wird man uns verstehen.«[148]

Anmerkungen

1 Reynolds: »Beck«, a.a.O., S. 197/198.

2 Ibid.

3 Hans Umbreit: »Der Militärbefehlshaber in Frankreich 1940–1944.« Militärgeschichtliche Studien, hg. vom Militärgeschichtlichen Forschungsamt, Boppard/Rhein (1968), V-VIII.

4 Ibid., S. 13.

5 BA-MA, RW 35/1, OB persönliche Akte, S. 58/59.

6 Ibid., S. 100.

7 Hermann Foertsch: »Schuld und Verhängnis«, Stuttgart (1951), S. 31f.

8 »Der Generalquartiermeister«, hg. von Elisabeth Wagner, a.a.O., S. 229.

9 Ernst Jünger: »Strahlungen«, Tübingen (1955), S. 81.

10 Ibid, S. 89.

11 In einem Gespräch mit dem Verfasser am 10. Oktober 1985 im Bundesarchiv-Militärarchiv, Freiburg/Br.

12 Siehe hierzu Umbreit: »Militärbefehlshaber . . .«, a.a.O.; sowie Hans Speidel: »Aus unserer Zeit. Erinnerungen«, Berlin (1977), S. 101–121.

13 Siehe: »Der Generalquartiermeister ...«, a.a.O., S. 302–312.

14 Maschinenschriftliche Mitteilungen von Frau Herta Kossmann an Joachim v. Stülpnagel vom 26. Juli 1981.

15 Ibid., S. 10/11.

16 Friederike Freifrau v. Pölnitz, geb. Gräfin v. Podewils, im Gespräch mit dem Verfasser am 10. Dezember 1984 in München.

17 Siehe Anmerkung 11.

18 Jäckel: »Frankreich in Hitlers Europa«, a.a.O., S. 64.

19 Umbreit: »Militärbefehlshaber ...«, a.a.O., S. 27.

20 Bundesarchiv Koblenz, Nachlaß Dr. Best: »Erinnerungen aus dem besetzten Frankreich«.

21 Ulrich v. Hassell: »Vom anderen Deutschland«, Zürich-Freiburg/Br. (1946), S. 330.

22 Siehe hierzu: Walter Bargatzky: »Hotel Majestic. Ein Deutscher im besetzten Frankreich«, Freiburg (1987), S. 106f. Hans Luther: »Der französische Widerstand gegen die deutsche Besatzungsmacht und seine Bekämpfung«, Studien des Instituts für Besatzungsfragen 11, Tübingen (1957). Ernst Roskothen: »Groß-Paris, Place de la Concorde 1941–1944. Ein Wehrmachtsrichter erinnert sich«, Bad Dürrheim/Schw. (1977). Hans Umbreit: »Militärbefehlshaber«, a.a.O., S. 124–140. BA-MA 35/46: »Vorbeugungs- und Sühnemaßnahmen des Mil.Befehlshabers in Frankreich zur Bekämpfung der Sabotage in Frankreich Sep. 41–Mai 1942«.

23 BA-MA, RW 35/14.

24 Umbreit: »Militärbefehlshaber«, a.a.O., S. 115.

25 Dr. Max Horst im Gespräch mit dem Verfasser am 24. November 1986 in Bonn.

26 Mitteilung von Herrn Gerhard Schmidt am 11. Dezember 1986 an den Verfasser im Bundesarchiv-Militärarchiv Freiburg.

27 John J. McCloy: »Die deutsche Verschwörung gegen Hitler. Ein Geschenk an die deutsche Zukunft«, Stuttgart (1963), S. 63.

28 Gen.Lt. Bw a.D. Wilhelm Meyer- Detring im Gespräch mit dem Verfasser am 21. Oktober 1984 in München.

29 Vgl. Ulrich v. Hassell: »Vom anderen Deutschland«, a.a.O., S. 247.

30 General Bw a.D. Adolf Heusinger, damals Chef der Operationsabteilung und Stellvertreter des Generalstabschefs, vermutete sogar, daß Zeitzler im Juli 1944 in die Attentatspläne eingeweiht war. Beweise gibt es nicht.

31 Vgl. Hans Luther: »Der französische Widerstand gegen die deutsche Besatzungsmacht . . .«, a.a.O., S. 214; sowie Walter Bargatzky: »Hotel Majestic. Ein Deutscher im besetzten Frankreich«, a.a.O., S. 94f.

32 »Das Geiselverfahren im Bereich des Militärbefehlshabers in Frankreich von August 1941 bis Mai 1942«, unveröffentlichtes Manuskript im Besitz der Familie Joachim v. Stülpnagel.

33 Günther Deschner: »Reinhard Heydrich. Statthalter der totalen Macht«, Esslingen (1977), S. 59; sowie Edouard Calic: »Reinhard Heydrich. Schlüsselfigur des Dritten Reichs«, Düsseldorf (1982), S. 481f.

34 Jäckel: »Frankreich in Hitlers Europa«, a.a.O., S. 19.

35 Hans Buchheim/Martin Broszat/Hans-Adolf Jacobsen/Helmut Krausnick: »Anatomie des SS-Staates«, Olten und Freiburg (1965), Bd. I, S. 16.

36 Generalleutnant Bw a.D. Wilhelm Meyer-Detring im Gespräch mit dem Verfasser am 21. Oktober 1984 in München.

37 Generalmajor a.D. Hans-Georg v. Tempelhoff in einem Brief an den Verfasser vom 15. August 1984.

38 Frau Brigitte v. Kaehne, geb. v. Hofacker, im Gespräch mit dem Verfasser am 5. Oktober 1986 in Tübingen.

39 Ibid.

40 Alfred v. Hofacker im Gespräch mit dem Verfasser am 13. Juli 1981 in München sowie briefliche Mitteilung vom 26. Oktober 1987.

41 Siehe Anmerkung 38.

42 Eberhard Zeller: »Geist der Freiheit«, a.a.O., S. 295/296.

43 Ernst Jünger: »Strahlungen«, a.a.O., S. 150.

44 Hans-Joachim Harder: »Die Deutschen und das französische Übergangsheer«, MGFA Freiburg/Br., Vortragsmanuskript.

45 Kriegstagebuch des Oberkommandos der Wehrmacht (Wehrmachtführungsstab), Bd. II, S. 1048 vom 29. November 1942.

46 BA-MA, RW 4 v. 749, OKW, Sonderakte Vorgänge Frankreich.

47 Alexander Frhr. v. Neubronn: »Als deutscher General bei Pétain«, in: Vierteljahrshefte für Zeitgeschichte, 4/1956, 3. Heft/Juli, S. 226–250.

48 Ibid., S. 238.

49 Ibid., S. 245.

50 Ibid., S. 246. Siehe auch Roskothen, a.a.O., S. 189.

51 Kriegsverwaltungsoberrat Friedrich Frhr. v. Teuchert: »Die Widerstandsbewegung West«. Im Besitz des Verfassers.

52 General a.D. Gerhard Matzky im Gespräch mit dem Verfasser am 7. Mai 1983 in Bonn-Mehlem.

53 Ibid.

54 Carl Friedrich Frhr. v. Weizsäcker im Brief an Joachim v. Stülpnagel vom 3. Februar 1982.

55 Ibid.

56 Freya v. Moltke/Michael Balfour/Julian Frisby: »Helmuth James v. Moltke, 1907–1945. Anwalt der Zukunft«, Stuttgart (1975), S. 254.

57 Hans v. Herwarth: »Zwischen Hitler und Stalin. Erlebte Zeitgeschichte 1931–1945«, Frankfurt–Berlin–Wien (1982), S. 315.

58 Ibid., S. 320.

59 Moritz von Faber du Faur: »Macht und Ohnmacht . . .«, a.a.O., S. 270.

60 Rudolf Hartmann: »Aufzeichungen betr. 20. Juli 1944«, Anhang; maschinenschriftl. Manuskript, August 1945.

61 Vgl. Hans Umbreit: »Der Militärbefehlshaber ...«, a.a.O., S. 323–333.

62 Werner Kohl, ehem. Oberkriegsverwaltungsrat im Verwaltungsstab des Militärbefehlshabers, in einem Brief an Joachim v. Stülpnagel vom 5. Januar 1984.

63 Hierüber u. a. Walter Bargatzky: »Hotel Majestic«, a.a.O., S. 94f.

64 Friedrich Frhr. v. Teuchert in Gesprächen mit dem Verfasser am 11. Juli 1981 in Feldafing sowie am 30. Oktober 1984 in München. Siehe auch Eberhard Zeller: »Geist der Freiheit«, a.a.O., S. 164f.

65 Ibid.

66 Friederike Freifrau v. Pölnitz, geb. Gräfin v. Podewils, im Gespräch mit dem Verfasser am 10. Dezember 1984 in München; sowie: »Aufzeichnungen der Sekretärin von General v. Stülpnagel über den 20. Juli 1944«, unveröffentlichtes Maschinenmanuskript.

67 Oberkriegsverwaltungsrat a.D. Gehrhardt in einem Gespräch mit dem Verfasser am 7. Februar 1980 in Bonn.

68 Erich Weniger: »Zur Vorgeschichte des 20. Juli 1944. Heinrich v. Stülpnagel«, a.a.O., S. 477/478.

69 Mitteilung in einem Gespräch mit dem Verfasser am 7. Oktober 1979 in Wilflingen/Wttbg. Siehe auch Umbreit: »Der Militärbefehlshaber ...«, a.a.O., S. 106.

70 Ernst Jünger: »Jahre der Okkupation«, Stuttgart (1958), S. 178.

71 GenLt. Bw a.D. Wilhelm Meyer-Detring im Gespräch mit dem Verfasser am 21. Oktober 1984 in München.

72 Ernst Jünger: »Jahre der Okkupation«, a.a.O., S. 105.

73 Fritz Baumgart: »Zur Person und Gesinnung von Heinrich v. Stülpnagel«, unveröffentlichtes Maschinenmanuskript.

74 Friederike v. Pölnitz, geb. Gräfin v. Podewils: »Aufzeichnungen der Sekretärin von General von Stülpnagel über den 20. Juli 1944«.

75 Heidemarie Gräfin v. Schall-Riaucour: »Aufstand und Gehorsam«, a.a.O., S. 299.

[76] Friedrich Freiherr v. Teuchert im Gespräch mit dem Verfasser am 11. Juli 1981 in Feldafing.

[77] Mündliche Mitteilung Brigadegeneral Berthold Graf v. Stauffenbergs an den Verfasser im März 1985 in Wildbad.

[78] Charakterisierung Stülpnagels und Stauffenbergs durch Ernst Jünger im Gespräch mit dem Verfasser am 7. Oktober 1979 in Wilflingen.

[79] Kopie dieses Briefes im Besitz des Verfassers.

[80] Kopie der Aufzeichnungen von Oberst d.R. Wilhelm Arendts im Besitz des Verfassers.

[81] General Bw a.D. Adolf Heusinger im Gespräch mit dem Verfasser am 24. Oktober 1979 in Köln-Marienburg.

[82] Ibid.

[83] Insbesondere: Wilhelm Ritter v. Schramm: »Aufstand der Generale. Der 20. Juli 1944 in Paris«, München (1978). Hans Speidel: »Invasion 1944. Ein Beitrag zu Rommels und des Reiches Schicksal«, Tübingen (1950). Ders.: »Aus unserer Zeit, Erinnerungen«, Berlin–Frankfurt/M.–Wien (1977). Friedrich Ruge: »Rommel und die Invasion«, Stuttgart (1959). Walter Bargatzky: »Die letzte Runde - in Paris«, in: »20. Juli 1944«, hg. von der Bundeszentrale für Heimatdienst, Bonn ^{4}(1961), S. 160f. Ders.: »Ein Deutscher im besetzten Frankreich«, Freiburg (1987).

[84] Schramm: »Aufstand«, a.a.O., S. 34.

[85] Friedrich Freiherr v. Teuchert im Gespräch mit dem Verfasser am 30. Oktober 1984 in München-Bogenhausen.

[86] Mitteilungen Frau Herta Kossmann, a.a.O., S. 14.

[87] Schramm: »Aufstand«, a.a.O., S. 34.

[88] Speidel: »Invasion 1944«, a.a.O., S. 83/84.

[89] David Irving: »Rommel. Eine Biographie«, Hamburg (1978), S. 515.

[90] Ernst Jünger im Gespräch mit dem Verfasser am 7. Oktober 1979 in Wilflingen. Marschall Michel Ney,

ein geborener Saarländer, Herzog von Elchingen und Fürst von der Moskwa, hatte dem Kaiser große Siege errungen. Am 6. April 1814, in einer für das Erste Kaiserreich aussichtslos gewordenen Lage, machte er sich im Schlosse Fontainebleau zum Wortführer jener Marschälle, die Napoleon I. zum Thronverzicht zwangen.

91 Dieter Ose: »Erwin Rommel«, in: Rudolf Lill/Heinrich Oberreuter (Hg.): »20. Juli. Portrait des Widerstands«, Düsseldorf-Wien (1984), S. 267.

92 Ewald Heinrich v. Kleist im Gespräch mit dem Verfasser am 19. Dezember 1984 in München.

93 Friedrich Freiherr v. Teuchert im Gespräch mit dem Verfasser am 11. Juli 1981 in Feldafing.

94 Peter Finckh im Gespräch mit dem Verfasser am 7. Mai 1982 in Inzigkofen.

95 Fernmündliche Mitteilung Hans-Ingo v. Linstows an den Verfasser im August 1987.

96 Siehe Speidel: »Invasion 1944«, a.a.O., S. 112–120; sowie Schramm: »Aufstand«, a.a.O., S. 44/45.

97 Schramm, »Aufstand«, S. 48.

98 BA-MA, RH 19/44, KTB OB West 1. 7. 44–31. 12. 44.

99 Ibid., S. 171.

100 Friedrich Frhr. v. Teuchert im Gespräch mit dem Verfasser am 11. Juli 1981 in Feldafing.

101 Mitteilung von Hauptmann a.D. Hellmuth Lang im Gespräch mit dem Verfasser am 12. Januar 1981 in Schwäbisch Gmünd.

102 Mitteilungen von General der Waffen-SS a.D. Wilhelm Bittrich an den Verfasser am 22. Oktober 1978 in Münsing/Oberbayern.

103 Siehe Dieter Ose: »Entscheidung im Westen 1944. Der Oberbefehlshaber West und die Abwehr der alliierten Invasion«, hg. vom MGFA, Stuttgart (1982), S. 198.

104 Friederike v. Pölnitz: »Aufzeichnungen ...«, a.a.O., sowie Mitteilungen an den Verfasser am 10. Dezember 1984 in München.

105 Vgl. Volker Schmidtchen: »Karl Heinrich v. Stülpnagel«, in: Rudolf Lill/Heinrich Oberreuter (Hg.): »20. Juli. Portrait des Widerstands«, a.a.O., S. 299.

106 Pastor Rudolf Damrath in einem Brief an Walter v. Stülpnagel vom 2. Oktober 1950.

107 Prof. Dr. Max Müller in einem Brief an den Verfasser vom 15. April 1986.

108 Friedrich Frhr. v. Teuchert: »Die Widerstandsbewegung West«, a.a.O., S. 450.

109 Schramm: »Aufstand«, a.a.O., S. 81.

110 Erich Weniger sah und sprach ihn dort zum letztenmal. Siehe »Zur Vorgeschichte des 20. Juli 1944«, a.a.O., S. 491.

111 Ibid., S. 451.

112 Schramm: »Aufstand«, a.a.O., S. 84/85.

113 Peter Schauf im Gespräch mit dem Verfasser am 11. April 1986 in Köln, sowie schriftliche Mitteilung vom 28. Juni 1981.

114 Schramm: »Aufstand«, a.a.O., S. 90.

115 Schriftliche Mitteilung General Bw a.D. Ernst Ferber an den Verfasser vom 23. Mai 1982, sowie Gespräche am 23. Oktober und am 8. November 1984 in München.

116 Gotthard Frhr. v. Falkenhausen: »Erinnerungen an die deutsche Widerstandsbewegung«, unveröffentlichtes Manuskript, Juli/Aug. 1945, S. 21.

117 Ibid., S. 22.

118 General Bw a.D. Ernst Ferber in einem Schreiben an den Verfasser vom 23. Mai 1982.

119 Generalmajor Bw a.D. Hans-Georg v. Tempelhoff in einem Brief an den Verfasser vom 20. Oktober 1981.

120 Oberleutnant d.R. a.D. Heinz Otto David: »Mein 20. Juli in Paris«, Vortragsmanuskript vom 20. Juli 1981.

121 »Bericht des Barons v. Teichmann über eine Besprechung mit den Generälen Beck und Stülpnagel«, Zürich, 17. Mai 1944. IfZ, F 86, S. 204/205.

122 Ewald Heinrich v. Kleist im Gespräch mit dem Verfasser am 19. Dezember 1984 in München.

123 Siehe Anm. 120.

124 Walter Bargatzky: »Ein Deutscher im besetzten Frankreich«, a.a.O., S. 136.

125 Siehe Anm. 116.

126 »Aufzeichnungen Dr. Werner Kohl über seine Zeit beim Militärbefehlshaber 1940–1944«, unveröffentlichtes Maschinenmanuskript, S. 60.

127 Friederike v. Pölnitz: »Aufzeichnungen«, a.a.O., S. 6.

128 Fritz Baumgart: »Verlauf des 20. Juli 1944 und der folgende Tag«, unveröffentlichtes Maschinenmanuskript, S. 6.

129 Kopie des Sonderausweises im Besitz des Verfassers. Den folgenden Seiten liegen die schriftlichen und mündlichen Mitteilungen von Herrn Peter Schauf, Köln, zugrunde.

130 Schramm: »Aufstand«, a.a.O., S. 176.

131 »Spiegelbild einer Verschwörung: Die Kaltenbrunner-Berichte an Bormann und Hitler über das Attentat vom 20. Juli 1944«, Stuttgart (1961), S. 97.

132 Fritz Baumgart: »Verlauf des 20. Juli 1944 und der folgenden Tage«, unveröffentlichtes Maschinenmanuskript.

133 Dr. Max Ellerhorst, Trier, in einem Brief an Geheimrat Melior vom 18. Juni 1949.

134 General Bw a.D. Adolf Heusinger im Gespräch mit dem Verfasser am 24. Oktober 1979 in Köln-Marienburg.

135 Frau Lucie-Marie Rommel in einem Brief an Joachim v. Stülpnagel vom 24. Mai 1949.

136 Walter Gutermuth: »Der Fall Rommel war ein glatter Mord«, in: »Hannoversche Allgemeine Zeitung«, 11. November 1969, S. 23.

137 Original dieses Briefes von Carl Albrecht Oberg im Besitz der Familie Joachim v. Stülpnagel.

138 Friedrich Frhr. v. Teuchert im Gespräch mit dem Verfasser am 11. Juli 1981 in Feldafing.

139 »Spiegelbild einer Verschwörung. Die Kaltenbrunner-Berichte an Bormann und Hitler . . .«, a.a.O., S. 135.

140 Friederike Freifrau v. Pölnitz im Gespräch mit dem Verfasser am 10. Dezember 1984 in München.

141 Original dieses Schreibens im Besitz der Familie Joachim v. Stülpnagel.

142 Ibid.

143 Karl Jaspers: »Über das Tragische«, München (1952), S. 58.

144 »Reichsführer! . . . Briefe an und von Himmler«, hg. von Helmut Heiber, Stuttgart (1968), S. 276.

145 »Hitlers Lagebesprechungen. Die Protokollfragmente seiner militärischen Konferenzen 1942–1945«, hg. von Helmut Heiber, Stuttgart (1962), S. 602/603.

146 Heinrich Tenhumberg: »Der weite Weg zum Frieden. Zum 40. Jahrestag des Ausbruchs des Zweiten Weltkrieges«, Militärseelsorge [3](1979), S. 209/210.

147 Sebastian Haffner/Wolfgang Venohr: »Preußische Profile«, Frankfurt/M.–Berlin (1986), S. 286.

148 Eberhard Zeller: »Geist der Freiheit. Der 20. Juli«, a.a.O., S. 531.

Verzeichnis der Abkürzungen

A.K./AK	Armeekorps
A.O.K./AOK	Armeeoberkommando
BA-MA	Bundesarchiv-Militärarchiv
Bw	Bundeswehr
Chef L	Chef Landesverteidigung
DWStK	Deutsche Waffenstillstandskommission
GFM/GenFm	Generalfeldmarschall
Genst./Genstb.	Generalstab
Gen.St.Offz.	Generalstabsoffizier
Ia	Erster Generalstabsoffizier
Ib	Zweiter Generalstabsoffizier
Ic	Dritter Generalstabsoffizier
HGr	Heeresgruppe
HSSPF	Höherer SS- und Polizeiführer
IfZ	Institut für Zeitgeschichte
Mil.Bef.i.Frkr.	Militärbefehlshaber in Frankreich
mot.	motorisiert
PzGr	Panzergruppe
PzKorps	Panzerkorps
O.B./OB	Oberbefehlshaber
Ob.d.H./ObdH	Oberbefehlshaber des Heeres
O.K.H./OKH	Oberkommando des Heeres
O.K.W./OKW	Oberkommando der Wehrmacht
OQu	Oberquartiermeister
RFSS	Reichsführer SS
SD	Sicherheitsdienst
T	Truppenamt
WFST	Wehrmachtführungsstab

Literatur- und Quellenverzeichnis

I Veröffentlichte Quellen

Abetz, Otto: »Das offene Problem. Ein Rückblick auf zwei Jahrzehnte deutscher Frankreichpolitik.« Köln (1951).

Amouroux, Henri: »La grande Histoire des Français sous l'Occupation«. VII Bde.

Bargatzky, Walter: »Hotel Majestic. Ein Deutscher im besetzten Frankreich.« Freiburg (1987).

Beck, Ludwig: »Studien.« Hg. von H. Speidel. Stuttgart (1955).

Beer, Albert: »Der Fall Barbarossa.« München (1978).

Bertram, J.: »Die Bildung des Offiziers. Dokumente aus vier Jahrhunderten.« Schriftenreihe Innere Führung. Reihe Bildung. Heft 5. Bonn (1969).

Blumentritt, Günther: »Von Rundstedt.« London (1952).

Böhme, Hermann: »Entstehung und Grundlagen des Waffenstillstandes von 1940.« Stuttgart (1966).

Bracher, Karl Dietrich: »Die deutsche Armee zwischen Republik und Diktatur. 1918–1945.« In: »Schicksalsfragen der Gegenwart.« Bd. III. Hg. vom BMVg. Tübingen (1958).

Braubach, Max: »Der Weg zum 20. Juli 1944. Ein Forschungsbericht.« Köln und Opladen (1953).

Breithaupt, Hans: »Die Geschichte der 30. Infanteriedivision 1939–1945.« Bad Nauheim (1955).

Buchheim, Hans/Broszat, Martin/Jacobsen, Hans-Adolf/Krausnick, Helmut: »Anatomie des SS-Staates.« Olten und Freiburg (1965).

Buchheit, Gert: »Ludwig Beck, ein preußischer General.« München (1964).

Bücheler, Heinrich: »Hoepner. Ein deutsches Soldatenschicksal des XX. Jahrhunderts.« Herford (1980).
Bußmann, Walter: »Zur Entstehung und Überlieferung der Hoßbach-Niederschrift.« In: Vierteljahrshefte für Zeitgeschichte 16. (1968).

Calic, Edouard: »Reinhard Heydrich. Schlüsselfigur des Dritten Reiches.« Düsseldorf (1982).

Demeter, Karl: »Das deutsche Offizierkorps in Gesellschaft und Staat 1650–1945.« Frankfurt/M. (1963).
Deschner, Günther: »Reinhard Heydrich. Statthalter der totalen Macht.« Esslingen (1977).
Deutsch, Harold: »Verschwörung gegen den Krieg. Der Widerstand in den Jahren 1939/40.« München (1949).
»Die Generalstäbe in Deutschland 1871–1945. Aufgaben in der Armee und Stellung im Staat.« In: Beiträge zur Militär- und Kriegsgeschichte. Hrsg. vom Militärgeschichtlichen Forschungsamt. Bd. III. Stuttgart (1962).

Ettighoffer, P. C.: »44 Tage und Nächte. Der Westfeldzug 1940.« Stuttgart (1953).
Eyck, Erich: »Geschichte der Weimarer Republik«. Zürich (1951).

Faber du Faur, Moritz v.: »Macht und Ohnmacht.« Stuttgart (1953).
Foerster, Wolfgang: »Ein General kämpft gegen den Krieg. Aus den nachgelassenen Papieren des Generalstabschefs Ludwig Beck.« München (1949).
Förster, Jürgen: »Die Sicherung des Lebensraumes.« In: »Das deutsche Heer und der Zweite Weltkrieg.« Bd. IV. Hg. vom Militärgeschichtlichen Forschungsamt. Stuttgart (1983).
Foertsch, Hermann: »Schuld und Verhängnis. Die Fritsch-Krise im Frühjahr 1938 als Wendepunkt der nationalsozialistischen Zeit.« Stuttgart (1951).

François-Poncet, André: »Als Botschafter in Berlin 1931–1938.« Mainz (1949).

Georgi, Friedrich: »Soldat im Widerstand. General der Infanterie Friedrich Olbricht.« Berlin/Hamburg (1988).
Gersdorff, Rudolf Christoph Frhr. v.: »Soldat im Untergang.« Frankfurt/M.-Berlin-Wien (1977).
Geyr v. Schweppenburg, Leo Frhr.: »Erinnerungen eines Militärattachés 1935–1937.« Stuttgart (1949).
Görlitz, Walter: »Kleine Geschichte des deutschen Generalstabs.« Berlin (1967).
Gostomski, Victor/Loch, Walter: »Der Tod von Plötzensee.« Freising (1969).
Graml, Hermann (Hg.): »Widerstand im Dritten Reich. Probleme, Ereignisse, Gestalten.« Frankfurt/M. (1984).
Groscurth, Helmuth: »Tagebücher eines Abwehroffiziers 1938–1940.« (1970).
Guidat, Robert: »Les Rathsamhausen.« Sélestat (1979).

Haffner, Sebastian: »Anmerkungen zu Hitler.« München (1978).
Halder, Franz: »Hitler als Feldherr.« München (1950).
ders.: »Kriegstagebuch.« Stuttgart (1962).
Hammerstein-Equord, Kunrat Frhr. v.: »Spähtrupp.« Stuttgart (1963).
»Handbuch zur deutschen Militärgeschichte 1648–1939.« Hg. vom Militärgeschichtlichen Forschungsamt. Stuttgart (1979).
Hassell, Ulrich v.: »Vom anderen Deutschland.« Zürich/Freiburg (1946).
Heiber, Helmut (Hg.): »Hitlers Lagebesprechungen. Die Protokollfragmente seiner militärischen Konferenzen 1942–1945.« Stuttgart (1962).
ders. (Hg.): »Reichsführer ... Briefe an und von Himmler.« Stuttgart (1968).
Heller, Gerhard: »In einem besetzten Land. NS-Kulturpolitik in Frankreich 1940–1944.« Köln (1981).

Hermann, Carl-Hans: »Deutsche Militärgeschichte.« München [3](1979).
Herwarth, Hans v.: »Zwischen Hitler und Stalin. Erlebte Zeitgeschichte 1931-1945.« Frankfurt/M.-Berlin-Wien (1982).
Heusinger, Adolf: »Befehl im Widerstreit. Schicksalsstunden der deutschen Armee 1923-1945.« Tübingen (1950).
Heuss, Theodor: »Friedrich Ebert zum Gedächtnis.« In: »Die großen Reden. Der Staatsmann.« Tübingen (1965).
Hillgruber, Andreas: »Hitlers Strategic. Politik und Kriegführung 1940-1941.« Frankfurt/M. (1965).
ders.: »Unternehmen Barbarossa.« In: »Probleme des Zweiten Weltkrieges.« Köln/Berlin (1961).
Hoffmann, Peter: »Widerstand, Staatsstreich, Attentat. Der Kampf der Opposition gegen Hitler.« Berlin [2](1970).
Hoßbach, Friedrich: »Zwischen Wehrmacht und Hitler 1934-1938.« Göttingen [2](1965).
ders.: »Die Entwicklung des Oberbefehls über das Heer in Brandenburg, Preußen und im Deutschen Reich von 1655-1945.« Würzburg (1957).
Hubatsch, Walther: »Hindenburg und der Staat.« Göttingen (1966).
Hube, Valentin: »Der Infanterist.« Neuausgabe (1935/36).

Ilsemann, Sigurd v.: »Der Kaiser in Holland. Aufzeichnungen aus den Jahren 1918-1941.« München (1971).
Irving, David: »Hitlers Weg zum Krieg.« München (1979).
ders.: »Rommel. Eine Biographie.« Hamburg (1978).

Jacobsen, Hans-Adolf: »Fall Gelb. Der Kampf um den deutschen Operationsplan zur Westoffensive 1940.« Wiesbaden (1957).
ders. (Hg.): »Kriegstagebuch des Oberkommandos der Wehrmacht (Wehrmachtführungsstab).« Frankfurt/M. (1956).
Jaeckel, Eberhard: »Frankreich in Hitlers Europa. Die deutsche Frankreichpolitik im Zweiten Weltkrieg.« Stuttgart (1966).

Jaspers, Karl: »Über das Tragische.« München (1952).
Jünger, Ernst: »Der Friede. An die Jugend Europas. An die Jugend der Welt.« Tübingen (1949).
ders.: »Strahlungen.« Tübingen (1955).
ders.: »Jahre der Okkupation.« Stuttgart (1958).
ders.: »Siebzig verweht.« Stuttgart (1981).

Keilig, Wolf: »Das deutsche Heer 1939–1945.« Bad Nauheim (1956).
Kessel, Eberhardt: »Moltke.« Stuttgart (1957).
Kiekebusch, Werner v.: »Geschichte des Geschlechts von Stülpnagel.« Berlin (1938).
Kielmansegg, Johann Adolf Graf v.: »Der Fritschprozeß 1938. Ablauf und Hintergründe.« Hamburg (1949).
Klink, Ernst: »Die militärische Konzeption des Krieges gegen die Sowjetunion« sowie »Der Krieg gegen die Sowjetunion bis zum Jahresende 1941/42.« In: »Das deutsche Reich und der Zweite Weltkrieg.« Bd. IV. Hg. vom Militärgeschichtlichen Forschungsamt. Stuttgart (1983).
Knodt, Manfred: »Ernst Ludwig. Großherzog von Hessen und bei Rhein. Sein Leben und seine Zeit.« Darmstadt (1978).
Koch, Lutz: »Erwin Rommel. Die Wandlung eines großen Soldaten.« Stuttgart (1950).
Kordt, Erich: »Nicht aus den Akten. Die Wilhelmstraße in Krieg und Frieden. Erlebnisse, Begegnungen und Eindrücke 1928–1945.« Stuttgart (1950).
Kosthorst, Erich: »Die deutsche Opposition gegen Hitler zwischen Polen- und Frankreichfeldzug.« Schriftenreihe der Bundeszentrale für Heimatdienst, Heft 8. Bonn ^{3}(1957).
Krausnick, Helmut: »Vorgeschichte und Beginn des militärischen Widerstandes gegen Hitler.« In: »Die Vollmacht des Gewissens.« Hg. von »Europäische Publikation e.V.« Frankfurt/M. (1960).
Krebs, A.: »Fritz-Dietlof Graf von der Schulenburg. Zwischen Staatsräson und Hochverrat.« Hamburg (1964).

Leber, Annedore: »Das Gewissen steht auf. 64 Lebensbilder aus dem deutschen Widerstand 1933–1945.« Berlin-Frankfurt/M. 9(1960).
Leeb, Wilhelm Ritter v.: »Tagebuchaufzeichnungen und Lagebeurteilungen aus zwei Weltkriegen.« Hg. von Georg Meyer. Stuttgart (1976).
Luther, Hans: »Der französische Widerstand gegen die deutsche Besatzungsmacht und seine Bekämpfung.« Studien des Instituts für Besatzungsfragen 11. Tübingen (1957).

Mann, Golo: »Deutsche Geschichte des 19. und 20. Jahrhunderts.« Frankfurt/M. (1958).
Marcks, Erich: »Hindenburg, Feldmarschall und Reichspräsident.« Göttingen (1963).
McCloy, John J.: »Die deutsche Verschwörung gegen Hitler. Ein Geschenk an die deutsche Zukunft.« Stuttgart (1963).
Meier-Welcker, Hans: »Aufzeichnungen eines Generalstabsoffiziers 1939–1942.« Freiburg (1982).
Messerschmidt, Manfred: »Die Wehrmacht im NS-Staat. Zeit der Indoktrination.« Hamburg (1969).
Moltke, Freya v./Balfour, Michael/Frisby, Julian: »Helmuth James v. Moltke, 1907–1945. Anwalt der Zukunft.« Stuttgart (1975).
Mommsen, Hans: »Der Reichstagsbrand und seine politischen Folgen.« In: »Von Weimar zu Hitler 1930–1933.« Hg. von Gotthard Jasper. Köln-Berlin (1968).
Müller, Christian: »Oberst i.G. Stauffenberg. Eine Biographie.« Düsseldorf (1971).
Müller, Klaus-Jürgen: »Das Heer und Hitler. Armee und Nationalsozialistisches Regime 1933–1940.« Stuttgart (1969).
Müller, Vincenz: »Ich fand das wahre Vaterland.« Berlin (1963).
Müller-Hillebrand, Burkhart: »Das Heer 1933–1945.« Frankfurt/M. (1954–1969).

Neubronn, Alexander Frhr. v.: »Als deutscher General bei Pétain.« Vierteljahrsschrift für Zeitgeschichte. 4 (1956).

Ose, Dieter: »Entscheidung im Westen. Der Oberbefehlshaber West und die Abwehr der alliierten Invasion.« Hg. vom Militärgeschichtlichen Forschungsamt. Stuttgart (1982).

ders.: »Erwin Rommel.« In: Rudolf Lill/Heinrich Oberreuter (Hg.): »20. Juli. Portrait des Widerstands.« Düsseldorf-Wien (1984).

Philippi, Alfred/Heim, Ferdinand: »Der Feldzug gegen Sowjetrußland. Ein operativer Überblick.« Stuttgart (1962).

Plehwe, Friedrich-Karl v.: »Reichskanzler Kurt v. Schleicher. Weimars letzte Chance gegen Hitler.« Esslingen (1983).

Pringet, Pierre de: »Die Kollaboration. Untersuchung eines Fehlschlages.« Tübingen (1981).

Raeder, Erich: »Mein Leben. Von 1935–Spandau 1955.« Tübingen (1957).

Reinhardt, Klaus: »Die Wende vor Moskau. Das Scheitern der Strategie Hitlers im Winter 1941/42.« Stuttgart (1972).

Reinowski, Hans J.: »Carl-Heinrich v. Stülpnagel.« In: Darmstädter Schriften. 35. »Darmstadt und der 20. Juli 1944.« Darmstadt (1974).

Reynolds, Nicholas: »Beck. Gehorsam und Widerstand. Das Leben des deutschen Generalstabschefs 1935–1938.« Wiesbaden-München (1977).

Ritter, Gerhard: »Staatskunst und Kriegshandwerk.« München (1954–1968).

ders.: »Der Schlieffenplan. Kritik eines Mythos.« München (1956).

ders: »Carl Goerdeler und die deutsche Widerstandsbewegung.« Stuttgart (1956).

Röhricht, Edgar: »Pflicht und Gewissen. Erinnerungen eines deutschen Generals 1932–1944.« Stuttgart (1965).

Roskothen, Ernst: »Groß-Paris, Place de la Concorde 1941–1944. Ein Wehrmachtsrichter erinnert sich.« Bad Dürrheim (1977).
Rothfels, Hans: »Die deutsche Opposition gegen Hitler.« (1958).
Ruge, Friedrich: »Rommel und die Invasion.« Stuttgart (1959).

Schall-Riaucour, Heidemarie Gräfin v.: »Aufstand und Gehorsam. Offiziertum und Generalstab im Umbruch. Leben und Wirken von Generaloberst Franz Halder, Generalstabschef 1938–1942.« München (1972).
Scharfenort, Louis von: »Die Königlich Preußische Kriegsakademie.« Berlin (1910).
Schellenberg, Walter: »Aufzeichnungen des letzten Geheimdienstchefs Hitlers.« Gütersloh (1982).
Sendtner, Kurt: »Die deutsche Militäropposition im ersten Kriegsjahr.« In: »Vollmacht des Gewissens.« München (1956).
Scheurig, Bodo: »Ewald v. Kleist-Schmenzin. Ein Konservativer gegen Hitler.« Oldenburg–Hamburg (1968).
ders.: »Henning v. Tresckow. Eine Biographie.« Berlin (1987).
Schlabrendorff, Fabian v.: »Offiziere gegen Hitler.« Zürich [2](1950).
Schlachten des Weltkrieges. Bd. 5: »Herbstschlacht in Mazedonien. Cernabogen 1916.« Berlin (1926).
Schmid, Carlo: »Erinnerungen.« Bern–München–Wien (1979).
Schmidtchen, Volker: »Karl Heinrich v. Stülpnagel.« In: Rudolf Lill/Heinrich Oberreuter: »20. Juli. Portrait des Widerstands.« Düsseldorf–Wien (1984).
Schmund, Rudolf: »Tätigkeitsbericht des Chefs des Heerespersonalamtes, fortgeführt von General der Infanterie Wilhelm Burgdorf. 1. 10. 1942–29. 10. 1944.« Hg. von Dermot Bradley und Richard Schulze-Kossens. Osnabrück (1984).
Schneider, Hans: »Das Ermächtigungsgesetz vom 24. März

1933.« In: »Von Weimar zu Hitler 1930–1933.« Hrsg. von Gotthard Jasper. Neue wissenschaftliche Bibliothek. 25. Köln–Berlin (1968).
Schober, Kurt: »Theodor Fontane. In Freiheit dienen ...« Herford (1980).
Schoeps, Hans-Joachim: »Das andere Preußen.« (1952).
Schramm, Wilhelm Ritter v.: »Rommel - Schicksal eines Deutschen.« München (1949).
ders.: »Aufstand der Generale. Der 20. Juli in Paris.« München (1978).
ders: »Beck und Goerdeler. Gemeinschaftsdokumente für den Frieden 1941–1944.« München (1965).
Siewert, Curt: »Schuldig? Die Generale unter Hitler.« Bad Nauheim (1968).
Speidel, Hans: »Invasion 1944. Ein Beitrag zu Rommels und des Reiches Schicksal.« Tübingen (1950).
ders.: »Aus unserer Zeit. Erinnerungen.« Berlin (1977).
»Spiegelbild einer Verschwörung: Die Kaltenbrunner-Berichte an Bormann und Hitler über das Attentat vom 20. Juli 1944.« Hg. von K. H. Peter. Stuttgart (1961).
Staël, Germaine de: »De l'Allemagne.« Paris (1968).
Streit, Christian: »Keine Kameraden. Die Wehrmacht und die sowjetischen Kriegsgefangenen 1941–1945.« Studien zur Zeitgeschichte Bd. 13. Stuttgart (1978).
Strölin, Karl: »Verräter oder Patrioten? Der 20. Juli 1944 und das Recht auf Widerstand.« Stuttgart (1952).

Tenhumberg, Heinrich: »Der weite Weg zum Frieden. Zum 40. Jahrestag des Ausbruchs des Zweiten Weltkrieges.« In: »Militärseelsorge« 3(1979).
Teske, Hermann: »Bewegungskrieg. Führungsprobleme einer Infanteriedivision im Westfeldzug 1940.« Heidelberg (1955).
Thun-Hohenstein, Romedio Galeazzo Graf v.: »Der Verschwörer. General Oster und die Militäropposition.« Berlin (1982).
Tippelskirch, Kurt v.: »Geschichte des Zweiten Weltkrieges.« Bonn (1959).

Umbreit, Hans: »Der Militärbefehlshaber in Frankreich 1940–1944.« In: Militärgeschichtliche Studien, hg. vom Militärgeschichtlichen Forschungsamt. Boppard (1968).

Wagner, Eduard: »Der Generalquartiermeister. Briefe und Tagebuchaufzeichnungen.« Hrsg. von Elisabeth Wagner. München und Wien (1963).
Warlimont, Walter: »Im Hauptquartier der deutschen Wehrmacht 1939–1945.« München ³(1978).
Weizsäcker, Ernst v.: »Erinnerungen.« München-Leipzig-Freiburg (1950).
Weniger, Erich: »Goethe und die Generale der Freiheitskriege. Geist, Bildung, Soldatentum.« Stuttgart (1959).
ders.: »Heinrich v. Stülpnagel.« Sonderdruck aus »Die Sammlung«. Göttingen (1949).
Wenz zu Niederlahnstein, Rolf v.: »Dreihundert Jahre Leibgarde-Regiment.« Darmstadt (1929).
Westphal, Siegfried: »Heer in Fesseln.« Bonn (1950).
ders.: »Erinnerungen.« Wiesbaden (1975).
Wheeler-Bennett, J.: »Die Nemesis der Macht. Die deutsche Armee in der Politik 1918–1945.« Düsseldorf (1955).
Wohlfeil, Rainer: »Reichswehr und Republik 1918–1933.« In: »Deutsche Militärgeschichte 1648–1939.« Bd. 3. Hg. vom Militärgeschichtlichen Forschungsamt. München (1983).

Young, Desmond: »Rommel.« London (1950).

Zeller, Eberhard: »Geist der Freiheit.« München ⁵(1965).
Zipfel, Friedrich: »Plötzensee.« Berlin ⁴(1963).

II Unveröffentlichte Quellen

a. Niederschriften

Adam, Wilhelm: »Erinnerungen.« Handschriftlich überliefert. Institut für Zeitgeschichte, München.

Baumgart, Fritz: »Zur Person und Gesinnung von Heinrich von Stülpnagel.« Berlin (1981). Handschrift. 7 S.

ders.: »Verlauf des 20. Juli 1944 und der folgende Tag.« Maschinenschrift. Berlin (1981). 5 S.

Blanke, Kurt: »Erinnerungen des Justitiars der Abteilung Wirtschaft im Verwaltungsstab des Militärbefehlshabers Frankreich an General Carl-Heinrich v. Stülpnagel.« Maschinenschrift. Celle (1981). 5 S.

David, Heinz Otto: »Mein 20. Juli in Paris.« Vortragsmanuskript. Celle (1981). 7 S.

Falkenhausen, Gotthard Frhr. v.: »Erinnerungen an die deutsche Widerstandsbewegung.« Maschinenschrift. (Juli/August 1945).

Hartmann, Rudolf: »Aufzeichnungen betr. 20. Juli 1944.« Maschinenschrift. Murrhardt (1945).

Harder, Hans-Joachim: »Die Deutschen und das französische Übergangsheer.« MGFA Freiburg. Vortragsmanuskript.

Kessel, Albrecht v.: »Verborgene Saat: Das Andere Deutschland.« Maschinenschrift. Vatikanstadt (1944/45).

Kohl, Werner: »Rückblick auf die Besatzungszeit in Frankreich 1940–1944.« Handschrift. Neustadt/Wstr. 41 S.

ders.: «Die letzten Wochen der Hauptabteilung Arbeit (Wi VII) in Frankreich.« Maschinenschrift. Neustadt/Wstr. 37 S.

Kossmann, Herta: »Mitteilungen an Joachim v. Stülpnagel.« Maschinenschrift (1981).

Pölnitz, Friederike Frfr. v., geb. Gräfin v. Podewils: »Aufzeichnungen der Sekretärin von General v. Stülpnagel über den 20. Juli 1944.« Maschinenschrift.

Schewen, Werner v.: »Die Truppenführung. Zur Geschichte

ihrer Vorschrift und Entwicklung ihrer Struktur von 1933 bis 1962.« Führungsakademie der Bundeswehr. Maschinenschrift. Hamburg (1969).
Stülpnagel, Joachim v.: »Zur Person von Carl-Heinrich v. Stülpnagel. Notizen über Vaters Kindheit.« Hand- und Maschinenschrift.
ders.: »Notizen. Carl-Heinrich v. Stülpnagel im 2. Weltkrieg 1939–1944.« Maschinenschrift.
ders.: »Ich denke gern zurück an Elternhaus, Kindheit und Jugendzeit.« Maschinenschrift.
Stülpnagel, Joachim v. (Vetter): »75 Jahre meines Lebens.« Oberaudorf. Maschinenschrift.
Teuchert, Friedrich Frhr. v.: »Aufzeichnungen über den 20. Juli 1944.« München (1946). Maschinenschrift.
ders.: »Die Widerstandsbewegung West.« München. Maschinenschrift.

b. Archivalien

Bundesarchiv-Militärarchiv (BA-MA)

BA-MA N22 (Nachlaß GFM Fedor v. Bock)
BA-MA N24 (Nachlaß Gen.d.Inf. Friedrich Hoßbach)
BA-MA N28 (Nachlaß GO Ludwig Beck)
BA-MA N220 (Nachlaß GO Franz Halder)
BA-MA N565 (Nachlaß VizeAdm Leopold Bürkner)
BA-MA RH 2/v 2930; BA-MA RH 19/44; BA-MA RH 19 I/71/73; BA-MA RH 20-17/2, 15, 49, 83, 276; BA-MA RH 24-2/45; BA-MA RH 35/1, 14, 46; BA-MA RW 4 v 749; BA-MA RW 34; BA-MA RW 39

Institut für Zeitgeschichte (IfZ)

ED 91/4 (Nachlaß Gen. d. PzTr Geyr v. Schweppenburg)
Irving, David: Papers of Professor Hugh Trevor-Roper. Volume I, Folder 6 u.a.
Wagner, Eduard: »Privat-Nachlaß«.

Personenregister

Bildnachweis
Archiv der Familie Joachim v. Stülpnagel: 1, 2, 3, 4, 6, 17
Archiv des Verfassers: 5, 8, 9, 10, 12, 13
Ullstein Bilderdienst: 7, 11, 16